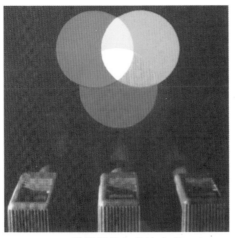
(a) 投影仪的加色法合成

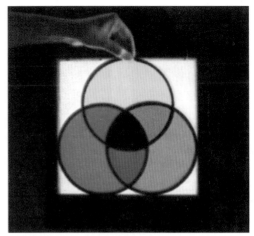
(b) 滤光片的减色法合成

图4.24 彩色合成实例

(a) 4m多光谱图像   (b) 1m全色图像   (c) 全色与多光谱图像融合图像

图5.16 IKONOS-2的图像实例

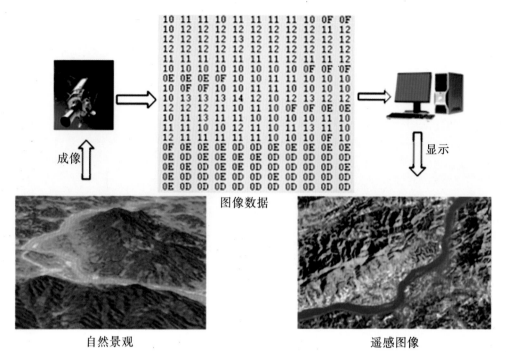

图7.4 遥感图像的获取和显示

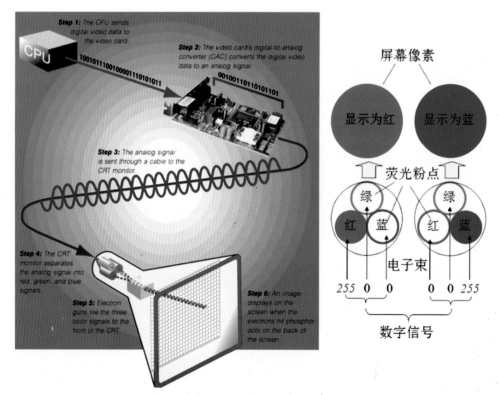

图7.6 彩色图像显示原理示意图

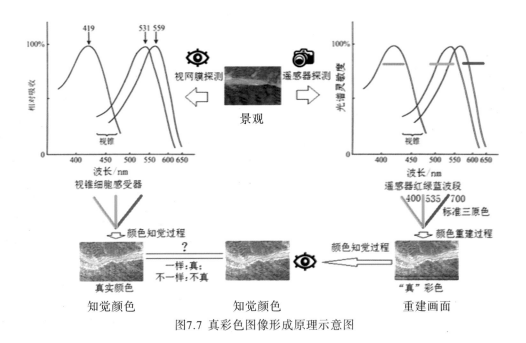

图7.7 真彩色图像形成原理示意图

图7.8 LandsatETM+假彩色合成图像：5(R)，4(G)，7(B)

图7.9 LandsatETM+真彩色合成图像：3(R)，2(G)，1(B)

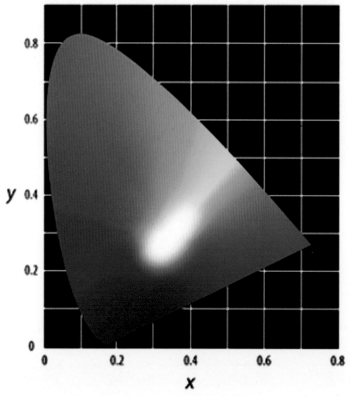

图7.15 1931 CIE-XYZ色度图

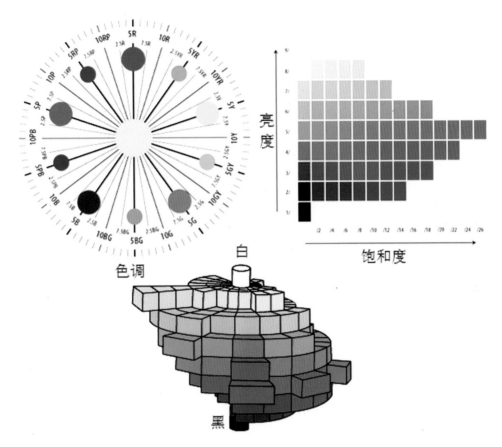

图7.17 孟塞尔立体及其色块标注：色相(色调)、光值(亮度)、彩度(饱和度)示意图

(a) 多光谱的真彩色图像　　　　(b) 全色图像局部一　　　　(c) 全色图像局部二

(d) 融合后的高分辨率真彩色图像

图7.56 基于亮度调制的多分辨率数据融合

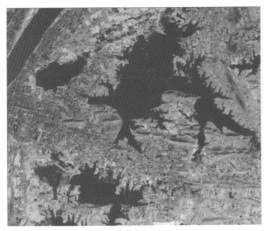 

(a) 水体：TM7(R)，TM4(G)，NDWI(B)　　　(b) 植被：TM5(R)，NDVI(G)，TM1(B)

图7.64 特定信息增强：水体(蓝色)和植被(绿色)

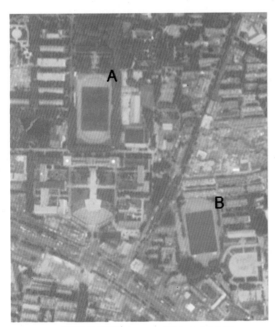 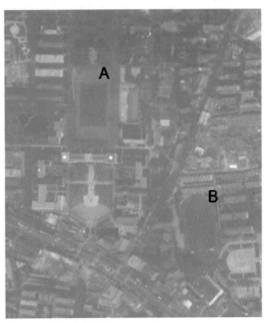

(a) 假彩色图像(QB4:R,QB3:G,QB2:B)　　　(b) 假彩色图像(QB3:R,QB2:G,QB1:B)

图8.7 真彩色图像和假彩色图像上地物的颜色对比(A：假草坪，B：真草坪)

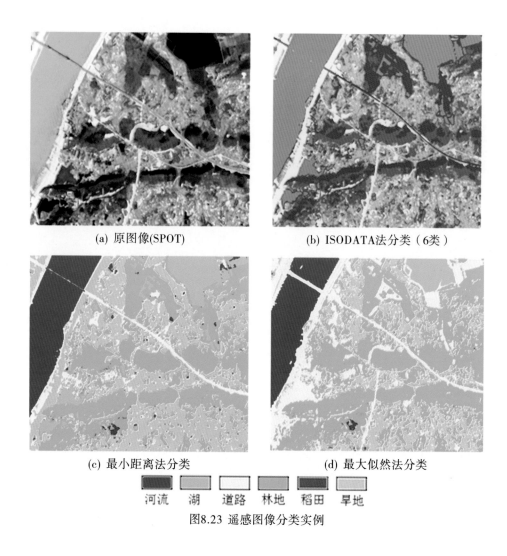

(a) 原图像(SPOT)　　　　　　　　　(b) ISODATA法分类（6类）

(c) 最小距离法分类　　　　　　　　　(d) 最大似然法分类

河流　湖　道路　林地　稻田　旱地

图8.23 遥感图像分类实例

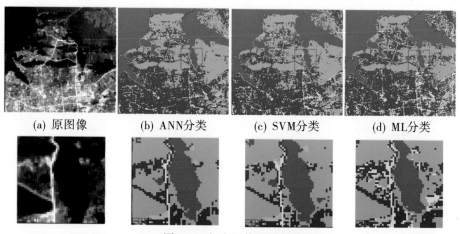

(a) 原图像　　(b) ANN分类　　(c) SVM分类　　(d) ML分类

(e) 图(a)~(d)相应图像的局部放大

图中绿色为植被，红色为水体，蓝色为建筑物，黄色为道路，淡蓝色为裸地

图8.30 ANN分类、SVM分类及ML分类实例的比较

高等学校地图学与地理信息系统系列教材

遥感原理及遥感信息分析基础

主　编　刘吉平

副主编　郑永宏　周　伟

武汉大学出版社

图书在版编目(CIP)数据

遥感原理及遥感信息分析基础/刘吉平主编;郑永宏,周伟副主编.—武汉:武汉大学出版社,2012.11

高等学校地图学与地理信息系统系列教材

ISBN 978-7-307-10251-4

Ⅰ.遥⋯　Ⅱ.①刘⋯　②郑⋯　③周⋯　Ⅲ.遥感技术—高等学校—教材　Ⅳ.TP7

中国版本图书馆 CIP 数据核字(2012)第 261170 号

责任编辑:胡　艳　　　责任校对:黄添生　　　版式设计:马　佳

出版发行:**武汉大学出版社**　　(430072　武昌　珞珈山)

(电子邮件:cbs22@whu.edu.cn 网址:www.wdp.com.cn)

印刷:通山金地印务有限公司

开本:787×1092　　1/16　　印张:23.75　　字数:556 千字　　插页:4

版次:2012 年 11 月第 1 版　　2012 年 11 月第 1 次印刷

ISBN 978-7-307-10251-4/TP·452　　　　定价:42.00 元

前　言

　　这是一本遥感基础教材。内容包括遥感原理和遥感信息提取两个方面。以作者多年从事遥感课程的本科和研究生教学的体会，感到不少同学对这两个方面的认识不是很深入、全面，特别是对遥感的一些基本物理概念和规律、遥感的内容体系、众多具体的信息分析方法之间的关系等理解和掌握得不够。这种不足会限制他们运用遥感解决地学问题的能力，也限制他们对遥感方法的创新能力，甚至由于不甚了然而限制了他们对遥感学习的兴趣。导致这种状况的原因，既有授课方面的，也有教材方面的。基于上述体会，作者试图采各家遥感教材之长，加上自己的一些教研心得和认识，编写一本对遥感原理、遥感内容体系和遥感信息分析方法有较为系统化表述的教材。是为此书之初衷。心所系之而力有不逮，或为编著者难免之憾。惟愿读者、同仁对书中不足和错误不吝指正。

　　本书意在遥感基础知识，对遥感的深入问题或前沿问题未有过多涉及。本书读者对象主要是地理学、地质学等地学应用领域的本科生。

　　书中引用了大量参考文献，在此对文献作者表示衷心的感谢。同时要诚挚地感谢武汉大学出版社的王金龙老师和胡艳老师所给予的帮助。

作　者

2012 年 9 月

目　录

第1章　绪论 …………………………………………………………………… 1

1.1　遥感的概念 ………………………………………………………… 1

1.2　遥感系统的构成及遥感的研究对象和研究内容 ………………… 3

1.3　遥感类型的划分 …………………………………………………… 5

1.4　遥感的特点 ………………………………………………………… 6

1.5　遥感发展史及其展望 ……………………………………………… 7

1.6　本书的主要内容和体系 …………………………………………… 8

第2章　电磁辐射及其度量 …………………………………………………… 10

2.1　电磁波与电磁辐射 ………………………………………………… 10

2.1.1　振动与波 ………………………………………………… 10

2.1.2　电磁波及其特性 ………………………………………… 10

2.1.3　电磁波的能量 …………………………………………… 12

2.1.4　电磁辐射与电磁波谱 …………………………………… 12

2.2　物质的电磁辐射特性 ……………………………………………… 14

2.2.1　原子结构与原子光谱 …………………………………… 14

2.2.2　分子结构与分子光谱 …………………………………… 15

2.2.3　物质结构与物质的光谱 ………………………………… 16

2.3　电磁辐射的传播特性 ……………………………………………… 17

2.3.1　干涉 ……………………………………………………… 17

2.3.2　衍射 ……………………………………………………… 17

2.3.3　偏振 ……………………………………………………… 18

2.3.4　反射、折射、透射 ……………………………………… 19

2.3.5　多普勒效应 ……………………………………………… 20

2.3.6　色散效应 ………………………………………………… 21

2.3.7　散射效应 ………………………………………………… 21

2.3.8　吸收效应 ………………………………………………… 24

2.4　电磁辐射的物理和化学效应 ……………………………………… 25

2.4.1　光电效应 ………………………………………………… 25

2.4.2　光热效应 ………………………………………………… 26

2.4.3　光化学效应 ……………………………………………… 27

2.5　电磁辐射的度量 ………………………………………………………… 28

2.5.1　辐射度的基本物理量 …………………………………………… 28

2.5.2　光度的基本物理量 ……………………………………………… 30

2.5.3　辐射交换过程中的物理量 ……………………………………… 32

2.6　遥感有关的辐射基本定律 ………………………………………………… 34

2.6.1　像的照度 …………………………………………………………… 34

2.6.2　余弦定律 …………………………………………………………… 35

2.6.3　距离平方反比定律 ………………………………………………… 36

2.6.4　亮度守恒定律 ……………………………………………………… 36

2.6.5　普朗克定律 ………………………………………………………… 37

2.6.6　斯特藩-波耳兹曼定律 …………………………………………… 38

2.6.7　维恩位移定律 ……………………………………………………… 38

2.6.8　基尔霍夫定律 ……………………………………………………… 39

2.6.9　灰体和选择性辐射体 ……………………………………………… 40

2.7　物体的温度及热惯量 ……………………………………………………… 41

2.7.1　热力学温度(T_K) ……………………………………………… 41

2.7.2　亮度温度(T_L) ………………………………………………… 42

2.7.3　辐射温度(T_R) ………………………………………………… 42

2.7.4　热惯量(P) ……………………………………………………… 43

第3章　太阳和地球的辐射特性 …………………………………………………… 44

3.1　太阳和地球的辐射 ………………………………………………………… 44

3.1.1　太阳和地球概况 …………………………………………………… 44

3.1.2　太阳的辐射 ………………………………………………………… 45

3.1.3　地球的辐射 ………………………………………………………… 47

3.2　大气对辐射传输的影响 …………………………………………………… 49

3.2.1　大气概况 …………………………………………………………… 50

3.2.2　大气对辐射的影响 ………………………………………………… 51

3.2.3　大气辐射传输的定量分析 ………………………………………… 59

3.2.4　大气影响的校正 …………………………………………………… 63

3.3　地表辐射的几何特性 ……………………………………………………… 66

3.3.1　地物反射辐射中的几何关系 ……………………………………… 66

3.3.2　地物发射辐射中的几何关系 ……………………………………… 74

3.4　地面辐射测量 ……………………………………………………………… 75

3.4.1　地物波谱概念 ……………………………………………………… 75

3.4.2　反射波谱测量 ……………………………………………………… 76

3.4.3　发射波谱测量 ……………………………………………………… 80

第4章　遥感器系统 ……………………………………………………………… 81

4.1　概述 ………………………………………………………………………… 81

    4.1.1　遥感器系统的构成 …………………………………………………… 81

    4.1.2　遥感传感器的类型 …………………………………………………… 82

4.2　光学遥感器 ………………………………………………………………… 83

    4.2.1　物镜系统 ………………………………………………………………… 83

    4.2.2　分光器件 ………………………………………………………………… 88

    4.2.3　主要传感器 …………………………………………………………… 92

    4.2.4　光学成像方式 ………………………………………………………… 105

4.3　微波遥感器 ………………………………………………………………… 114

    4.3.1　微波探测器的构成和工作原理 ……………………………………… 114

    4.3.2　几种主要的微波探测器 ……………………………………………… 118

    4.3.3　微波成像方式 ………………………………………………………… 121

4.4　传感器的特性参量 ………………………………………………………… 129

    4.4.1　噪声特性 ……………………………………………………………… 129

    4.4.2　响应特性 ……………………………………………………………… 130

4.5　辐射定标 …………………………………………………………………… 133

    4.5.1　绝对定标 ……………………………………………………………… 134

    4.5.2　相对定标 ……………………………………………………………… 134

    4.5.3　遥感数据的用户定标 ………………………………………………… 134

4.6　构像方程 …………………………………………………………………… 135

第5章　遥感平台系统 ……………………………………………………………… 139

5.1　地面平台和航空平台 ……………………………………………………… 139

    5.1.1　地面平台 ……………………………………………………………… 139

    5.1.2　航空平台 ……………………………………………………………… 139

5.2　航天平台 …………………………………………………………………… 140

    5.2.1　航天平台概述 ………………………………………………………… 140

    5.2.2　遥感卫星基础知识 …………………………………………………… 140

5.3　卫星地面系统简介 ………………………………………………………… 148

5.4　重要遥感卫星平台介绍 …………………………………………………… 149

    5.4.1　遥感卫星发展概述 …………………………………………………… 149

    5.4.2　资源卫星 ……………………………………………………………… 151

    5.4.3　气象卫星 ……………………………………………………………… 161

    5.4.4　海洋卫星 ……………………………………………………………… 163

    5.4.5　军事卫星 ……………………………………………………………… 165

    5.4.6　我国的遥感卫星 ……………………………………………………… 166

第6章 遥感技术专题 169

6.1 摄影测量遥感 169
6.1.1 摄影像片的有关几何概念 169
6.1.2 确定构象方程中外方位元素的空间后方交会法 171
6.1.3 确定地面点空间坐标的立体像对空间前方交会 173
6.1.4 立体像对相对定向和单元模型绝对定向 175
6.1.5 影像匹配 176
6.1.6 数字高程模型和数字地面模型 178
6.1.7 摄影测量系统 179

6.2 微波遥感 179
6.2.1 微波的特性与微波遥感的特点 180
6.2.2 雷达方程 183
6.2.3 影响雷达回波功率的参数 184
6.2.4 雷达数据处理的基本内容 190
6.2.5 干涉雷达(InSAR)高程测量[74] 194
6.2.6 微波遥感的主要应用 199

6.3 高光谱遥感 200
6.3.1 概述 200
6.3.2 高光谱曲线的特征参数 202
6.3.3 高光谱分析技术 205
6.3.4 高光谱的应用 207

第7章 遥感图像处理 209

7.1 遥感数据 209
7.1.1 遥感数据的分辨率 209
7.1.2 遥感数据的处理级别 212

7.2 遥感图像 212
7.2.1 图像和图像数据 212
7.2.2 遥感图像的数学表示 213
7.2.3 遥感图像的显示 214
7.2.4 遥感图像数据的格式 215
7.2.5 遥感图像的统计特征 217

7.3 颜色基本知识 220
7.3.1 颜色的合成 220
7.3.2 颜色的表示 221

7.4 遥感图像处理概述 224
7.4.1 线性成像系统模型 224
7.4.2 遥感图像处理中的有关概念和术语 226

　　7.4.3　遥感图像处理系统 ·· 227
7.5　遥感图像处理中的重要变换 ·· 228
　　7.5.1　图像变换概述 ·· 228
　　7.5.2　傅立叶变换 ··· 229
　　7.5.3　K-L 变换 ··· 231
　　7.5.4　T-C 变换 ··· 235
　　7.5.5　彩色变换 ··· 236
7.6　遥感图像校正 ··· 238
　　7.6.1　概述 ·· 238
　　7.6.2　辐射校正 ··· 239
　　7.6.3　几何校正 ··· 249
7.7　遥感图像增强 ··· 255
　　7.7.1　空间域增强 ··· 255
　　7.7.2　频率域增强 ··· 266
　　7.7.3　彩色增强 ··· 271
　　7.7.4　其他增强方法 ··· 272

第 8 章　遥感信息解译与反演 ·· 282
8.1　目视解译 ·· 282
　　8.1.1　目视解译原理 ··· 283
　　8.1.2　目视解译方法 ··· 293
8.2　计算机解译 ·· 296
　　8.2.1　计算机解译与模式识别 ··· 296
　　8.2.2　图像特征的量化 ·· 299
　　8.2.3　图像分割 ··· 302
　　8.2.4　图像分类 ··· 309
8.3　遥感反演 ·· 330
　　8.3.1　遥感反演概述 ··· 330
　　8.3.2　遥感反演算法实例 ··· 334
　　8.3.3　蒙特卡罗方法和数据同化技术在遥感反演中的应用 ·························· 347
8.4　遥感制图 ·· 360
　　8.4.1　遥感制图概述 ··· 360
　　8.4.2　遥感影像图 ··· 361
　　8.4.3　遥感专题图 ··· 362

参考文献 ··· 364

第1章 绪 论

1.1 遥感的概念

人类对宇宙中任何事物的认识，都是基于对事物的各种"属性"的认识，比如物体的亮度、颜色、温度、形状、大小等。人类用各种感觉器官来获取事物的属性信息，其中，视觉是最重要的信息获取途径。视觉系统中的视细胞可以感受"可见光"波段的电磁辐射，进而可以知觉客体的颜色、大小、形状等其他属性。因为物体的各种属性之间具有相互的联系和作用，故进而还可通过视觉获得客体更多的其他属性信息，如物体的干湿程度等。但人类感官对信息的获取具有局限性，所以人们就研究和发展出各种仪器和技术手段来对它加以弥补或扩展。遥感就是这样一种弥补人类视觉系统的局限性，以扩展我们了解、认识事物的能力的技术手段，比如，我们不能（或不能清晰地）看到离我们太远的东西，也不能看到处于黑暗中的东西，而遥感仪器（如借助望远系统和非可见光波段）则能帮助我们克服上述局限。所以，遥感在其本质意义上就是延长人的视觉功能的仪器和手段。

为了更好地理解遥感，不妨简要地了解一下人类的视觉功能是如何实现的。

人的视觉系统包括两个大的部分，即对物体的可见光探测和对可见光图像信息的分析。前者是眼睛的功能，后者是大脑的功能（视网膜也具有一定的信息加工能力），它们之间依靠视神经、视放射完成视觉信息的传递。眼睛通过晶状体采集光辐射，由视细胞（锥细胞和杆细胞）探测光辐射，在视网膜成像；经由视觉链路（视神经传递至外侧膝状体，再由视放射传递至大脑视皮层）完成视觉电信号的信息传递；在视皮层对视觉信息进行处理，由此完成对视觉图像的颜色、形状、深度和运动等各种信息的提取和分析。

在遥感系统中，视觉系统中的这些生理组织及其功能都有相应的器件或子系统与之对应，如物镜对应晶状体，传感器对应视细胞，遥感数据的有线或无线传输对应视觉链路，计算机对应大脑。当然，这种对应还有某些变化和差异，比如视觉信息完全由大脑来分析，而遥感信息可以同时（交互）利用计算机和人的大脑来分析。在后续内容中，我们将对遥感中的这些构成部分作较详细的介绍。

现在来定义什么是遥感。顾名思义，遥感就是遥远地感知，这样的理解不能说有错误，但作为一个学术概念，尤其是作为一门学科的定义，却缺乏严格性。如果简单地这样定义遥感，则人的视觉功能就是遥感（比如我们凭视觉遥望远山）。而实际上，作为科学技术和遥感学科概念的遥感，是不包括人的这种视觉生物功能在内的，尽管我们在遥感研究中可能会涉及和借鉴人的视觉功能及其机理。那么什么是遥感？国际摄影测量与遥感协会（International Society of Photogrammetry and Remote Sensing, ISPRS）对遥感的定义是：

从非接触成像或其他传感器系统，通过记录、量测、分析和表达，获取地球及其环境以及其他物体和过程的可靠信息的工艺、科学和技术（The art, science and technology of obtaining reliable information from noncontact imaging and other sensor systems about the earth and its environment, and other physical object and processes though recording, measuring, analyzing and representation）。本书给出如下定义：遥感是利用仪器无接触、远距离地探测并记录目标物的电磁辐射信息，通过分析所探测到的电磁辐射信息，以估计目标物的其他属性信息，包括其成分、状态、几何结构等，或者进一步地对目标进行识别的科学和技术。这里的仪器主要指传感器及其辅助设备。

可以被远距离探测的目标物的信息载体不限于电磁辐射，还包括引（重）力场、地磁场、机械波（地震波）以及光子以外的其他高能粒子等。包括利用所有这些远距离探测的技术在内的遥感称为广义的遥感。广义遥感中除电磁辐射信息以外的其他各种信息探测，已有各自专门的学科来研究，如地球物理学（重力场、地磁场、地震波等）、观测宇宙学（包括光子和其他高能粒子，但观测宇宙学目前更多地还是利用电磁辐射）。本书所讨论的遥感，是仅限于基于电磁辐射属性进行目标探测的遥感，有时也称这样定义的遥感为狭义的遥感（狭义遥感通常就简称为遥感）。

遥感定义中的"远距离"是个不确定的宽泛概念，一般从数米（地面遥感）到数千千米（航天遥感）以至数十亿光年（宇宙遥感）不等。本书中所涉及的遥感，包括从地面至从外太空对地球的探测，距离多在数米至数千千米之间。

遥感涉及的研究内容是很广泛的。事实上，一个完整的遥感系统涉及了电子工程技术、航空航天技术、计算机技术、信息技术和地学、宇宙学等多种技术和科学。根据研究对象侧重点的不同，可以将遥感的研究内容区分为电子工程遥感研究和空间探测遥感研究。前者侧重于遥感的技术系统的研发和构建，即以遥感的电子技术和工程系统为研究对象，建立有效的遥感技术系统是其研究目的；后者侧重于利用遥感技术系统探测空间目标的研究，即以空间信息的获取、分析和应用为其目的，遥感技术系统为其工具。后者又可从遥感的空间范围分为对地遥感（以地球为探测目标）和宇宙遥感（以地球以外的宇宙天体为目标）。本课程只讨论对地遥感（后面涉及的遥感概念，非特别指明时就是对地遥感）。应该指出，遥感的电子工程研究不能忽视遥感空间探测的要求和特点，而空间探测遥感研究也不能不对遥感的技术系统有较好的了解。本书是侧重于空间探测遥感研究的，但正是基于后一点，我们在书中适当强化了遥感技术系统的内容。

对地遥感是从地球表面以外的空间对地球表层目标及大气进行探测。目前它能直接或间接探测到的，或具有潜在可探测性的地球表面物体的属性包括：电磁辐射特性、物质成分构成、物质结构、温度、湿度、生物参数、地应力、三维几何形态、三维空间位置等及其变化过程。

在我国术语中，遥测、遥控是电子工程技术中与遥感有联系而又有区别的概念。遥测是远距离测量目标的状态参数的技术，遥控是远距离控制目标的状态过程的技术。此外，还有遥信，是指远距离测量目标状态的正常与否。遥测、遥控是遥感技术系统中的支持技术。

遥感技术中用于获取目标的电磁辐射信息的器件称为遥感器（Remote Sensor）。遥感器的核心部件是对不同波段的电磁辐射敏感的各种传感器(Sensor)。其他的部件包括用于电磁辐射的收集、存储、传输等的辅助设备。遥感器需要一个携带它的工具,通常把搭载遥感器的各种工具称为遥感平台(Platform),包括车、船、高架、热气球、飞机、卫星、飞船等。其中,卫星和飞机是目前最主要的遥感平台。遥感平台大致可分为四类:地面平台、航空平台、航天平台和航宇平台。图 1.1 所示是几种遥感平台的图像。

(a) 遥感卫星　　　　　　　　　　　　(b) 航天飞机

(c) 地面三角高架　　　(d) 遥感热气球　　　(e) 遥感飞机

图 1.1　几种遥感平台

1.2　遥感系统的构成及遥感的研究对象和研究内容

一个完整的遥感技术及应用的系统包括以下 4 个方面(或称子系统):

1. 地物电磁辐射特性测试

要研究各种地物在各个不同电磁波段的反射、发射能力,总结其同类地物的共性和不同地物的差异,建立地物光谱数据库,为遥感传感器波段设计和利用电磁波谱信息分析地物提供依据。这项工作多在地面进行。同时还要对大气辐射及大气的辐射传输特性进行研究,以建立电磁辐射传输的定量理论。

2. 信息获取、传输和存储

利用不同类型的遥感平台,从地表以上不同高度获取地物的电磁辐射能量,并以无线电通信方式或平台返回方式将其传输到地面接收站进行处理。其组成部分主要包括遥感平台、遥感器、通信设备和地面站。这是遥感系统最重要的技术支撑。

遥感信息的存储是指将遥感器获取的地物电磁能量信息保存到一定的物理介质上,以供后续处理、分析使用。主要的存储介质有 CCT(计算机兼容磁带)、CD、DVD、硬盘、磁盘阵列等。目前作为交换用的介质一般以 CD、DVD 为多。

3. 信息处理

将接收到的遥感信息进行加工，以满足用户的要求。其中首先要做的工作是系统级的处理，包括最基本的几何和辐射校正等，一般由数据供应商在数据接收站完成。更重要的是，用户在得到遥感数据以后，对数据做进一步的处理和分析，以从遥感数据中提取出其感兴趣的信息。信息处理是遥感数据到遥感应用的桥梁，其内容十分广泛和复杂。本书第6章、第7章将对其作基础性介绍。

4. 信息应用

遥感的目的是应用，它由各应用领域的专业人员根据其具体目的进行。比如利用遥感数据分析水环境、进行土地利用制图、寻找矿产等。要取得理想的应用效果，除了遥感数据本身的因素外，还要求应用人员具备一定的遥感理论知识、遥感信息处理知识和扎实的专业领域知识，只有这样，他才能了解专业问题的实质，并知道如何运用遥感的手段来解决问题。同时，应用人员还要与专业的遥感研究人员密切合作。

图1.2示意性地描述了上述遥感系统框架下的遥感过程。

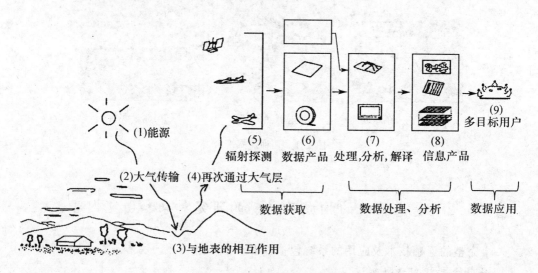

图 1.2　遥感过程示意图[10]

由上可知，遥感的研究对象是由电磁辐射所描述的空间目标，以及在一定空间尺度（Spatial Scale）上所表达的目标的辐射与其他属性之间的关系。所谓空间尺度是指探测单元的地面几何尺寸。遥感的研究内容是在一定空间尺度下地物电磁辐射的特性、规律及其大气传输方式，地物辐射与地物其他属性和环境条件之间的内在联系，以及遥感数据处理和分析的方法。遥感的目的是以电磁辐射为信息载体，获取各类地学应用所需的其他信息。需要指出，正如我们在遥感定义中所说的，遥感不仅是一门技术，也是一门科学。其科学问题包含于上述研究内容中。

至此，我们可以大致看出，遥感至少在下述几个方面实现了对人的视觉功能的扩展：
①观察距离的扩展：遥感将人眼几千米数的视距扩展到数百至数千公里以至更远。
②电磁波范围的扩展：遥感探测的电磁辐射不再局限在可见光，它利用了所有电磁波

波段，但目前主要为可见光、红外、微波。

③观察方式的扩展：遥感将人眼观察目标的方式扩展为多种多样，如既可以被动地接收电磁波，也可以主动地发射电磁波，而后接收目标的回波；既可以在地面观察，也可以在太空观察，既可以瞬时地静态观察，也可以长时间连续地动态观察；既可以在白天观察也可以在夜间观察。

④观察目标的扩展：遥感将观察的目标从可视目标扩展到非可视目标，从直接目标扩展到被掩盖的目标(利用某些电磁波段对某些地物的穿透力)。

⑤观察精度的扩展：遥感将人眼对目标属性的观察精度(如亮度)从几百分之一扩展到几百万分之一。

⑥认知方式的扩展：遥感将人对目标的单一生物认知功能扩展到生物认知加计算机数据计算分析功能，提高了对目标的认知能力。

1.3 遥感类型的划分

可从不同的角度对遥感进行分类。常用的分类有：

1. 按平台分类

地面遥感：使用车、船、高架等地面平台的遥感系统，高度范围在距离地表数十米以内。对于地物基本电磁辐射特性研究，地面遥感是主要的手段。

航空遥感：使用热气球、飞机等平台的遥感系统，范围在大气对流层之下，一般是数百米至数千米之间，高空航空遥感在数万米以内。航空遥感是对地遥感中最早发展的类型，目前仍然是摄影测量、环境监测等遥感的重要手段。

航天遥感：使用卫星、航天飞机、空间站等平台的遥感系统，范围在距离地表数百千米至数千千米之间。航天遥感使用卫星平台居多，是当前最重要的遥感类型。随着遥感器技术的不断进步，航天遥感将越来越重要。

航宇遥感：使用宇宙飞船等平台的遥感系统，距离地表在数千千米以上，主要用于对地外行星和其他天体的探测，如探月飞船。

多种平台构成了对地观察的多层次遥感系统。

2. 按波段分类

按遥感器的工作波段，即遥感器接收的电磁波的波长，可将遥感分为紫外遥感、可见光-短波红外遥感、热红外遥感、微波遥感、无线电遥感等。不同波段可探测地物不同方面的性质，各有特点。此外，根据探测器波段的多少，还有所谓多光谱遥感、高光谱遥感以及利用激光技术的激光遥感(如激光雷达)，等等。

3. 按工作方式分类

依据遥感器利用电磁波的方式分类，或者说依据源辐射的类型分类，可将遥感分为主动遥感和被动遥感。主动遥感是遥感器发射工作波段的电磁波，经地物反射后接收其回波的遥感方式，其辐射源是人工的，如微波中的雷达遥感，其辐射源来自遥感器。被动遥感是遥感器不发射电磁波，只接收地物对太阳辐射的反射或地物自身发射的电磁波的遥感方式，其辐射源是自然的。两种遥感方式的区别类似于用照相机照相时使用闪光灯与否。

4. 按应用领域分类

这是根据遥感的应用目的来分类。由于应用领域和目的不同，遥感器设计、波段选择、数据处理等方面都有一定的差异。但这种差异是相对的，许多不同类型的遥感数据对多种应用领域具有共享性，各个领域从同一遥感数据中提取各自所需的不同信息罢了。这种分类的主要类型有：

大气遥感：利用遥感研究大气状况，包括大气物理状态和大气运动等，为气象预报等应用提供信息。

资源遥感：利用遥感研究地球表层的资源分布，包括土地资源、矿产资源、生物资源、海洋资源、水资源等。

环境遥感：利用遥感研究地球环境及其变化，如碳循环、温室效应、生态变化、大气污染、水污染、城市热场分布、地质灾害等。一直以来，也有文献把"环境遥感"作为与对地遥感内涵相同的名词使用。

军事遥感：利用遥感进行军事目标侦察和监测，以及军事所需的其他地面信息的获取等。

上述应用领域分类是宏观的，还可进一步细分出许多遥感应用种类来，比如资源遥感中就有地质遥感、水文遥感、土地遥感、海洋遥感等。

1.4 遥感的特点

如前所述，可以看做延长人的视觉系统功能的遥感，比起人的生理视觉来说，功能有了极大地扩充。概括起来，遥感的特点有以下一些：

非接触性：这是遥感最大的特点。不仅是非接触，而且是远距离观察对象，这使得人类难以到达或具有危险性的许多地区，如森林火灾区、洪水区、自然环境险恶地区等，可以为遥感所观测到。

宏观性：宏观性同时也是综合性。遥感观察的视场大、信息丰富、效率高，尤其可以显现仅仅依靠局部细节所不能表现出的对象的特征。比如，地质上的大断裂往往在局部不能被识别，而在大范围上就能显现出来（中国东部的郯庐大断裂就是一例）；"草色遥看近却无"，也正是说明类似的道理。

现势性：也称为时效性，是指遥感能及时地反映目标的现状和变化。这是由于现代遥感技术中的卫星平台是在天空不断地运行中观察地球，而且观察同一地点的周期可以短至数天、数小时甚至几十秒，所以它能及时获得目标的变化信息。气象卫星获得的云图就具有这一明显的优势。

连续性：航天遥感平台的运行寿命都是数年以上，而且许多遥感卫星在时间上都组成系列（如美国的 Landsat-1～7 系列从 20 世纪 70 年代开始延续了几十年），这样，它们在时间上的连续观察就构成了具有历史可比性的遥感数据集。这个特点使得遥感数据能够很好地反映地面目标演化过程中的时空变化。

经济性：由于遥感的观察范围大，信息处理的自动化，可使许多应用领域中的科研和生产的成本极大地降低。比如，一幅地质图靠人工地面调查，需要几十人数年才能完成，而采用遥感地质制图技术，几个人在几个月就可以完成，缩短了时间的同时也节约了大量费用。随着技术的进步，遥感的经济效益将越来越高。

以上是遥感的优势。遥感也有其局限性。遥感作为人类观察客观世界的技术手段之一，有其特定的针对性和局限性。对地遥感的局限主要表现在两个方面：一是探测的空间范围一般局限于电磁辐射的直达范围，因为电磁波对多数地物的穿透能力较弱；二是地物的信息载体局限于电磁辐射，而客观物体是具有多种属性的，要区别一类物体与另一类物体，往往也要对比它们的多种属性才能做到。古诗中的"遥知不是雪，为有暗香来"，就告诉我们仅仅依据可见光（视觉上像雪）做出判断是不可靠的，只有还具备了足够的其他属性信息（如诗中所言的"香气"）才能正确识别出对象来（当然，此例如果扩大探测波段范围遥感是可识别它的）。所以，遥感手段不是万能的。充分认识遥感的局限性，对于做遥感应用研究时克服盲目性是很有必要的。

1.5　遥感发展史及其展望

如果以 1849 年法国人 Aime Laussedat 用照相技术测制万森城堡图作为遥感的开端，则遥感已有 150 多年的发展历史了。而遥感的直接技术积累（主要是望远镜和摄影术）则可上溯 400 余年。

讨论遥感的发展阶段，应该考虑以下 4 个因素：遥感器、遥感平台、信息处理、遥感应用。因为这些因素的重大变化对遥感的发展产生了质的影响。

准遥感阶段（1608—1838 年）：这个遥感阶段的标志就是远距离观测工具——望远镜的出现。1608 年荷兰眼镜师汉斯·李波尔赛发明了望远镜，其后伽利略（1609）制作了科学望远镜用于天文观测，促进了天文学的巨大进步。之所以称为准遥感阶段，是因为这个时期虽然可以借助望远镜进行远距离观察，但观察是直接依赖于人眼的，而不能将观察图像记录下来。

初级阶段（1839—1857 年）：这个阶段的标志是摄影术（摄影胶片、照片）的发明和使用。1839 年法国人 Daguerre 和 Nepce 发明了完整的照相技术（达盖尔照相术），拍下了第一张记录在玻璃底片上的影像。1840 年，法国人开始在地图制作中使用照片。1849 年，法国人 Aime Laussedat 首次制订了摄影测量计划，成为有应用目的、有图像记录的地面遥感的开始。

发展阶段（1858—1956 年）：1858 年，法国人 Daumier 从离开地面的系留热气球上拍摄到第一张照片，这是航空遥感的开始。这个阶段的特征是：传感器逐步有了彩色摄影、多光谱相机、红外探测、微波雷达等；遥感平台除了使用气球外，还有鸽子、风筝、飞机，并提出了火箭作为搭载工具的设想；在影像处理技术方面，光学图像处理有了很大进步，立体绘图仪、多倍投影仪、纠正仪等得到应用；遥感应用从地图测绘到军事侦察、资源调查等，领域不断扩大。

飞跃阶段（1957—1998 年）：1957 年苏联成功发射了第一颗人造地球卫星，实现了人类探索太空的梦想。1959 年，美国发射了先驱者 2 号探测器拍摄了卫星云图，同年苏联发射了月球 3 号获取了月球背面的照片。1961 年"遥感"（Remote Sensing）一词正式出现。

1960 年至 1965 年，美国发射了 10 颗气象卫星(TIROS1~10)，1966 年至 1976 年发射了 15 颗气象卫星(ESSA 爱萨系列、ITOS、NOAA 系列)。1972 年至 1999 年，美国成功发射了得到广泛应用的 6 颗资源卫星(Landsat-1~5，7)。期间，许多国家陆续发射成功众多的气象卫星、资源环境卫星和军事卫星。目前，在轨工作的对地观测卫星多达近千颗。这一遥感阶段的特征是：航天遥感平台快速发展，并成为主要的遥感平台系统；传感器从摄影胶片到光导摄像管、固态图像传感器、雷达，从多光谱到高光谱，几乎覆盖了地表可用的所有电磁辐射大气窗口；遥感信息处理从光学处理到计算机数字处理，从基本的校正、增强等处理到人工智能、专家系统自动分析处理，从单纯图像处理到图像处理与遥感定量反演并重，信息的提取更加多样化和精确；遥感应用从最早的摄影测量到军事侦察、预警到全球资源环境监测，全方位展开。

遥感新纪元(1999—　)：1999 年，美国 IKONOS 1 米分辨率的资源卫星的发射成功，标志着遥感在非军用领域的重大进展。21 世纪的到来是遥感新纪元的开始。这个遥感阶段的主要特征是：遥感平台更加多元化，小卫星、无人机等平台进一步增强了遥感数据获取的主动性和时效性；对地观测方式、数据获取能力进一步提高，多光谱、多尺度、多角度、多极化的遥感数据极大地丰富了地表遥感信息；遥感数据的处理分析能力也在进一步提高，可望在自动信息提取、遥感定量反演方面取得有实用意义的突破；遥感应用将在科学研究、经济建设、全球环境和军事等更多领域达到更加深入、更加有成效的成果。21 世纪遥感技术将得到更大的发展，其影响将渗入人类社会生活的更为广泛的领域，更好地造福于人类。

我国的遥感事业起步于 20 世纪 60 年代。经过几十年的发展，无论在遥感信息获取、遥感信息分析和遥感应用方面，我国遥感及相关领域的科学技术工作者都取得了很大的成绩，有些领域(如摄影测量、定量遥感)已经走在了世界的前列。可以说，我国已经成为遥感科技的大国。当然，我们还有明显的不足，如在遥感信息获取的关键技术方面，与先进国家相比，我们还有差距。但只要我们继续不断地努力，我国遥感事业必将有更大的发展。

1.6　本书的主要内容和体系

地理学类专业遥感课程的教学目的是培养学生系统地理解遥感技术的基本理论和主要技术，以及遥感在资源环境中的应用。其中，掌握遥感原理和信息分析技术是遥感应用的前提，而这部分的内容本身也很庞杂，加之遥感的应用领域非常宽泛，不是小篇幅能有效涵盖的，所以我们认为遥感应用的内容主要应放在专门的"资源环境遥感"课程中讲授更好。因此在本书中，我们将内容限定在遥感原理和基本的信息分析技术，应用方面则适当通过一些算法实例简要涉及。

基于这样的考虑，同时顾及课程内容在系统性、结构性和简明性方面的要求，确定了本书的内容体系。全书包括 4 个主要部分：遥感物理基础、遥感技术系统、遥感信息处理与分析和遥感技术专题。遥感物理基础包括第 2 章、第 3 章，着重阐明物质与其电磁辐射的内在联系、物体电磁辐射的一些重要概念和基本规律、固体地球表层至航天探测器探测范围以内空间中电磁辐射的基本特征和传输特性等；遥感技术系统包括第 4、第 5 章，着重介绍地物电磁辐射的获取方式，包括主要传感器的基本原理、成像方式和遥感平台系统的基本知识；遥感信息处理与分析包括第 7 章、第 8 章，着重说明遥感数据的特征和地物特征、目视解译、计算机解译和遥感反演的基本原理及方法；遥感技术专题为第 6 章，介绍遥感发展过程中在技术上或应用上有一定独特或独立性的重要专项遥感技术，包括数字摄影测量、微波遥感、高光谱遥感三个专题。激光雷达遥感和热红外遥感等内容则由于篇幅原因暂未纳入。

第 2 章 电磁辐射及其度量

2.1 电磁波与电磁辐射

2.1.1 振动与波

波是振动在介质或真空中的传播。振动是质点在某一中心位置附近的周期性运动。振动和波分别由振动方程和波动方程描述。简谐振动的振动方程为

$$y = A\cos(\omega t + \varphi) \tag{2.1}$$

式中，A 为振幅；ω 为角频率；φ 为初位相；$(\omega t + \varphi)$ 为相位(相位是对质点振动状态的描述，而所谓振动状态是指位移大小和运动趋势)。ω 与周期 T 有如下关系：

$$\omega T = 2\pi \tag{2.2}$$

多个简谐振动可以进行合成，一个复杂振动也可以进行简谐振动分解。前者解释波的干涉现象，后者用于简谐分析(傅立叶分析)。

一维简谐波的运动方程为

$$y = A\cos\left[\omega\left(t - \frac{x}{V}\right) + \varphi\right] \tag{2.3}$$

式中，x 为振动点到参考点的距离；V 为波速(相速)。波中振动相位相差 2π 的两质点间的距离称为波长。

描述波动传播过程的一般方程称为波动方程，其一维形式为

$$\frac{\partial^2 y}{\partial t^2} = V^2 \frac{\partial^2 y}{\partial x^2} \tag{2.4}$$

2.1.2 电磁波及其特性

电磁波是在空间相互激化而传播的电场和磁场，称为电磁场。电磁场是具有波动性和粒子性的物质，因而电磁波可以在无介质的真空中传播。

电磁场由麦克斯韦方程描述。由麦克斯韦方程可以推导出电磁波的传播符合一般波动方程的形式：

$$\begin{cases} \nabla^2 E = \varepsilon_0 \mu_0 \varepsilon_r \mu_r \dfrac{\partial^2 E}{\partial t^2} \\[2mm] \nabla^2 H = \varepsilon_0 \mu_0 \varepsilon_r \mu_r \dfrac{\partial^2 H}{\partial t^2} \end{cases} \tag{2.5}$$

式中，ε_0 为真空介电常数，ε_r 为相对介电常数，$\varepsilon_0 \varepsilon_r = \varepsilon$ 称为绝对介电常数；μ_0 为真空磁导

率，μ_r 为相对磁导率，$\mu_0\mu_r=\mu$ 称为绝对磁导率；E 为电场强度；H 为磁场强度；t 为时间。

式(2.5)的特解为

$$\begin{cases} E = E_0\cos(\omega t - k \cdot r) \\ H = H_0\cos(\omega t - k \cdot r + \varphi) \end{cases} \tag{2.6}$$

式(2.6)表示了沿 k 方向传播（k 称为波矢），以 ω 为角频率，以 E_0 和 H_0 为振幅矢量的平面电磁波。其中，r 为沿 k 方向的距离，$\omega t - k \cdot r$ 和 $\omega t - k \cdot r + \varphi$ 分别是 E 和 H 的相位，φ 是 E 和 H 之间的相位差（可以证明相位差 $\varphi = 0$）。$|k| = 2\pi/\lambda$ 称为角波数（单位长度内的波数乘以 2π，λ 是波长），$k \cdot r$ 称为波程，$0 \leqslant |r| \leqslant v \cdot t$，$v$ 为电磁波的传播速度。等相位的点的集合称为波面，最大相位的点的集合称为波前。

上述平面电磁波的传播速度 v 与介质的介电性质和磁导性质有关：

$$v = \frac{1}{\sqrt{\varepsilon_0 \varepsilon_r \mu_0 \mu_r}} \tag{2.7}$$

在真空中 $\varepsilon_r = \mu_r = 1$，则电磁波的速度等于光速。这也说明光是一种电磁波。

$$v = c = \frac{1}{\sqrt{\varepsilon_0 \mu_0}} \tag{2.8}$$

因此在真空中，电磁波的频率 ν 与波长 λ 的乘积恒等于光速 c，即

$$c = \nu\lambda \tag{2.9}$$

依据麦克斯韦方程组和实验研究可以进一步推证电磁波具有下述性质：

①电磁波是横波。

②E，H，k 相互垂直，E，H 同相位（$\varphi = 0$），如图 2.1 所示。

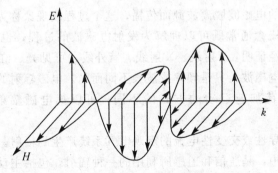

图 2.1　E，H，k 成右手螺旋关系

③E 和 H 的数值成比例：

$$\sqrt{\varepsilon}E = \sqrt{\mu}H \tag{2.10}$$

④电磁波的传播伴随着能量和动量的传播。

⑤电磁波具有聚焦、反射、折射、衍射和偏振的性质。

由上述这些性质还可知道，用电场 E 和磁场 H 描述电磁波是等价的，但电磁波与物质的很多相互作用主要是电场起作用，因此一般约定俗成地以电场 E 来描述电磁波。

2.1.3 电磁波的能量

电磁波的传播过程是能量的传播过程，这种能量称为辐射能。为了定量研究辐射能，需要引入若干度量的量。描述波的能量的两个一般概念是能量密度和能流密度。

能量密度(w)是单位体积内波的能量。可以推导出平面电磁波的能量密度为

$$w = \frac{1}{2}(\varepsilon E^2 + \mu H^2) \qquad (2.11)$$

式中，$w_e = \frac{1}{2}\varepsilon E^2$ 和 $w_m = \frac{1}{2}\mu H^2$ 分别为电场和磁场的能量。

能流密度(S)是单位时间内垂直通过单位面积的能量。一般以能流密度表示波的强度。平面电磁波的能流密度为

$$S = wv = \frac{v}{2}(\varepsilon E^2 + \mu H^2) \qquad (单位为 W^2/m^2) \qquad (2.12)$$

将式(2.8)和式(2.10)代入式(2.12)，并化简，得

$$S = EH \qquad (2.13)$$

S、E、H 构成相互垂直的右手坐标系，故可表示为矢量关系式：

$$\boldsymbol{S} = \boldsymbol{E} \times \boldsymbol{H} \qquad (2.14)$$

S 即电磁波的能流密度矢量(包括非平面电磁波)，也称坡印廷矢量。可以证明，S 在一个周期内的平均值为

$$\overline{S} = \frac{1}{2}E_0 H_0 \qquad (2.15)$$

2.1.4 电磁辐射与电磁波谱

由电磁振源产生的电磁波脱离波源而传播，这个过程或现象称为电磁波的辐射，简称电磁辐射。电磁辐射概念通常既可以理解为发射电磁波的过程，也可以理解为电磁波本身。现代科学技术已经证明，γ 射线、X 射线、紫外线、可见光、红外线、微波、无线电波、低频电波等都是电磁波，只是频率或波长不同而已。电磁辐射的微观机理是带电粒子的加速运动。根据电荷加速运动的方式的不同，可以把电磁辐射的机制分为不同的类型[21]。

第一种是具有传导性或交变性电流的宏观电气系统产生的辐射。这种辐射可人工产生或存在于地表和大气中，是通信和遥感所利用的一种辐射，包括主动和被动遥感。

第二种是热辐射，也称黑体辐射。它是由物体的原子和分子受热运动的激化而产生振动，从而辐射电磁波。这种辐射对波长或频率是连续的，但其在各波长的辐射功率与物体的物质性质和温度有关。热辐射的能量来自于物体的热吸收。任何温度大于绝对 0(K，即 $-273.16\,℃$)的物体都存在热辐射，因此自然界中所有物体都有热辐射，故其是遥感探测中最重要的辐射之一。

第三种是韧致辐射和光电子辐射。物质受高能电子轰击，电子在原子核附近受到原子中电场的制动作用(加速或减速)，或在介质中与其他粒子碰撞而改变速度，电子的能量转换成 X 射线辐射，称为韧致辐射。高能电子或光子使物质中原子或分子的电子发生轨道

激化跃迁，然后又退回原轨道时发射的辐射，称为光电子辐射。

以上几种辐射都是遥感探测的辐射。

第四种是放射性原子衰变的 γ 辐射，这种辐射常用于放射性异常探测，如铀矿探测。

第五种是由磁场对电子加速而产生的回旋加速辐射和同步加速辐射，目前它与遥感应用没有多少联系。

按照真空中的波长或频率的顺序，把各种电磁波排列起来，构成了电磁波的谱序列，称为电磁波谱，见表 2.1。由于各频段电磁波的产生方法和探测手段颇为不同，特征和应用又有明显差异，故分频段命名，以示区别。目前，遥感应用的主要波段是紫外线、可见光、红外线、微波，其中 1～1mm 波谱范围（主要是紫外-红外）称为光学波段。星级空间遥感（观测宇宙学）中还用到 γ 射线和 X 射线等。可见光、红外和微波的波谱可进一步细分，表 2.2 列出了其通用波谱划分。需要说明的是，电磁波谱中各个波段的划分界线在不同的专业领域或文献中会略有不同。

表 2.1　　　　　　　　　　　　　　电磁波谱范围

光谱区		频率范围（Hz）	波长	作用类型
宇宙或 γ 射线		（最高频 10^{25}）$>3\times10^{17}$	$<10^{-3}$ nm	原子核
X 射线		$3\times10^{17}\sim3\times10^{13}$	$10^{-3}\sim10$ nm	内层电子跃迁
紫外线	远紫外	$3\times10^{13}\sim1\times10^{12}$	$10\sim300$ nm	电子跃迁
	近紫外	$1\times10^{12}\sim7.5\times10^{11}$	$300\sim400$ nm	电子跃迁
可见光*		$7.5\times10^{11}\sim4.0\times10^{11}$	$400\sim760$ nm	价电子跃迁
红外线	近红外	$4.0\times10^{11}\sim1.2\times10^{11}$	$0.75\sim2.5\,\mu m$	振动跃迁
	中远红外	$1.2\times10^{11}\sim3\times10^{8}$	$2.5\sim1000\,\mu m$	振动或转动跃迁
无线电波	微波	$3\times10^{8}\sim3\times10^{5}$	$0.001\sim1$ m	转动跃迁
	超短波～长波	$3\times10^{5}\sim10$	$1\sim3\times10^{4}$ m	原子核旋转跃迁
	超长波	$10\sim3$（最低频 2×10^{-2}）	$3\times10^{4}\sim\times10^{5}$ m	分子运动，振荡电路

* 可见光的短波端也有定义为 380nm 或 390nm 的，因为眼睛的感光细胞对不同波长电磁波的响应是个逐渐变化的过程。

表 2.2　　　　　　　　　　可见光、红外线与微波细分波谱

光谱区		频率范围（Hz）	波长
可见光	紫	$750\sim698$	$400\sim430$ nm
	蓝	$698\sim667$	$430\sim450$ nm
	青	$667\sim600$	$450\sim500$ nm
	绿	$600\sim526$	$500\sim570$ nm
	黄	$526\sim500$	$570\sim600$ nm
	橙	$500\sim476$	$600\sim630$ nm
	红	$476\sim395$	$630\sim760$ nm

	光谱区	频率范围(Hz)	波长
红外	近红外(NIR)	$3.95 \times 10^8 \sim 3 \times 10^8 M$	$0.76 \sim 1 \mu m$
	短波红外(SWIR)	$3 \times 10^8 \sim 10^8 M$	$1 \sim 3 \mu m$
	中波红外(MWIR)	$10^8 \sim 3.75 \times 10^7 M$	$3 \sim 8 \mu m$
	热红外(TIR)	$3.75 \times 10^7 \sim 2.14 \times 10^7 M$	$8 \sim 14 \mu m$
	远红外(FIR)	$2.14 \times 10^7 \sim 3 \times 10^5 M$	$14 \sim 1000 \mu m$
微波	Ka 波段	$26.5 \sim 40 G$	$0.75 \sim 1.13 cm$
	K 波段	$18 \sim 26.5 G$	$1.13 \sim 1.67 cm$
	Ku 波段	$12.5 \sim 18 G$	$1.67 \sim 2.40 cm$
	X 波段	$8000 \sim 12500 M$	$2.40 \sim 3.75 cm$
	C 波段	$4000 \sim 8000 M$	$3.75 \sim 7.5 cm$
	S 波段	$2000 \sim 4000 M$	$7.5 \sim 15 cm$
	L 波段	$1000 \sim 2000 M$	$15.0 \sim 30 cm$

电磁辐射波谱可以有 4 种表示方法：①频率(ν)：单位 Hz，$1 Hz = 1 s^{-1}$；②波长(λ)：单位在不同波段使用不同的长度单位，在遥感应用中有纳米、微米、毫米、分米、厘米、米等；③波数(η)：单位 cm^{-1}；④角频率(ω)：单位 rad/s，或 s^{-1}。相互关系为

$$\nu = \omega / 2\pi = c / \lambda = c\eta \tag{2.16}$$

2.2 物质的电磁辐射特性

物质与电磁辐射的内在联系是涉及遥感原理的物理基础问题。物质中的分子、原子、电子处于不断的运动中，其运动状态和能量状态与其结构和其他多种因素有关，从而物体的电磁辐射特性就与物质的性质和其他因素有关。因此，电磁辐射是传递物质的多种信息的重要载体。物质的电磁辐射的微观机理和影响因素是十分复杂的。下面我们就物质结构与物质电磁辐射的微观机理和影响物质电磁辐射的其他因素做一简要分析。

2.2.1 原子结构与原子光谱

原子结构由其核外电子数目及其量子化的空间状态决定。核外电子的状态由主量子数 $n(1, 2, \cdots)$、轨道角量子数 $l(0, 1, 2, \cdots, l-1)$、磁量子数 $m(0, \pm 1, \pm 2, \cdots, \pm l)$ 和自旋量子数 $s(1/2, -1/2)$ 决定。每个量子态 (n, l, m, s) 只能容纳一个电子(或任一原子中不允许两个电子具有相同的量子态，即泡利不相容原理)。任何正常原子的电子都处于如下的状态：在不违反泡利原理的条件下，使系统处于能量最低的状态(基态)。因此不同元素的原子具有不同的确定原子结构。基态以外的量子状态称为激化态，激化态是

不稳定的。电子从基态变到激化态（激化）或反之（退激），会吸收或发射具有某种确定频率的光子，形成吸收光谱或发射光谱，即原子光谱。辐射光谱的光子符合波尔频率关系：

$$h\nu = E_1 - E_2 \tag{2.17}$$

式中，h 为普朗克常数；ν 为频率；$E_1 - E_2$ 为电子或系统的能量变化。给定频率的光子的能量（即 $h\nu$）是该频率电磁波的最小能量单元，称为能量子。电磁辐射（发射和吸收）总是以能量子的整数倍进行。

原子从某一激发态跃迁回基态，发射出波长是由式（2.17）所确定的一条光线，而从其他可能的激发态跃迁回基态以及在某些激发态之间的跃迁，都可发射出具有相应波长的光线，这些光线按波长（或频率）形成一个系列（谱），称为原子发射光谱。另外，将一束白光通过某一物质，若该物质中的原子吸收其中某些波长的光而发生跃迁，则白光通过物质后将出现一系列暗线，如此产生的光谱称为原子吸收光谱。因此，原子光谱是由原子核外（主要是外层）电子在能级间跃迁而发射或吸收光子产生的光谱，包括发射光谱和吸收光谱，其能量为几电子伏特至几十电子伏特（eV），相应的光谱处于紫外—可见光—近红外（UV—VIS—NIR）范围。根据原子光谱产生的机理和原子的结构，完全可以对原子光谱进行合理的解释和预测。这说明原子光谱是原子结构的反映，是由结构决定的。光谱和结构之间存在着严格的内在联系。反过来，通过原子光谱也可以了解原子的结构。因此，探测和分析原子光谱可以识别物质中的元素构成，根据谱线的强弱还可以测定元素的含量。基于这一物理原理的光谱分析就是现代物质测试技术中的重要方法。

原子光谱中除了外层电子跃迁产生的较低能量的光谱外，由核外内层电子跃迁可以产生高能量的 X 射线，能量达几十至几百 keV。元素的 X 射线也具有标识谱线。由于核内核子也存在能级，核子的跃迁产生能量更高的 γ 射线，能量在 MeV 级别。不同的放射性元素也有其各自的特征 γ 谱线。

2.2.2　分子结构与分子光谱

分子结构是指构成分子的原子及其在空间上的构型。分子光谱包括发射光谱和吸收光谱。把由分子发射出来的光或被分子所透射的光进行分光，就可得到分子光谱。分子光谱与分子及其内部的原子、电子的运动密切相关。一般所指的分子光谱，所涉及的分子运动的方式主要为分子的转动、分子中原子的振动、分子中电子的跃迁运动等。分子平动的能级间隔大约只有 10^{-18} eV，在光谱上很难反映出来，因此常常将分子的平动能看做连续的。分子的转动是指分子绕质心的旋转运动，其能级间隔较小，相邻两能级差值大约为 $10^{-1} \sim 0.05$ eV（分子的转动能量也是量子化的），当分子由一种转动状态跃迁至另一种转动状态时，就要吸收或发射和上述能级差相应的光。这种光的波长处在远红外或微波区，称为远红外光谱或微波谱。当光谱仪的分辨能力足够高时，可观察到和转动能级差相符的一条条光谱线。分子中的原子在其平衡位置附近小范围内振动，它由一种振动状态跃迁至另一种振动状态发生能量的改变时（振动能量也是量子化的），也要吸收或发射与其能级差相应的光。相邻两振动能级的能量差约为 $0.05 \sim 1$ eV。因此，通常纯振动光谱在近红外和中红外区，一般称红外光谱。由于振动能级差较转动能级差大，又能量是可叠加的，故振动能级差值加上转动能级差值后的能量大小决定光谱的频率。若用仪器记录，则波长范围较宽、分辨率又较低，则分辨不出振动能级差相应的谱线中转动能级的差异，每一谱线呈现一定宽度的谱带，呈带状光谱。

分子中的电子在分子范围内运动（在分子轨道和原子轨道上）。当电子从一种分子轨道（即一种状态）跃迁至另一分子轨道时，吸收或发射光的波长范围在可见、紫外区。由于电子运动的能级差（1~20eV）较振动和转动的能级差大，以及两种能量的叠加，于是实际观察到的是电子-振动-转动共同构成的谱带。由于这种光谱位于紫外光和可见光范围，因而称为紫外-可见光谱。

由于分子的结构不同，所产生的谱带的结构也不同，所以分子光谱是测定和鉴别分子结构的重要实验手段。现代光谱测试技术已经可以测量大多数分子的结构。

2.2.3 物质结构与物质的光谱

物质是由原子、分子组成的，原子、分子的结构基本决定了物质的结构，所以原子光谱和分子光谱携带了物质结构的重要信息。但实际中的物质还具有比分子、原子的简单组合更加复杂的结构和特性，比如物质具有固态、液态、气态三种状态等，其中固体又分为晶体和非晶体。各种物质态的结构特点和能量特点都有不同，因此，物质的实际微观运动远比前述原子、分子运动的简单组合形式要复杂。以固体为例，固体光谱包括了多种能量状态变化：能带间的跃迁，杂质（晶体中掺入的少量其他元素）能级的跃迁，自由载流子（晶体中带电的粒子）的跃迁，激子（相互束缚的电子-空穴对）吸收，色心（晶体中的缺陷中心）吸收，格波吸收（横向光频波对某些波段光谱的吸收），等离子体振荡，等等。这些能级状态的综合效应，使得固体的能级差变得近乎连续分布，从而使固体光谱成为连续光谱并且光谱特征复杂。特别在炽热状态下更是如此，如太阳光谱。

自然界中各种物质态的物体的辐射光谱（包括发射、反射和吸收），除了受物体的内部结构控制外，还受其表面状况和环境因素（如表面形态、粗糙度、温度、湿度等）以及探测尺度的影响（这些因素的影响将在后续内容中介绍）。就物体本身因素而言，影响物体光谱的主要因素在可见光-近红外区间是物质的成分和结构，在热红外区间是物体的温度，而在微波区间则是物体的介电性质。物体对入射电磁波还会发生吸收、透射、再发射以及光化学作用等相互作用。由于遥感是远距离探测，探测器与探测目标之间的大气介质也对探测器所接收到的目标物的光谱产生很大影响（即辐射传输影响），所有这些使得在遥感中对物体电磁辐射的精确定量化分析变得异常复杂。

概括地说，物质的电磁辐射特性与物质本身的物质成分、结构、表面状况及所处环境条件等多种因素有关。电磁辐射与物质本身的成分、结构的内在联系使我们能够借以识别物体性质，与表面及环境条件的联系使我们借以识别物体的形态及其所处环境条件。因此，物质与电磁波相互作用的内在规律是遥感的物理基础。

从上面的分析也可以看出，实验室条件下的光谱测试分析技术与遥感电磁辐射探测分析技术在基本物理原理上相同的。所不同的是，遥感是远距离探测，具有宏观性和大气效应（大气层对辐射传输的影响），又由于是对野外实地目标的探测，故环境干扰因素较多，在对目标物光谱探测的精细程度上后者远不如前者。但遥感多数采取成像方式探测目标，地物的形态分布信息可以提供对光谱信息的重要补充。此外，远距离探测还存在探测单元的尺度不同引起的辐射特性的变化(尺度效应),由此带来电磁辐射的某些物理规律、定理对遥感目标的适用性的变化。因此需要对现有的相关理论进行修正,或研究一些新的理论和分析方法以适应这种变化。这些差别反映了实验室的光谱分析与遥感的光谱分析的目的是不同的:前者是为了精确测量目标的组分、含量和结构等,后者主要为了识别目标的宏观特性或物理量,如目标的类别、形态、温度、湿度、生物参量,等等。对于地球资源和环境的很多问题,需要地面微观测试分析和遥感宏观观测分析相结合才能得到好的解决。

2.3　电磁辐射的传播特性

由于多数遥感器是在距离地面目标很远的地方工作,所探测的地面电磁辐射要经过在大气介质中较长路程的传输过程,在这个过程中,电磁辐射与介质发生相互作用,产生一些与光传播相同的现象,我们将其概括为电磁辐射的传播特性。了解这些特性,对辐射探测方法研究和遥感应用分析都很重要。

2.3.1　干涉

两列或两列以上(离散)的波,因波的叠加而引起传播的交叠区域内振动强度重新分布(加强或削弱)的现象称为波的干涉。干涉现象是波动过程的基本特征之一。电磁波的相干条件与波的一般性相干条件是相同的,即两列波的频率相同、存在相互平行的振动矢量以及相位差稳定。稳定的相位差这一条只对大量微观物体发射的电磁波是必要的。干涉的结果只由产生干涉的波的初始相位差和波程差决定。根据式(2.6)和波的叠加原理,对于同频率同振幅的两列点源相干电磁波,在由 r_1, r_2 所确定的空间点 P 处的电磁波强度为

$$E = \sqrt{E_0^2 \left[\frac{1}{r_1^2} + \frac{1}{r_2^2} + \frac{2}{r_1 r_2} \cos(\boldsymbol{k} \cdot \Delta) \right]} \tag{2.18}$$

式中,$\Delta = \boldsymbol{k} \cdot (r_1 - r_2)$,称为光程差。

电磁波的干涉特性在微波遥感中被利用来高精度测量地面目标的空间坐标或地表变形。

2.3.2　衍射

当波遇到障碍物时偏离直线传播方向的现象称为波的衍射,电磁波同样存在衍射现象。严格来说,衍射不简单是偏离直线传播的问题,其微观过程涉及复杂的干涉效应(即考虑次波的振幅和相位的叠加效应)。正确解释衍射的理论是惠更斯-菲涅耳原理:波前上的每一面元都可以看成是新的振动中心,它们发出次波,在空间某一点的振动是所有这些次波在该点的相干叠加。所以波的衍射可以看成是"连续"分布的相干波源引起振动强度重新分布(加强或削弱)的现象(干涉则是基于有限数目相干波源)。图 2.2 是光波衍射的例子。衍射规律在光学仪器制造、遥感图像解译和光学图像处理中都有应用。

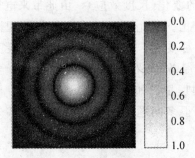

图 2.2　圆孔衍射图(右为亮度)

2.3.3　偏振

偏振是横波特有的特性。电磁波在自由空间传播时,其电场矢量与传播方向垂直,电场矢量的振动在垂直传播方向的平面(波面)内可以有不同的取向(该取向取决于电场矢量的两个相互垂直的分量 E_x,E_y 之间的相位差,见图 2.3)。电磁波的偏振就是指电磁波电场矢量在传播过程中的取向和振动状态。根据电场矢量端点在波面内的轨迹,将偏振分为线偏振、圆偏振和椭圆偏振,如图 2.3(a)、(b)、(c)所示。线偏振是该端点的轨迹为一

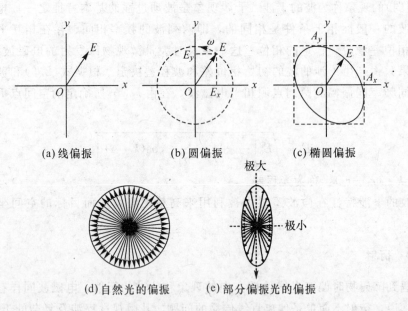

(a) 线偏振　　　　(b) 圆偏振　　　　(c) 椭圆偏振

(d) 自然光的偏振　　(e) 部分偏振光的偏振

图 2.3　电磁波的几种偏振类型

直线。圆偏振是端点轨迹为一圆,它可视为两个互相垂直、振幅相等的线偏振的合成。椭圆偏振是端点轨迹为一椭圆,可视为两个互相垂直、振幅不相等的线偏振的合成,它是偏振状态的一般表达。只能让某个方向的偏振波通过的透明膜片称为偏振片。用一个或两个偏振片可以检测偏振现象的存在。电磁波的偏振性也说明电磁波是横波。自然光是由无限

多不同方向但各向同性的偏振光构成的，部分偏振光是由无限多偏振方向的光构成，但某个方向的振幅有极大值，另外一个方向有不为零的极小值，如图 2.3(d)、(e)所示。由椭圆可知，偏振状态决定于 3 个独立变量：在垂直于波矢的平面内，电场矢量 E 的两个相互垂直的分量 E_p、E_s 以及二者之间的相位差 δ。于是偏振还可用位于振动平面的一组量 $(S_0，S_1，S_2，S_3)$ 定量描述，称为斯托克斯参量，其定义为（推导略）

$$S_0 = E_p^2 + E_s^2,\ S_1 = E_p^2 - E_s^2,\ S_2 = 2E_pE_s\cos\delta,\ S_3 = 2E_pE_s\sin\delta$$
$$S_0^2 \geqslant S_1^2 + S_2^2 + S_3^2 \tag{2.19}$$

式中，E_s，E_p 分别为 E 与入射面垂直的分量和平行分量；δ 为 E_s，E_p 之间的相位差。等号对椭圆偏振成立，不等号对自然光和部分偏振成立。由斯托克斯参数可以定义一个偏振度 p，即

$$p = \frac{\sqrt{S_1^2 + S_2^2 + S_3^2}}{S_0} \tag{2.20}$$

非偏振光偏振度 $p=0$，偏振光 $p=1$，部分偏振光 $0<p<1$。反射光的偏振与反射面的光滑程度有关，越光滑偏振度越大，反之越小。

偏振现象在微波遥感中称为极化，是微波遥感的一个重要参数。最近 10 多年来，光学波段的偏振成像也出现了很多的研究。这是因为同一目标的不同偏振状态电磁辐射，携带了不同的信息，因此在遥感中有重要意义。

2.3.4　反射、折射、透射

电磁波在通过两种介质界面传播时，会产生传播方向、能流分配、相位和偏振状态等的变化，这些现象包括反射、折射、透射、散射、吸收等。散射和吸收将在后面详细论述。反射是电磁波遇到比自身波长大的界面时部分或全部从界面上返回原介质的现象。折射是电磁波入射到另一种介质表面，进入该介质的电磁波改变传播方向的现象。透射是电磁波穿透介质的现象。电磁波在界面上的传播遵守反射定律和折射定律。菲涅耳给出了给定介质下电磁波的反射电矢量强度（振幅）、折射电矢量强度（振幅）与入射电矢量强度（振幅）的关系，即菲涅耳公式（图 2.4），并可由此得到忽略吸收影响的（强度）反射系数和（强度）透射系数的表达式：

$$\begin{cases} r_{\perp} \equiv \left\{\dfrac{E_r^{\perp}}{\widetilde{E_i^{\perp}}}\right\}_{\perp} = -\dfrac{\sin(\theta_i - \theta_t)}{\sin(\theta_i + \theta_t)} \\[2ex] t_{\perp} \equiv \left\{\dfrac{E_t^{\perp}}{\widetilde{E_i^{\perp}}}\right\}_{\perp} = +\dfrac{2\sin\theta_t\cos\theta_i}{\sin(\theta_i + \theta_t)} \\[2ex] r_{\parallel} \equiv \left\{\dfrac{E_r^{\parallel}}{\widetilde{E_i^{\parallel}}}\right\}_{\parallel} = +\dfrac{\tan(\theta_i - \theta_t)}{\tan(\theta_i + \theta_t)} \\[2ex] t_{\parallel} \equiv \left\{\dfrac{E_t^{\parallel}}{\widetilde{E_i^{\parallel}}}\right\}_{\parallel} = +\dfrac{2\sin\theta_t\cos\theta_i}{\sin(\theta_i + \theta_t)\cos(\theta_i - \theta_t)} \end{cases} \tag{2.21}$$

式中，$r_{\perp}$，$r_{\parallel}$ 分别代表垂直和平行入射面的反射系数；$t_{\perp}$，$t_{\parallel}$ 分别代表垂直和平行透射系数。

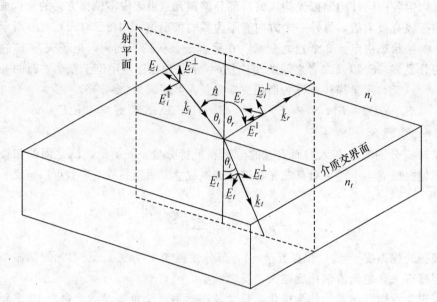

图 2.4　菲涅耳公式各量的图示

在遥感中经常用到与反射、透射有关的两个概念是反射系数和透射系数。反射系数和透射系数可以用电磁波的不同测量物理量来定义，它们是振幅反射（透射）系数、光强反射（透射）系数和能流反射（透射）系数，并且这些定义之间是有差异的。不论采用何种物理量，都是用反射（透射）量与入射量的比来定义。遥感中所用的反射系数和透射系数概念，是用反射（透射）电磁辐射通量密度与入射电磁辐射通量密度的比来定义的，与光强反射（透射）系数一致。光强反射量中平行入射面的分量（图 2.4 中的 $E_r^{\parallel}$）为零时，所对应的入射角称为布儒斯特角。由于反射光和折射光在平行入射面和垂直入射面的分量的反射系数和折射系数通常不同，反射光和折射光都会改变原有入射光的偏振状态，在布儒斯特角时的反射光总是线偏振的（称为全偏振角或起偏角）。还要强调一点，就是反射系数、透射系数和折射角都是波长的函数。

2.3.5　多普勒效应

多普勒效应是指由于波的接收器与波源之间的相对运动而引起接收到的波的频率发生变化的现象。

$$\nu' = \nu \, \frac{1 + \dfrac{v}{V}}{1 - \dfrac{u}{V}} \tag{2.22}$$

式中，V 为波的传播速度；ν, ν' 分别为发射波本身的频率和接收到的产生了多普勒效应的频率；u, v 分别为波源和接收器的运动速度。

电磁波的多普勒效应公式由相对论给出：

$$\nu' = \nu \sqrt{\frac{1 + \beta}{1 - \beta}}, \quad \beta = \frac{v}{C} \tag{2.23}$$

式中，v 是电磁波振源的运动速度；C 是电磁波在所处介质中的传播速度。当振源与接收器相向运动时 v 取正值，相离运动时取负值。

多普勒效应的结果是振源与接收器相向运动时，接收器收到的频率增高，即波长向短波方向(习惯用蓝波段代表)移动，称为"蓝移"；相离运动时，收到的频率降低，即波长向长波方向(习惯用红波段代表)移动，称为"红移"。宇宙学中天体的"红移"现象是宇宙膨胀的重要证据之一。"蓝移"在卫星通信和定位中有应用。

在遥感中，多普勒效应在合成孔径雷达方面有重要应用。

2.3.6　色散效应

色散是电磁波在介质中的传播速度(也即折射率 $n = c/v$)随波长 λ 而变化的现象。著名的色散实验是牛顿(1672)首先利用三棱镜的色散效应将日光分解为彩色色带(图 2.5)。通过棱镜的出射光线与入射光线方向的夹角称为偏向角。偏向角与棱镜的折射率和形状(三角形顶角 α 的大小)有关。将某种介质中电磁波的波长与折射率的关系画成的曲线，称为该种介质的色散曲线。各种介质的色散曲线是不同的。利用介质将电磁辐射分离成单色电磁波是分光的重要手段之一，也是遥感中进行多光谱探测的重要技术。

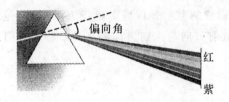

图 2.5　日光通过三棱镜的色散

2.3.7　散射效应

在不均匀介质中(存在微粒质点、分子涨落等)，电磁辐射向与原来传播方向不同的其他方向分散的现象称为散射(图 2.6)。当光线通过均匀透明的玻璃时，在光线以外的方向我们看不到它，因为光是直线传播。散射必然减少透射方向传播的电磁能量。在对地遥感

图 2.6　散射现象

中，电磁辐射要通过厚厚的大气层，产生严重的散射。因此散射是遥感中的一个非常重要的概念。

散射的成因与介质的不均匀性有关。这里的均匀性是相对入射电磁波的波长而言的统计平均。例如，从微观尺度（10^{-8} cm）看，任何物质都由分子、原子组成，因而无均匀性可言，但从光的波长尺度（10^{-5} cm）看，在该尺度上物质不会有光学特性的明显差异，因此它相对光来说是均匀的。介质的不均匀性可以由胶体（如大气中的气溶胶）、烟、雾、灰尘等悬浮质点导致，也可以由分子热运动造成的密度局部涨落产生。后者引起的散射称为分子散射。电磁波作用在介质上时，将激起其中的电子作受迫振动而发出次波。理论上可以证明，当介质是均匀的，在入射电磁波传播方向以外的方向，由上述次波引起的相干叠加的结果是振动完全抵消，从而不产生散射现象。而当介质不均匀时，也即在波长尺度上的相邻介质小块之间存在电磁学性质（如介电常数、折射率等）的差异时，入射电磁波传播方向以外的方向上，次波引起的相干叠加不能相互抵消，于是产生散射现象。

散射体周围各方向的散射强度一般并不是均匀分布的。散射强度随散射方向与入射电场方向或入射电场传播方向的夹角而变化，称之为散射强度的角分布，各量的空间几何关系见图 2.7。可以证明，单列电磁波的散射强度角分布如图 2.8(a)所示，其中 Θ 是散射方向与入射电场方向的夹角。实际中的电磁波是由很多单列波组成，其相位、偏振都不相同，如自然光。这样的电磁波的散射强度应对电场方向在 2π 范围取平均，其角分布如图 2.8(b)所示，其中，θ 是散射方向与入射方向的夹角，称为散射角[17]。

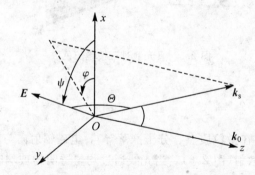

图 2.7　入射电场（$\boldsymbol{E}$）、波矢（$\boldsymbol{k}_0$）和散射波矢（$\boldsymbol{k}_s$）的空间关系[17]

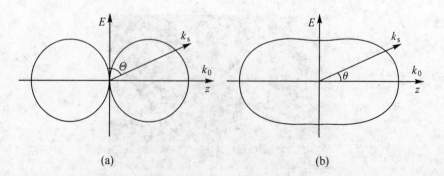

图 2.8　单列电磁波和复合多列电磁波的散射角分布[17]

瑞利研究了粒径比光的波长小很多的细微质点的散射问题。这些微粒在电场作用下只产生电偶极矩，且其辐射可近似于不相干的。而偶极振子的辐射场强正比于其频率的平方，因而辐射功率正比于频率的四次方。因此，瑞利提出微粒尺度比波长小是产生的散射的强度，与波长的四次方成反比的定律，称为瑞利定律。线偏振的单列电磁波的瑞利散射强度（I 等于电场强度的平方）公式为[23]

$$I_s(\Theta) = E^2(\Theta) = \frac{(2\pi)^2}{\lambda^4 R^2}(n-1)^2 \frac{V}{N_1} I_0 \sin^2\Theta \tag{2.24}$$

复合电磁波（自然光）的瑞利散射强度公式为（需要对图 2.7 中的 ψ 求 2π 范围的平均）：

$$I_s(\theta) = E^2(\theta) = \frac{(2\pi)^2}{2\lambda^4 R^2}(n-1)^2 \frac{V}{N_1} I_0 (1+\cos^2\theta) \tag{2.25}$$

式中，R 为离散射体中心的距离；N_1 为单位体积内的分子数；V 为散射体体积；I_0 为入射波的强度；n 为散射体的折射率；λ 为波长。将上式对 4π 空间积分，则可得到两种情况下的总散射强度。

粒径大小与波长可比拟的微粒引起的散射，也可看做它们的衍射。事实上，从散射到反射是随介质中微粒尺度而变的一个连续过程。当微粒尺度增大到比波长大许多时，就产生了几何上的反射和折射现象了。当某个波长区间的所有电磁波波长都远小于微粒质点时，这些波长的电磁波就无选择地被反射。这也就是白云之所以呈白色的原因。

米（G. Mie）和德拜（P. Debye）以球形质点为模型，详细研究了电磁波的散射，用 $k_a = 2\pi a/\lambda$ 表征微粒尺度（球半径 a）与波长尺度（λ）的关系。他们指出，只有 $k_a < 0.3$ 时瑞利定律才成立。微粒尺度与波长尺度对散射几率的关系可以用图 2.9 表示。一般将微粒尺度远小于波长尺度的散射称为瑞利散射，将二者尺度相当的散射称为米氏散射，而将前者远大于后者的散射则称为无选择性散射（反射）。米氏散射的经典模型是球形粒子模型。从麦克斯韦方程出发，导出了严格的数学解。由于内容比较复杂，本书不做详细介绍。非球形粒子特别是不规则的粒子，难以得到解析解。通常采用数值近似算法求解。简言之，米氏散射的散射强度与波长的二次方成反比，且前向（与入射电磁波传播方向一致）散射较强，后向散射较弱。图 2.10 表示的是瑞利散射到米氏散射的角分布变化。

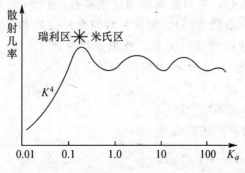

图 2.9　瑞利散射和米氏散射与波长的关系[17]

在给定入射电磁波方向和强度的条件下，除了散射电磁波的强度随空间的取向变化

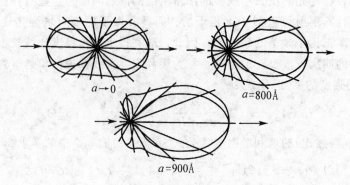

图 2.10　米氏散射的角分布(a 为散射微粒半径)

外,其偏振状态也随空间的取向变化。如果散射体因分子振动而影响分子的极化率,则所产生的散射波的频率也会发生变化。实际情况是散射波中有与原来入射波同频率的散射,还有由分子振动引起的其他频率的散射波,这就是喇曼散射和布里渊散射。此外,由光子与电子的弹性碰撞引起的康普顿散射也包含有不同频率的散射波(康普顿效应)。瑞利散射不改变散射电磁波的频率。

2.3.8　吸收效应

电磁波的强度随穿过介质的距离而减小的现象称为介质对电磁波的吸收。除真空以外的任何介质都对电磁波有吸收效应。这里吸收效应包括电磁能被吸收后转换为热能的真吸收和被介质中的不均匀分布微粒的散射引起的损失,有时称为广义吸收或消光。若无散射存在,则广义吸收等于真吸收。

研究表明,在电磁波强度的很大变化范围内,电磁波强度的衰减量($\mathrm{d}I_x$)与在均匀介质中所通过的距离($\mathrm{d}x$)成线性关系(图 2.11):

$$-\mathrm{d}I_x = \beta I_x \mathrm{d}x \qquad (2.26)$$

式中,β 与电磁波强度无关而与介质有关,称为该介质的广义吸收系数或消光系数或衰减系数,有时候简称为吸收系数(但为了与真吸收相区别,称为消光系数为好)。吸收系数与介质性质和辐射的波长有关。根据上述线性微分关系,经积分就得到 $x=l$ 时电磁波强度(I)与初始强度(I_0,即 $x=0$ 时的 I)的关系式:

$$I = I_0 \mathrm{e}^{-\beta l} \qquad (2.27)$$

这个关系式称为布格尔定律或朗伯定律。

当 β 是距离 x 的函数时,上式变成

$$I = I_0 \exp\left[-\int_0^l \beta(x)\mathrm{d}x\right] \qquad (2.28)$$

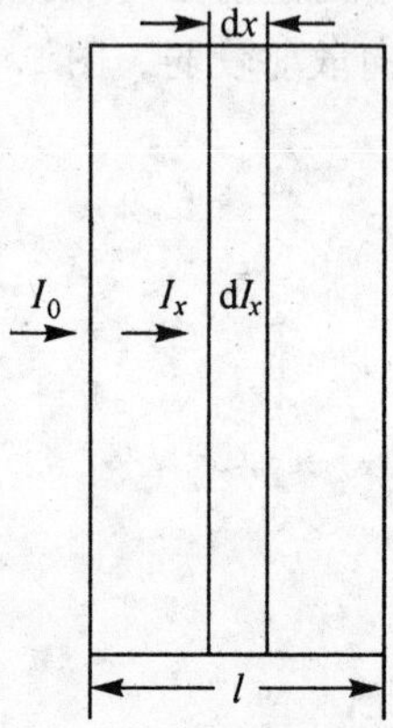

图 2.11　介质吸收

称

$$\tau = \int_0^l \beta(x)\mathrm{d}x \qquad (2.29)$$

为介质从 0 到 l 区间的光学厚度。

　　实验还证明，在溶质浓度为 ρ 的溶液中，光的消光系数 β 与浓度成正比，即 $\beta = K\rho$。K 是一个与浓度无关的物质常数，称为质量消光系数（故与此相对的 β 也称体积消光系数）。此时有：

$$I = I_0 e^{-K\rho l} \tag{2.30}$$

　　上式称为比尔定律。它表明，光经过介质时，实际上只与光路中吸收光能的分子数成正比。这也是利用吸收光谱分析溶液浓度的物理原理。

　　另外，注意这里的衰减系数与后面在辐射场中将要介绍的物质的吸收率、吸收系数概念的定义是有所不同的。这里衰减系数 β 的物理含义是：β^{-1} 表示电磁波强度因广义吸收而减到原来的 $\beta^{-1} \approx 36.79\%$ 时所穿过介质的厚度（这个厚度又称为趋肤深度）。趋肤深度与介质的性质和辐射的波长有关。对波长来说，波长越长，趋肤深度越大。

　　介质对电磁波的吸收效应还分为普遍吸收（无选择性吸收）和选择吸收。普遍吸收是指对各种波长的电磁波的吸收程度几乎相等，选择吸收则是指对某些波长的吸收特别强烈。对整个电磁波谱波长范围内的电磁波都严格地普遍吸收的介质是不存在的，只有对某些波长区间的普遍吸收。更多的则是选择吸收，太阳大气和地球大气就是一个明显的例子。选择性吸收的波长位置和吸收强度与物质成分紧密相关，对太阳大气成分的确定就是通过分析太阳光谱中的吸收线（称为夫朗禾费线）获得的。因此，吸收是遥感物理基础中最重要的概念之一。

2.4　电磁辐射的物理和化学效应

　　前面所讨论的电磁波的传播特性主要是关于介质对电磁辐射传播的影响，它对利用电磁波来探测和分析目标是很重要的。电磁辐射作用于物质时，会引起物质产生物理的或化学的变化，称为电磁辐射的物理效应和化学效应。它是传感器探测电磁辐射的物理基础。了解这些原理对于了解遥感的技术原理和过程十分有益，本节将简要介绍遥感中涉及的这些基本效应及相关知识。

2.4.1　光电效应

　　当光照射在半导体表面时，产生自由运动电子的现象称为光电效应。有的半导体中，电子可以完全逸出半导体表面（称为光电子），这样的光电效应称为外光电效应（或发射效应）。内光电效应则是当光照射在某些半导体材料上时，光被吸收后，产生的光电子只在物质的内部运动而不逸出表面。内光电效应又分为光电导效应和光生伏特效应。光电导效应是在物质内部激化出导电的载流子（电子-空穴对），从而使得半导体的导电性显著增加。光生伏特效应是由于光生载流子的运动所造成的电荷积累，使得材料两面产生一定的电位差（光电动势）。

　　图 2.12 是利用外光电效应的一个简单器件——光电管。图中，A 为阳极，K 为阴极。K 表面上涂有感光金属层。玻璃容器中抽空或充填惰性气体。当没有光照射 K 时，电路中无电流通过，当有光照射时，就产生电流。这个电流就是由阴极 K 在光照射下发射电

子,并在电场作用下飞向阳极 A 所致,称为光电流。

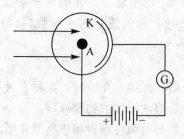

图 2.12 光电管

光电效应有如下一些规律:①光强一定时,光电流随两端电压增大而增大,但光电流会趋近一个饱和值(称为饱和光电流)。饱和光电流值与光强和光通量成正比(斯托列托夫定律)。这说明,单位时间内,阴极发出的光电子数与入射光强成正比;②用反向电压做实验分析发现,光电流只在某个不为零的反向电压下才被完全遏止,且此电压与光强无关,这说明光电子具有初速且存在一个初速上限;③完全遏止光电流的那个反向电压值与入射光的频率成线性关系,即发射光电子的最大动能随入射光频率的增高而线性地增大,而与入射光的光强无关(爱因斯坦定律)。当光的频率低于某个值时,无论光强多大也不再发生光电效应(这个值称为截止频率)。说明入射光对光电效应的产生有一个频率或波长的限制,这个限制称为红限,即波长大于该红限的电磁波不能产生光电效应。红限是阴极上感光物质的属性,也与光强无关;④从光照射到阴极到产生光电子的时间称为弛豫时间。实验表明,无论光强怎样微弱,感光物质的弛豫时间不超过 3×10^{-13} 秒,这决定了外光电效应具有很高的频率响应特性。

斯托列托夫定律是用光电探测器件进行光度测量、光电转换的依据,是理解很多类型的遥感探测器的基础。由于不同的光电效应材料对光辐射的频率都很敏感,故光电探测器件对光辐射的频率选择性好。另外,由于材料的光电效应的弛豫时间极短,因而探测器件的响应速度快。这些特点对遥感、特别是航天遥感是十分有益的。可用于辐射测量的光电半导体材料有很多种,如硅、硫化铅、锑化铟、碲镉汞等,它们的频率响应特性都有所不同。

2.4.2 光热效应

某些物质在受光照后,由于吸收光能引起温度的变化,进而导致材料性质的变化,这种现象称为光热效应。在光电效应中,光子的能量直接转换为光电子的能量,而在光热效应中,光能量与晶格相互作用,使其振动加剧导致温度升高。根据光热效应的具体方式,可将其分为下述几种类型:

1. 热释电效应

极性介质的极化强度随温度变化而改变,引起表面电荷变化的现象称为热释电现象。晶体可以分为极性晶体和非极性晶体。极性晶体在工作温度下自发极化,在垂直于极化方向的两个表面上出现大小相等、符号相反的束缚电荷(图 2.13(a))。束缚电荷密度等于自极化强度。在外电场作用下，可以维持极化状态。但撤销外电场后，束缚电荷容易被自由电荷中和，这个中和过程一般需要数秒甚至更长的时间完成。在温度升高时，电偶极子的运动加剧，自极化强度也随之降低（电偶极子呈无规排列的程度增加），表面电荷数减少（热释电名称的来源），如图 2.13(b) 所示。由温度增加而减少表面电荷的弛豫过程只需 10^{-12} s 左右。在此弛豫时间内，由非温度变化引起的电荷中和作用影响极小。极化强度的变化与温度成比例关系，因此，可以通过检测电荷变化来探测温度。温度高到某个数值时，极化现象消失，产生相变，这个温度称为居里温度。因此用热释电效应探测给定材料的温度有一个温度的限度。具有热释电效应的重要晶体有：TGS（硫酸三甘肽）、SBN（铌酸锶钡）、$LiTaO_3$（钽酸锂）和 $BaTiO_3$（钛酸钡）等。

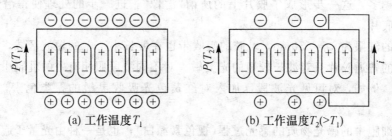

(a) 工作温度 T_1　　　　　　(b) 工作温度 $T_2(>T_1)$

图 2.13　热释电效应

2. 测辐射热计效应

入射光的照射使材料由于受热而造成电阻率变化的现象称为测辐射热计效应。与光电导效应不同，这里电阻率的变化是由温度引起的。半导体材料的电阻与温度的关系具有指数形式：

$$R = R_0 \mathrm{e}^{B\left(\frac{1}{T} - \frac{1}{T_0}\right)} \tag{2.31}$$

式中，R 为温度为 T 时的电阻；R_0 为温度为 T_0 时的电阻，B 为常数（典型值为 3000K）。因此，通过电阻值的测量可以探测光强。

基于光热效应的辐射探测器件取决于材料受光辐射产生的温度变化，而材料的温度变化仅取决于光功率或其变化速率，与入射光的频率关系不大，所以热探测基本上属于无选择性探测，对频率的分辨率不高。此外，热效应具有累计特性，与探测器件的热容量和散热性能有关，因此热探测的响应时间较长，达到毫秒数量级。

2.4.3　光化学效应

物质在光的作用下产生化学反应的现象称为光化学效应或光化学反应，简称光化反应。光化反应很普遍，如衣服褪色现象是染料分子在光的作用下分解，照相机乳胶感光是溴化银在光的作用下分解，植物绿叶中二氧化碳在光的作用下分解，视细胞中视色素在光子作用下发生光分解（漂白），等等。

在光化反应中，光也呈现明显的量子特性。参与光化反应的物质量(M)与光通量(Φ)和光照时间 t 的乘积成正比，即与光能成正比：$M = k\Phi t$，k 是与物质性质有关的比例常数。这个规律与光电效应中光电流与光通量成正比是一致的。在光化反应中，每一种光化反应都有光的一个频率极限 ν_0(也称红限)，低于此频率的光，无论光强多大，也不能产生光化反应。因为物质分子要产生化学反应需要一定的能量 D，称为激活能。只有存在一个满足 $h\nu > h\nu_0 = D$ 的光子时，才具备光化反应的必要条件。光化反应的另一个条件是入射频率 ν 要处在反应物质的吸收带内。当 ν 不处在物质吸收带时，可加入另一种使 ν 处于其吸收带中的物质(称为光敏化剂)后，光化反应可以进行。绿叶中二氧化碳在光作用下的分解就是以叶绿素作为光敏化剂的。

下面讨论一下乳胶感光的光化反应，以此为例。在光的作用下，乳胶中溴化银颗粒上分解出金属银。这是离子性分子 Ag^+Br^- 在光的作用下发生光电效应，从 Br^- 中激出电子，又被 Ag^+ 中和而成：$Ag^+Br^- + h\nu \rightarrow Br + e^- + Ag^+ \rightarrow Br + Ag$。入射光强越大，析出的银颗粒就越多，这一步形成了胶片上的所谓"潜像"。进一步的处理使得潜像加强、稳定，就得到底片。

溴化银的红限为 $\lambda_0 = 550$nm，乳胶的吸收带也在波长小于 λ_0 的短波区域，就是说，纯溴化银乳胶的普通胶片只对波长较短的光灵敏。对不同波段照相有效的乳胶中要添加不同的光敏化剂。例如，对可见光波段，加入对红黄色光吸收灵敏的氰类色素，得到"全色片"。

人眼视细胞中的感光物质的感光过程(视色素漂白)，也是一种由光量子起作用的光学现象，它也有频率限制，这就是波长为 $380 \sim 760$nm 的可见光区间。

光化学效应既是电磁辐射摄影探测的物理基础，也是环境遥感(如植物光合作用、碳循环等)研究中需要了解的环境过程的物理化学机理，因此对遥感有重要的意义。

2.5 电磁辐射的度量

为了定量地描述辐射场以及它与物体间发生的各种能量转移过程，有必要引入若干物理量。在电磁辐射的度量中有两种系统，一是研究光的强度的学科，称为光度学，二是研究各种电磁辐射度量的学科，称为辐射度学。从度量的对象而言，光度学是辐射度学里的一个特殊部分。鉴于人眼仍然是接收可见光信息的"常用仪器"，并且其他波段的电磁辐射往往也需要转换为"可见光"才能为人眼所接收和分析(遥感中的目视解译就是例子)，故光度学知识对学习遥感是必要的。

2.5.1 辐射度的基本物理量

1. 辐射能 Q_e

辐射能是以辐射形式发射、传播和接收的能量，单位是焦耳(J)。辐射能可以转换为电能、热能等其他形式的能量。

2. 辐射通量 Φ_e

辐射通量是单位时间内发射、传播或接收的辐射能，是辐射能对时间的变化率，又称为辐射功率，单位为瓦(W)，即焦耳/秒(J/s)。辐射通量是辐射度学最基本的辐射量。

$$\Phi_e = \frac{dQ_e}{dt} \tag{2.32}$$

单位面积上的辐射通量称为辐射通量密度。

3. 辐射强度 I_e

辐射源的尺度大小对于观测者来说可以忽略不计时，称为点辐射源，尺度大小不可以忽略的辐射源称为面辐射源。辐射强度是点辐射源在给定方向上单位立体角内的辐射通量（立体角定义为一定大小的球面积除以该球半径的平方，记为 sr），如图 2.14(a)所示。对于面辐射源来说，可以理解为，其上一面元的辐射强度是面元中心点在给定方向上单位立体角内的辐射通量，即面元上所有点贡献到中心点该方向上单位立体角内的辐射通量的和，如图 2.14(b)所示。辐射强度的单位为瓦/球面度（W/sr）。

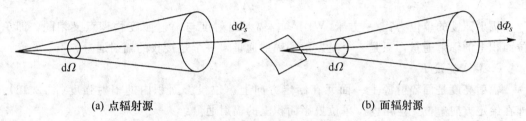

(a) 点辐射源　　　　　　　　　　(b) 面辐射源

图 2.14　辐射源的辐射强度

$$I_e = \frac{\mathrm{d}\Phi_e}{\mathrm{d}\Omega} \tag{2.33}$$

给定辐射源的辐射强度一般是方向的函数。此时，在给定立体角 Ω 内的总辐射通量 Φ_e 用辐射强度 I_e 对立体角 Ω 积分（图 2.15）：

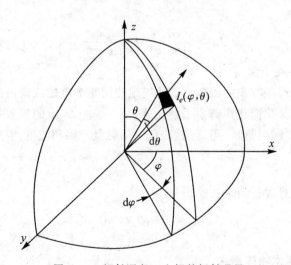

图 2.15　辐射源向 Ω 空间的辐射通量

$$\Phi_e = \int_{\Omega} I_e(\varphi,\theta)\mathrm{d}\Omega = \iint_{\Omega} I_e(\varphi,\theta)\sin\theta\mathrm{d}\varphi\mathrm{d}\theta \tag{2.34}$$

4. 辐射出射度 M_e

辐射出射度是面辐射源表面单位面积上发射(或反射)出的辐射通量(向 2π 立体角空间)：

$$M_e = \frac{\mathrm{d}\Phi_e}{\mathrm{d}S} \tag{2.35}$$

辐射出射度的单位为瓦/平方米($\mathrm{W/m^2}$)。

5. 辐射照度 E_e

辐射照度为照射在物体表面单位面积上的辐射通量，即

$$E_e = \frac{\mathrm{d}\Phi_e}{\mathrm{d}A} \tag{2.36}$$

辐射照度的单位为瓦/平方米($\mathrm{W/m^2}$)。辐射出射度与辐射照度物理意义相同，即单位面积上的辐射通量，只是一个是发射的辐射通量，一个是接收的辐射通量。

6. 辐射亮度 L_e

辐射亮度是面辐射源上一面元在给定方向上单位投影面积内的辐射强度(图 2.16)，即在给定方向单位立体角内、单位投影面积上的辐射通量：

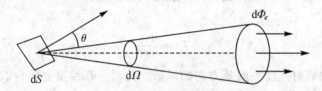

图 2.16　辐射源的辐射亮度

$$L_e = \frac{\mathrm{d}I_e}{\mathrm{d}S\cos\theta} = \frac{\mathrm{d}^2\Phi_e}{\mathrm{d}\Omega\mathrm{d}S\cos\theta} \tag{2.37}$$

7. 辐射量的谱密度 $X_{e\lambda}$

上述所有辐射量都是波长的函数。若笼统地使用整个电磁波谱内的总辐射量，有时不能满足分析上的要求。我们往往需要了解在波长 $\lambda \sim \lambda + \Delta\lambda$ 上的辐射量特征，这就是辐射量的谱密度(或称光谱辐射量)。用 X_e 代表任一辐射量，则相应的谱密度为(带下标 λ)：

$$X_{e\lambda}(\lambda) = \frac{\mathrm{d}X_e}{\mathrm{d}\lambda} \tag{2.38}$$

总辐射量值则是对波长的求和或积分：

$$X_e = \int_0^\infty X_{e\lambda}(\lambda)\,\mathrm{d}\lambda \tag{2.39}$$

2.5.2　光度的基本物理量

光度的基本物理量与辐射基本物理量完全对应，但光度物理量是从人的视觉感受能力出发对可见光进行度量，因此，它与辐射量的区别有二：一是光度量要考虑人眼对光的响应能力(亮度的主观感觉)，二是只针对可见光(由下述的视见函数所限定)。

人眼对光的明暗感觉随波长的变化而不同，却一般很难定量测量这种明暗感觉。但是

对两种波长的光刺激，人眼能相当精确地比较它们的明暗感觉。通过对大量具有正常视力的观测者所做的实验表明，在较明亮的环境中（明视觉），人的视觉对 555nm 的绿光最敏感，于是，可以以 555nm 波长的绿光作为比照来测量人对其他波长的光的敏感性，方法是：设任一波长为 λ 的光和波长为 555nm 的光，产生同样明暗感觉的辐射通量分别为 $\Phi_{e\lambda}$ 和 $\Delta\Phi_{e555}$，定义后者与前者的比作为人眼对 λ 波长的光的敏感性度量，称为视见函数，即

$$V(\lambda) = \frac{\Delta\Phi_{e555}}{\Delta\Phi_{e\lambda}} \tag{2.40}$$

例如，设若要引起与 1mW 的 555nm 绿光的相同亮暗感觉，对 400nm 紫光需 2.5W，则 400nm 紫光的视见函数值为

$$V(400\text{nm}) = \frac{0.001}{2.5} = 0.0004$$

实际上，在 400～760nm（可见光）波长以外的电磁波的视见函数值趋近于零，故那些电磁辐射是不可见的（本质上是由视色素的吸收率引起的）。

还要指出，视见函数在明亮视觉环境和昏暗视觉环境（暗视觉）下稍有差异。图 2.17 是明（右边的曲线）、暗（左边的曲线）两种环境下的视见函数，分别称为适光性视见函数和适暗性视见函数。从图中可见，暗视觉条件下视见函数的极大值向短波方向移动。造成明视觉环境和暗视觉环境下两种不同视见函数的原因，是在这两种环境下人眼分别由两种不同的感光细胞接收光刺激的。

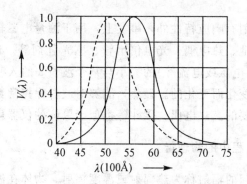

图 2.17　视见函数曲线

光度量中最基本的量是光通量（Φ_v）。光通量是人眼在单位时间内接收（吸收）到的光能的多少，显然，它与进入眼睛的辐射通量和视见函数的乘积成正比，即

$$\Delta\Phi_{v\lambda} \propto V(\lambda)\Delta\Phi_{e\lambda}$$

$$\Phi_v \propto \sum_\lambda V(\lambda)\Delta\Phi_{e\lambda} = \sum_\lambda \lim_{\Delta\lambda\to 0} V(\lambda)\Delta\Phi_{e\lambda}(\lambda)\Delta\lambda = \int V(\lambda)\Delta\Phi_{e\lambda}(\lambda)\mathrm{d}\lambda$$

$$\Phi_v = K_M\int V(\lambda)\Delta\Phi_{e\lambda}(\lambda)\mathrm{d}\lambda \tag{2.41}$$

式中，K_M 称为最大光功当量（即 555nm 的辐射通量转换为相应的光通量的转换常数），在光通量单位为流明、辐射通量单位为瓦时，$K_M = 683$ lm/W。

其他光度量都是以光通量为基础建立的。由此可见，所有光度量转换为对应的辐射量

时，都要考虑相应的视见函数值。表 2.3 是辐射度量与光度量的对应表。

表 2.3 **辐射度量和光度量之间的对应表**

辐射度系统参量				光度系统参量			
名称	符号	定义	单位	名称	符号	定义	单位
辐射能	Q_e		焦耳(J)	光能	Q_V	$= \Phi_V t$	流明·秒(lm·s)
辐射通量 (辐射功率)	Φ_e	$= \dfrac{d\Phi_e}{d_t}$	瓦特(W)	光通量 (光功率)	Φ_V	$= \dfrac{dQ_V}{d_t}$	流明(lm)
辐射强度	I_e	$= \dfrac{d\Phi_e}{d\Omega}$	$\dfrac{瓦特}{球面度}\left(\dfrac{W}{sr}\right)$	发光强度	I_V	$= \dfrac{d\Phi_V}{d\Omega}$	坎德拉(cd)
辐射出射度	M_e	$= \dfrac{d\Phi_e}{ds}$	$\dfrac{瓦特}{米^2}\left(\dfrac{W}{m^2}\right)$	光出射度	M_V	$= \dfrac{d\Phi_V}{ds}$	$\dfrac{流明}{米^2}\left(\dfrac{lm}{m^2}\right)$
辐射亮度	L_e	$= \dfrac{d^2\Phi_e}{d\Omega dS\cos\theta}$	$\dfrac{瓦特}{球面度·米^2}$ $\left(\dfrac{W}{sr·m^2}\right)$	光亮度	L_V	$= \dfrac{d^2\Phi_V}{d\Omega dS\cos\theta}$	$\dfrac{坎德拉}{米^2}\left(\dfrac{cd}{m^2}\right)$
辐射照度	E_e	$= \dfrac{d\Phi_e}{dA}$	$\dfrac{瓦特}{米^2}\left(\dfrac{W}{m^2}\right)$	光照度	E_V	$= \dfrac{d\Phi_V}{dA}$	勒克司(lx)

除了人眼对电磁辐射有响应特性外，事实上，用于测量电磁辐射的所有仪器都有一个响应特性问题，如光电池、热电偶、光电倍增管、感光乳剂等。仪器的光谱响应 R_λ 定义为检测仪器的输出讯号(电压或电流等)的大小与某个波长 λ 的入射辐射功率之比。一般仪器的光谱响应是随波长变化而变化的。显然，能够对波长保持常数或近于常数的响应特性的仪器是辐射测量所必要的。热电偶、碳斗等类似于黑体的仪器就是这样的仪器。

2.5.3 辐射交换过程中的物理量

由物体的温度而引起的辐射称为热辐射或温度辐射。物体在温度大于绝对零度的条件下，都会向周围空间辐射电磁波。物体的热量总是从高温流向低温，热辐射即是物体之间传递热量的三种重要方式之一(其他两种是对流和传导)。因此，在物体与物体之间总是存在一定的辐射场。每个物体通过发射与吸收辐射的过程与周围辐射场交换能量。在非平衡状态下，温度较高的物体辐射失多得少，温度较低的物体则得多失少，在没有外来能量介入的情况下，最后物体之间达到均匀温度分布的平衡态。度量物体在辐射交换过程中能量变化的物理量有发射本领、吸收本领等。

1. 辐射本领 $M_\lambda(\lambda, T)$

辐射本领是物体表面在单位波长单位面积内所发射的辐射通量，即

$$M_\lambda(\lambda, T) = \frac{d\Phi_e}{d\lambda dS} \tag{2.42}$$

辐射本领的单位为瓦/(微米·平方米)(W/(μm·m²))。也有将单位面积上整个波长

范围内的辐射通量定义为辐射本领的,这时只要将上式对波长积分即可,单位则为瓦/平方米(W/m^2)。

2. 吸收本领 $\alpha(\lambda,T)$

吸收本领是波长在 λ 至 $\lambda+\Delta\lambda$ 之间,被物体所吸收的辐射通量 $d\Phi_e^a(\lambda)$ 和照射在物体上的辐射通量 $d\Phi_e(\lambda)$ 的比值,为无量纲量,即

$$\alpha(\lambda,T)=\frac{d\Phi_e^a(\lambda)}{d\Phi_e(\lambda)} \tag{2.43}$$

3. 反射本领 $\rho(\lambda,T)$

反射本领定义为波长在 λ 至 $\lambda+\Delta\lambda$ 之间,被物体所反射的辐射通量 $d\Phi_e^\rho(\lambda)$ 和照射在物体上的辐射通量 $d\Phi_e(\lambda)$ 的比值,即

$$\rho(\lambda,T)=\frac{d\Phi_e^\rho(\lambda)}{d\Phi_e(\lambda)} \tag{2.44}$$

4. 透射本领 $\tau(\lambda,T)$

透射本领定义为波长在 λ 至 $\lambda+\Delta\lambda$ 之间,被物体所透射的辐射通量 $d\Phi_e^\tau(\lambda)$ 和照射在物体上的辐射通量 $d\Phi_e(\lambda)$ 的比值,即

$$\tau(\lambda,T)=\frac{d\Phi_e^\tau(\lambda)}{d\Phi_e(\lambda)} \tag{2.45}$$

吸收本领 $\alpha(\lambda,T)$、反射本领 $\rho(\lambda,T)$、透射本领 $\tau(\lambda,T)$ 都是无量纲的量,并且对同一个物体显然有

$$0\leqslant\alpha(\lambda,T),\rho(\lambda,T),\tau(\lambda,T)\leqslant 1,\alpha(\lambda,T)+\rho(\lambda,T)+\tau(\lambda,T)=1 \tag{2.46}$$

在遥感技术中,将吸收本领、反射本领、透射本领称为吸收系数、反射系数和透射系数,而将其百分数称为吸收率、反射率、透射率。而且注意到,它们是用两项辐射通量的比值定义的,因此有时也用相应的辐照度和出射度的比值或辐射能的比值来定义。

5. 比辐射率 $\varepsilon(\lambda,T)$

物体辐射能力的绝对度量用辐射本领表示,但有时使用相对度量更方便。相对度量需要一个供参照的标准辐射体,黑体就是人们设立的这样一个理想的标准辐射体。黑体(也称绝对黑体)在任何波长都具有相同温度的一切物体中的最大辐射本领,其吸收本领则恒等于1。物体的相对辐射能力就定义为它的辐射本领与黑体辐射本领的比值,并称为比辐射率(也称发射率),即

$$\varepsilon(\lambda,T)=\frac{M_\lambda(\lambda,T)}{M_{\lambda b}(\lambda,T)} \tag{2.47}$$

由于黑体的辐射本领是最大的,所以有 $0\leqslant\varepsilon(\lambda,T)\leqslant 1$。

平均发射率概念:上述定义的发射率是以谱密度定义的,而遥感探测中的波段总是有一定宽度的波段区间,那么在该波长区间上的发射率称为其平均发射率。平均发射率定义为按式(2.47)在波段波长区间的积分平均。

黑体的出射度可以采用理论计算,也可以采用实验测量。前者的计算公式就是普朗克辐射公式(见下节);后者通常用空腔辐射器来近似黑体,并对其辐射进行测量。图2.18所示为一空腔辐射器,它是在一个内空的容器上开一个小孔,由于孔极小,又内壁是由吸收率很高的材料制成,入射辐射进入小孔后要经过许多次反射(从而包含对进入的辐射的

多次吸收)后，才有很小部分辐射可能从小孔反射出来，因此空腔辐射器可看做一个黑体。当控制在一定温度下的空腔内壁辐射(发射)在空腔内传播时，也是经过多次反射才从小孔中射出的，因此其射出的辐射不是内壁材料的辐射，而是空腔作为一个黑体的辐射。因为实际的黑体辐射测量都是使用空腔辐射器，故黑体辐射又称空腔辐射。

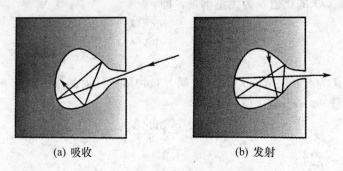

(a) 吸收   (b) 发射

图 2.18　空腔辐射的示意图[17]

要注意，物体的辐射本领、吸收本领、反射本领、透射本领、比辐射率都是波长和温度的函数。

2.6　遥感有关的辐射基本定律

2.6.1　像的照度

可以证明，地面单元 dA_0 的反射亮度 $L(\lambda)$ 在远处物镜的焦平面上产生的辐照度 $dE(\lambda)$ 为(图 2.19)[23]：

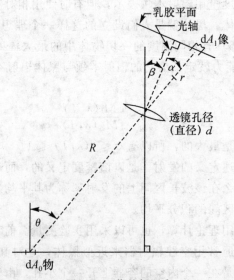

图 2.19　像的辐照度

$$dE(\lambda) = \frac{d\varphi(\lambda)}{dA_l} = \frac{\pi}{4} \left(\frac{d}{f}\right)^2 \cos^4\alpha \cdot L(\lambda) \tag{2.48}$$

上式说明，像的照度与物体亮度成正比，与物距无关，与相对孔径(d/f)的二次方成正比。中央照度最大，四周照度按 $\cos^4\alpha$ 的关系减弱。这也说明遥感探测器探测到的辐射量是地物的辐亮度。

2.6.2　余弦定律

如图 2.20 所示，与辐射传输方向成 θ 角的表面积 S' 和它在垂直方向上的投影面积 S 对 O 点所张的立体角 Ω 是相同的，而 Ω 内的辐射通量也不变。于是 S 和 S' 上的辐照度 E 和 E' 分别为 $E = \Phi/S$ 和 $E' = \Phi/S'$，又因为 $S = S'\cos\theta$，故有

$$E' = E\cos\theta \tag{2.49}$$

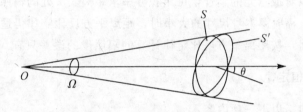

图 2.20　辐射度的余弦定律

这就是辐照度余弦定律：任一表面上的辐照度与该表面法线和辐射能传输方向之间夹角的余弦成正比。

朗伯把理想漫射表面定义为在任一发射(漫反射和透射也类似)方向上辐亮度不变的表面，即对任何 θ 角，L_e 为恒定值的表面，这种表面称为朗伯表面(或朗伯体)。如图 2.21 所示，表面积为 dA 的辐射表面，法线方向的辐射强度为 I_0，其辐亮度为 $L_0 = \dfrac{I_0}{dA}$，而与表面法线成 θ 角方向的辐亮度则为 $\dfrac{I_\theta}{dA\cos\theta}$。对于朗伯表面应有 $L_0 = L_\theta$，即 $\dfrac{I_0}{dA} = \dfrac{I_\theta}{dA\cos\theta}$，

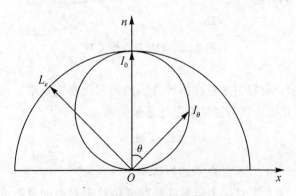

图 2.21　朗伯表面的辐射强度分布

故朗伯表面必须满足

$$I_\theta = I_0\cos\theta \qquad (2.50)$$

即朗伯表面上某方向的辐射强度与该方向和表面法线间的夹角的余弦成正比，这称为朗伯余弦定律。

2.6.3 距离平方反比定律

点辐射源在传输方向上某点的辐照度和该点到点源的距离平方成反比，这称为辐照度的距离平方反比定律。这是由于点辐射源是球面辐射，而辐照度与辐照面积成反比，又球面面积与半径的平方成正比，即

$$E = \frac{\Phi}{4\pi r^2} \qquad (2.51)$$

非点辐射源可以看成点元的集合，可用积分来求距离其 r 处的辐照度。可以证明，当距离 r 远远大于非点辐射源本身尺寸的大小时，距离平方反比定律仍适用。辐射源尺寸和距离的比为 1∶15 时，按距离平方反比定律计算的辐照度的误差只有 0.1%。

2.6.4 亮度守恒定律

亮度守恒定律包括以下三项内容：

①如图 2.22 所示，光线通过面元 dA_1、dA_2 时，它们可看做互为辐射源。如果通过面元 dA_1 的辐射量在传播过程中无能量损失地全部通过面元 dA_2，则 dA_1 上的辐亮度 L_1 与 dA_2 上的辐亮度 L_2 相等，而不论 dA_1、dA_2 的取向和面积如何，注意其中 $dG = d\Omega_1\cos\theta_2 A_2 = d\Omega_2\cos\theta_1 A_1$ 为不变量即可证明。这个基本定律在遥感中的意义在于，据此我们可以利用辐亮度的损失来度量介质的吸收与散射（即辐射的衰减）。

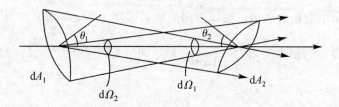

图 2.22 辐亮度守恒关系

②如图 2.23 所示，若辐射通量在两种介质的界面上没有反射、吸收等损失，则辐射通过界面折射后，在界面两侧的亮度有下述等量关系：

$$\frac{L}{n^2} = \frac{L'}{n'^2} \qquad (2.52)$$

式中，n 和 n' 分别为 L 和 L' 所处介质的折射率。

③ 当辐射经过光学系统时，光学系统将改变传输辐射束的发散或聚集状态，像面辐亮度 L' 与物面辐亮度 L 有如下等量关系：

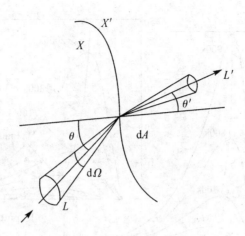

图 2.23　在介质边界上传输的辐亮度关系[41]

$$L' = \tau \left(\frac{n'}{n} \right)^2 L \tag{2.53}$$

式中，τ 为光学系统的透射比，$\tau < 1$；n 和 n' 分别为物镜前后介质的折射率。当其为同一介质时（通常如此），L' 只受物镜透过率 L 的影响。

以上守恒关系的证明从略。

2.6.5　普朗克定律

黑体作为理想的标准辐射体，其辐射行为和性质对研究物体的辐射有重要意义。普朗克基于他所提出的能量子假设，得到了黑体辐射的辐射出射度公式：

$$M_{b\lambda}(\lambda, T) = \frac{2\pi hc^2}{\lambda^5} \cdot \frac{1}{e^{hc/\lambda kT} - 1} = \frac{c_1}{\lambda^5} \cdot \frac{1}{e^{c_2/\lambda T} - 1} \tag{2.54}$$

式中，$k = 1.38 \times 10^{-23}$ J/K，称为波耳兹曼常数；$h = 6.63 \times 10^{-34}$ J·s，称为普朗克常数；c 为真空中的光速，$c_1 = 3.74 \times 10^{-16}$ J·s^{-1}·m^2 = W·m^2，$c_2 = 1.43879 \times 10^{-2}$ m·K。按普朗克公式计算的光谱辐射出射度见图 2.24。由于黑体是朗伯发射体，将式（2.54）右边除以 π，左边就成为以亮度形式表达的普朗克公式。

历史上先于普朗克公式有两个简化公式，它们是普朗克公式在短波和长波下的两个特例，其中，一个是维恩公式（适合短波区域：$h\nu \gg kT$，$e^{h\nu/kT} \gg 1$）：

$$M_\lambda(\lambda, T) = \frac{\alpha c^2}{\lambda^5} \cdot \frac{1}{e^{-\beta/\lambda T}} \tag{2.55}$$

式中，α, β 为常数。

另一个是瑞利-金斯公式（适合长波区域：$h\nu \ll kT$，$e^{h\nu/kT} \approx 1 + h\nu/kT$）：

$$M_\lambda(\lambda, T) = \frac{2\pi c}{\lambda^4} \cdot kT \tag{2.56}$$

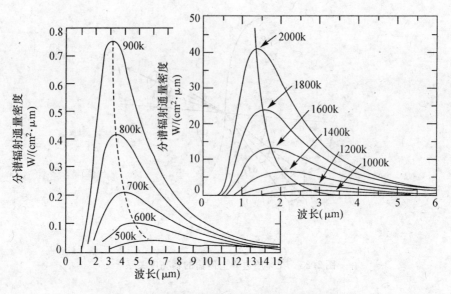

图 2.24　不同温度下黑体的分谱辐射通量密度

式中，$k = 1.38 \times 10^{-23}$ J/K，为波耳兹曼常数。

2.6.6　斯特藩-波耳兹曼定律

将普朗克公式对波长积分可得：

$$M = \int_0^\infty M_\lambda(\lambda, T)\, \mathrm{d}\lambda = \sigma T^4 \tag{2.57}$$

式中，$\sigma = (5.6697 \pm 0.0029) \times 10^{-12}$ W/$(\mathrm{cm}^2 \cdot \mathrm{K}^4)$，称为斯特潘-波尔兹曼常数，即黑体的总辐射出射度与其温度的 4 次方成正比。

2.6.7　维恩位移定律

将普朗克公式对波长求极大值可得：

$$\lambda_{\max} \cdot T = b \tag{2.58}$$

式中，$b = 2897.8 \pm 0.4 (\mu\mathrm{m} \cdot \mathrm{K})$，称为维恩常数。

维恩位移定律表明，黑体辐射的峰值波长与其温度成反比。从图 2.24 和表 2.4 中可看出它们具有特点：① M 随着 T 单调地增加；② T 增高时，光谱中能量的分布由长波向短波转移。根据维恩位移定律，若已知黑体辐射的峰值波长，就可以求出黑体的温度。

表 2.4				黑体辐射峰值波长与温度的对应值				
$T(\mathrm{K})$	300	500	1000	2000	3000	4000	5000	6000	7000
$\lambda_{\max}(\mu\mathrm{m})$	9.66	5.80	2.90	1.45	0.97	0.72	0.58	0.48	0.41

太阳可以近似看做黑体，其最大辐射波长为 $0.47\mu m$，因此可计算出其表层（光球层）的温度为 6150K。若将地球也近似看做黑体，其温暖季节的常温在 300K 左右，因此其最大辐射波长为 $9.66\mu m$，故地球辐射主要为热红外。

2.6.8 基尔霍夫定律

1. 基尔霍夫定律及其意义

基尔霍夫(1860)发现，在热力学平衡状态下的一个或多个物体（即物体所处系统满足处处同温、处处辐射能相等的条件），其各个物体的光谱辐射出射度与光谱吸收本领之比都相等，是一个与物体的物质性质无关的普适函数，这个函数只与辐射或吸收的波长和物体所处温度有关。可以证明，这个普适函数就是相同温度下绝对黑体在相同波长的辐射出射度，即

$$\frac{M_1(\lambda,T)}{\alpha_1(\lambda,T)} = \frac{M_2(\lambda,T)}{\alpha_2(\lambda,T)} = \cdots = \frac{M_n(\lambda,T)}{\alpha_n(\lambda,T)} = M_b(\lambda,T) \tag{2.59}$$

这就是基尔霍夫定律。由基尔霍夫定律可以引出实际物体的辐射出射度，即

$$M(\lambda,T) = \alpha(\lambda,T) \cdot M_b(\lambda,T) \tag{2.60}$$

对比比辐射率的定义式(2.47)，有

$$\alpha(\lambda,T) = \varepsilon(\lambda,T) \tag{2.61}$$

因此实际物体的辐射出射度也可写成

$$M(\lambda,T) = \varepsilon(\lambda,T) \cdot M_b(\lambda,T) \tag{2.62}$$

在隐含认为它们都是波长和温度的函数的条件下，可简写为

$$M = \varepsilon \cdot M_b \tag{2.63}$$

上述各式中的 M，M_b 分别表示一般实际物体和绝对黑体的辐射出射度，ε 即前述比辐射率，由于一般物体的 $\varepsilon < 1$，所以一般物体的辐射出射度总小于同温黑体的辐射出射度。

基尔霍夫定律揭示了与周围环境处于热力学平衡状态下的任何物体的辐射本领和吸收本领之间的关系。该定律在遥感中有十分重要的意义。可将基尔霍夫定律的内容概括为：在热力学平衡下，①各种物体对任一波长电磁波的发射能力与吸收能力成正比；②任何物体的辐射出射度等于它的发射率乘以该温度下的黑体辐射出射度。

要特别强调指出的是，基尔霍夫定律是在热力学平衡条件下才能成立的。在非平衡条件下，物体发射的辐射可能大于吸收的辐射，也可能相反，而不是一个恒值。严格来说，地球上的物体很难满足热力学平衡条件，但是一般满足所谓局部热力学平衡假设。该假设认为，虽然整个系统处于热力学非平衡状态，但在某个较小的局部区域内，物质微观状态中的粒子运动仍然基本符合热力学平衡状态下的规律，即该局部区域的热辐射性质遵循热力学平衡时的物理规律。局部热力学平衡区域的大小与该区域内由辐射引起的换热量 q 和辐射能 Q 的比值 q/Q 有关，若 $q/Q \ll 1$，则可认为是局部热力学平衡的，$q/Q = 0$，就是热力学平衡的，否则该区域就是热力学非平衡的[26]。

2. 基尔霍夫定理的证明

基尔霍夫定律可通过一个理想实验来证明，如图 2.25 所示。设想在一个密封容器内放置若干物体 A_1，A_2，…（图中表示了 3 个物体），它们可以是不同材质做成的。将容器

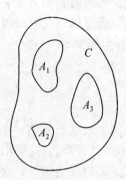

图 2.25　基尔霍夫定律的推导

内部抽成真空，从而使各物体间只能通过热辐射来交换能量。又设容器壁是理想反射体，如此则包含在其中的物体 A_1，A_2，…和辐射场一起组成了一个孤立系。按照热力学原理，此体系总能量守恒，且经过辐射热交换最后各物体趋于同一温度 T，即达到热力学平衡。此时对任一物体必定有发射辐射速率等于吸收辐射速率（否则将破坏系统热平衡态），即

$$M_{A_1}(\lambda, T) = \alpha_{A_1}(\lambda, T) E_{A_1}(\lambda, T)$$
$$M_{A_2}(\lambda, T) = \alpha_{A_2}(\lambda, T) E_{A_2}(\lambda, T) \qquad (2.64)$$
$$M_{A_3}(\lambda, T) = \alpha_{A_3}(\lambda, T) E_{A_3}(\lambda, T)$$

因为系统处于热平衡，而热平衡下的辐射场应是均匀、稳恒和各向同性的，其辐射能量的谱密度在各处应具有相同的函数形式和数值，即必为且只为 λ，T 唯一地决定，不可能因与之平衡的物体的材质而异，否则，这辐射场是不可能与不同材质的物体处于平衡的。因此，各物体的辐照度也相等，有

$$E_{A_1}(\lambda, T) = E_{A_2}(\lambda, T) = E_{A_3}(\lambda, T) = E(\lambda, T)$$

式中，$E(\lambda, T)$ 为系统内任意点上一面元的辐照度。

故：

$$\frac{M_{A_1}(\lambda, T)}{\alpha_{A_1}(\lambda, T)} = \frac{M_{A_2}(\lambda, T)}{\alpha_{A_2}(\lambda, T)} = \frac{M_{A_3}(\lambda, T)}{\alpha_{A_3}(\lambda, T)} = E(\lambda, T) \qquad (2.65)$$

式(2.65)意味着物体的辐射出射度与吸收系数之比与物质无关，而仅与波长和温度有关。

再推导式(2.65)与黑体辐射的关系，任设系统中一个物体如 A_3 为黑体，即

$$\alpha_{A_3}(\lambda, T) = 1$$

于是有

$$\frac{M_{A_1}(\lambda, T)}{\alpha_{A_1}(\lambda, T)} = \frac{M_{A_2}(\lambda, T)}{\alpha_{A_2}(\lambda, T)} = M_{A_3}(\lambda, T) = M_b(\lambda, T) \qquad (2.66)$$

即对系统中任意物体，有（即式(2.60)）

$$M(\lambda, T) = \alpha(\lambda, T) \cdot M_b(\lambda, T)$$

2.6.9　灰体和选择性辐射体

对波长无显著地选择性吸收，吸收率虽然小于1，但不随波长变化的物体称为灰体。

吸收率随波长而变化的物体称为选择性辐射体。在整个电磁波谱区间都满足灰体条件的物体是几乎不存在的，但在某段电磁波谱区间条件满足的物体则存在。图 2.26 是三种类型辐射体的发射率特征和辐射出射度特征。

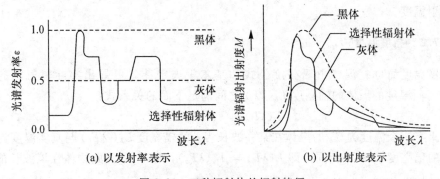

(a) 以发射率表示　　　　　　(b) 以出射度表示

图 2.26　三种辐射体的辐射特征

2.7　物体的温度及热惯量

2.7.1　热力学温度(T_K)

温度是物体的重要属性之一，地物温度是热红外遥感和微波遥感中地物的重要物理量。热力学温度即物体的真实温度。温度是人们熟知的、容易感觉的概念，但从科学的角度来阐释，它又是一个非常复杂的概念。简单地说，温度是表征物体冷热程度的物理量，即温度是物体热状态的度量，较热的物体具有较高的温度。物理本质上，温度的高低反映了物体内部大量分子热运动的剧烈程度。由开尔文定义的热力学温度，也称绝对温度、分子运动温度、动力学温度、真实温度，记为 T_K（在后续使用中，简记为 T），就是对物体热量变化的度量（在本书中不加特别声明时所言温度即指此温度）。用来量度物体温度数值的标尺叫温标。热力学温度将水的三相点（冰、水、汽平衡共存）温度定为 273.16K，1K等于水的三相点温度的 1/273.16，这个温度标尺叫做开氏温标。

物体的冷热程度是从人类的直觉观念引申出来的，人们对冷热的感觉往往并不可靠和准确，温度概念需要科学的定义和准确的数值表示。两个或多个物体接触足够长时间后，将达到共同的平衡态，各处冷热均匀一致。换言之，一切互为热平衡的物体具有相同的温度，称为热力学第零定律，也是温度的定性定义。它指出，温度是一个态函数，具有标志一物体与其他物体是否处于热平衡的性质。热平衡定律还提供了测量温度的方法。若物体A 与 B、C 分别达到热平衡，则 B、C 也一定互为热平衡。因此，为了比较两个物体的温度，无需使之接触，只需分别与另一物体接触即可，后者就是温度计。从微观上看，温度反映了组成宏观物体的大量分子无规则热运动的剧烈程度，是大量分子热运动平均能量的量度，温度越高，分子平均动能越大。因此，温度是大量分子热运动的集体表现，具有统计意义。就单个分子而言，温度是没有意义的。

温度只能通过物体随温度变化的某些特性来间接测量，因此，除了热力学温度外，还有其他一些"温度"概念，常用的有比色温度、亮度温度和辐射温度三种。热力学温度利用热平衡定律测量，比色温度、亮度温度和辐射温度都是利用物体发射与其温度相应的辐射能大小并与黑体进行对比来测量。其中比色温度在遥感中很少使用，故下面只介绍亮度温度和辐射温度。

2.7.2　亮度温度(T_L)

亮度温度简称亮温，由辐亮度公式和基尔霍夫定律，可导出实际辐射源的辐亮度 $L(\lambda T)$ 与同温度的黑体的辐亮度 $L_b(\lambda T)$ 之间满足下面的关系式：

$$L(\lambda T) = \varepsilon(\lambda) L_b(\lambda T) \tag{2.67}$$

如果有一个温度为 T_b 的黑体在某一波长为 λ 的辐亮度 $L_b(\lambda T_b)$ 与真实温度为 T 的实际物体的辐亮度 $L(\lambda T)$ 相同，即 $L(\lambda T) = L_b(\lambda T_b)$，则称 T_b 为此物体在该波长的亮度温度，即 $T_L = T_b$。

物体的亮温虽然与其真实温度有关，但还与比辐射率有关，故物体亮温的直接物理意义是辐射亮度的大小而不是温度。由于实际物体的 ε 小于 1，所以该物体的亮温 T_b 一定小于实际温度 T。因为 $\varepsilon(\lambda)$ 是波长 λ 的函数，所以亮温 T_b 也是波长的函数。对于同一物体，不同波长的亮温一般是不同的，因此物体的亮温必须注明相应的波长数值才有意义。高温计测得的就是实际物体在确定波长下(常用的如 $0.66\mu m$)的亮温。如果已知物体的光谱发射率，则可由其亮温求得其实际温度。

一般而言，亮温 T_b 与 λ 和 T 有复杂的关系。但当物体满足 $h\nu \ll kT$ 的那部分辐射，即辐射波长满足 $\lambda \gg \lambda_{max}$ 时，据瑞利-金斯公式(2.56)可得

$$M_\lambda(\lambda, T) = (2\pi c/\lambda^4) \cdot kT$$

有 $L_b(\lambda T) = M_\lambda(\lambda, T)/\pi = (2c/\lambda^4) \cdot kT$，其中除以 π 是转换为亮度，详细理由见第 3 章。于是由 $L(\lambda T) = \varepsilon(\lambda) L_b(\lambda T)$ 和 $L(\lambda T) = L_b(\lambda T_b)$ 可得

$$L(\lambda T) = \varepsilon(\lambda) L_b(\lambda T) = L_b(\lambda T_b)$$

$$\varepsilon(\lambda) \cdot (2c/\lambda^4) \cdot kT = (2c/\lambda^4) \cdot kT_b$$

$$T_b = \varepsilon T \tag{2.68}$$

即在远大于同温黑体峰值波长的波段，物体的亮温 T_b 等于其实际温度 T 与比辐射率 ε 的乘积。

2.7.3　辐射温度(T_R)

辐射温度又称表征温度，如果实际物体在整个波长区间的总辐射出射度，与绝对黑体在某一温度下的总辐射出射度相等，则黑体的温度称为该物体的辐射温度。若已知物体的出射度，则根据斯特潘-波尔兹曼定律可计算出物体的辐射温度。由于一般物体都不是黑体，其发射率总是小于 1 的正数，故从基尔霍夫定律可知，物体的辐射温度总是小于物体的真实温度，物体的发射率越小，其真实温度与辐射温度的偏离就越大。辐射温度的直接物理意义也是辐射量大小而非温度。可以定量分析出物体的辐射温度 T_R 与真实温度 T 的关系。$M_R = \varepsilon M_K = \varepsilon\sigma T^4$，当 M_R 的能量换算出相应温度时，应有 $M_R = \sigma T_R^4$，于是 $\sigma T_R^4 =$

$\varepsilon \sigma T^4$，即得

$$T_R = \varepsilon^{\frac{1}{4}} T \tag{2.69}$$

由式(2.68)可计算出物体真实温度 T。遥感探测器可以探测到地物辐射出射度的近似大小(如辐射计、热扫描仪等)，因此通过辐射温度可估算地物的辐射温度。

对于绝对黑体，由于其光谱发射率和总发射率都等于1，故黑体的亮温、辐射温度同它的真实温度完全一致。

2.7.4　热惯量(P)

热惯量是遥感中常用到的有关物体热特性的不变物理量，是物体对环境温度变化的热反应灵敏性的一种量度，即物体热惰性大小的量度。它是描写物体热特性的一个宏观物理量。用物质的密度及热学参量的来定义热惯量：

$$P = c \cdot \rho \cdot k^{1/2} \quad 单位为 \ \mathrm{cal/(cm^2 \cdot s^{\frac{1}{2}} \cdot ℃)} \tag{2.70}$$

或 $$P = (c \cdot \rho \cdot K)^{1/2} \quad 单位为 \ \mathrm{cal/(cm \cdot s \cdot K)} \tag{2.71}$$

上述两个定义等价。式中，k 为热扩散系数，表示物体内温度的变化速率，单位/$(\mathrm{cm \cdot s})$；ρ 为密度，单位 $\mathrm{kg/m^3}$；c 为热容量，单位 $\mathrm{cal/(g \cdot ℃)}$；K 为物体的热导率，指在两个相隔单位距离的单位平面，在温差为1K时所通过的热量大小，单位为 $\mathrm{cal/(cm \cdot s \cdot K)}$，有关系：$K = c \cdot \rho \cdot k$。

由牛顿冷却定律及热传导方程可以证明，物体的温度变化幅度与热惯量的大小成反比。当两个物体吸收或损失的热能相同时，热惯量大的物体温度变化的幅度小，热惯量小的物体温度变化的幅度大。所以，热惯量是物体阻止其温度变化的一种特性。热惯量概念在热红外遥感图像解译和定量模型分析中有重要应用。

第3章　太阳和地球的辐射特性

对地遥感以地球为探测对象，因此有必要了解地球的电磁辐射环境和特点。地球辐射环境中有两个最重要的辐射源，即地球本身和太阳。把太阳和地球都近似看做黑体，由于太阳的温度远远高于地球，地球又处于太阳的强烈辐射之中，因此太阳辐射对地球辐射的影响，还要大于地球本身的辐射。在短波波段区间，地球可以看成是一个辐射主要来自太阳的二次辐射源，而在长波区间，则可当做一次辐射源。本章讨论太阳和地球的辐射特性以及与此有关的一些问题。

3.1　太阳和地球的辐射

3.1.1　太阳和地球概况

太阳是一个由炽热气体组成的恒星，是地球最重要的能量来源。太阳的主要参数有：质量为 1.99×10^{27} t，直径为 1.4×10^9 m，表面温度约为 6000K，日地平均距离为 1.496×10^{11} m(这个距离称为天文单位，记为 AU)，物质成分有 73 种元素：氢为 71%，氦为26.5%，氧＋碳＋氮＋氖为 2%，镁＋镍＋硅＋硫＋铁＋钙为 0.4%，其他为 0.1%(按质量百分比)。太阳具有分层结构，从内向外分为日核、辐射区、对流层、色球层和光球层，最外层是日冕，如图 3.1(a)所示。

地球是距离太阳由近至远的第三颗行星，形态接近于一个小扁率旋转椭球体。地球的主要参数有：公转周期约 365 天。呈椭圆形轨道，自西向东的自转周期恒星日为 23 小时

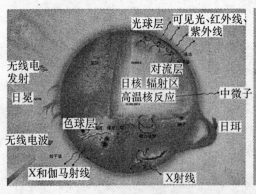

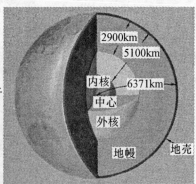

(a)太阳结构及其辐射　　　　　　　(b)地球结构

图 3.1　太阳和地球

56 分 04 秒，黄赤交角(黄道面与赤道面的交角)为 23°26′，质量为 5.976×10^{21} t，平均半径为 6.371×10^{6} m，表面平均温度为 288K，变化范围为 184～332K。物质成分有 100 多种元素，主要元素按丰度排序为：Fe＞O＞Mg＞Si＞Ni＞S＞Ca＞Al＞Co＞Na。

地球具有明显的圈层结构，固体圈层包括地核、地幔、地壳。地球表层可以划分出多个圈层，如土壤圈、水圈、生物圈以及外层的大气圈。固体地球表层及大气圈是遥感的对象，它们的特征和变化会对遥感过程产生重要的影响。地球结构如图 3.1(b)所示。

3.1.2 太阳的辐射

太阳是一个近似于黑体的巨大辐射源，不仅地球的能量绝大部分来自太阳辐射，它也是太阳系中的主要光源和热源。太阳的质量为 1.989×10^{28} t，其表面是炽热的气体，包括光球、色球和日冕三层。表面温度大于 5770K(此温度为光球层的顶部温度，也是太阳温度的最低处温度)，往外温度更高，形成所谓逆温现象。太阳内部中心温度达(1300～1400)$\times 10^{4}$℃。太阳的总辐射功率为 38.62×10^{25} J/s。日地平均距离处(图 3.2)，垂直太阳光线的单位面积单位时间内接收到的太阳辐射能(即大气顶界的太阳辐照度)称为太阳常数，其值为 $E_0 = 8.25 \mathrm{J/cm^{-2} \cdot min^{-1}}$(或 $1.37 \times 10^{3} \mathrm{W/m^2}$)[①]。太阳常数的变化性很小，只有 1%。太阳辐射中可见光部分很稳定，而紫外辐射(10～400nm)和射电辐射(几毫米～几十米)变化很大。太阳辐射在地球大气上界的分布是由地球的天文位置决定的，称为天文辐射，它受日地距离、太阳高度角和昼长的影响。太阳辐射能的光谱分布如表 3.1 和图 3.3 所示。

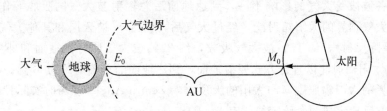

图 3.2 太阳常数和大气顶界辐照度示意图

表 3.1 太阳辐射能的光谱构成

波长区间 λ	波段	所占辐射能比重(%)
＜1nm	X 射线、γ 射线	0.02
1～200nm	远紫外	
0.20～0.31μm	中紫外	1.95
0.31～0.38μm	近紫外	5.32
0.38～0.76μm	可见	43.50
0.76～1.5μm	近红外	36.80
1.5～5.6μm	中红外	12.00
5.6～1000μm	远红外	0.41
＞1000μm	微波	

---

① 其测量值不完全一样，为(1.35～1.39)$\times 10^{3} \mathrm{W/m^2}$，NASA 目前采用值为 $1.353 \times 10^{3} \mathrm{W/m^2}$。

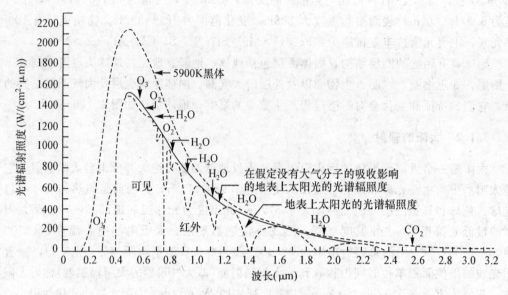

图 3.3　地球表面的太阳辐照度曲线

从图 3.3 中可以看到，太阳光谱的特点是：是连续光谱（有夫朗禾费吸收暗线，图中未画出），与 5900K 黑体辐射特性近乎一致，可见光波段辐射最强且稳定。太阳辐射光谱通过大气后各波段受大气的影响不一，到达地面后总辐射被大气的吸收等作用衰减了许多。照射在大气顶界的太阳辐射能，经过大气后，约 30％被云层和其他大气成分反射回太空（称为星际反射），约 17％被大气吸收，约 22％被大气同时向地面和外层空间散射，只有 31％的太阳辐射能以直射方式照射地面，到达地面的总辐射约为 50％。

大气顶界的太阳辐照度 E 与太阳的天顶角 θ（Zenith Angle）和当时实际日地距离有关。根据距离平方反比定律和余弦定律，有：

$$E = \frac{E_0}{D^2}\cos\theta \qquad (3.1)$$

式中，E_0 为太阳常数；D 为以 AU 为单位的日地距离。$1/D^2$ 因子即由于点辐射源的距离平方反比定律。$1/D^2$ 可取近似值 $1 + 0.033\cos(2\pi dn/365)$（$dn$ 为当日在 1 年中所处的天数，称为年积日。该近似值已足够精确）。θ 为太阳天顶角，如图 3.4 所示。太阳天顶角（或高度角）随纬度、季节、时间而变化，可由下式求出：

$$\cos\theta = \sin\varphi \cdot \sin\delta + \cos\varphi \cdot \cos\delta \cdot \cos t \qquad (3.2)$$

式中，φ 为地理纬度；δ 为太阳赤纬，即太阳光与赤道面的夹角，δ 在 $\pm 23°27'$ 之间，春分、秋分 $\delta = 0$，夏至 $\delta = +23°27'$，冬至 $\delta = -23°27'$，其他时间的 δ 值可查表得到；t 为太阳时角，定义地方时 12 点 $t = 0$，6 点 $t = -\pi/2$，18 点 $t = +\pi/2$。

此外，由于地球的自转，地面任一处地点在一天中的太阳辐照度呈正弦状变化：

$$E_i = E_{max} \sin\frac{\pi t}{N} \qquad (3.3)$$

式中，E_{max} 为太阳正午时的地面辐照度；E_i 为时刻 i 的辐照度；t 为日出到 i 时刻的时间间

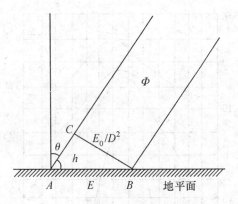

图 3.4　辐照度随天顶角的变化

隔；N 为理论日照时数。

3.1.3　地球的辐射

地球的能量来自太阳辐射和内部放射性元素蜕变的放射能、重力能等。地表能量则主要来自太阳。太阳辐射途经地球大气时，被大气的气体分子、气溶胶和云所散射、反射和吸收，之后约有 50％到达地球表面。而到达地表的太阳辐射的大部分，尤其是长波辐射，为地球所吸收；小部分被地球表面反射回大气和消耗于植物光合作用、有机物的腐烂、潮汐作用、对流作用等。被地球吸收的辐射使地表增温。按照维恩位移定律，小于 300K 的地表又将主要以长波辐射形式向外空间辐射而降温。当两者平衡后，地球温度就保持不变的状态，这个温度称为地球的平衡温度，为 255K。但地球表面实际平均温度约为 288K，是由地球大气的温室效应所引起的。

地球大气中有些气体具有吸收红外辐射的作用。从地球表面发射的红外辐射，由于这些大气成分的吸收而使大气增温。这些大气成分本身又以该温度发射红外辐射，其中向下部分能量又传回地表，使地表温度有所升高，包围着地球的大气，就像塑料薄膜一样，使被包围着的地球温度升高。因此，这种现象就叫做温室效应。能吸收红外辐射的大气成分被称为温室气体。温室气体有水汽、二氧化碳、甲烷、氧化亚氮气体等。这些气体对太阳短波辐射的吸收很少。遥感技术可有效地监测温室气体含量及其变化。

地表附近的温度随时间和地点的变化而不同，图 3.5 表示的是不同纬度、不同月份地表平均温度的变化曲线。地面和大气都因吸收太阳辐射而温度升高(但地面温度与大气温度有差异)，因此地球的辐射包括地表辐射和大气辐射。这里只讨论地表辐射情况。

若设地球的常温在 300K 左右，则可近似视其为 300K 黑体辐射。按照普朗克定律，地球本身的辐射在任何波段都小于太阳的辐射。但由于大多数地表物体对长波辐射的吸收率很大，使太阳辐射到达地表后长波部分基本上被转化为地表温度，再由地表发射。地表对短波辐射的反射率相对较高，因此地表辐射表现为对太阳短波辐射的反射和自身的长波发射两种方式；在长波与短波之间的区间，则反射和辐射兼有，具体如表 3.2 所示。

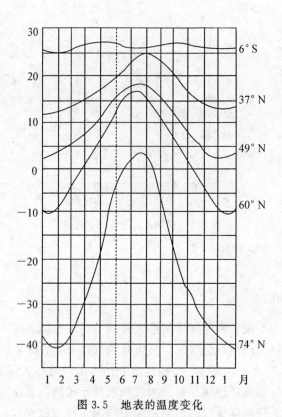

图 3.5　地表的温度变化

表 3.2　地球辐射的分段特征

波段名称	可见光与近红外	中红外	远红外
波长	$0.3 \sim 2.5 \mu m$	$2.5 \sim 6 \mu m$	$> 6 \mu m$
辐射特征	地表反射太阳辐射为主	地表反射太阳辐射和自身的热辐射	地表物体自身热辐射为主

　　太阳辐射主要集中在可见光和近红外波段。可见光与近红外辐射入射到地表后，一部分能量被地表吸收或以光化学反应等形式转换为地球的能量，一部分则被地表反射出去。太阳的长波辐射则主要被地表和大气吸收，以热能形式使地表和大气增温（其中有一部分消耗于物态转换所需潜热），然后地表和大气又主要以热辐射（长波）的形式向外辐射。而地球在可见光和近红外的短波发射辐射可以忽略。所以，地球无论作为太阳辐射的二次辐射源还是自身作为初次辐射源，它的发射辐射以长波为主。在反射与发射之间的过渡区间，则既有对太阳辐射的反射，又有自身的热辐射。

　　地表的长波辐射与短波辐射在辐射特性上有差异，如对短波辐射，在太阳直射光下，物体之间遮挡造成的阴影等反射几何现象的特点明显；对长波辐射，地表物体之间互为热红外波段投射辐射源，相互之间存在复杂的多次散射，没有明显的几何遮挡阴影等现象。在中红外遥感波段（$2.5 \sim 6.0 \mu m$），白天地物发射辐射受到太阳辐射的较大干扰，不便利用，只有地物温度达到 $800 \sim 1000K$ 时，其中 $3.5 \sim 4.0 \mu m$ 中红外发射辐射增强，所以中红外是监测林火(800～1000K)的理想波段。

地球辐射能量收支情况可以分为这样几个部分：接收太阳的短波辐射 $R_S\downarrow$ 后又反射回去一部分，纯接收的短波能量为 $(1-\rho)R_S\downarrow$，ρ 为短波波段反射率；接收太阳和大气的长波辐射 $R_L\downarrow$，同时又向外辐射出部分长波能量 $R_L\uparrow$。因此地表的净辐射能收入 R_n 可表示为

$$R_n = (1-\rho)R_S\downarrow + R_L\downarrow + R_L\uparrow \tag{3.4}$$

3.2 大气对辐射传输的影响

大气是太阳下行辐射和地表上行辐射传输路径中的必经介质，它必然对辐射产生吸收、散射等多种影响，再加上大气自身的辐射，大气使得辐射传输过程变得很复杂，空间遥感探测器接收到的辐射的构成也很复杂。图 3.6 简要表示了大气对辐射传输的主要影响。

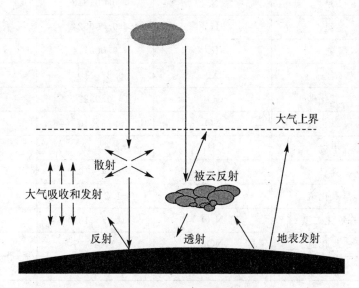

图 3.6 大气对辐射传输的影响

从遥感探测对象的角度来看，大气对辐射的影响产生两个方面作用：其一是以地表物体为探测对象，因携带地物信息的地面辐射穿过地球大气层后将发生改变，大气对其有不利影响；其二是以大气本身为探测对象，因大气对辐射的吸收、反射、散射和发射作用，直接携带了大气的信息，对其进行遥感测量和分析，可用于监测大气温度、压力、成分等参数的空间分布，此时大气的辐射特性正是要加以利用的。对前者，需要消除大气对地面辐射的不利影响，称为大气纠正；后者则称为大气遥感。对航天遥感来说，这两类遥感对象都处在同一辐射路径上，只有在了解两类对象辐射特性的基础上，优选各自的针对性波段，才能更有效地实现相应的探测。

3.2.1 大气概况

大气是包裹在地球外层、成分较为复杂的气体圈层，其物质构成主要为气体分子和微粒。分子的成分有：N_2 和 O_2（99％），其他成分占 1％，其他成分主要有 O_3（臭氧）、CO_2、H_2O、N_2O、CH_4、NH_3 等。微粒有：烟、尘埃、雾霾、小水滴、气溶胶。表 3.3 列出了干洁大气(除去水汽和气溶胶)的主要成分。

表 3.3　　　　　　　　　　　　干洁大气的主要成分

	气体	分子式	体积百分比含量（％）	分子量
定常成分	氮	N_2	78.0840	28.0134
	氧	O_2	20.9476	31.9988
	氩	A_r	0.934	39.948
	氖	N_e	0.001818	20.183
	氦	H_e	0.000524	4.0026
	氪	K_r	0.000114	83.8
	氙	X_e	0.87×10^{-7}	131.3
可变成分	二氧化碳	CO_2	0.0322	44.00995
	一氧化碳	CO	0.19×10^{-4}	28.01055
	甲烷	CH_4	1.5×10^{-4}	16.04303
	臭氧	O_3	0.04×10^{-4}	47.9982
	二氧化硫	SO_2	1.2×10^{-7}	64.0628
	一氧化二氮	N_2O	0.27×10^{-4}	44.0128
	二氧化氮	NO_2	1×10^{-7}	46.0055
	氢	H_2	0.5×10^{-4}	2.01594
	碘	I_2	5×10^{-7}	253.8088
	氨	NH_3	4×10^{-7}	17.03061

大气外层无明显的边界，逐渐稀薄地进入宇宙空间。大气上界没有统一的界定。一种方法是以流星和极光发光的最高点推算，据此定大气的上界为 1000km；另一种是根据与星际气体密度的比较，定义大气上界在 2000 至 3000km 之间。在垂向上，大气表现出热力学性质的差异，自下而上被分为：①对流层：空气垂直运动产生对流形成天气现象；②平流层：无明显对流，无天气现象，O_3 引起增温；③中间层：平流层顶部，两个能量吸收层的交界带；④热层(增温层)：热力学温度高，达 1500K，O_2、N_2 增温；⑤散逸层：稀薄气体，受地球引力较小，可以散逸入宇宙空间。其结构如图 3.7 所示。由于地球重力的作用，大气质量分布也不均匀。在地表以上 36km 以下的高度内，大气质量占大气总质

量的 99%。因此，大气层对太阳-地球辐射系统的影响主要发生在大气的对流层和平流层，特别是对流层。

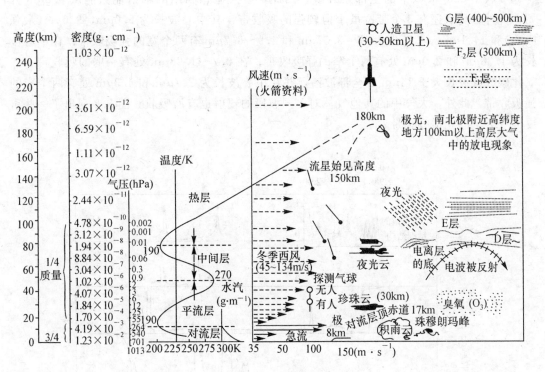

图 3.7　大气垂直结构

3.2.2　大气对辐射的影响

从对遥感的影响来看，大气成分可以分为三类：一是悬浮微粒或气溶胶，半径介于 $0.1 \sim 20\mu m$ 的悬浮微粒具有重要光学效应；二是水汽，在通常的相对湿度下，水汽对大气层的光学特性有较大的影响；三是其他气体，主要是臭氧和二氧化碳，微量气体的作用不大，大气臭氧层能有效防止太阳紫外线对地球生物的过量照射，二氧化碳则是影响地球表层温度的主要因素。大气气溶胶是指在地球重力场作用下，地球大气中具有一定稳定性、沉降速度小、粒径范围在 $10^{-3} \sim 10\mu m$ 的分子团、液态或固态粒子所组成的混合物，主要分布在地表以上 10km 内。关于大气气溶胶的定义，尚不完全统一，其中一个方面是涉及水汽和水凝物是否包含在大气气溶胶之中。本书按上述定义，包含了部分水汽或水凝物。然而，大于 $10\mu m$ 的大云滴不包含在内。在目前遥感文献中，似乎对气溶胶、水汽、云的界定和使用并不很统一和一贯[36]。

大气对遥感产生影响的效应有吸收、散射、折射和湍流四大类。在大多数情况下，吸收和散射是最主要的效应。

1. 大气吸收

对辐射的透射率产生最重要影响的是大气的吸收（在地气系统对辐射的总吸收中，大

51

气的吸收占 25％左右，其余为地表所吸收）。大气所吸收辐射中的小部分可以激化大气再次发射光子（原子、分子的受激激化），大部分则被用于增加大气的能量。臭氧加上氧和氮一起吸收了 0.3μm 以下的全部紫外线。因此，航天遥感利用的辐射能只能从 0.3μm 开始。此外，臭氧还有 3 个带宽虽窄但较强的吸收带，其中心波长为 9.0μm、9.6μm（最强吸收）和 14.1μm。水汽在 2.37～3.57μm 和 4.9～8.7μm 有两个宽的强吸收带；在中心波长为 1.38μm 和 2.0μm 处有两个窄的强吸收带；在 0.7～1.23μm 处有一弱的吸收带。二氧化碳吸收波长大于 14μm 的全部波谱，并在中心波长为 2.7μm 和 4.3μm 处有两个窄的强吸收带。此外，大气中的其他气体对不同波段的辐射也有所吸收。图 3.8 列出了一些重要大气分子的光谱吸收带。

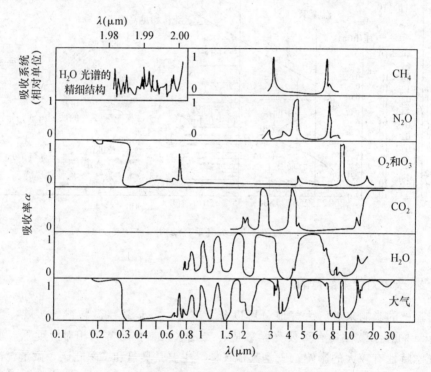

图 3.8　大气分子吸收谱

综合各种大气分子吸收的影响，使得光学波段遥感可以利用的波谱范围仅限于 0.3～14μm 的波长区间，其中，0.3～0.4μm 的波谱范围因受到大气分子强烈散射，影像的对比度已降低到难以接受的水平。所以卫星遥感的波谱区间多在 0.4～14μm。在此范围内还存在大气的一些吸收带，因此遥感在光学波段实际可利用的电磁波谱区间是位于 0.4～14μm 的一些不连续的小区间。这些小区间犹如在大气层中开出的透射电磁辐射的一个个"窗口"，故常称为大气窗口。大气窗口就是大气对电磁辐射透过率比较高的波段。大气吸收率近似于 1 的波段称为大气非透明波段，在那些波段可将大气视为黑体。各种遥感器（特别是星载遥感器）只能选择大气窗口作为工作波段才有意义。光学遥感的可用窗口一般有：

①紫外-可见-近红外区（称为反射窗口）：$0.4\sim0.75\mu m$，$0.77\sim0.91\mu m$，$1.0\sim1.12\mu m$，$1.19\sim1.34\mu m$，$1.55\sim1.75\mu m$，$2.05\sim2.40\mu m$。

②中红外区（称为反射-发射混合窗口）：$3.5\sim4.16\mu m$，$4.5\sim5.0\mu m$。

③远红外区（称为发射窗口）：$8.0\sim9.2\mu m$，$10.2\sim12.4\mu m$。

在上述窗口内，各个波段的透射率也不相同。图 3.9 表示了大气吸收与大气窗口。

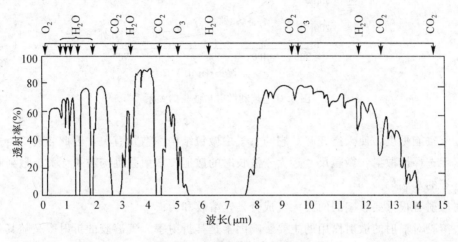

图 3.9　大气吸收与大气窗口

对于无线电波，其透射率由大气电离层的具体条件决定。无线电波段中，遥感使用的波段区间主要有：微波波段（$0.8\sim2.5cm$），用于微波遥感；短波（$15\sim30m$），用于无线电遥感。

2. 大气散射

散射改变辐射的传播方向，使得辐射能向空间发散。沿辐射入射方向的辐射能减小，这一效果类似于吸收作用。但考虑到其他方向的散射入射而引起的整个辐射传输路径上的辐射变化，因此，这一过程比直接的吸收作用复杂得多。

太阳向下的辐射经大气散射后，一部分向上直接散射回地球外层空间，由于这部分辐射不携带地表物体的信息，被遥感器接收后造成辐射干扰。这部分散射辐射通常称为程辐射或路径辐射（也有定义为所有由大气散射作用而进入传感器的辐射）。地表向上的辐射经大气散射后，一部分返回地表，造成辐射的衰减。所以在大气窗口内，散射是造成辐射衰减、信息损失及辐射成分复杂化的最主要因素。

大气的散射分为以下几种类型：

①瑞利散射：粒径比波长小得多的粒子即空气分子的散射，其散射强度与 λ^{-4} 成正比。波长越短散射越强，且前向散射（散射角 $\theta=0°$）与后向散射（$\theta=180°$）强度相等。在遥感中，瑞利散射主要影响可见光，特别是蓝光，如图 3.10 所示，其结果是降低图像对比度和清晰度。

②米氏散射：大气中粒子直径与波长相当时发生的散射，主要是由气溶胶等悬浮粒子引起。作用的波段范围在可见光及红外波段。其角分布是前向散射大于后向散射。米氏散

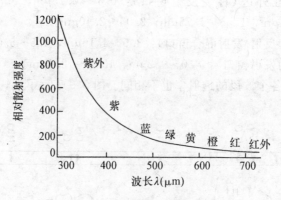

图 3.10　瑞利散射与波长的关系

射改变天空能见度，使天空变暗。它与大气中微粒结构和数量有关，因此与天气有关。

　　③无选择性散射：微粒尺寸远大于波长时的散射，散射强度与波长无关，散射粒子组成云、雾的水滴等。

　　对散射有很重要影响的两类大气成分是气溶胶和云。

　　气溶胶对辐射的散射作用的主要影响因素是其折射率。气溶胶的折射率又随其化学组成而变化。不同类型的气溶胶或同种类型气溶胶对不同波段的折射率往往变化很大。然而，气溶胶的时空变化又很大，因而它对遥感产生的影响和分析困难都很大。

　　云层对辐射有很强的吸收(长波)、反射作用(短波)，对透射率有极大的影响，所以云对地气系统辐射收支平衡起到支配作用，是重要的辐射强迫因子(改变地气系统辐射平衡的作用称为辐射强迫)。云的影响强度(吸收和反射作用)随云层厚度的增加而增加，从而透射减小。显然云的空间分布范围大小也对总辐射收支有重要影响。遥感图像中云量是图像质量的一个重要参数。

　　低层大气对散射尤为重要。吸湿性粒子是强散射体，所以天气状况、大气污染对散射强度影响很大。微波由于波长远大于大气中的各种粒子，瑞利散射微乎其微，又无米氏散射和无选择性散射，因此微波具有极强的穿透云层的能力。红外的云层穿透力10倍于可见光。

　　散射对遥感有多方面的影响：①它使到达地面的辐射或地面向外的辐射强度减弱，如云层的无选择性散射造成的阴影；②它改变了太阳光的辐射方向，如太阳光的漫入射(天空光)，天空光一方面降低了图像对比度，另一方面又使无直射光照的阴影区地物具有一定亮度，前者不利，后者往往有益；③如前所述，散射光在向下散射的同时还向上散射，二者的强度一般不等，向上的散射进入遥感器也使图像对比度降低；④多次散射的情况往往使得定量辐射传输分析变得很复杂(多次散射如图 3.11 所示)。

　　下面再讨论一下散射研究中有关的物理量。散射辐射的强弱可以用不同的物理量度量，如电场强度的平方、辐射通量密度、辐射强度、辐射亮度等，各种物理量下的具体公式会有所不同，但描述的规律是一致的。在描述粒子散射特性的量中，有以下几个常常被

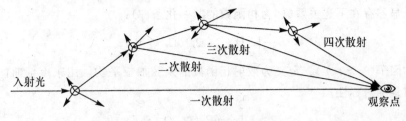

图 3.11　多次散射示意图

用到的概念：

角散射截面：分子在散射角 θ 方向单位立体角中的散射辐射通量(辐射强度)与入射辐射通量密度之比，单位为/(cm² · sr)。可以理解为，在入射通量密度下，恰与 θ 方向单位立体角内的散射辐射通量相等的面积大小。

总散射截面：分子的总散射辐射通量与入射辐射通量之比，单位为 cm²。面积亦可作与上面类似的理解。

散射效率因子：分子的总散射能量与入射到半径为 γ 的球形分子最大几何截面上的辐射能量之比，无量纲量。

容积角散射系数：描述单位容积中分子的散射，定义为单位容积中的分子，在 θ 方向的散射辐射强度与入射辐射通量密度之比，单位为/(cm · sr)。

容积散射系数：定义为单位容积中的分子，向整个空间的散射辐射通量与入射辐射通量密度之比，单位为/cm。

散射相函数($P_\lambda(\Omega_i,\Omega_s)$)：定义为方向散射强度与按 4π 散射空间平均(即各向同性)的方向散射强度之比。它是散射的方向特性的相对度量，描述了散射能量的空间分布，如图 3.12 所示。

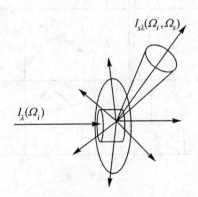

图 3.12　散射相函数的示意图[39]

$$P_\lambda(\Omega_i,\Omega_s) = \frac{I_{s\lambda}(\Omega_i,\Omega_s)}{\dfrac{1}{4\pi}\displaystyle\int_{4\pi} I_{s\lambda}(\Omega_i,\Omega_s)\,\mathrm{d}\Omega_s} = \frac{I_{s\lambda}(\Omega_i,\Omega_s)}{\dfrac{1}{4\pi}I_{s\lambda}(\Omega_i,4\pi)} \tag{3.5}$$

上式中，分子为 i 方向入射产生的 s 方向散射强度，分母为总散射按 4π 方向平均的方向散射。显然存在下述关系（称为相函数的归一化条件）：

$$\frac{1}{4\pi}\int_{4\pi} P_\lambda(\Omega_i,\Omega_s)\,\mathrm{d}\Omega_s = 1 \tag{3.6}$$

不对称因子（$g(\lambda,z)$）：定义为散射相函数的余弦加权平均。用来度量前向散射与后向散射辐射量的对称性。

$$g(\lambda,z) = \frac{\int \cos\theta P_\lambda(\Omega_i,\Omega_s,z)\,\mathrm{d}\cos\theta}{\int P_\lambda(\Omega_i,\Omega_s,z)\,\mathrm{d}\cos\theta} \tag{3.7}$$

式中，θ 为散射角。

上述各散射物理量或参数在不同的散射条件下（比如米氏散射和瑞利散射）的计算公式有很大差别。瑞利散射相对比较简单，米氏散射很复杂。本书不对各具体公式和计算方法进行讨论和介绍，读者可参阅有关文献资料。

3. 大气辐射

大气本身也是一个辐射源，会向周围空间辐射电磁波。辐射类型中对地表遥感有影响或对大气遥感有意义的是大气的温度辐射，气晖、极光等辐射可以忽略。

大气温度辐射主要考虑大气非透明波段辐射，即相当于在那些波段的黑体辐射，主要是在对流层及同温层（218K），峰值波长在 $13\mu m$ 左右的长波辐射。图 3.13 显示的是在大气外测量到的热辐射典型光谱，其中，288K 黑体曲线近似于地面辐射，218K 黑体曲线近似于不透明大气谱区的辐射。

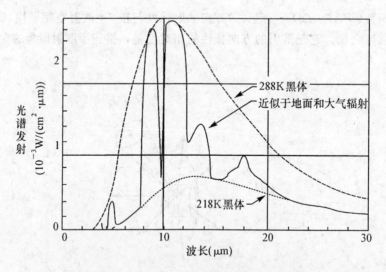

图 3.13　大气外测量的热辐射的典型发射光谱

对于以地表物体为探测对象的遥感来说，大气辐射引起遥感测量到的辐射的畸变。其中，气晖强度小，极光又是局部时地的现象，因此影响不大。大气长波辐射对地表遥感产生较大的影响，但其本身由于携带了大气状态信息而成为大气遥感的信息载体。

4. 大气折射

计算大气折射率(n)的公式为

$$(n-1)\times 10^6 = A\frac{P}{T}\left(1+\frac{B}{T}\frac{e}{P}\right) \tag{3.8}$$

式中，A,B 为常数；P 为气压；T 为绝对温度；e 为水汽气压。

从中可见，大气折射率与大气气压和温度有关。而大气气压又随高度连续变化，故大气对太阳辐射的折射率也连续变化，从而形成曲线状的辐射传输路径。图 3.14 中，$R = \theta - \theta'$，称为大气折射值。

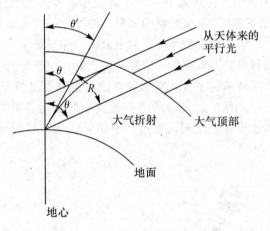

图 3.14　大气折射示意图

大气折射改变了辐射传输的方向，可以引起遥感成像的几何误差。折射还改变了辐射传输的路径，从而引起大气吸收效应、散射效应的强度变化，改变大气对辐射的透射率。

5. 大气湍流

湍流是一种小尺度快速变化的随机运动。湍流空气中的温度、气压和湿度也是随机变量，这导致空气折射率随机起伏。就光辐射传输而言，大气湍流实质上就是折射率起伏。

光辐射的湍流效应有：

闪烁：光束截面各点上强度的随机起伏。当闪烁达到某一值后不再随湍流的增强或距离的加大而增长时，称为闪烁饱和。在近地面处水平光程上，可见光传播几百米距离就可能出现闪烁饱和。闪烁的时间频率一般为 $10^{-1} \sim 10^2$ Hz。夜空星星的闪烁现象就是由于大气湍流作用引起的。湍流引起大气温度与压力的局部不均匀，从而导致大气折射率的局部涨落现象。闪烁现象不仅在可见光区存在，在红外和微波区也有明显的表现。对于遥感探测，它是一种噪声源，影响仪器分辨本领的提高和改变光学传递函数的性质。

相位起伏：光束在湍流大气中传播时，其相位可以在空间上（波阵面畸变）或时间上产生起伏。在湍流大气中，无论是空间上或时间上的相位起伏，均能使光波的相干性降低，空间相干性降低导致光学系统的分辨率恶化。在长曝光或长积分时间情况下，例如在长于几毫秒的曝光时，图像可能移动较大，对总的模糊就有较大的影响。

漂移与扩展：光束漂移和扩展是有限光束在大气中传播时重要的湍流效应。漂移指光斑在接收平面上的位置随机起伏，扩展是接收到的光斑直径或者面积的变化。当观测时间较长时，扩展效应含有漂移的影响。

6. 辐射影响因素综合分析

实际大气对辐射传输的影响十分复杂，反射辐射中的各种影响因素如图 3.15 所示。太阳辐射引起地表的辐照度，包含直射(E_s)和多次散射的天空光(E_D)照射。地表辐射引起的传感器的辐照度也包含直射(L_G)和大气程辐射(L_P)以及地表邻近单元辐射经大气多次散射的部分辐射。直射光与天空光的比例由大气介质辐射特性决定。图中①、②为"发自邻域单元的辐射"对"发自目标单元的辐射"的影响，称为邻近像元效应，简称邻近效应（Adjacency Effect），是大气校正研究中一个逐渐受到重视的大气影响因素，它是指一地面单元（像元的地面覆盖）进入卫星探测器的辐射，叠加上了来自周边相邻单元的辐射的现象，这种叠加是通过大气路径散射和环境辐射引起的。邻近效应一般增加了暗像元的辐射值，减少了亮像元的辐射值，因而降低了影像的对比度，使影像变得模糊。随着遥感数据分辨率的提高，邻近效应越来越显著，有研究指出，当对卫星星下点分辨率小于 1km 的遥感影像进行大气校正时，就应该充分考虑邻近效应的影响。影响邻近效应的因素一般有：传感器高度、气溶胶模式、太阳高度角、卫星天顶角、目标与环境对比度、像元尺度等。

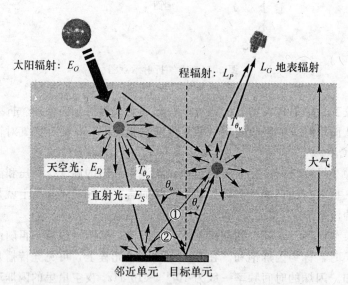

θ_o 为太阳天顶角，θ_v 为传感器天顶角，T_{θ_o} 为大气下行辐射透过率，

T_{θ_v} 为大气上行辐射透过率，①、②为邻近像元效应

图 3.15　传感器接收的反射辐射与辐射传输中太阳-地表-大气相互作用过程的关系[35]

在反射辐射中，忽略多次散射的影响，则得到图 3.16 所示的简化遥感辐射模型，它显示了辐射在大气作用过程中遥感传感器接收到的反射辐射的基本构成。

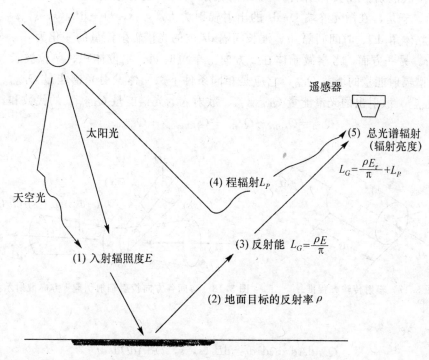

图 3.16　反射辐射传输简化模型示意图[7]

3.2.3　大气辐射传输的定量分析

1. 光学波段一般辐射传输方程[39]

辐射在存在吸收、散射和发射的介质中传输，会发生传输路径上的能量变化。在辐射传输过程中，介质中的辐射场用亮度 $L(x, s, t)$ 来描述，其中，x 为位置、s 为方向、t 为时刻。可推导出一般的辐射传输方程。

如 $I = I_0 \mathrm{e}^{-\beta l}$ 中所定义的衰减系数 β，它包含吸收系数 κ 和散射系数 σ，且它们都是波长的函数。对于非均质和非均温介质，它们还是空间位置（记为 x）的函数，即有

$$\beta_\lambda(x) = \kappa_\lambda(x) + \sigma_{s\lambda}(x) \qquad (3.9)$$

式中，$\kappa_\lambda(x)$，$\sigma_{s\lambda}(x)$ 分别称为光谱吸收系数和光谱散射系数，与 $\beta_\lambda(x)$ 有相同单位：/m。

定义一个量反映在辐射的衰减过程中吸收作用所占的比例，称为单次散射反照率 ω，即

$$\omega_\lambda = \frac{\sigma_{s\lambda}(x)}{\beta_\lambda(x)} \qquad (3.10)$$

或

$$\omega = \frac{\sigma_s(x)}{\beta(x)} \qquad (3.11)$$

显然，当 $\omega=0$ 时，无散射；当 $\omega=1$ 时，无吸收。

现在来推导辐射传输方程。设在介质中的辐射传输路径上取一截面积为 $\mathrm{d}A$，长度为 $\mathrm{d}s$ 的微元体（图 3.17）。其中 s 为传输方向，在微元始端 s 处有入射辐射 $L_\lambda(s, s, t)$。此

外,由于多次散射,在其他所有方向 s_i 的投射辐射,也有散射到 s 方向的辐射,如图 3.18 所示。于是,在微元终端 $s+ds$ 的出射辐射为 $L_\lambda(s,\bm{s},t)+dL_\lambda(s,\bm{s},t)$。在 s 方向,微元立体角 $d\Omega$、时间间隔 dt、波长间隔 $d\lambda$ 内的光谱辐射能量的变化为 $dL_\lambda(s,\bm{s},t)dAd\Omega d\lambda dt$。另一方面,考察微元体在 s 方向上单位时间、单位体积、单位波长、单位立体角内光谱辐射能量的增益 $Q_{\lambda,\Omega}$,它应是相同条件下微元体发射光谱能量 $Q_{\lambda,\Omega,e}$、吸收光谱能量 $Q_{\lambda,\Omega,a}$、散射出的光谱能量 $Q_{\lambda,\Omega,\text{out-sca}}$、散射入的光谱能量 $Q_{\lambda,\Omega,\text{in-sca}}$ 的代数和,即

$$Q_{\lambda,\Omega}=Q_{\lambda,\Omega,e}-Q_{\lambda,\Omega,a}-Q_{\lambda,\Omega,\text{out-sca}}+Q_{\lambda,\Omega,\text{in-sca}} \tag{3.12}$$

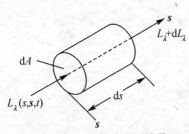
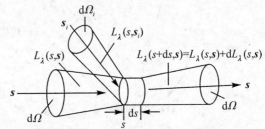

图 3.17　辐射传输方程推导　　图 3.18　空间各方向投射辐射引起 s 方向散射示意图

显然,有

$$Q_{\lambda,\Omega}dAdsd\Omega d\lambda dt=dL_\lambda(s,\bm{s},t)dAd\Omega d\lambda dt \tag{3.13}$$

即

$$\begin{aligned}
\frac{dL_\lambda(s,\bm{s},t)}{ds}&=\frac{\partial L_\lambda(s,\bm{s},t)}{\partial t}\frac{dt}{ds}+\frac{\partial L_\lambda(s,\bm{s},t)}{\partial s}\\
&=\frac{1}{c}\frac{\partial L_\lambda(s,\bm{s},t)}{\partial t}+\frac{\partial L_\lambda(s,\bm{s},t)}{\partial s}=Q_{\lambda,\Omega}
\end{aligned} \tag{3.14}$$

式中,$c=ds/dt$,为辐射在介质中的速度。

再根据式(3.13)来分析式(3.14)右边 $Q_{\lambda,\Omega}$ 的各构成项的表达式。用 $j_\lambda^{tot}(s,\bm{s},t)$ 代表 s 方向上单位时间、单位体积、单位波长、单位立体角内微元体的发射辐射,则

$$Q_{\lambda,\Omega,e}=j_\lambda^{tot}(s,\bm{s},t) \tag{3.15}$$

$$Q_{\lambda,\Omega,a}=\kappa_\lambda(s)L_\lambda(s,\bm{s},t) \tag{3.16}$$

$$Q_{\lambda,\Omega,\text{out-sca}}=\sigma_{s\lambda}(s)L_\lambda(s,\bm{s},t) \tag{3.17}$$

$$Q_{\lambda,\Omega,\text{in-sca}}=\int_{\Omega_i=4\pi}\frac{\sigma_{s\lambda}(s)}{4\pi}L_\lambda(s,\bm{s},t)P_\lambda(\Omega_i,\Omega_s)d\Omega_i \tag{3.18}$$

将式(3.14)～式(3.16)代入式(3.11),再将式(3.11)代入式(3.13)得

$$\frac{1}{c}\frac{\partial L_\lambda(s,\bm{s},t)}{\partial t}+\frac{\partial L_\lambda(s,\bm{s},t)}{\partial s}=j_\lambda^{tot}(s,\bm{s},t)-\kappa_\lambda(s)L_\lambda(s,\bm{s},t)-$$

$$\sigma_{s\lambda}(s)L_\lambda(s,\bm{s},t)+\frac{\sigma_{s\lambda}(s)}{4\pi}\int_{\Omega_i=4\pi}L_\lambda(s,\bm{s},t)P_\lambda(\Omega_i,\Omega_s)d\Omega_i \tag{3.19}$$

通常情况下,介质的局域辐射亮度随时间的变化速度远小于介质中的光速,即式(3.19)中左边第一项趋近于 0,则将其忽略,并且认为其他各项也与时间无关。再考虑局域热力学平衡的假设,则有

$$j_\lambda^{tot}(s,\boldsymbol{s},t) = \kappa_\lambda(s)L_{b\lambda}(s) \tag{3.20}$$

根据上述设定，整理式(3.18)得

$$\frac{\mathrm{d}L_\lambda(s,\boldsymbol{s})}{\mathrm{d}s} = \kappa_\lambda(s)L_{b\lambda}(s) - \kappa_\lambda(s)L_\lambda(s,\boldsymbol{s}) - \sigma_{s\lambda}(s)L_\lambda(s,\boldsymbol{s})$$
$$+ \frac{\sigma_{s\lambda}(s)}{4\pi}\int_{\Omega_i=4\pi} L_\lambda(s,\boldsymbol{s}_i)P_\lambda(\Omega_i,\Omega_s)\mathrm{d}\Omega_i \tag{3.21}$$

利用式(3.9)对式(3.21)中的吸收与散射项进行合并，又定义源函数为

$$S_\lambda(s,\boldsymbol{s}) = \kappa_\lambda(s)L_{b\lambda}(s) + \frac{\sigma_{s\lambda}(s)}{4\pi}\int_{\Omega_i=4\pi} L_\lambda(s,\boldsymbol{s}_i)P_\lambda(\Omega_i,\Omega_s)\mathrm{d}\Omega_i \tag{3.22}$$

则式(3.21)可表示为

$$\frac{\mathrm{d}L_\lambda(s,\boldsymbol{s})}{\mathrm{d}s} = -\beta_\lambda(s)L_\lambda(s,\boldsymbol{s}) + S_\lambda(s,\boldsymbol{s}) \tag{3.23}$$

再引用单次反照率 ω，并利用光学厚度

$$\tau_\lambda = \int_0^l \beta_\lambda(s)\mathrm{d}s, \beta_\lambda(s) = \frac{\mathrm{d}\tau_\lambda}{\mathrm{d}s}$$

可得到用 ω 和 τ_λ 表达的式(3.23)，即

$$\frac{\mathrm{d}L_\lambda(\tau_\lambda,\boldsymbol{s})}{\mathrm{d}\tau_\lambda} + \beta_\lambda(s)L_\lambda(\tau_\lambda,\boldsymbol{s}) = S_\lambda(\tau_\lambda,\boldsymbol{s})$$

$$\tag{3.24}$$

$$S_\lambda(\tau_\lambda,\boldsymbol{s}) = (1-\omega_\lambda)L_{b\lambda}(\tau_\lambda) + \frac{\omega_\lambda}{4\pi}\int_{\Omega_i=4\pi} L_\lambda(\tau_\lambda,\boldsymbol{s}_i)P_\lambda(\Omega_i,\Omega_s)\mathrm{d}\Omega_i$$

　　式(3.21)、式(3.23)、式(3.24)都是辐射传输方程的不同形式,式(3.24)很多时候更为方便。对于遥感中的大气介质,可根据设定的条件选取坐标系,按照上述各式写出其具体表达式。在大气辐射传输模型中,通常假定大气是水平均匀的,即大气特性只在垂直方向有变化,所谓大气分层模型(图3.19)。辐射建模中空间坐标的若干符号的定义可参考图3.20,图中 θ 和 θ' 称为入射天顶角和反射天顶角,(θ,φ)、(θ',φ') 分别描述入射方向和反射方向,上半球 $0 \leqslant \theta \leqslant \pi/2$,下半球 $\pi/2 \leqslant \theta \leqslant \pi$。令 $\mu = \cos\theta$,约定 μ 恒为正,则 $+\mu$ 表示上行辐射,$-\mu$ 表示下行辐射。

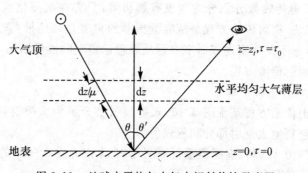

图 3.19　地球水平均匀大气中辐射传输示意图

在上述设定下,遥感中的大气辐射方程可表示为[40]

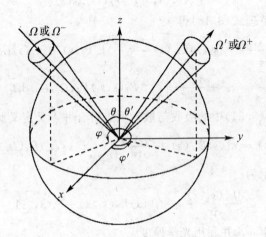

图 3.20　辐射建模中空间坐标及符号示意图

$$\mu \frac{\mathrm{d}L(z,\mu,\varphi)}{\mathrm{d}z} = \sigma_e L(z,\mu,\varphi) - \int_0^{2\pi}\int_{-1}^{1} L(z,\mu_i,\varphi_i)\sigma_s(\mu,\varphi,\mu_i,\varphi_i)\mathrm{d}\mu_i\mathrm{d}\varphi_i - J_0 \quad (3.25)$$

式中，J_0 为源函数中的介质自身发射辐射部分（热辐射源函数）。对各向同性散射粒子，有

$$\mu \frac{\mathrm{d}L(\tau,\mu,\varphi)}{\mathrm{d}\tau} = L(\tau,\mu,\varphi) - \frac{\omega}{4\pi}\int_0^{2\pi}\int_{-1}^{1} L(\tau,\mu_i,\varphi_i)P(\mu,\varphi,\mu_i,\varphi_i)\mathrm{d}\mu_i\mathrm{d}\varphi_i - J_0 \quad (3.26)$$

求解上述方程还需要边界条件。下行辐射的大气顶边界条件是

$$L(\tau,-\mu,\varphi) = \delta(\mu-\mu_0)\delta(\varphi-\varphi_0)\pi E_s \quad (3.27)$$

式中，δ 为狄拉克函数。上行辐射的边界条件为

$$L(\tau,\mu,\varphi) = \frac{1}{\pi}\int_0^{2\pi}\int_{-1}^{1} R(\mu,\varphi,\mu',\varphi')L(\mu',\varphi')\mathrm{d}\mu'\mathrm{d}\varphi' \quad (3.28)$$

式中，R 为表征地表面反射特性的二向性反射函数。

　　显然，求解辐射传输方程必须知道大气状态参数（消光系数、单次反照率、相函数等）以及地表反射特性。辐射传输微分积分方程没有解析解，只有在取简化或近似形式时有解析解，大多采用数值解法。辐射传输方程是从能量传播的角度直观地推导辐射的传输，在数学和物理的严格性上，它不及利用麦克斯韦方程从波理论得到的推导结果，后者是采用斯托克斯参量描述的矢量辐射传输方程。

　　2. 简化的短波辐射传输方程

　　简化的短波辐射传输方程基于图 3.16。入射辐射被分解为太阳直射光和天空漫射光，遥感器接受的辐射包括地表反射部分和程辐射部分。

　　设太阳光以天顶角 θ 入射，遥感器垂直观测地表。太阳光在大气顶的辐照度为 E_0，则通过垂直距离 l 后的辐照度为

$$E(\lambda) = E_0(\lambda)\mathrm{e}^{-\sec\theta\int_0^l k(\lambda,h)\mathrm{d}h} = E_0(\lambda)\mathrm{e}^{-m(\theta)\tau(\lambda)} \quad (3.29)$$

式中，$k(\lambda,h)$ 为消光系数，$m(\theta)=\sec\theta$。

　　大气透过率（T）定义为

$$T = \frac{E}{E_0} = e^{-m(\theta)\tau(\lambda)} \tag{3.30}$$

相应地，大气衰减率定义为

$$A = \frac{E_0 - E}{E_0} = 1 - T \tag{3.31}$$

T 和 A 都是波长和其他气象因素的函数，在不同波段、不同时间和地点有很大差异，因此，即使简化条件下，辐射传输的精确定量分析也很困难。

设地物辐射亮度为 L_G，地面到遥感器的高度为 h、厚度为 h 的大气柱向上的辐射亮度（程辐射）为 L_P，地面至高度 h 的大气层透过率为 $T(h)$，则在高度 h 上遥感器观察到的地物亮度为

$$L = L_G T(h) + L_P \tag{3.32}$$

上述各量都是波长、光学厚度、观察角度等参数的函数（表达式中省略了波长的表示）。假设地面为朗伯反射面，半球反射率为 ρ，则

$$L_G = \frac{\rho E}{\pi} \tag{3.33}$$

半球反射率是反射面元向半球空间（2π 立体角）的反射率，在朗伯反射条件下，某个方向的反射率是半球反射率的 $1/\pi$。遥感探测器是探测某个方向目标的亮度 L_G，故要将 ρ 除以 π。

太阳辐照度 E 分解为直射 E_s 和漫入射 E_d，即

$$E = E_s + E_d \tag{3.34}$$

若大气顶界分谱太阳常数为 E_0（单位波长的辐照度），太阳天顶角 θ，以天文单位 D 计距离，则 E_s 可表示为

$$E_s = \frac{E_0}{D^2} \cos\theta \cdot T \tag{3.35}$$

式中，T 为从大气顶斜入射到地表的透过率，T 与垂直方向大气透过率 T_0 的关系为

$$T = T_0^{-m(\theta)} \tag{3.36}$$

进一步考虑遥感器的响应特性 S，于是简化的反射辐射传输方程为

$$L = \left(\frac{E_0}{D^2} \cos\theta \cdot T_0^{-m(\theta)} + E_D \right) \cdot \frac{\rho}{\pi} \cdot T(h) \cdot S + S \cdot L_P \tag{3.37}$$

式中，L 为遥感器输出的亮度值。式（3.37）中括号内第一项为直射太阳光引起的辐照度，括号内第二项为漫入射的天空光引起的辐照度，最后一项为路径上向上的散射光引起，即程辐射。此处为突出大气影响作用，在式（3.37）中忽略了遥感器系统中的光学系统对辐射产生的影响因素（也可理解为将光学系统的影响归入了 S 因子中）。另外，式（3.37）中 $T(h)$ 是传感器垂直探测下方辐射时的透过率（如资源卫星 Landsat 系列都是垂直探测），若倾斜探测，则应表示成传感器的天顶角 θ_v 的函数 $T_{\theta'}$。

3.2.4 大气影响的校正

遥感的目的是获得目标物的性质、状态参数等信息，而地物的这些信息与其反射率、比辐射率等固有特征有必然的联系，因而反射率、比辐射率是我们借以了解地物性质和状

态参数的依据。在遥感器探测到的辐射中，我们最希望得到的是地面反射率 ρ（或发射率），或至少是地物的辐射亮度 L_G，因为它们是地物性质和状态参数的反映。但遥感器测量到的是入瞳处的辐亮度 L，其中包含与大气的具体吸收和散射状况有关的影响。这些影响还是时间和空间的函数。换句话说，相同的地面反射率和辐照度，因辐射传输路径中的大气状况不同，将得到不同的传感器输出辐亮度 L（假设忽略仪器的影响）。要恢复正确的地表辐亮度，就必须消除大气的影响。我们把从遥感器获得的辐亮度 L 中求得地物亮度 L_G 的过程，称为对辐射传输的大气校正。由 L_G 和地表辐照度或地表温度，就能够求得地物的方向反射率 ρ_θ 或方向发射率 ε_θ。如果要进而求出半球空间的反射率 ρ 和发射率 ε，则还需知道地物表面状态参数。由于大气状况的时空复杂性和变化性，显然，精确地从辐射传输方程中求得 L_G 是很不容易的。因为地表几何参数和温度都是个未知量，所以求 ρ 和 ε 更加复杂。

目前国内外提出的大气辐射校正的模型主要有以下几类：

1. 基于图像特征的模型

这类模型不需要知道大气环境参数，只是依据某些一般性的辐射规律和遥感成像特点，从图像数据本身出发进行部分辐射校正（主要是程辐射）。

2. 基于地面数据的线性回归经验模型

这种模型需要获得与获取遥感数据时间同步的野外实地光谱测量数据，以供与遥感数据进行统计对比（回归分析），从而得到遥感数据的辐射校正量。

3. 大气辐射传输理论模型

这类模型是基于前述辐射传输方程的模型，属于反演的方法，即已知大气透过率等参数，通过辐射传输方程从遥感数据反求地物的亮度或反射率（或发射率）。这类方法物理上比较严谨而且复杂。

这里只对基于辐射传输模型的大气校正的理论模型和有关问题做一简要介绍。具体校正方法在第 7 章遥感图像处理的有关章节进行介绍。

从辐射传输方程知道，使辐射发生改变的是透过率，所以大气辐射校正归结为求出大气的辐射（上行和下行）透过率。而影响透过率的主要因素是大气吸收和散射（对长波辐射还有大气发射辐射）。大气吸收和散射可以分解为不同成分的吸收和散射，如大气分子吸收与散射，大气气溶胶粒子吸收与散射，所以必须知道大气各种成分的含量或比例。此外，相同的大气成分在不同的气压、温度条件下的吸收、散射、发射又是不同的，故还要知道这些大气物理状态参数及其随高度的变化（称为廓线）。大气状态参数可以实地测量，如气象站、高空气象探测，但这种测量的时空频度相对于地球大气尺度来说，是非常不够的。另一方面，由于我们对于不同大气状态下的大气辐射传输机理和过程已经有了一些规律性的认识，因此也可以通过大气遥感来反推大气状态参数，这在现代气象科学中已经普遍采用。在未知当时当地大气成分和物理参数的情况下，可以采用标准大气模型加上用户设定或缺省的一些基本大气参数，如能见度等。标准大气模型包括大气模式（副极地冬季（SAW）、中纬度冬季（MLW），美国标准模式（US）、副极地夏季（SAS）、中纬度夏季（MLS）和热带（T））和气溶胶模式（乡村、城市、海洋和对流层）。

大气透过率由辐射传输模型计算得出。国外学者提出了多种具有不同适用性的大气传输模型，实用的如 RADFIELD、LOWTRAN-7、MODTRAN、5S、6S 等模型。6S 和 MODTRAN 是目前应用较广且精度较高的大气校正模型。

MODTRAN(Moderate Resolution Transmission)是一个使用广泛的大气辐射传输模型，由 LOWTRAN (Low Resolution Transmission)发展而来。MOTRAN 的目标在于改进 LOWTRAN 的光谱分辨率，它将光谱的半高全宽（Full Width Half Maximum，FWHM，即波段宽度，详见第 4 章)由 LOWTRAN 的 $20cm^{-1}$ 减小到 $2cm^{-1}$。在程序处理上，MODTRAN 的结构保持了对 LOWTRAN 的最小改动。它的主要改进包括发展了一种 $2cm^{-1}$ 光谱分辨率的分子吸收的算法和更新了对分子吸收的气压温度关系的处理，同时维持 LOWTRAN7 的基本程序和使用结构。重新处理的分子有水汽、二氧化碳、臭氧、一氧化二氮、一氧化碳、甲烷和氧气、一氧化氮、二氧化硫、二氧化氮、氨气的硝酸。

6S(the Second Simulation of the Satellite Signal in the Solar Spectrum)模型是在 5S (the Simulation of the Satellite Signal in the Solar Spectrum)模型的基础上发展起来的，并对 5S 模型进行了改进。该模型适合于 $0.25\sim 4\mu m$ 的多角度遥感数据的大气校正，是当前较有影响的大气辐射校正模型之一。6S 模型不但考虑了气体吸收、分子和气溶胶散射，还考虑了非均匀地表和边界条件下的二向性反射（BRDF），在太阳—地物—传感器的光线传输路径中，对光线受大气的影响进行了不同的描述。考虑地物为标准的朗伯面，则星上表观反射可以表示为

$$\rho^{*}(\theta_{s}, \theta_{v}, \phi_{s}-\phi_{v})=\rho_{a}(\theta_{s}, \theta_{v}, \phi_{s}-\phi_{v})+\frac{T(\theta_{s})}{1-\rho_{t}S}(\rho_{t}e^{-\tau/\mu_{v}}+\rho_{t}t_{d}'(\theta_{v})) \quad (3.38)$$

式中，ρ^{*} 为表观反射率；ρ_{a} 为程辐射；θ_{s} 为太阳天顶角；ϕ_{s} 为太阳方位角；θ_{v} 为卫星天顶角；ϕ_{v} 为卫星方位角；ρ_{t} 为地物反射率；T 为大气总透射率；S 为大气球面反射率；$\mu_{v}=\cos(\theta_{v})$；τ 为大气光学厚度；t_{d}' 为漫透射率。

6S 模型进行大气校正相对较为简单，用户直接将大气校正参数输入文本文件(输入格式有要求)，运行软件即可完成对影像的大气校正。用 MODTRAN 进行大气校正较为复杂，一般使用查找表法 LUT(Look Up Table)，首先利用 MODTRAN 大气辐射传输模型计算出不同反射率目标物在不同几何条件和大气条件下的辐射值，并制作成查找表，应用时，通过影像上像元点的辐射值查找出与之相对应的反射率。这种方法能保证较高的大气校正精度，但不便于用户操作。6S 和 MODTRAN 大气辐射传输模型的比较见表 3.4。

表 3.4　　　　　　　　　**6S 和 MODTRAN 大气辐射传输模型比较**[43]

	LOWTRAN/MODTRAN	**6S**
光谱范围	$0.2\mu m\sim$ 微波	$0.25\sim 100\mu m$
数值近似	二流近似，包括大气多次散射及离散标法(DISORT)	连续散射(SOS)
光谱分辨率	$20cm^{-1}$(LOWTRAN) $2cm^{-1}$(MODTRAN)	$10cm^{-1}$

续表

	LOWTRAN/MODTRAN	6S
云层	八种云层模式；用户自定义光学属性	无云
气溶胶模型	6 种光学模型和用户自定义	6 种光学模型和用户自定义
吸收气体	H_2O，O_3，CO_2，O_2，CH_4，N_2O，CO 采用 HITRAN 标准光谱吸收库，并可升级	H_2O，O_3，CO_2，O_2，CH_4，N_2O_2，CO
大气廓线	垂直大气分为 49 层，标准的和用户定义的	垂直大气分为 13 层，标准的和用户定义的
地表特征	朗伯体及考虑到地面 BRDF 的属性，并考虑到邻接效应影响	内置朗伯体光谱反照率模块；BRDF 的特性
输出结果	辐射率、透射率、光学厚度、反射率	辐射率、反射率
输入参数	参数录入方便	文本形式输入，不方便

由于直接应用这些模型软件反演地表反射率都不是很方便，因而出现了许多商用大气校正软件模块，如 ACORN（Atmospheric CORrection Now）、ATREM（Atmospheric REMoval)、FLAASH（Fast Line-of-sight Atmospheric Analysis of Spectral）、ATCOR (the Atmospheric CORrection)等，它们都基于 MODTRAN 或 6S 大气传输模型。

ACORN（Atmospheric CORection Now）是 ImSpec LLC 公司基于 Chandrasekhar (1960)提出的辐射传输方程，利用 MODTRAN4 辐射传输模型而建立的程序模块。ACORN 可以对 350～2500nm 的高光谱与多光谱数据进行大气校正，它利用 MODTRAN 4 模拟大气吸收以及分子和气溶胶的散射效应，并形成一系列查找表，利用查找表逐像元估算水汽含量。ACORN 的一个主要特点在于它利用全光谱拟合解决了水汽与植被表面液态水重叠吸收的问题。

ATREM(the Atmospheric REMoval program)算法是用 6S 模型和一个用户指定的气溶胶模型计算大气分子的瑞利散射量，用 Malkmus 窄带光谱模型和一个用户选择的标准大气模型(温度、压力和水汽的垂直分布)或用户提供的大气模型计算大气吸收量，考虑了大气中七种气体的吸收(H_2O，O_3，CO_2，O_2，CH_4，N_2O，CO)对大气透射率的影响。由于水汽时空变化较大，水汽含量是利用 $0.94～1.14\mu m$ 的水汽波段和 3 通道比值技术逐像元提取，然后将该水汽含量用于 $400～2500nm$ 的水汽吸收影响的估计，得到的结果是一个地表反射率值的数据集。

遥感软件 ENVI 中的 FLAASH 基于 MODTRAN＋模型。上述这些软件有友好的图形界面，简化了用户操作，方便用户使用。

3.3　地表辐射的几何特性

3.3.1　地物反射辐射中的几何关系

1. 反射面类型与地表粗糙度

地物反射率是地物组成成分、表面状态(表面粗糙度或表面几何结构等)、物理性质

（电常数、含水量等）、辐射的波长的函数。从某一个方向观测得到的方向反射，还与入射光方向和观测方向有关。总之，在反射辐射波段的遥感中，反射率是反映地物多种信息的重要遥感物理量。

地面对入射辐射的反射可分为以下五种类型（图 3.21）：

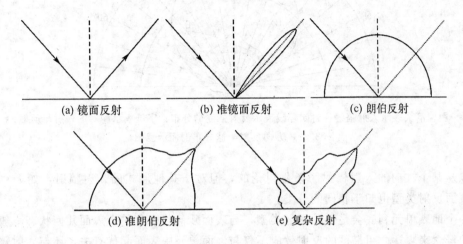

(a) 镜面反射　　(b) 准镜面反射　　(c) 朗伯反射

(d) 准朗伯反射　　(e) 复杂反射

图 3.21　反射面的类型

（1）镜面反射（Peculiar Reflection）

所有辐射光线完全满足反射定律的反射。反射面是光滑的表面。镜面反射的反射分量是相位相干的，振幅变化小，并有偏振。镜面、光滑金属表面、平静水面对于可见光以及马路面对于微波，均属于镜面反射。

（2）朗伯反射（Lambert Reflection）

朗伯反射又称漫反射、各向同性反射。各个方向的辐亮度相同，即满足朗伯余弦定律。相位和振幅变化无规律，且无偏振。土石路面、均匀草地表面对于可见光属漫反射。

（3）复杂反射（Complex Reflection）

复杂反射又称方向反射（Directional Reflection）。这种反射在各个方向（由天顶角和方位角描述）上的反射强度都可能不同，某个方向的反射强度不仅与该方向有关，而且还与入射光的入射方向有关。图 3.22 显示了随入射天顶角变化的方向反射分布的剖面示意图。这种反射是地表最普遍的反射方式。

（4）准镜面反射（Quasi-specular Reflection）

反射辐射能量主要集中在反射定律确定的方向的一个立体角内，但不完全符合反射定律，即在其他方向也有反射辐射能量存在。

（5）准朗伯反射（Quasi-lambert Reflection）

反射辐射亮度在各个方向基本相同，但在由反射定律确定的方向上较强。所以在不严格的条件下，可以把它视为朗伯反射，从而简化反射模型。

以上五种辐射类型中，镜面反射、朗伯反射和复杂反射是三种典型反射，其余两种是介乎其间的过渡类型。镜面反射和朗伯反射是反射面反射特性的两个极端。以上描述的反

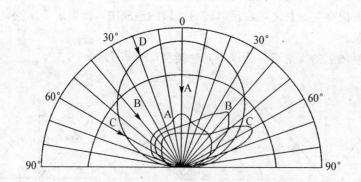

图中箭头表示入射辐射，封闭环线表示反射强度的分布；字母表示配对的入射与反射

图 3.22　方向反射半球分布剖面示意图

射是以从某个方向的入射辐射为条件讨论的，但对于其他形式的入射辐射，如天空光入射，表面反射类型也归于相同的分类。

　　一个地表单元到底会是何种反射类型，与表面几何状态有关。表面几何状态一般用粗糙度的概念来表达。粗糙度的反射效应不仅与地面单元中表面起伏有关，还与入射辐射的波长和入射角有关。图 3.23 中地面高程的起伏 Δh，引起两束电磁波的相位差为 $\Delta\phi\approx 4\pi\Delta h\sin\theta/\lambda$。在给定的高程起伏 Δh 下，波长 λ 越大，相位差 $\Delta\phi$ 就越小；反之，相位差就越大。相位差的变化引起干涉效应结果的变化，从而决定了表面是否满足镜面反射的条件。

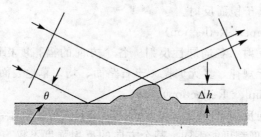

图 3.23　表面粗糙度示意图

　　基于这一分析，瑞利提出如下划分粗糙度的瑞利准则(L. Rayleigh Rule)。令 Δh 为地表高度的均方根，代表地表的粗糙度，则

　　光滑表面：当 $\Delta h\leqslant\lambda/(8\sin\theta)$ 时；

　　粗糙表面：当 $\Delta h>\lambda/(8\sin\theta)$ 时。

　　瑞利准则中考虑的是两入射光相位差为 0 时干涉后得到最大增强，相位差为 π 时干涉后抵消，而 $\pi/2$ 则是一个分界点。

　　Peak 和 Oliver(1971)给出如下修改的粗糙度准则：

　　粗糙面：当 $\Delta h>\lambda/(4.4\sin\theta)$ 时；

中等粗糙面：当 $\lambda/(25\sin\theta)<\Delta h<\lambda/(4.4\sin\theta)$ 时；

光滑面：当 $\Delta h<\lambda/(25\sin\theta)$ 时。

但是对于像元尺度的宏观地表面，这些准则未必总是适合的，因为局部入射角在像元中的各个部分都可能不同，而且高程方差也很大，引起的相位差不在 $[0,\pi]$。

2. 半球反射与方向反射

图 3.24 说明实际地表物体对入射辐射的几种作用。图 3.24 中的各量有如下关系：

$$E_I(\lambda)=E_R(\lambda)+E_A(\lambda)+E_T(\lambda) \tag{3.39}$$

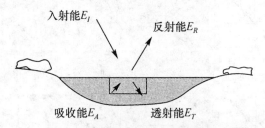

图 3.24　地表水体对入射电磁辐射的作用

这个关系是能量守恒的要求。在可见光-短波红外波段，大多数地物的透射率很小，除清澈的水体外，其穿透深度可以忽略不计。这时有

$$E_I(\lambda)=E_R(\lambda)+E_A(\lambda) \tag{3.40}$$

式(3.39)和式(3.40)两边分别除以入射辐射 $E_I(\lambda)$，得到的正是前述章节中定义的反射率、吸收率和透射率及其约束关系。对式(3.40)，则有

$$\rho(\lambda)+\alpha(\lambda)=1 \tag{3.41}$$

即当反射率 $\rho(\lambda)$ 确定后，吸收率 $\alpha(\lambda)$ 也就确定了。

反射率是反射辐射能量与入射辐射能量之比，并不涉及入射辐射和反射辐射以何种几何方式呈现。但如前所述，反射辐射的空间分布与入射辐射的方式和地表面几何状态密切相关。而反射辐射的空间分布不仅反映了反射面的几何特性，还反映了反射面的物质特性，故通过测量来了解反射辐射的空间分布是很有意义的，所以对于反射率的概念要有更全面的考虑和分析。本书参考文献[44]中，将入射辐射和反射辐射的几何方式划分为方向（平行光线）、圆锥（立体角）和半球（2π 立体角）入射和反射三种，组合起来就有九种类型的入射-反射的几何方式（图 3.25）。其中含有"方向"的模式，由于实际光束不会是严格平行光束（也不可能在实际中让测量的视场角无穷小），所以都是理论或概念上的定量模型。而不含"方向"的类型，则是实际可测量的模型（如图 3.25 中灰色调的 4 种模型）。圆锥通常取为微元立体角 $d\omega$，其含义及在球坐标系下的微分表示如图 3.26 所示。下面给出遥感中度量反射辐射的几个概念和定义。

首先分析一下朗伯反射表面的出射度与亮度的关系（图 3.26）。设微元面积为 dA 的朗伯表面的辐亮度为 $L(\theta)$，则其反射辐射出射度 M 为

$$M=\int_{2\pi}dM=\int_{2\pi}\frac{d\Phi}{dA}=\int_{2\pi}L(\theta)\cos\theta d\omega=L\int_{2\pi}\cos\theta\sin\theta d\theta d\varphi$$

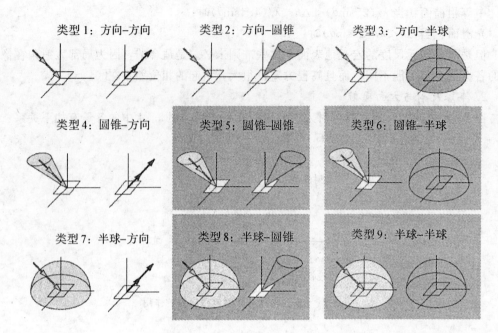

图 3.25　反射率概念中的九种类型的示意图

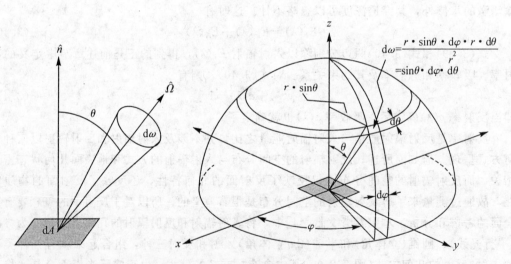

图 3.26　微元立体角及其球坐标微分表示

$$= L\int_0^{2\pi}\mathrm{d}\varphi\int_0^{\pi/2}\cos\theta\sin\theta\mathrm{d}\theta = \pi L \qquad (3.42)$$

式(3.42)表明朗伯反射表面的出射度 M 是其辐亮度 L 的 π 倍。

(1)反射率(Reflectance)

反射率即反射辐射的出射度与入射辐射的辐照度之比，即

$$\rho(\lambda) = \frac{M_\lambda}{E_\lambda} \tag{3.43}$$

ρ 为无量纲数。以太阳光作为入射光，目标物的全波段反射辐射的出射度与入射辐照度之比，称为反照率（Albedo）。反照率是气象学中的术语。计算表明，在其他条件不变的情况下，地表反照率变化 0.01 所造成的系统能量输入的改变几乎等于太阳常数变化 1%，因此精确测量反照率在地表能量收支计算中十分重要。所以反照率是大气物理、气象、全球变化研究中一个十分重要的参数。反射率不论入射辐射几何方式如何，反射辐射必须是半球空间的全部反射辐射。所以它是图 3.25 中的类型 9 或类型 6，或它们的复合类型。①

（2）反射率因子（Reflectance Factor）

它定义为一个表面的反射辐射通量（或亮度）与相同的入射光束和观测几何条件下对一个标准板的反射辐射通量（或亮度）之比。它也是一个无量纲数。如后面将定义的二向性反射因子，即是基于与标准板的亮度比值定义的。所谓标准板，是具有理想反射面（反射率为 100%）和朗伯反射面特性的反射板。但实际的"标准板"不可能完全达到理想要求的条件。

以上是关于反射的两个基本概念。在不同的光束几何条件下，有具体的反射率和反射率因子的定义。

（3）二向性反射分布函数（BRDF）

反射表面在任一方向上反射能量的大小不仅与该观测方向有关，而且还与入射能量的方向有关，这一特性称为二向性反射（Bidirectional Reflectance）。显然，朗伯反射和镜面反射都是二向性反射的特例。二向性反射分布函数（Bidirectional Reflectance Distribution Function，BRDF）即是一个描述二向性反射特性的数学模型。

图 3.27 中，i 代表入射方向，r 代表反射方向，θ'，φ'；θ，φ；ω'，ω 的含义如图所示。定义二向性反射率分布函数为

$$\text{BRDF} = f(\theta',\ \varphi';\ \theta,\ \varphi,\ \lambda) = \frac{\mathrm{d}L(\omega')}{\mathrm{d}E(\omega)} = \frac{\mathrm{d}L(\theta',\ \varphi',\ \lambda)}{\mathrm{d}E(\theta,\ \varphi,\ \lambda)} \tag{3.44}$$

式中，$\mathrm{d}E(\omega)$ 为 ω 立体角内入射辐射亮度 $L(\omega)$ 引起受照微元得到的辐照度（$\mathrm{d}E(\omega) = L(\omega)\cos\theta \mathrm{d}\omega$）；$\mathrm{d}L(\omega')$ 为受照微元在 $\mathrm{d}E(\omega)$ 这个辐照度下产生的向 ω' 方向的辐亮度。$f(\theta'$，φ'；θ，φ，$\lambda)$ 的单位为球面度$^{-1}$（sr^{-1}）。

$f(\theta'$，φ'；θ，φ，$\lambda)$ 即是图 3.25 中类型 5 的几何光束下的方向反射率，注意，这个方向反射率定义中的分子部分不是出射度而是辐亮度。在辐射学中，一般认为 BRDF 满足互易原理，即入射方向与反射方向互易不改变 BRDF 值，但这个假设在遥感中不一定成立，因为遥感观测尺度下的反射面可能具有特殊的几何结构。BRDF 受地物的材料和结构的制约，其极值则主要受探测单元几何结构影响：对朗伯反射无极值；对镜面反射极值

---

① 反照率一般记为 ABE，是在 2π 空间的全波段（$0 \sim \infty$）反射。但由于太阳辐射在 $0.2\mu m$ 至 $1.5\mu m$（或 $0.2\mu m$ 至 $5.6\mu m$）之间的辐射占整个太阳辐射的绝大部分，而反射主要发生在可见光和近红外，故实际上反照率常用可见光-近红外或可见光-中红外的反射辐射来计算。

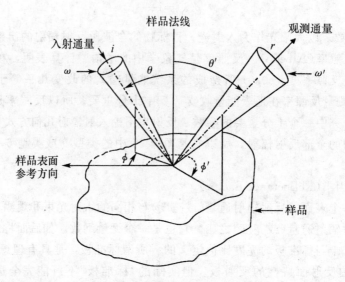

图 3.27　BRDF 定义示意图

出现在反射角等于入射角方向上；对有明显几何阴影的像元，则极值位于入射角同一方向，因为该方向观测到的阴影面积最小，这时该方向称为热点。

在早期遥感实践中，为了简化处理过程，把地表当做朗伯反射面来处理，但如前所述，反射的方向性差异才是地表的一般反射特性。随着遥感定量化要求的提高，以朗伯反射模式处理地表反射已经远远不能满足需要，如不同太阳天顶角和不同观察视角引起的严重"同物异谱"等现象。因此方向反射的测量和分析成为近二十余年来遥感研究的热点之一，并由此提出和实现了多角度遥感的概念和遥感系统。多角度遥感就是从多个方向遥测同一地表的辐射亮度。多角度遥感的卫星遥感器实例见第 5 章。要有效研究方向反射的问题，首先要能够很好地描述反射能量在半球空间的分布。二向性反射分布函数正提供了一个理想的模型。

对于理想朗伯反射面，根据式(3.42)有

$$\text{BRDF} = \frac{\mathrm{d}L}{\mathrm{d}E} = \frac{\mathrm{d}L}{\mathrm{d}M} = \frac{\mathrm{d}L}{\pi \mathrm{d}L} = \frac{1}{\pi} \tag{3.45}$$

即理想朗伯面的 BRDF 恒等于 $1/\pi$。而对反射率为 $\rho (=\mathrm{d}M/\mathrm{d}E)$ 的非理想朗伯面，则有

$$\text{BRDF} = \frac{\mathrm{d}L}{\mathrm{d}E} = \frac{\mathrm{d}L}{\mathrm{d}M/\rho} = \frac{\rho \mathrm{d}L}{\pi \mathrm{d}L} = \frac{\rho}{\pi} \tag{3.46}$$

即非理想朗伯面的 BRDF 恒等于 ρ/π。

（4）二向性反射率因子（BRF）

BRDF 理论模型完善地描述了二向性反射特性，但该模型不便于实际测量实现。而二向性反射率因子（Bidirectional Reflectance Factor，BRF；习惯上用 R 表示）则是一个易于实测的表面反射特性物理量。而且可以证明它与 BRDF 数值上只相差一个常数。其定义为

$$\mathrm{BRF}=R=\frac{\mathrm{d}L_T(\theta',\ \varphi',\ \lambda)}{\mathrm{d}L_P(\theta',\ \varphi',\ \lambda)} \tag{3.47}$$

式中，$\mathrm{d}L_T(\theta',\ \varphi',\ \lambda)$ 代表在一定的辐照和观察条件下目标的反射辐亮度；$\mathrm{d}L_P(\theta',\ \varphi',\ \lambda)$ 代表相同辐照和观察条件下标准板的反射辐亮度。采用微分形式是假定传感器的视场角为无穷小量。

根据标准板反射面的 BRDF 公式，且当入射光源对目标所张立体角 $\Delta\omega$ 与遥感器对目标所张立体角 $\Delta\omega'$ 都趋近于（或视为）无穷小时，有

$$R=\frac{\mathrm{d}L_T}{\mathrm{d}L_P}=\frac{f_T\mathrm{d}E}{f_P\mathrm{d}E}=\frac{f_T}{1/\pi}=\pi f_T \tag{3.48}$$

式中，f_T，f_P 分别表示被测目标和标准板的 BRDF 值。

因此李小文与 Strahler(1986)建议采用常用的二向性反射率因子的极限立体角形式作为 BRDF，即

$$\mathrm{BRDF}=f(\theta,\ \varphi;\ \theta',\ \varphi',\ \lambda)=\lim_{\substack{\omega\to 0\\ \omega'\to 0}}\frac{1}{\pi}\mathrm{BRF} \tag{3.49}$$

二向性反射率因子的一个实例如图 3.28 所示，它是太阳在天顶角 30°方向照射大豆地的二向性反射率因子分布函数，波长范围为 $0.4\sim0.7\mu\mathrm{m}$。

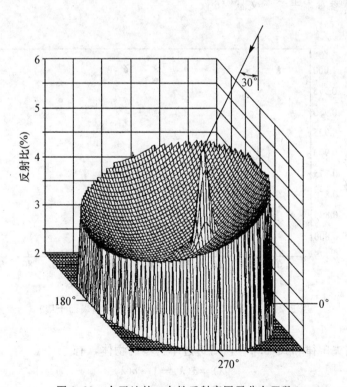

图 3.28　大豆地的二向性反射率因子分布函数

(5)方向-半球反射率

这是关于某个方向 $(\theta,\ \varphi)$ 的入射在半球 (2π) 上的反射，是图 3.25 中的类型 6。定

义为

$$r_{\theta,\varphi \to \Omega'} = \int_{2\pi} f(\theta,\varphi;\theta',\varphi',\lambda)\cos\theta'\,\mathrm{d}\omega' \qquad (3.50)$$

式中，$\cos\theta\mathrm{d}\omega'$ 称为投影微分立体角。

(6)半球-方向反射率

这是关于半球上的入射在某个方向的反射，是图 3.25 中的类型 8。定义为

$$r_{\Omega \to \theta',\varphi'} = \int_{2\pi} f(\theta,\varphi;\theta',\varphi',\lambda)\cos\theta\,\mathrm{d}\omega \qquad (3.51)$$

根据前面 BRDF 中的讨论，可知方向-半球反射率和半球方向反射率亦不满足互易原理。

3.3.2 地物发射辐射中的几何关系

地物发射辐射能力由比辐射率 ε 表达。发射率也有方向性，这种方向性与物体状态（如温度的均匀性）和表面状态（如表面粗糙度、形状）有关。辐射亮度为常数的发射表面也称为朗伯发射面，黑体是朗伯辐射体。这里不详细讨论比辐射率各向异性的原因和方向模型，只指出比辐射率各向异性现象的存在和一般特征（图 3.29）。关于发射辐射的方向性的更多讨论，请参看本书参考文献[46]。

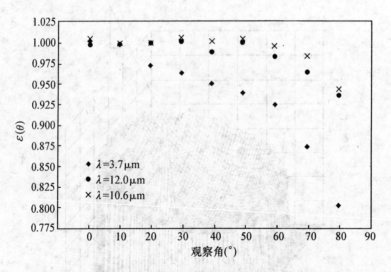

图 3.29　介质比辐射率的角分布（实测粗糙表面土壤）

根据基尔霍夫定律和式(3.41)，对透过率为零的物体，有

$$\varepsilon(\lambda)=\alpha(\lambda)=1-\rho(\lambda) \qquad (3.52)$$

定义方向比辐射率为

$$\varepsilon(\lambda,\ \theta)=\frac{L(\lambda,\ T,\ \theta)}{L_b(\lambda,\ T)} \qquad (3.53)$$

对于方向比辐射率也有

$$\varepsilon(\lambda,\ \theta)=\alpha(\lambda,\ \theta)=1-r_{\theta,\varphi\rightarrow\Omega} \tag{3.54}$$

式中，$r_{\theta,\varphi\rightarrow\Omega}$ 为方向（θ）-半球（Ω）反射率。这个关系是比辐射率测量中所要依据的。

3.4　地面辐射测量

　　地面辐射测量的重点是地物分谱辐射量的测量，即地物波谱的测量，它是遥感的重要基础工作。只有通过实际测量才能获得大量地物材料的波谱特征，从而为设计针对性的遥感传感器以及地物识别提供依据。

3.4.1　地物波谱概念

　　物体的辐射量（包括发射和反射）是波长 λ、热力学温度 T 以及物体本身性质等多种因素的函数。我们把地物的辐射能量随波长变化而变化的函数关系称为地物波谱。不同的地物有不同的波谱。地物除了自身的发射辐射外，还有对太阳辐射的反射、吸收和透射。相应地，地物波谱分为发射波谱、反射波谱、吸收波谱和透射波谱（一般用发射率 $\varepsilon(\lambda)$、反射率 $\rho(\lambda)$、吸收率 $\alpha(\lambda)$、透射率 $\tau(\lambda)$ 来表示）。由于遥感器一般是在地物的上方接收辐射，因而也就只讨论地物的发射波谱和反射波谱。以波长为横坐标，以发射率或反射率为纵坐标作波谱的关系曲线，称为波谱曲线。图 3.30 是几种地物波谱曲线的示例。从图中

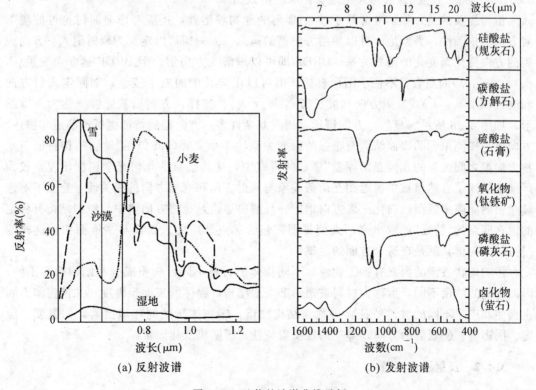

(a) 反射波谱　　　　　　　　(b) 发射波谱

图 3.30　地物的波谱曲线示例

75

可以看出，这几种不同地物的波谱曲线有很大的差别，反映了这些地物在类别、物性等方面有各自不同的特征。我们把同类地物具有的某些典型的、稳定的相同或相近波谱，即其波谱的共性特征，称为该类地物的波谱特征。波谱特征主要包括以下几个方面：①波段平均反射(发射)率值的大小；②极值(包括极大值(峰)和极小值(谷))的波长位置、极值绝对值大小和相对值大小、形态(开阔或狭窄、对称或不对称等)、数目等；③曲线的趋势性形态特征(如曲线的走势、峰、谷的组合等)。一般来说，同类地物有相同或相似的波谱特征，不同地物有不同的波谱特征。类别差异越大(比如植被与水)，波谱特征的差别也越大；类别差异越小(如针叶林与阔叶林)，波谱特征的差别也越小。但由于环境因素和随机因素的影响(如温度、湿度、光照等)，同一类地物也可能会呈现不同的波谱，称为同物异谱现象。而不同的地物也可能出现相同或相近的波谱，称为异物同谱现象。尽管如此，同物同谱、异物异谱是基本规律，否则遥感也就没有意义了。在遥感中，地物波谱也称为地物光谱，波谱特征也称为光谱特征。

由此可见，地物波谱测量对于遥感是十分重要的。人们希望通过大量的地物波谱实测，寻找地物波谱规律，并建立波谱数据库供大家使用。国内外对此做了大量的工作。如美国 NASA 在 20 世纪 70 年代初建立的地球资源波谱信息系统，美国普渡大学建立的美国土壤反射特征数据库，美国喷气实验室(JPL)建立的野外地质波谱数据库，以及美国地质调查局(USGS)的一些工作。我国从 20 世纪 70 年代末以来为此也做了大量很有价值的工作，近年的成果有北京师范大学遥感中心、中科院遥感应用研究所等多家单位在国家863 计划支持下建立的"我国典型地物标准波谱数据库"[47,48]。

值得提及的是，除了考虑基于波长-辐射的地物波谱外，还应考虑前面讨论过的辐射对方向的依赖性。类似地，可以使用方向谱的概念。方向谱可以定义为辐射随入射方向或观测方向变化而变化的函数关系。BRDF 即可以理解为方向谱。但 BRDF 是 5 个变量(θ, φ; θ', φ', λ)的函数，不便于图形表达，但可以限定其中的三个变量，如限定入射方向和波长(θ_c, φ_c, λ_c)或反射方向和波长(θ'_c, φ'_c, λ_c)。这样，方向谱就能够表达为三维图形，如图 3.28 所示。显然，方向谱比波谱要复杂许多，方向谱的特征也更难确定和描述。方向谱与探测单元的表面结构有很强的因变关系。李小文等(1994)在"地物结构特征与地物方向谱之间关系的几何光学模型"项目的研究中，从其已有的几何光学模型出发，较为严谨地描述了自然植被中树冠相互荫蔽现象与入射方向和观测方向的相关性，建立了不连续植被的间隙率模型。简化三维方向谱的一种解决思路，是将方向谱中与地物结构有稳定的内在联系的"特征"抽取出来。人们试图把包含热点效应的入射面与主锥面作为这样的"特征"方向谱，就是在这个方面的尝试。

影响地物波谱的因素有：①物性，不同物体的材料不同，物质成分和结构构造不同，因而它们的波谱不同，可称为材料波谱；②表面结构，物体的表面粗糙度、几何构型不同也会使其产生不同的波谱特征，可称为结构波谱；③物体所处的环境因素，如温度、湿度、阴影等；④观测的方向，即二向性反射特性；⑤随机变化因素。

3.4.2 反射波谱测量

反射波谱测量是测量目标的二向性反射率因子。辐射测量仪器的工作原理将在本书有关传感器的章节中介绍。波谱测量分为实验室测量和野外实地测量两种。

1. 实验室测量

实验室测量采用分光光度计，对样品施加一定方向的光照射，采用半球接收，因此得到的是样品的方向-半球反射率，它与野外测量的方向-方向反射率有所不同。实验室测量反射率精度较高，但对样品采集、保存、处理都有较为苛刻的要求。同时，其反射率不是在自然条件下得到，因此与野外测量结果可能存在差异。

2. 野外实地测量

测量原理即二向性反射率因子（BRF）的原理。仪器的工作原理框图如图 3.31 所示。标准板用硫酸钡或氧化镁制成，在仪器天顶角 $\theta_r \leqslant 45°$ 时接近朗伯体，且经计量标定，反射率已知。光谱仪有不同厂家制造的很多种，目前国内使用较多的是美国 ASD 公司的系列产品，如 ASD FieldSpec3 等。

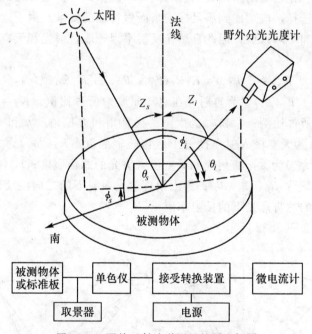

图 3.31　野外反射波谱测量的原理框图

（1）计算公式推导

在简化的反射辐射传输方程式（3.37）中，若目标物和标准板的环境条件完全相同，又由于实地测量时探测器离被测对象相对于航空航天遥感器来说很近，故程辐射和回程大气透过率均可忽略。对目标物辐射和标准板辐射来说，方程中不同的只是反射率和反射亮度。由式（3.37）有

$$
\left\{
\begin{aligned}
L_{(\lambda)物} &= \left(\frac{E_0}{D^2}\cos\theta \cdot T_0^{-m(\theta)} + E_D \right) \cdot \frac{\rho_{(\lambda)物}}{\pi} \cdot S \\
L_{(\lambda)标} &= \left(\frac{E_0}{D^2}\cos\theta \cdot T_0^{-m(\theta)} + E_D \right) \cdot \frac{\rho_{(\lambda)标}}{\pi} \cdot S
\end{aligned}
\right\}
\tag{3.55}
$$

光度计输出的光电流正比于输入的光能量，故有

$$I_{(\lambda)物}=CL_{(\lambda)物}, \quad I_{(\lambda)标}=CL_{(\lambda)标} \tag{3.56}$$

式中，$I_{(\lambda)物}$，$I_{(\lambda)标}$为光电流的读数；C为光电转换系数。

取目标物和标准板两式之比，得

$$\frac{I_{(\lambda)物}}{I_{(\lambda)标}}=\frac{\rho_{(\lambda)物}}{\rho_{(\lambda)标}}, \quad \rho_{(\lambda)物}=\rho_{(\lambda)标}\cdot\frac{I_{(\lambda)物}}{I_{(\lambda)标}} \tag{3.57}$$

(2)两种测量方式

①垂直测量：观测方向为垂直地表，即光谱仪垂直向下测量。快速地先后对目标地物和标准板进行测量，然后用式(3.57)求出目标地物的反射率。这种方法未对自然光做直射光和天空光分解的测量，故反射率是关于自然光照环境的反射率。这种反射率数据可与同样采用垂直观测(观测天顶角等于0)方式的航空航天数据对比。

②非垂直测量：在选定的太阳光入射方向下，测量某一反射方向的反射率。太阳天顶角和观测天顶角的选择，应考虑到满足标准板漫射特性的要求。由于太阳直射光和天空光分别近似定向入射和半球入射，因此自然光反射率因子取直射光和天空光得加权和。其式如下：

$$R(\theta_i\phi_i, \theta_r\phi_r)=K_1 R_S(\theta_i\phi_i, \theta_r\phi_r)+K_2 R_D(\theta_r\phi_r) \tag{3.58}$$

式中，$K_1=E_S(\theta_i\phi_i)/E(\theta_i\phi_i)$，为直射光在总辐照度中所占比例；$K_2=E_D/E(\theta_i\phi_i)$，为漫射光在总辐照度中所占比例；$\theta_i$和$\phi_i$为太阳的天顶角和方位角；$\theta_r$和$\phi_r$为观察仪器的天顶角和方位角；$E_D$为天空漫入射光投射于地物的辐照度；$E_S(\theta_i\phi_i)$为太阳直射光投射于地物的辐照度；$E(\theta_i\phi_i)$为太阳直射光和天空漫入射光的总辐照度；$R_D(\theta_r\phi_r)$为漫入射光的半球-方向反射比因子；$R_S(\theta_i\phi_i, \theta_r\phi_r)$为太阳直射光照射下的二向性反射率因子；$R(\theta_i\phi_i, \theta_r\phi_r)$为野外测量出的总自然光下的反射率因子。

具体测量方法如图3.32所示。

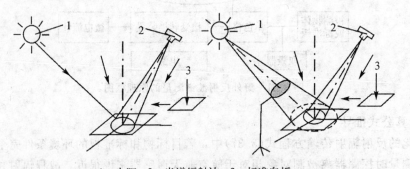

1—太阳　2—光谱辐射计　3—标准白板

图3.32　野外波谱测量方法示意图

测量步骤如下：

先测K_2和K_1。地面上平放标准板，用光谱辐射计垂直测量。①自然光照射时测量一次，相当于$E(\theta_i\phi_i)$值；②用挡板挡住太阳光，使阴影盖过标准板(图3.32)，再测一次，

相当于 E_D；③求出两者比值 $K_2=E_D/E(\theta_i\phi_i)$；④求出 $K_1=1-K_2$。

再测量自然光条件下的反射比因子 $R(\theta_i\phi_i,\ \theta_r\phi_r)$。选择太阳方向 $(\theta_i\phi_i)$ 和观察方向 $(\theta_r\phi_r)$，在同一地面位置分别迅速测量标准板的辐射值和目标地物的辐射值，计算比值得到 R。

用挡板挡住太阳直射光，在只有天空漫入射光时分别迅速测量标准板和地物的辐射值，得到半球-方向反射比系数 $R_D(\theta_r\phi_r)$。

由下式计算出二向性反射率因子 $R_S(\theta_i\phi_i,\ \theta_r\phi_r)$：

$$R_S(\theta_i\phi_i,\ \theta_r\phi_r)=\frac{R(\theta_i\phi_i,\ \theta_r\phi_r)-K_2R_D(\theta_r\phi_r)}{K_1}\qquad(3.59)$$

如果仪器在测量标准板反射时，也同时测量太阳的辐照度，那么，将标准板的反射率数据与太阳辐照度的测定结果结合起来还可以求出景物的绝对辐亮度值。若野外仪器预先用辐照度标准标定，则太阳辐照度的绝对值亦可用仪器测定出来。

(3)光谱测量的元数据

测量时，还应完整地记录目标地物和环境的有关参数(包括拍摄测量现场的照片)，以供查考及建立光谱数据库中的相关元数据。表 3.5 列出了典型的记录项目。

表 3.5　　　　　　　野外光谱测量的典型记录项目(元数据)[49]

序号	项目	参量和单位	说明
1	测量场地的位置	①场地经纬度；②测量样点的位置；③场地的海拔高程(m)	单个测量样点的位置，应采用与区内其他相关空间数据一致的坐标系统
2	场地描述	土地覆盖类型及其他有必要记录的内容	场地描述内容依据研究目的而定，但须符合国际认可方案，如 CEOS 工作组下的陆地产品分组关于数据校验的方案
3	测量时间	协调世界时(UTC)	很容易从 GPS 中获取时间。时间与位置一起能够计算出测量每条光谱时的太阳天顶角
4	测量时刻的天空条件	①WMO 定义的云类型；②云覆盖程度(oktas)；③是否太阳被遮蔽	对于③，可通过对白色表面上的阴影的辨认及强度估计，也可采用半球摄影
5	气象数据	①空气温度(℃)；②相对湿度(%)；③地表面气压(kPa)；④直射光与漫射光辐照度比例；⑤气溶胶光学厚度(AOT)；⑥水汽总量(当量厚度，cm)	平均风速及其变化也很重要，尤其对柔软的植物如庄稼进行测量时。便携式太阳光度计对测量 AOT 和水汽总量很有用
6	仪器参数	①型号序列号；②最近校准的日期；③视场角(度)；④每个波段的光谱响应(对辐射计)；⑤采用光谱间隔和半功率宽度(对光谱仪)	光谱仪校正，典型的包括波长和光谱辐射率的可重复性及准确性，辐射测量的线性度、形状，视场角的形状，极化灵敏度及温度灵敏度。其他因素如传感器点分布函数和依赖于波长的信噪比等也经常被考虑

续表

序号	项目	参量和单位	说明
7	测量方法	①孔；②余弦锥体；③参考板的类型，序列号，校正日期；④余弦校正接收器的类型，序列号，校正日期	余弦锥体(Cos-conical)指利用余弦纠正接收板而非参考板(双锥体)
8	野外技术	①观测几何；②描述用来将传感器固定在所测表面上方的设备及装置；③传感器距离地面高度(m)；④传感器距离测量表面高度；⑤采样方法及样点的空间布局；⑥全谱段测量目标或参考板或余弦纠正接收器所耗费的时间(秒)；⑦在测量目标和测量参考白板(或余弦校正接收器)之间的延迟时间	对于⑦，在单光束(Single Beam)测量中，由于只有一个传感器探测头用于连续测量目标及参考板，这期间的迟滞时间需要记录；对双光束(Dual Beam)不存在延迟
9	测量所得参数	①辐射亮度；②反射率比值	反射率因子可以进一步被分为方向-方向，方向-半球，半球-方向，半球-半球等

3.4.3 发射波谱测量

发射波谱的测量相对反射波谱难度大一些，有主动法和被动法两种测量方法。主动法测量是首先向目标物发射电磁波，由光谱仪测得入射电磁波的方向-半球反射率，然后通过公式(3.52)求得目标物的方向发射率(比辐射率)。被动法通过传感器直接测量目标物所发射的热辐射亮度和表面温度，用比辐射率公式 $\varepsilon_\lambda(\theta) = L_\lambda(\theta)/L_{b\lambda}(T)$ 计算发射率。被动法的难度在于在测量目标物热辐射亮度时如何筛分掉目标物对来自其他辐射源的反射热辐射亮度。几种具体方法请参看本书参考文献[32]。

第4章 遥感器系统

4.1 概　述

在整个遥感系统中，遥感数据即地物电磁辐射信息的获取是关键的一环。这个环节构成一个子系统，可以称为遥感信息获取技术系统，包括由软、硬件构成的若干个子系统：遥感器系统(包括传感器及成像)、遥感平台系统、数据传输和存储系统。本章介绍遥感器系统中的光学遥感器、微波遥感器、传感器特性参量、辐射定标、构象方程等内容。通过这些内容，使学习者对获取遥感数据的技术过程有一个基本的了解，从而能够更好地理解各种类型的遥感数据的特性，为后面数据处理、分析和应用服务。

4.1.1　遥感器系统的构成

遥感器系统的构成及工作流程如图4.1所示，其作用是探测并记录来自地物的辐射信息，它包括电磁辐射的收集、探测、处理、输出几个部分。辐射收集子系统负责采集远处目标的电磁辐射并引入探测系统内部光路或电路，它由光学系统或天线系统实现。探测系统负责将辐射按一定的波长区间(称为波段)测量、记录其强度、相位等信息，其核心器件是传感器。传感器得到的辐射信号一般都比较弱，要经过信号处理系统的显影(胶片)或放大(电子)等处理。然后信号被输出系统记录到各种输出设备上，并被以返回方式或无线方式传回地面接收站。辐射收集子系统与探测器件共同构成遥感器系统。遥感器系统一般是一个成像系统。所谓成像，是指对呈二维或三维分布的空间目标进行辐射探测并形成目标的二维辐射图像，即遥感信息中包含了目标的空间形态信息。不是所有的遥感系统都必须是成像的，有的遥感系统只采集目标的点(一个地面单元)信息，如微波散射计。但现在大多数遥感探测系统是成像的，而且任何探测器件加上特定的扫描成像装置都可用于成像。

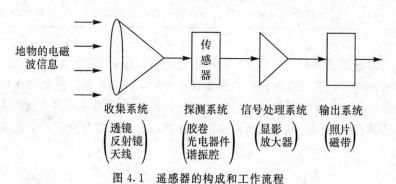

图 4.1　遥感器的构成和工作流程

4.1.2 遥感传感器的类型

辐射测量的核心器件是传感器。传感器技术是现代技术体系中的支撑技术，所以人们说"没有传感器就没有现代科学技术"。传感器（Transducer/Sensor）是能感受规定的被测量，并按照一定的规律转换成可用输出信号的器件或装置（GB7665—87）。它通常由敏感元件和转换元件组成。敏感元件是指能直接感受被测量（辐射、温度、压力等）的元件，转换元件是指能将敏感元件输出量转换为适于传输和测量的电信号的元件，但在有的传感器中二者是一个整体。传感器又称为变换器、探测器、检测器等。

辐射探测传感器的种类繁多，可按不同标准进行分类（表 4.1）。按工作波段，可分为可见光-近红外传感器、热红外传感器、微波传感器等；按传感器工作的物理原理，可分为光化学传感器、光子（光电）传感器、光热电传感器，它们工作的物理原理分别是光化学效应、光电效应、光热和热电效应；按传感器的工作方式，又可分为点探测器件和成像探测器件。所谓点探测器件，是指获取探测对象的一个点的辐射的器件，而成像探测器件可以同时获取探测对象的二维点阵的辐射，从而构成图像。成像探测器件通常就是传感器的阵列，故又称为阵列探测器。在点探测器件系统中增加具有扫描功能的部件（改变点探测器的指向）也可成像。遥感传感器的类型概括见表 4.1。摄影胶片一般并不列为传感器，因为它不是将辐射量转换为电信号。但胶片的作用类同传感器，且是遥感中探测记录辐射信息的重要载体，从叙述的统一起见，将它也放在传感器这一章中介绍。

表 4.1 遥感探测器的类型

类型	原理	实例	成像方式
光化学传感器	光化学效应	胶片	摄影
光电传感器 光电子发射传感器 半导体光电传感器	光电效应 外光电效应 内光电效应	光电二极管 光敏电阻	扫描（掸扫、推扫） 摄影（面阵）
微波探测器	电磁感应效应	微波辐射计，微波雷达	斜距＋扫描

不同波长的电磁辐射与物质相互作用时所产生的效应是有所不同的。有的波段只产生某种效应，有的则可以产生几种效应，比如远红外就不产生使胶片感光的光化学效应，而可见光则光化学效应、光电效应均有。因此不同波段所采用的传感器也就有不同。表 4.2 列出了不同传感器和不同遥感方式所对应的工作波段。后面简要介绍其中重要和常用的传感器。

表 4.2 **遥感成像方式和不同遥感器对应的探测波段**

成像方式	仪器	探测的波长范围			
		紫外	可见光	红外	微波
		0.4μm	0.7μm	100μm	
成像 被动 摄影	航摄像机				
	多波段像机				
扫描	多波段扫描仪				
	紫外分光成像仪				
	红外扫描仪				
主动 摄影	激光全息摄影				
扫描	激光雷达				
	红外雷达				
	激光扫描仪				
	合成孔径雷达(单波段)				
	(多波段)				
非成像	激光高度计				
	红外辐射计/散射计				
	微波辐射计				
	分光光度计				

4.2 光学遥感器

光学遥感器是工作在紫外至红外波段的遥感器。在遥感探测系统中,可以是对单个波长区间的电磁波的探测,比如可见光-近红外中的 0.4 ~0.9μm 波段,这样包含可见光-近红外较宽波长区间的单个波段称为全色波段;也可以是将可见光-热红外区间划分成若干个波长区间的波段,同时而分别探测目标的多个波段的电磁辐射信息,这样的多个波段就称为多光谱或多波段。若波段划分很细,波段数目很多,则称为高光谱(详见第 6 章)。多光谱探测必须将电磁波分离成若干个波段以便各波段分别进入不同的光路,这个过程称为分光。由此可见,光学遥感器包括三个最基本的组成部分,即辐射的收集、分光和探测,对应的器件分别是物镜、分光器和传感器。

4.2.1 物镜系统

1. 摄像物镜

物镜是光学成像系统中最基本、最主要的器件,它收集目标的辐射并将其送入辐射接收器。最常用的物镜是薄透镜,如普通照相机和航空摄影机的物镜。透镜两球面曲率中心的连线称为光轴。物镜的 3 个主要光学特性参数是相对孔径(D/f)、焦距(f)和视场角(2ω)。它们决定了物镜的分辨本领、像面照度和视场大小(观察范围)。现代摄影物镜通常不止是单个透镜构成,而是一个复杂的光具组。所谓光具组,是指由若干折射面、反射面组成的光学系统（如平面镜一个反射面，透镜两个折射面）。透镜组的各光轴应保持重合，该共同光轴称为主光轴。使用复杂光具组的目的是改善像的质量，如消除成像几何误差和入射杂散光、提高像的照度等。在光具组中，物点与像点、入射光线与其出射光线、入射平面与其出射平面之间一一对应且可逆，称之为共轭。物镜是影响成像质量的最重要因素之一（另一个重要因素是辐射传感器）。为了研究方便，通常将复杂的物镜抽象或简化为一个简明的光具模型（图 4.2）。在该模型中，无论物镜内部如何复杂，总可把它看做只考虑光线的入射和出射的简单光具。

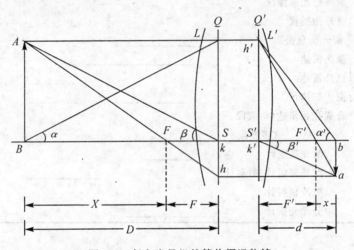

图 4.2　复杂光具组的等价摄远物镜

图 4.2 中，L，L' 为物镜的实际透镜面，可以确定左边 A 点入射光线与右边出射光线交于 h'，同理，确定右边入射光线与左边出射光线交于 h，h' 和 h 即构成等价的物镜模型。F' 是在透镜组像方的焦点，称为像方主焦点或后主焦点。过 h' 作垂直于主光轴的平面 Q'，可以发现平行于主光轴的入射光线（在傍轴条件下）都在 Q' 上发生折射交于 F'。Q' 称为像方主平面，其与主光轴的交点 S' 称为像方主点。仿此，F 是光路 ahA 交主光轴于透镜组物方的焦点，称为物方主焦点或前主焦点，同样可得物方主平面 Q 和物方主点 S。由光的可逆性可知 Q、Q' 都是投射光线的折射面。因此无论物镜的透镜多少，都可用主平面 Q、Q' 作为等价物镜。

　　像方主点 S' 到像方焦点 F' 的距离称为像方焦距，仍记为 F'，物方主点 S 到物方焦点 F 的距离称为物方焦距，仍记为 F。过像方焦点作垂直于主光轴的平面称为焦面。来自无穷远的光线必交于焦面上的一点。两主平面之间的光线路径总可被认为是平行于主光轴的。由所有物点（实的和虚的）构成的空间称为物空间（一般为物体所处空间），由所有像点（实的和虚的）构成的空间称为像空间（一般为影像所处空间）。当共轭光线（AS，aS'）与主光轴的夹角 β 和 β' 相等（即角放大率等于 1）时，其与主光轴的交点 k 和 k' 称为物（前）方节点和像（后）方节点。节点的物理意义是通过它们的共轭光线方向不变。

　　物、像方介质的折射率相同时，理想物镜的节点与主点重合（物焦距等于像方焦距）。此时具有节点的一对共轭光线正好通过物镜主点，称此投射光线为某一物点的主光线。设想移动物镜两个主平面使之重合，则投射光线与折射光线为一直线。在像平面位置确定时，物点在像平面上的位置可以由主光线与像平面的交点来确定，即物点、像点和物镜中心(重合的节点)3 点共线。

光具组的物像关系由高斯或牛顿公式给出(图 4.2)。

高斯公式：

$$\frac{F'}{d}+\frac{F}{D}=1 \tag{4.1}$$

牛顿公式：

$$X \cdot x=f \cdot f' \tag{4.2}$$

根据式(4.1)或式(4.2)，或用作图的方法，很容易求得光具组中物所成的像。光具组的横向放大率和角放大率定义为：

横向放大率：

$$V=\frac{ab}{AB}=-\frac{F}{X}=-\frac{Fd}{F'D} \tag{4.3}$$

角放大率：

$$V=\frac{\tan\alpha'}{\tan\alpha} \tag{4.4}$$

2. 望远系统

观察远处的物体，要用望远镜来增大视角，所以望远系统是高空和太空中光学遥感传感器的辐射收集系统。望远系统由物镜和目镜构成，其原理如图 4.3 所示。图中物镜和目镜都是正透镜(凸透镜)，这样的望远镜称为开普勒望远镜。望远镜中物镜的焦距长，而目镜的焦距短。物镜的后焦点跟目镜的前焦点重合(F)。无穷远处(物距大于 30 倍物镜焦距可视为无穷远)物体在目镜的前焦点处或其内侧附近成倒立缩小实像，经目镜折射后又在物方无穷远处成倒立放大虚像。通过目镜可以观察或摄取该放大像。望远系统观察目标时提供给人眼的像的角度与人眼直接观察目标时所对应的角度之比，称为望远系统的放大率。从光路图可以分析得到望远系统的放大率(m)为

$$m=\frac{U'_{p2}}{U'_{p1}}=\frac{-f'_o}{f'_e} \tag{4.5}$$

式中，f'_o 为物镜焦距；f'_e 为目镜焦距；负号意义为倒立像。

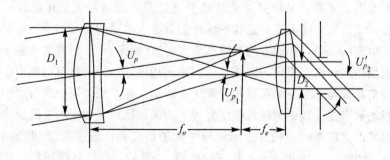

图 4.3　望远系统原理及放大率示意图

由式(4.3)可见，要提高望远系统的放大率，就要增大物镜焦距或减小目镜焦距。如果不设目镜而成像，则加大物镜焦距可以增大目标物的成像。要指出的是，望远镜只是增大了被观察物体的视角，而不是提高了物体的像的分辨率。像的分辨率决定于由物镜的孔径限制引起的衍射效应。

望远系统的种类有很多。天文望远系统(也是卫星遥感中用的望远系统)有折射(透射)型(图 4.3)、反射型(图 4.4(a))和折反射型(图 4.4(b))3 种。反射型和折反射型可以提高像的照度，降低像的几何误差，因而在天文观测和航天遥感中多被采用。放大率不为 1时，像点乘上一个比例因子后与物镜中心和物点满足三点共线关系。

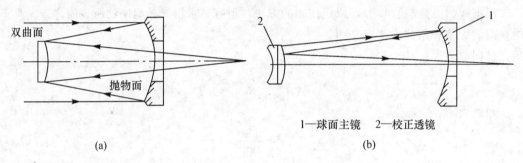

1—球面主镜　2—校正透镜

(a)　　　　　　　　　　　　　　　　　(b)

图 4.4　反射型(a)和折反射型(b)望远系统

3. 光阑和视场角

光学系统中透镜边缘(边框)有限制光束的作用，此外，系统中往往还包含一些带孔屏障来限制光束，这些固定或可变的光束屏障称之为光阑。光阑的作用是限制光束大小和成像区域大小。实际的光具组中往往有不止一个光阑，各光阑对通过的光束大小的限制也可能不等，其中，对光轴上一点发出的光束孔径有最大限制的光阑称为孔径光阑(孔阑)或有效光阑。孔径光阑是实际限制成像光束口径、控制到达像面的光能的光阑，它只限定射入系统光线的多少，而不影响物面成像区域的大小。光轴外一点的光束通过光具组时，接触到某个光阑的边缘就会被阻挡，从而更外的点就不能成像，这样的光阑称为视场光阑(场阑)。视场光阑限制物面上能成像的范围，即限定系统视场的大小，它的大小不影响系统通光量，不影响任意给定像点的亮度。孔径光阑在物方的共轭(像)称为入射光瞳，在像方的共轭(像)称为出射光瞳。共轭是指光具组中通过同一光路可完全互逆的一对点、线或面。所谓光瞳，就是它如同人眼的瞳孔一样控制着进入眼睛的光线多少。视场光阑在物方的共轭称为入射窗(入窗)，在像方的共轭称为出射窗(出窗)。入射窗对入瞳中心的张角称为视场角，视场角在物面上限定的区域称为视场。相应地，出射窗对出瞳中心的张角称为像场角，像场角在像面上限定的区域称为像场。图 4.5 即是长焦距物镜对远距离物面成像的视场角和视场示意图，其中透镜边框就充当了孔阑。视场角和视场是遥感中常涉及的概念，视场角也可以简单理解为轴外主光线与主光轴的夹角。视场角(β)的大小为 $\beta = 2\cot(d/f)$(其中 f 为焦距，d 为焦平面上场阑的半径)。显然，视场与视场角、物距和主光轴与物面的交角(如垂直、倾斜)有关。

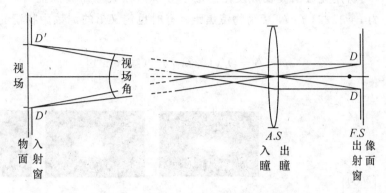

图 4.5　照相机的场阑和视场角、视场

4. 光学仪器的分辨本领[17]

如果仅从几何光学的定律来考虑，只要适当选择透镜焦距，并且适当安排多个透镜的组合，总可能用提高放大率的办法，把任何微小物体或远处物体放大到清晰可见的程度。但是实际上，各种光学仪器成像的清晰程度最终要受光的衍射现象限制，光学仪器的分辨能力有一个最高的极限。

从波动光学的观点来看，由于衍射现象，光源上一个点所发出的光波经过仪器中的圆孔或狭缝后，并不能聚焦成为一个点，而是形成一个衍射图样。例如，望远镜的物镜相当于一个通光圆孔，一个点光源发的光经过物镜后所形成的像不是一个点，而是形成一个衍射图样(图 2.2)，其光强分布如图 4.6 所示，其中心主要部分(零级衍射)就是爱里斑，即点光源透过圆孔后衍射图样中心由第一暗环所围的中央光斑。虽然望远镜的孔径远大于光波的波长，但孔径毕竟是有限的，一个点光源的"像"仍然是一个弥散的小亮斑，其中心位置就是几何光学像点位置。两个点光源所成的像将是两个这样的圆斑。如果这两个点光源相距很近，而它们形成的衍射圆斑又比较大，以至两个圆斑绝大部分互相重叠，那么就分辨不出是两个物点了(图 4.7)。对一个光学仪器来说，如果一个点光源的衍射图样的中央最亮处刚好与另一个点光源的衍射图样的第一个最暗处相重合，这时两衍射图样重叠区鞍点的光强约为单个衍射图样的中央最大光强的 81％，一般人的眼睛刚刚能够判断出这是两个光点的像。这时，我们说这两个点光源恰好为这一光学仪器所分辨(瑞利判据)。按此规定，可求出两物点的距离作为光学仪器能分辨的两物点的最小距离。"恰能分辨"的两点光源的两衍射图样中心之间的距离，应等于爱里斑的半径。此时，两点光源在透镜中心所成的角称为最小分辨角，用 θ_R 表示，它等于爱里斑的角半径 θ_0(半径 r 对圆孔中心的张角)。对于光波长为 λ、直径为 D 的圆孔衍射图样来说，爱里斑的角半径 θ_0 由下式给出：

$$\theta_0 = 1.22\lambda/D = \theta_R \tag{4.6}$$

即最小分辨角的大小由仪器的孔径 D 和光波的波长 λ 决定。在光学中，将光学仪器的最小分辨角的倒数称为这仪器的分辨本领(或分辨率)。光学仪器的分辨本领都与仪器的孔径成正比，与所用光波的波长成反比。最小分辨角在成像面图像上对应的距离（即爱里斑的半径）为 $r=1.22\lambda\,f/d$，f 为物镜焦距。有时也定义 r 的倒数为物镜的极限分辨力 (n)，即

$$n=1/r=D/(1.22\lambda\,f)\quad（线/mm）\tag{4.7}$$

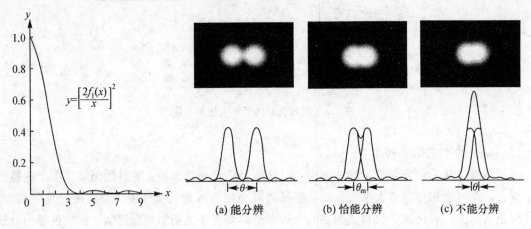

图 4.6　圆孔夫琅禾费衍射和爱里斑　　　　　图 4.7　两个像点的可分性示意图

　　望远镜的图像分辨力决定于物镜的直径 D 和焦距 f，这是因为在设计和制造望远镜时，总是让物镜成为限制成像光束大小的通光孔，物镜的直径就是整个望远镜的孔径。可见，提高望远镜的分辨本领的途径是增大物镜的直径。如很多反射式望远镜的孔径达 10m 以上。从上面的分析和公式中可以看到，望远镜的极限分辨率与其放大率无关，也即提高放大率不能提高望远镜的极限分辨率。这是因为放大率虽然可以拉开两物点在像面上的距离，但是像的衍射斑也同样被放大了（图 4.8）。只有在满足最小分辨角的前提下，提高放大率才能有助于提高成像的分

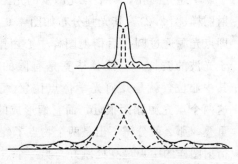

图 4.8　提高放大率不能提高分辨率

辨率。所以对于光学遥感成像来说，为了提高像片的解像能力，必须同时考虑增大物镜的孔径和放大率。

4.2.2　分光器件

　　色散系统用于对给定的辐射源产生光谱，即分光。很难制造只对很窄的光谱波段响应的胶片乳剂和半导体传感器，因此要探测光谱中的较窄的特定波段，必须先进行分光。图 4.9 表示了辐射分光探测的过程。用于分光的器件有很多种，常用的有滤光镜、棱镜、光栅、傅立叶变换光谱仪等。

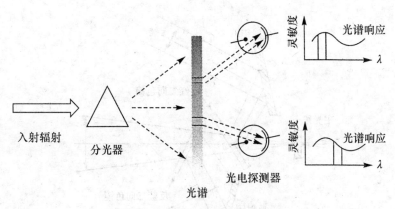

图 4.9　辐射的分光探测过程示意图

1. 滤色片(镜)

滤色片是将光谱中某个波段区间的色光予以阻挡的光学器件,通常由透明材料(玻璃或明胶)制成。图 4.10 为两种典型滤光片的透射率。此外,其他目的,如滤除大气层薄雾影响,也是使用滤色片的原因之一。滤光片的分光作用有限,但在遥感中仍有广泛的应用,例如全色片+紫外滤色片可以区分白色幼年海豹和白雪;彩红外片+黄滤色片用于彩红外摄影;彩色片+紫外滤色片用于去雾;全色和彩色胶片+防晕滤色片可防晕,使照度均匀;全色片+带通滤色片更是广泛用于多光谱成像。

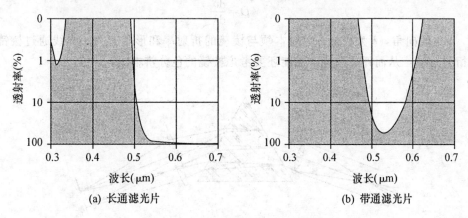

图 4.10　两种典型滤光片的透射率

遥感中还使用一种称为二向色镜的滤光片来分色。二向色镜是指反射光和透射光具有不同颜色光谱的光学薄膜滤光片。最简单的二向色镜是在折射率为 n_g 的光学玻璃基片上,涂敷一层折射率为 n_1 的均匀薄膜,构成单层薄膜二向色镜。二向色镜一般以反射光的颜色命名,如反绿二向色镜是反射绿光而透蓝光,反红二向色镜是反射红、蓝光而透绿光,等等。为了增强发射光的强度,可将高、低折射率两种材料交替叠置构成多层的二向色镜,组合使用多个二向色镜可将白光分成多种单色光,如图 4.11 所示。

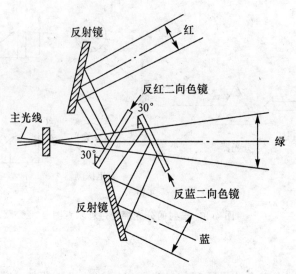

图 4.11　二向色镜的分色原理示意图

2. 棱镜

棱镜是基于不同波长的光在通过介质时折射率不同而将入射光按波长分开的，也就是光的色散效应，如图 4.12 所示。分光的能力可用散射本领表示，它定义为偏向角对波长的微分，即

$$D = \frac{\mathrm{d}\delta}{\mathrm{d}\lambda} \tag{4.8}$$

式中，δ 为偏向角，λ 为波长。散射本领与棱镜的折射率和形状有关。光线通过棱镜也会产生衍射效应，从而评价棱镜的性能还要考虑棱镜的色分辨本领。

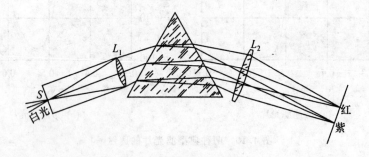

图 4.12　棱镜分光仪

3. 光栅

光栅是利用光的衍射和干涉将光分成光谱的。最早使用的是窄缝光栅，这种光栅的光谱强度不能满足要求。现代使用的是平面反射光栅或位相型透射光栅。平面反射光栅是在高反射率的金属如铝的平面上刻上平行的凹槽，如图 4.13 所示。入射光在相邻的凹槽产

生的相位差为

$$P_1 - P_2 = b(\sin i \pm \sin\theta) = m\lambda \tag{4.9}$$

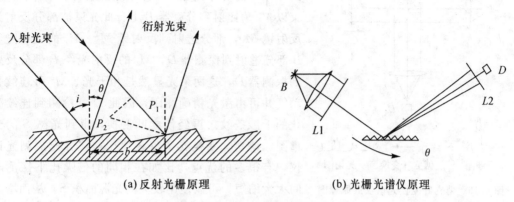

(a) 反射光栅原理　　　　　　　(b) 光栅光谱仪原理

图 4.13　光栅光谱仪

从式中可见其引起的干涉光的方向 θ 是波长 λ 的函数，从而使入射光分离成光谱。由于光栅比棱镜易于获得大的色散，且色散较均匀，所以现在多使用光栅来分光。一个比较典型的实际辐射收集子系统如图 4.14 所示。

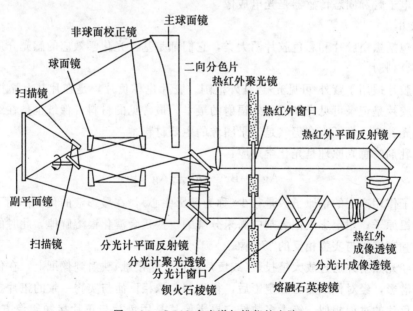

图 4.14　S-192 多光谱扫描仪的光路

4. 傅立叶变换光谱仪

前述分光器件都有一些固有的不足之处，如进光窄缝 $L1$ 和选频窄缝 $L2$ 都要尽量窄，由此使得探测器 D 得到的光能量很小，导致分光探测器的信噪比、灵敏度和分辨率都低。20 世纪 60 年代发展起来的傅立叶变换光谱仪则克服了这些不足。傅立叶变换光谱仪很好

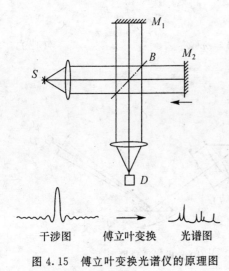

干涉图　　傅立叶变换　　光谱图

图 4.15　傅立叶变换光谱仪的原理图

地实现了辐射的分波段探测，而在原理上完全不同于前述的分光过程。其原理如图 4.15 所示。由 S 来的光源不需受窄缝的限制，通过透镜后变成平行光束以 45°角照射到分束器 B 上。此光束被部分反射到反射镜 M_1，部分透射到反射镜 M_2。M_1 的反射光经 B 部分透射到探测器 D，M_2 的反射光经 B 部分反射到探测器 D，这两束光显然是相干光。M_2 可连续移动，并可由激光精确测距，因此 D 可检测到连续变化的干涉条纹。再经傅立叶变换，得到光源 S 的光谱图。傅立叶变换光谱仪相比于前述分光探测光谱仪，有很多的优点，比如在相同的信噪比下探测时间大大缩短，可以使用较大的光源面积 S，从而增加了光通量，可以极大提高光谱分辨率，可以探测很弱的谱线，等等。因此，傅立叶变换光谱仪已经成为遥感中分光谱辐射探测的主要仪器。

4.2.3　主要传感器

光学波段辐射探测的传感器可分为 3 类，即胶片、电子管和固态传感器，胶片是光化学成像，电子管和固态传感器是光电成像。

1. 胶片

胶片包括黑白胶片和彩色胶片两大类，它们都是基于光化学效应的感光介质。

(1)黑白胶片

摄影胶片适用于紫外-可见光-近红外范围。胶片也称负片，是在片基上涂抹了一层感光乳剂。胶片是记录可见光和近红外辐射的最早、最常见的材料。像纸也是在纸基上涂抹了一层感光乳剂，像纸现在仍然是记录图像的主要材料。

感光乳剂的感光原理是光化学效应：

$$Ag^+ + Br^- + h\nu \rightleftharpoons Ag + Br \tag{4.10}$$

由光子作用产生的银原子数量很少（称为潜影中心），在显影液的化学作用下潜影中心析出大量银原子；用定影液把乳剂中尚未分解的一些残余溴化银溶解掉。此时的胶片上形成了几何和亮度均与实物相反的"负"像。

负片经光照射并通过放大镜投影（或负片与正片相接触）映射到像纸上，在像纸的乳剂上又产生潜影，经对像纸显影、定影后，得到与负像相反而与实物一致的正片。其化学过程与产生负片的过程相似。绝大多数航空摄影像片是用负片与正片接触印像方法获得的，如图 4.16 所示。

(2)感光乳剂特性

感光乳剂特性决定了胶片对景物辐射能量的响应，因此，了解关于感光乳剂特性的知识对摄影图像分析是有益的。感光乳剂特性是通过一系列的物理量或参数来表征的。

① 曝光：是指感光乳剂中卤化银颗粒对光能的化学响应过程。

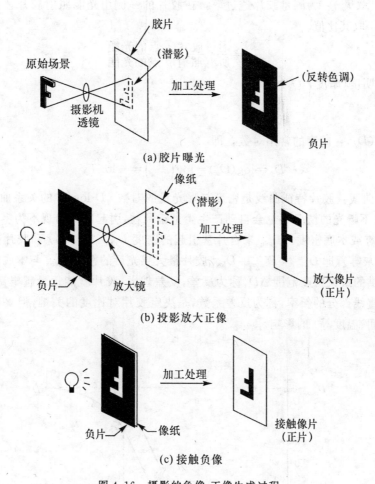

图 4.16　摄影的负像-正像生成过程

② 曝光量(E)：是指照射到感光层上单位面积上的光量，等于照度 E_e 与曝光时间 t 的乘积，即 $E = E_e \cdot t$。

摄影机胶片在平面上任一点的曝光量为

$$E = \frac{sd^2 t}{4f^2} \tag{4.11}$$

式中，E 为曝光量($\mathrm{Jmm^{-2}}$)；s 为景物亮度($\mathrm{Jmm^{-2}s_r^{-1}}$)；$d$ 为透镜孔径(mm)；t 为曝光时间(s)；f 为透镜焦距(mm)。

在实际中，曝光量常用对数 $\log E$ 表示。将 $\log E$ 加上某个正数后(或 E 加上一个适当的正数再取对数)称为相对曝光量。曝光量通常由光圈(控制光通量)和快门(控制时间)共同控制。

③ 光圈指数(F)：

$$F = \frac{f}{d} \tag{4.12}$$

④ 透过率(T_p)：为测量胶片透过率，在胶片的一侧用光能照射胶片，在另一侧测量透过的光能，取其比值。

$$T_p = \frac{\text{通过胶片 } p \text{ 点的光能}}{\text{所有照射 } p \text{ 点的光能}} \tag{4.13}$$

⑤ 不透明度（暗度，O_p）：

$$O_p = \frac{1}{T_p} \tag{4.14}$$

⑥ 密度(D_p)：暗度的常用对数，即

$$D_p = \log(O_p) = \log\left(\frac{1}{T_p}\right) = -\log T_p \tag{4.15}$$

⑦ 特征曲线：胶片特征曲线是密度与曝光量的对数（D-$\log E$）的关系曲线，如图 4.17 所示。胶片在不曝光的情况下也会自动产生少量银颗粒，引起胶片出现不为零的最小的密度 $D_{\min}$（称为总雾或本底密度）。$D_{\min}$ 来自片基引起的密度 D_{base}（片基雾）和胶片处理过程引起的密度 D_{fog}（灰雾），即 $D_{\min} = D_{\text{base}} + D_{\text{fog}}$。胶片最大感光后的密度 $D_{\max}$ 与本底密度 $D_{\min}$ 之差是胶片能提供的最大密度范围 ΔD，称为反差，反差越大，胶片就能记录越丰富的光学信息。图中 γ 值是直线部分的斜率，称为反差系数，是决定胶片对比度的关键，但 γ 值还受冲洗条件（机器、时间、温度等）的影响。

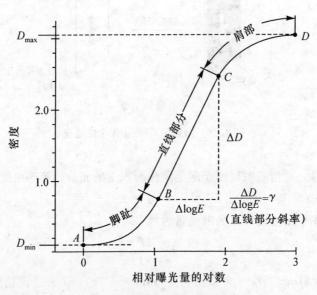

图 4.17　胶片特征曲线及其分析

⑧ 乳胶速率（ASF）：反映乳剂对光辐射强度（或照度）的平均灵敏度。非航空用胶片的速率常用 ISO 系统来说明，航空用全色胶片的速率定义为

$$\text{AFS} = \frac{3}{2E_{D_{\min}+0.3}} \tag{4.16}$$

式中，$E_{D_{\min}+0.3}$ 为在指定的严格处理条件下，密度为 $D_{\min}+0.3$ 处曲线上点所对应的曝光

量，单位为勒克斯·秒。

⑨ 曝光区间：表示生成可以接受的图像的 $\log E$ 值范围。对绝大多数胶片，景物给出的照度落到了 D-$\log E$ 曲线的直线段和趾部的一部分将获得较好的图像。一般航空胶片在最佳曝光位置的 $\pm 1/2$ 光圈数范围内获得的图像都可以接受。

⑩ 辐射测量分辨率：是指在给定胶片分析中，能区分的最小曝光量的差异。

胶片的特征曲线决定了胶片的曝光区间和辐射测量分辨率，它与对比度成反比，即高对比度的胶片可以区分较小的曝光差异。一般，低对比度胶片辐射测量范围大而辐射灵敏度差，高对比度胶片辐射测量范围小而辐射灵敏度好，如图 4.18 所示。

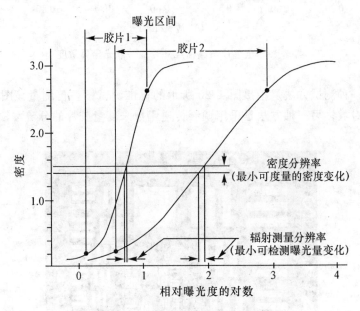

图 4.18　不同特征曲线胶片的比较

⑪ 光谱灵敏度(s_λ)：又称感光度、感色度，是指各种胶片对不同波长辐射的响应特性。定义为

$$s_\lambda = \frac{1}{E_{D_{\min}+1.0}} \tag{4.17}$$

式中，$E_{D_{\min}+1.0}$ 是在指定波长下 $D_{\min}+1.0$ 所对应的曝光量，单位为尔格·厘米$^{-2}$。

图 4.19 是全色片与黑白红外片的一般光谱灵敏度。通常摄影胶片使用的光谱范围在 $0.3\mu m$ 到 $0.9\mu m$ 之间。大于 $0.9\mu m$ 的光谱虽然还可感光，但由于该光谱区间感光材料的光化学的不稳定性，使得它的应用受限。所有摄影乳剂都能在紫外波段感光，但小于 $0.4\mu m$(尤其是小于 $0.3\mu m$)区间的辐射受大气吸收和散射(还加上玻璃镜头的吸收)影响严重，故质量受到很大影响。

⑫ 分辨本领(分辨力)：是指摄影测量时乳剂区分景物细节的能力，常用胶片上可区分的"线条数(或线对)/mm"表示。分辨本领与乳剂本身颗粒大小(越小越好)、景物的反差(越大越好)有关，一般在几十到几百条线之间。全息胶片可达 1000 条/mm 以上。对胶

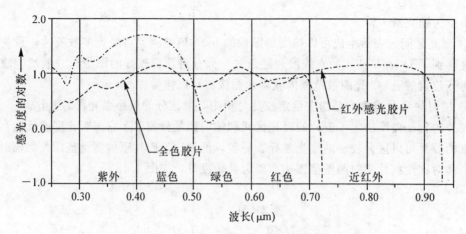

图 4.19　全色片与黑白红外片的一般光谱灵敏度

片分辨本领的一种测试方法是拍摄图 4.20 所示的标准测试图,再测量该图上单位长度可分辨的最大线对数;另一种方法是采用调制传递函数来度量胶片的分辨本领。

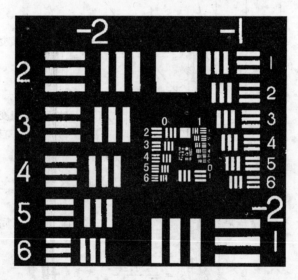

图 4.20　片分辨本领测试图

（3）调制传递函数

① 调制传递函数（MTF）:是评价成像系统清晰度的一种度量,它不仅应用于乳胶,还普遍应用于其他光学成像系统中。在讲解调制传递函数之前,先介绍空间频率等概念。

② 空间频率:图像灰度在空间上呈周期性(如正弦波、矩形波)的浓淡变化,这种变化在单位长度内的重复次数(周波数)称为图像的空间频率,如图 4.21 所示。平面上的空间频率可以将其分解为沿正交的 u、v 两个方向的频率,即互相垂直的分量 u、v。

③ 调制度（M_0）:设物体辐射亮度 $L(x)$ 在空间上按余弦变化(图 4.22),即

$$L(x) = L_0 + L_1 \cos(2\pi \nu x) \tag{4.18}$$

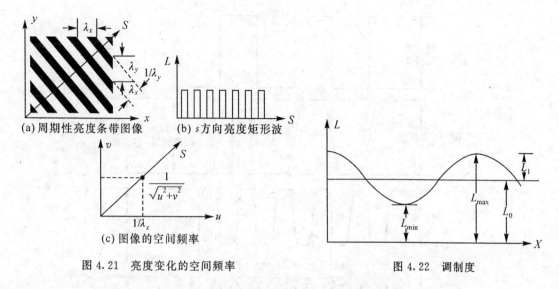

图 4.21　亮度变化的空间频率　　　　图 4.22　调制度

式中，L_0 为背景亮度常数；L_1 为亮度变化的振幅；x 为空间距离；ν 为空间频率。

调制度定义为

$$M_0 = \frac{L_{max} - L_{min}}{L_{max} + L_{min}} = \frac{2L_1}{2L_0} = \frac{L_1}{L_0} \tag{4.19}$$

调制度反映了图像亮度差异的起伏程度。

乳胶的 MTF 定义为

$$\mathrm{MTF}(v) = \frac{M_E(\nu)}{M_0(\nu)} \tag{4.20}$$

式中，$M_0(\nu)$ 为景物的亮度调制度（或光学系统的输入图像的调制度）；$M_E(\nu)$ 为乳剂曝光后的调制度（或光学系统的输出图像的调制度）。

MTF 是包括胶片摄影在内的光学成像系统的调制传递函数。MTF 反映了景物亮度图像经光学系统和胶片（或其他成像系统）成像后景物相对亮度所发生的变化，这种变化是亮度空间频率的函数。MTF 为 1，表明成像系统没有改变景物的相对亮度。一般，低频 MTF 值大，即低频成像后相对亮度幅度损失小，高频 MTT 值小，即高频成像后相对亮度幅度损失大。对最低空间频率 MTF 为 1。图 4.23 是测量方形波的 MTF 以检测胶片的分辨本领的示意图（对不同频率的方形波摄影成像后测量不同频率的 MTF 响应）。显然，MTF 是成像系统的一项重要指标，其值越高，图像越清晰（即越接近物体本身的清晰度），反之越模糊，从而分辨力降低。因此 MTF 是衡量胶片分辨力的一个很好指标，胶片的 MTF 随空间频率增加而下降。

④ 阈调制度：一般认为当调制度小于 5% 时，人眼就不能辨别明暗差别了。此值称为阈调制度，它所对应的空间频率（MTF 曲线上的某个点对应的频率）就是光学系统的分辨本领。

胶片或图像的反差可以用最大、最小亮度来定义，即

$$C = \frac{L_{max}}{L_{min}} \tag{4.21}$$

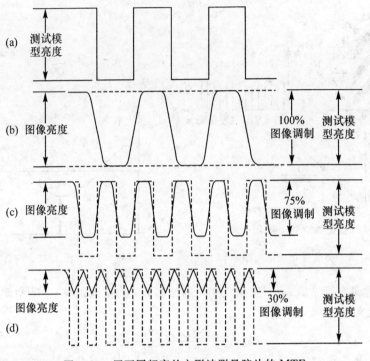

图 4.23　用不同频率的方形波测量胶片的 MTF

式中，L_{max} 为最大亮度，对应胶片最大密度；L_{min} 为最小亮度，对应胶片最小密度。

调制度与反差有如下关系：

$$M = \frac{L_{max} - L_{min}}{L_{max} + L_{min}} = \frac{C-1}{C+1} \tag{4.22}$$

利用上述关系和 MTF，可以计算出胶片在各种反差条件下的分辨本领，也可以把由于空间频率的增加而下降的反差恢复到与原物的反差一致。

(4)彩色胶片

① 彩色合成的基本原理。

加色法：若三种颜色的光，其中任意一种都不能由其余两种混合得到，则此三种颜色以不同比例混合后，可以调配出各种色调的颜色，可调配出的色调颜色范围取决于所采用的具体三种颜色。这种配色法称为加色法，此三色称为(加法)三原色。等量的三原色混合得到白色。最常用的三原色是红、绿、蓝。

互补色：若两种颜色混合产生白色或灰色，则称其为互补色。

减色法：加法三原色的补色称为减法三原色。与红、绿、蓝对应的减法三原色为青、品、黄。用减法三原色(如颜料、滤色镜)混合也可调配出各种颜色，这种配色方法称为减色法。其实质是白光依次被不同程度地过滤掉某一原色而保留另外两种原色。减法三原色的等量混合形成为黑色(注意一定要是减色过程。如果是等量的减法三原色的色光相加混合也会形成白色)。图 4.24(见彩图页)显示了加色法和减色法合成彩色的实例。

② 彩色胶片的构成。

如图 4.25 所示，彩色胶片采用分别对蓝绿红感光的 3 层感光乳剂，在片基上顺序涂抹而成。因为绿、红两层感光乳剂对蓝光仍有一定的感光能力，故在蓝光乳剂下增加一层蓝光过滤层，将通过蓝光乳剂层的剩余蓝光滤除。

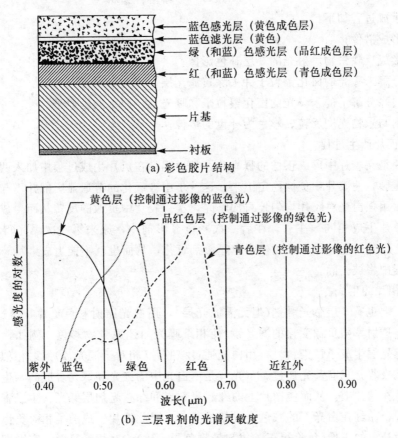

(a) 彩色胶片结构

(b) 三层乳剂的光谱灵敏度

图 4.25 彩色胶片的结构和灵敏度

③ 彩色负片产生过程。

乳剂的成色剂(生成染料)：彩色乳剂的感光如同黑白胶片，只是引起卤化银的化学反应而本身并无颜色。要使 3 层乳剂分别真正对应蓝、绿、红，则需要在各层乳剂中加入能生成对应彩色的补色的成色剂，即黄、品红、青。成色的过程是(以黄色染色剂为例)：蓝乳剂层被曝光生成由银原子所代表的潜像，潜像在彩色显影液中被增强，同时显影剂在银原子周围被氧化并与黄成色剂反应生成黄色染料。所生成染料的数量取决于氧化显影剂的数量，从而取决于被还原银的数量，即取决于使该层感光的光照强度。蓝光越强，在蓝感光层生成的黄染料就越多。围绕被显影了的银原子，染料淀积成很薄的分子"云雾"。没有参加反应的成色剂通常是无色无害的。染料生成的化学反应过程是：

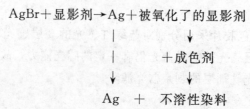

负片的生成过程如下：

曝光→形成潜像；

显影→形成反映景物反射光的3层补色影像；

漂白→分解未曝光的卤化银粒子并去除黄滤光层；

定影→去除分解了的未曝光的卤化银粒子和曝光且还原了的银原子。

最后得到与景物光度反转、彩色为补色的负像。

④ 彩色正片产生过程。

彩色正片是在胶片中形成正像的曝光片，其过程是在负片生成过程中加入两步：曝光后先做黑白显影，使胶片中负像稳定下来，这一步中被氧化的普通显影剂并不与成色剂发生反应。然后用强白光对胶片均匀地再次曝光，实现胶片中负像的反转从而生成正像。其后的步骤与负片生成相同。注意，在后一次彩色显影剂中，原来第一次曝光得到的负像中，Ag^-已还原成的银原子，不能使彩色显影剂氧化，从而也就不能生成染料。这些银原子在定影过程中将被去除。

⑤ 彩色相片的生成。

彩色相纸上也有3层感光乳剂（但无需滤光层），用白光照射彩色负片，透过负片（此时负片相当于透射率随负像变化的滤光镜）使相纸曝光而还原景物彩色。例如，景物的蓝光使胶片蓝感光层生成了黄染料，再用白光通过该胶片（相对于滤光片）照射相似结构的像片，则蓝光被吸收，只有黄光通过。黄光就是由白光中的红光和绿光合成的，也就是有红光和绿光照射在像片上，从而使像片上的红感光剂层和绿感光剂层感光，生成青色染料和品红染料。青、品红在白光下的减色合成就是蓝色。因此像片生成的是相对负像而言光度反转、彩色为补色的正像（负负得正，故与景物色彩一致），对相纸显影、定影即生成彩色相片。

从前述彩色胶片的成像机理可以看出，红、绿、蓝三原色层只是提供一个彩色合成的颜色模式或机制（由黄、品红、青三成色剂构成），其中各层的具体光谱波段内容是可以依据需要调整的（在各层中放置特定的感光剂形成不同的组合），如将敏红感光剂与敏蓝感光剂对换，则景物的红色在相片上将显示为蓝色，而蓝色显示为红色。

⑥ 彩色红外胶片。

根据彩色胶片的成像原理，将敏红外（近红外）感光剂替换敏红、敏绿、敏蓝中的任一种，就可形成彩色红外片（$0.5\sim0.9\mu m$），如图4.26所示。标准的彩色红外胶片的构成是：敏红外层→青（红），敏红层→品红（绿），敏绿层→黄（蓝）。此外，由于各感光剂对蓝光均有相同的一定程度的感光度，使得彩红外相片不能准确反映景物的反射率。因此通常彩红外摄影都在镜头前加黄滤色片或在红外胶片上层加黄滤光层，以吸收$0.5\mu m$以下蓝光。滤除蓝光后的彩红外相片色彩鲜艳，对景物细节的区分能力很强。与景物的实际彩色不一致的相片称为假彩色相片，彩红外相片就是一种假彩色相片。

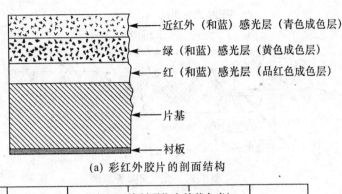

(a) 彩红外胶片的剖面结构

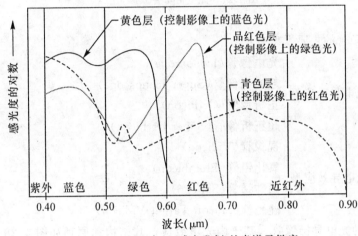

(b) 三层配色层(感光乳剂)的光谱灵敏度

图 4.26　彩红外胶片的结构和光谱灵敏度

2. 电子管

电子管是一种在气密性封闭容器(一般为玻璃管)中产生电流传导，利用电场对真空中的电子流的作用以获得信号放大或振荡的电子器件。按功能，电子管可设计成多种不同的类型。光电成像电子管的典型器件有第 2 章中图 2.12 所示的光电管，还有光电倍增管等。

在入射光很弱时光电流一般也很弱，为了提高光辐射探测的灵敏度，需要将光电流放大。光电倍增管就是这样一种光辐射探测和放大器件，其工作原理是(图 4.27)：光电倍增管中有一个半透明的光电阴极面，在光照下可以发射电子(发射能力和波长响应特性取决于阴极材料，如 VIR-NIR 波段的锑铯材料和、银氧铯材料)。当具有足够能量的光子 $(h\nu \geqslant E_g)$ 打在充有负电的阴极上时，阴极表面的电子被释放出来。阴极的后面是一组充有正电且电压依次增高的倍增器电极(称打拿极)。被光子打击而从光电阴极释放出来的初次电子，在电场作用下加速飞向第一打拿极。每个初始电子可以产生多个二次电子，因而打拿极可以产生放大效应(即倍增)。然后二次电子又飞向第二打拿极，又产生数量被放大的三次电子。如此进行，直至在最后一个打拿极的电子被正极引入外部电流。这个电流是与入射到光电阴极的光子数成正比例的。光电倍增管的放大效率是很高的，一个初始电子最后可产生一百万的电子。因此光电倍增管可以在很暗的照明条件下工作。

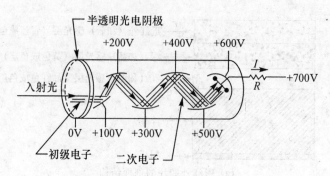

图 4.27 光电倍增管原理

光电成像电子管的主要类型有:

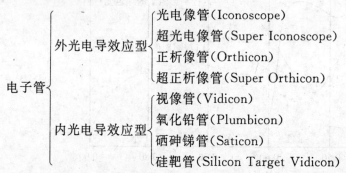

视像管是一种光电导摄像管,基于内光电效应,其结构和原理如图 4.28 所示。景物成像在由平板玻璃加薄层金属加光电导材料构成的靶面,在靶面形成一张电位值与光强成比例的电位图,电子束逐点对靶面扫描,将扫描点的电位依次输出,输出的电压信号就是图像的视频信号。像管靶的膜层是连成一片的,然而它具有很高的电阻率($10^{12}\,\Omega \cdot cm$),以致在扫描面上各点积累的电荷不至于在一帧周期(如 1/25s)内泄漏。这样,就可把接收图像的靶面分割成很多像元,每个像元可用一个电阻 R 和电容 C 来等效。电容 C 起存储信息的作用,电阻 R 随着光照度的增大而变小,无光照时,R 为暗电阻 Rd,光照后,R 变为 $Rc(E)$,是与照度有关的变量。

对靶面的扫描是由上到下逐行扫描,每行由左到右逐点扫描的。在水平方向上的逐点扫描过程中,电子束是连续移动的。因此,靶面像元的大小是由电子束落点尺寸、扫描行数、每行的采样点数和扫描位置所决定的。它们决定了摄像管的垂直分辨力和水平分辨力的上限(在电视系统中用多少条电视线或靶面上每 mm 多少条线表示)。当这些因素确定之后,靶本身的质量也是决定分辨力大小重要因素。

光电导摄像管可以采用不同的靶面材料而形成多种类型。不同半导体材料制成的靶及靶的厚度对光谱响应的特性不同。光电材料的禁带宽度决定光电转换的截至波长。此外,为了提高摄像管的灵敏度、分辨力,还对其采用各种光电增强技术,如反束光导摄像管(RBV)等(RBV 曾在陆地卫星 Landsat-1、2、3 上使用)。

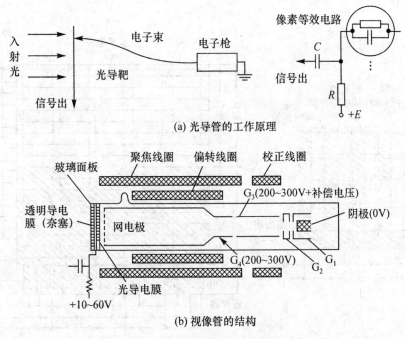

(a) 光导管的工作原理

(b) 视像管的结构

图 4.28 视像管结构和原理图

3. 固态图像传感器

固态图像传感器(Solid-state Image Sensor，或称固体图像传感器)是基于半导体材料的晶体管的传感器，它不是易碎的真空玻璃器件，因而稳固耐用。它依靠集成片内像素信号的移位而不需电子束的扫描偏转和聚焦，故没有扫描非线性和几何失真。此外，它还具有功能集成度高、功耗低的特点，因此是光电成像的发展方向。这类器件主要有 CCD 摄像器件和 CMOS 摄像器件两类。

(1)CCD 器件

电荷耦合器件（Charge-Coupled Devices，CCD）是作为金属-氧化物-半导体（Metal-Oxide-Semiconductor，MOS)技术的延伸而产生的一种半导体器件。作为一维或二维图像传感器，CCD 与真空摄像器件相比，具有无灼伤、无滞后、体积小、功耗低、价格低、寿命长等优点，是遥感中的重要探测器件。

CCD 是一行行紧密排列在硅衬底上的 MOS 电容器列阵。MOS 是一种能够产生和储存光生电荷的器件，它可以探测与入射辐射量成比例的电荷量，并将其储存。将很多这样的 MOS 排成线阵或面阵，就可以探测一维和二维的光辐射并成像。余下的问题就是如何把每个 MOS 的电荷引出。单个 MOS(成像单元)的电荷输出，通过 3 个电极控制电荷在势阱中转移来实现。这就是电荷耦合的技术。线阵和面阵的电荷输出都是基于这一基本方式实现的。实用的面阵 CCD 的构成方式常用的有两种。一种是行间传输结构，它把多个单线 CCD 阵并列排放，每列阵各单元电荷转移到底部的水平读出寄存器统一地顺序输出(图 4.29(a))；另一种如图 4.29(b)所示，即由 $m \times n$ 个 CCD 构成的成像区积累电荷后，将电荷转移到暂存区，然后暂存区由底部水平读出寄存器按行输出。

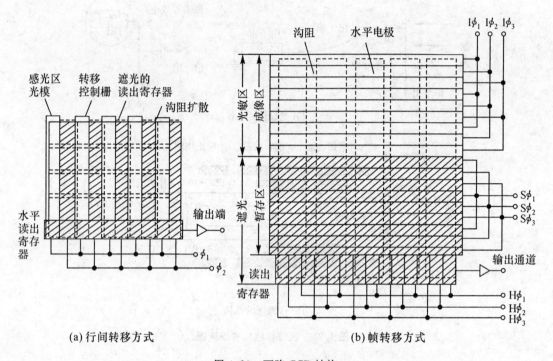

(a) 行间转移方式   (b) 帧转移方式

图 4.29 面阵 CCD 结构

(2) CMOS 器件

CMOS 器件是另一类固态摄像器件。它的光电转换元件是光电二极管，二维传感器阵列由 MOS 场效应管开关和光电二极管组成，具有类似 MOS 存储器的结构。相比于 CCD 器件，CMOS 摄像器件具有芯片制造工艺和工作电源都与数字电路系统的存储器、处理器、模数转换等完全相同的优点，因此，它可以将包括摄像、处理、存储和显示都集成在一块半导体圆晶片上，实现一个微型的图像系统。

(3) 红外探测器件

红外传感器是一种能将红外辐射能转换成电能的光敏器件，常称为红外探测器。实际上前面已经介绍过的各种探测器件，只要选用对红外辐射敏感的半导体材料，就可以探测红外辐射。红外探测器种类很多，按工作机理可分为热探测器和光子探测器。

① 热探测器：热探测器是吸收红外辐射后，产生温升，伴随着温升而发生某些物理性质的变化，主要是各种热电效应，如产生温差电动势，电阻率变化，自发极化强度变化，当然还有其他效应，如气体体积和压强变化等，但遥感中主要利用热电效应。测量这些变化，就可以测量出它们吸收红外辐射的能量和功率。上述四种是常见的物理变化，利用其中一种物理变化，就可以制成一种类型的红外探测器。一种可用于热成像的热释电摄像管基于热释电探测器。其工作波段为 $8 \sim 14 \mu m$，其靶面是热释电材料。由于自然界中在常温状态下景物都产生红外辐射，因此摄取红外辐射图像不需要任何照明，故热释电摄

像管的工作是一种被动成像方式，具有全天候工作的特点。热释电摄像管与普通光电导摄像管在结构上类似，只是以热释电靶代替了光电导靶。热释电靶面上的静电电荷面密度随靶温度化而产生相应的变化，这是它完成热辐射图像转换为电荷图像的基本原理。热释电探测元件可以与 CCD 混合构成红外电荷耦合器件，它比热释电摄像管有更多优点。

②　光子探测器：利用一些具有对红外辐射敏感的光电效应的固体制成的红外探测器称为光子探测器或光电探测器。这类探测器是依赖内部电子直接吸收红外辐射，不需要经过加热物体的中间过程，因此反应快。此外，这类探测器的结构都比较可靠，能在比较恶劣的条件下工作。因而光电探测器是当今发展最快、应用最为普遍的红外探测器。常用的光电探测器有如下几类：

光电子发射探测器：一些固体材料对红外辐射具有外光电效应，如银氧铯锑光阴极、多碱光阴极等。利用这些材料的光电子发射制成的红外辐射探测器也就是光电子发射探测器，如变像管、像增强器以及摄像管中的一部分均属此类器件。此外，光电管、光电倍增管也属此类器件。

光电导探测器：利用固体材料对红外辐射具有的光电导内光电效应制成的红外探测器，称为光电导探测器，简称 PC 器件。这类探测器结构简单、种类繁多、应用广泛。

光伏探测器：利用固体材料对红外辐射具有的光生伏特内光电效应制成的红外探测器，称为光伏探测器，简称 PU 器件。光伏探测器响应速度一般较光电导探测器快，有利于作高速检测。光伏型器件结构有利于排成二维面阵，因而可以把它和 CCD 器件耦合组成焦平面列阵红外探测器。光伏探测器在遥感中有广阔的应用前景。

光磁电探测器：当红外光照射到半导体表面时，如果有外磁场存在，则在半导体表面附近产生的电子-空穴对在向半导体内部扩散的过程中，电子和空穴将各偏向一侧，因而在半导体两端产生电位差。这种现象称为光磁电效应。利用这个效应制成的红外探测器称为光磁电探测器(简称 PEM 器件)。

4.2.4　光学成像方式

光学波段的遥感成像方式可分为摄影成像和扫描成像两类。摄影成像是指在物镜的焦平面上，使用胶片或面阵固态图像传感器一次形成景物的二维辐射图像的成像方式。电子管探测器的成像在几何方式上也同于摄影成像，虽然其二维辐射图像信号的导出经过了电子束对靶面的扫描过程(这种方式也称为电子扫描成像)。摄影成像是在某一瞬间传感器对准地面感光一次而完成一幅图像的形成，故也称为凝视成像。扫描成像是通过物镜的转动或平动，在不同的瞬间依次对准不同的地面单元，经过对这些单元的感光而形成一幅辐射图像。

1. 摄影成像

(1)基于胶片的摄影成像

①　摄像机：摄影成像需要摄像机。摄像机可分为普通摄像机和量测摄像机两类。遥感用的摄像机(航空摄像机)属于量测用摄像机，它与普通摄像机的差别主要是物镜的焦距较长，即具有望远镜的作用，从而可以对远目标成像；它具有良好的光学特性，物镜畸变小、分辨力和透过率高，机械结构稳定，自动化程度高。量测摄像机还包括地面摄影经纬

仪和近景摄影测量摄影机。一台航空摄像机需要备有坐架、导航望远镜和监控终端，此外还有带微处理器的中心控制单元和 GPS 连接单元。

图 4.30 是单镜头分幅式航测摄像机的内部结构图，摄影机的光学性能（主要是物镜和胶片的影响）包括焦距、相对孔径、像差、调制传递函数（物镜调制传递函数与乳胶调制传递函数的乘积）、像平面照度等。

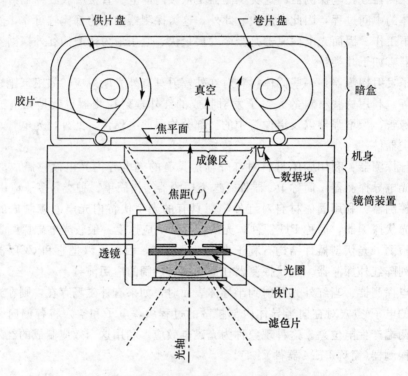

图 4.30　单镜头分幅式航测摄像机的内部结构图

　　航测摄影机可按物镜焦距和视场角进行分类。短焦距航摄机：$F < 150mm$，$2b > 100°$；中焦距航摄机：$150mm < F < 300mm$，$70° < 2b < 100°$；长焦距航摄机：$F > 300mm$，$2b < 70°$。其中，$2b$ 为视场角，F 为物镜焦距。

　　② 摄影成像中光线的几何关系：用一组假想的直线将物面向几何面投射称为投影，投射线称为投影射线，投影的几何面称为投影面（多为平面，但也可为曲面）。根据投影射线遵循的规律及其与投影平面相关位置的不同，投影分为中心投影和平行投影，平行投影又分为斜投影和正射投影。投影射线会聚于一点的成像投影称为中心投影。投影射线所会聚的一点称为投影中心。投影射线平行于某一固定方向时称为平行投影，其中，当投影射线与投影面斜交时称为斜投影，正交时称为正射投影，如图 4.31 所示。

　　从图 4.31 可以看出，中心投影方式成像与小孔成像原理相同。摄像机物镜有一个投影中心，成像的各条光线汇聚于物镜中心，物点与像点通过这个中心成三点共线的几何关系。投影中心到像平面的距离为物镜主距 f。这样的中心投影是光学成像的基本投影方式，包括摄影成像和扫描成像（扫描过程中的每一探测瞬间是一次中心投影）。

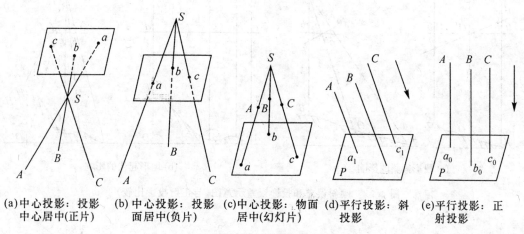

(a)中心投影：投影　(b)中心投影：投影　(c)中心投影：物面　(d)平行投影：斜　(e)平行投影：正
　中心居中(正片)　　面居中(负片)　　居中(幻灯片)　　投影　　　　　射投影

图 4.31　投影类型

③ 摄影成像照片的几何特点：感光底片冲洗后得到的是负片，为了像片分析的方便，也可以用正片来表示。正片与负片关于投影中心对称，如图 4.32 所示。中心投影成像有两种摄影姿态：主光轴与地面垂直(投影面与地面平行)的垂直摄影和主轴与地面斜交(投影面与地面斜交)的倾斜摄影。

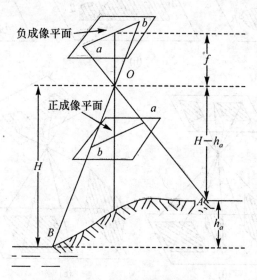

图 4.32　中心投影构像原理

由中心投影构像原理可以看出成像像片有以下特点(图 4.33，图 4.34)：

地物通过摄影中心与其成像点共一条直线；

地面起伏使得相应各处影像比例尺不同；

地物由于成像平面倾斜其成像会发生形变，产生影像各部分之间比例关系变化(称为倾斜误差)；

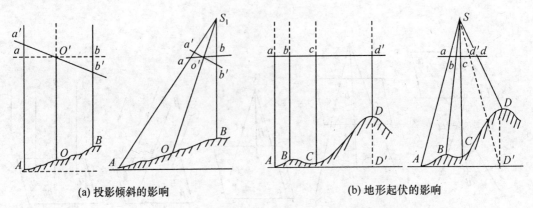

(a) 投影倾斜的影响　　　　　　　　　　(b) 地形起伏的影响

图 4.33　倾斜误差和投影误差示意图(与正射投影比较)

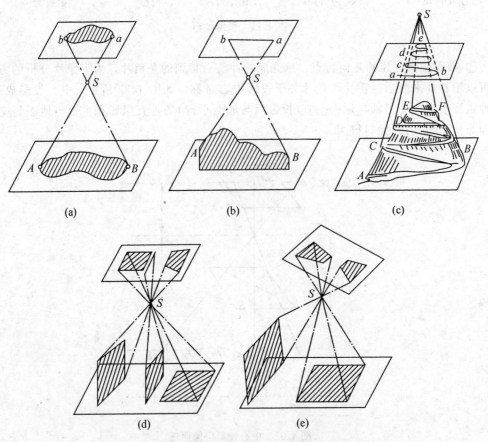

图 4.34　中心投影的透视规律

　　具有高差的物体成像在相片上有投影差，产生高低引起的不同部位比例变化(称为投影误差)；

　　点的中心投影仍然是一个点；

　　物面上的直线的中心投影仍然是一条直线，但直线与直线之间的关系随其所处部位不

同而有所不同;

垂直于物面的直线的中心投影,除位于像主点(主光轴与像片的交点)处且与主光轴方向一致投影成一个点外,是一条以像主点为中心向外辐射的短线;

曲线的中心投影是曲线,除曲线位于一个过主光轴的平面内投影成为一条直线外;

面的中心投影规律可从线的投影规律导出。

在制作影像地图或从影像上提取地物特征制作地图时,需要将倾斜误差和投影误差消除,因为地图采用的是正射投影,即地图上的地物表示与实际地物只有大小变化而无形态变化。显然,要从中心投影变换到正射投影,需要知道成像时摄像机的空间姿态参数和像点对应地面点的高程信息。这将在摄影测量中予以讨论。

④ 摄影成像的几种类型:

分幅式:装有低畸变镜头,与胶片成像平面有固定而精确的距离。胶片幅面(每张图像)的大小为 230mm(胶片实际宽度为 240mm,长度可达 120m),快门有电子定时器自动间歇开启。单镜头分幅式航测摄像机如图 4.30 所示。

全景式:摄影机通过一条窄缝对地面成像,其过程是摄影机横切飞行方向,胶片成曲面装在物镜的近焦点处。随着镜头或镜头前棱镜的转动(对于棱镜,胶片安装成平面),曝光缝隙沿胶片移动,每次曝光期间胶片不动。镜头扫描一次后(完成一幅像片),胶片随飞机移动速度同步卷动到另一幅像片的位置,如图 4.35 所示。所以,全景摄影实际上也是一种扫描成像。

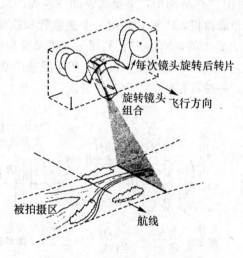

图 4.35 全景摄像机示意图

全景摄影的特点是瞬时视场小而总视场大,因而图像的细节清晰而视野广大。但全景摄影机在几何保真度上远不如分幅摄影机,存在显著的全景摄影畸变和扫描位置畸变。

多光谱式:可获取可见光至近红外范围若干个波段辐射的摄影机。对应不同的分光方式有不同的成像方式,即多相机组合、多镜头组合及单镜头分光束三种,如图 4.36 所示。多相机方式是遥感平台上搭载多个独立的相机,每个相机摄取同一目标区域的不同波段影像。多镜头方式是一个相机上安装多个镜头，每个镜头后对应对不同波段感光的胶片。单镜头分光方式的光辐射采集由一个镜头实现，在相机内部分光后分别在相应的胶片上成像。它们的共同特点是同时以摄影方式获取多个光谱波段的影像。

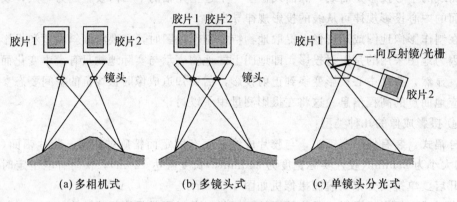

图 4.36　多光谱摄影成像示意图

(2)基于固态图像传感器的摄影成像(数码摄像)

这种成像与胶片成像的区别仅在于感光材料是半导体材料而非卤化银，其投影光线的几何关系与胶片摄影相同。对于彩色摄影，三原色的获取有图 4.37 所示的三种方式。图 4.37(a)是广播级的，RGB 三色分别用三个摄像管和三块固态成像板；图 4.37(b)是专业级的，G 用一个摄像管和成像板，R 和 B 共用一个摄像管和成像板(用红、蓝交替的条形滤光片)；图 4.37(c)是家庭级的，RGB 三色共用一个摄像管和成像板(采用马赛克分色)。这三种方式习惯上称为三板式、二板式和单板式。用于遥感的数码相机可有 3 个或 4 个波段(加一个近红外波段)，一般只在航空平台上使用。

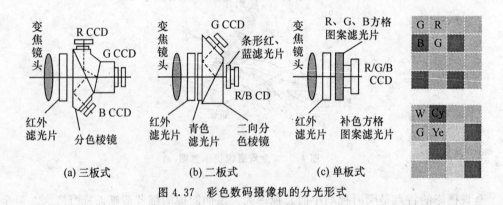

图 4.37　彩色数码摄像机的分光形式

2. 扫描成像

扫描成像是指探测器对被成像景物物面的扫描，主要用在固态图像探测器上。现在卫星遥感中主要的成像方式是扫描成像。由于使用半导体固态图像传感器，扫描成像与胶片摄影成像相比，具有如下一些优点：扩展了遥感的光谱波段范围($0.3\sim14\mu m$)(摄影成像为 0.3～0.9μm）；电子记录方式（模拟或数字）便于无线传输；便于定标，可给出定量的辐射数据；可记录的辐射量的动态范围大。扫描成像可分为光-机扫描方式和固体自扫描方式两种（有的文献将电子管成像的电子束扫描方式也归为扫描成像的一种）。

（1）光-机扫描方式

光-机扫描方式是以机械方式驱动扫描镜对地面逐点逐行扫描，将采集到的辐射信息通过光学系统送到辐射探测器的成像方式。还有一种方式是用广角镜采集地面辐射形成一个大的像场，扫描镜对像场进行扫描，并将从像场扫描到的辐射传递给下一步的聚焦系统。实现扫描的器件有平面镜、双面镜、多面镜等多种。位于光学系统的成像焦面上的固态图像探测器件，可以是一个（对应单个探测波段），也可以是多个（对应多个探测波段）。图 4.38 和图 4.39 分别是单波段和多波段的光-机扫描仪示意图。

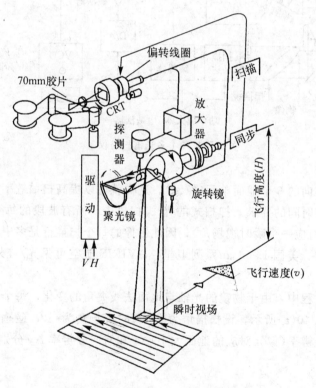

图 4.38　热红外（8～14μm）单波段扫描仪

在对准地面单元成像的瞬间，物镜的视场角称为瞬时视场角，对应的地面单元大小称为瞬时视场。在光学系统的扫描镜扫描地面一个条带（行）的过程中，各波段的探测元件感应同一地面单元的相应波段的辐射，从而每个波段形成一个条带的影像，对应地面的一个扫描条带，这种扫描方式又称为掸扫。扫描条带的前向移动通过遥感平台的移动来完成。有时为了提高扫描探测的效率，对每个波段也可安排多个探测器，对应地面的多个探测单元（位于连续的多个扫描行上），如 Landsat 1～5 卫星上 MSS 探测器中有 4 个波段，每个波段 6 个探测元件，共有 24 个探测元件。每个波段的 6 个探测元件沿平台飞行方向排列，

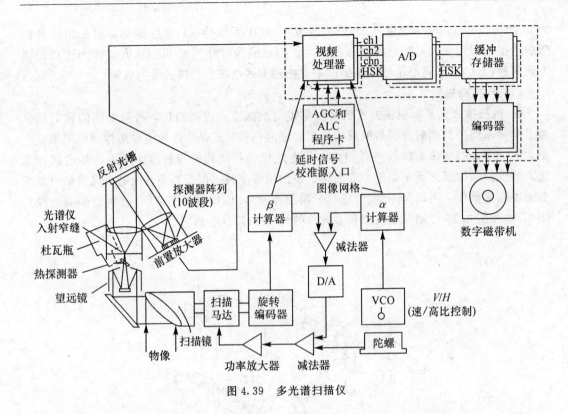

图 4.39　多光谱扫描仪

分别对应沿飞行方向的 6 个地面单元(像元)。这样就可以提高扫描效率,特别是能降低探测元件对辐射响应时间的要求。掸扫式的光-机扫描中,所有波段的每个相同像元有一个相同的投影中心(对应一个瞬时视场角),因此影像的每个扫描行是多中心投影,每一幅影像也是多中心投影。美国 Landsat 系列卫星、AVIRIS 航空可见光/红外高光谱成像仪都属于掸扫式成像。

掸扫式成像过程中,由于物镜的光轴与地面法线夹角的变化,每个瞬时视场的大小是不一样的。如图 4.40(a)所示,设扫描角为 θ,瞬时视场角为 $\Delta\theta$,遥感平台航高为 h,则地面单元的横向分辨率(像元对应的地面大小)Δx 和航向分辨率 Δy 分别为

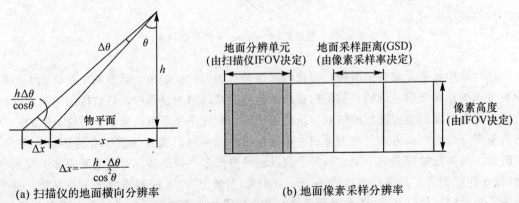

(a) 扫描仪的地面横向分辨率　　　　　(b) 地面像素采样分辨率

图 4.40　掸扫成像中像素的分辨率

$$\Delta x = \frac{h}{\cos\theta} \cdot \Delta\theta \cdot \cos\theta = \frac{h \cdot \Delta\theta}{\cos^2\theta} \tag{4.23}$$

$$\Delta y = \frac{h \cdot \Delta\theta}{\cos\theta} \tag{4.24}$$

因此在形成图像时，要经过重采样生成像元尺寸大小一致的图像，如图 4.40(b)所示。由若干行重采样扫描像元组成的一幅图像，在遥感中常称为一景图像。一景遥感图像有确定的波段数，每个波段是一幅图像。每一景图像有确定的行数，每行有确定的像元数。

（2）固体自扫描方式

固体自扫描的过程是物镜将地面一行被探测单元的辐射通过光学系统传送到焦平面上的一排固态图像传感器元件（如 CCD 线阵），这一排探测元件中的每个元件按顺序对应地面一行探测单元中的一个，一次实现对一行地面单元的探测。所谓自扫描，是指通过多相时序电压等扫描电路将每个探测元件中的电信号依次顺序转移输出然后依靠遥感平台的前向运动完成多行探测单元的扫描，从而形成一景图像。对图像行的推进扫描的方式则称为推扫。探测一个波段需要一排探测器元件，探测多个波段则需要多排探测器元件，故多光谱成像的探测器元件构成一个面阵。其中一维是空间维，对应地面一行单元。另一维是光谱维，其每个元件对应一个波段。每一个成像瞬间由传感器面阵获得地面一个条带（行）的多光谱影像，这个条带中的像元数等于空间维的探测元件数乘以光谱维的探测元件数，且它们具有一个相同的投影中心。通过平台的前进，完成一景影像的扫描成像（具有多个波段），如图 4.41 所示。固体自扫描方式多用于多光谱或高光谱成像。每个扫描条带是中心投影，因此影像是多中心投影。法国 SPOT 多光谱扫描仪、中国高光谱成像仪（PHI）都是固体自扫描式

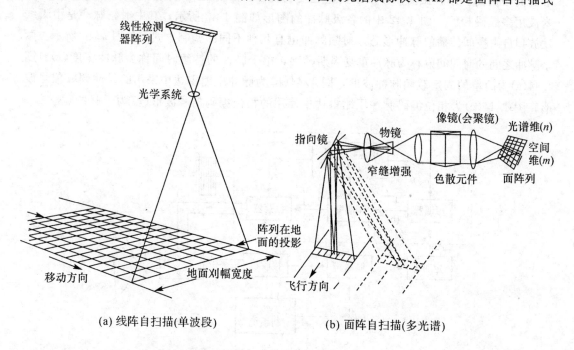

(a) 线阵自扫描(单波段)　　(b) 面阵自扫描(多光谱)

图 4.41　固体自扫描方式示意图

扫描仪。固体自扫描成像的分辨率是由每个探测元件所对应的地面单元大小决定。显然,星下点(光轴垂直于地面时的交点)的分辨率最高。生成图像时也要重采样为一致的分辨率。

4.3 微波遥感器

微波遥感器是工作在微波波段的主动或被动辐射探测器。微波属于无线电波中的短波波段,它的发射和接收都基于电磁感应的原理(如产生矩形波的多谐振荡器、晶体管收音机中的电流谐振电路等),故微波遥感器与可见光和红外遥感器的技术有较大的不同。微波探测器的主要类型如下:①非成像的:微波散射计,雷达高度计,无线电地下探测器(地质雷达);②成像的:微波辐射计,真实孔径侧视雷达,合成孔径雷达。其中,微波辐射计为被动探测方式,其他为主动探测方式。非成像方式的探测器加上扫描设备也可用于成像。

4.3.1 微波探测器的构成和工作原理

1. 微波发射机与接收机[57]

微波探测器的最基本构成是微波发射机、接收机和天线。对于无源微波探测器(如辐射计),则只需接收机和天线。在遥感中,发射天线与接收天线通常是共用的(根据天线收发互易原理),这样可减小遥感平台的荷载。发射与接收的切换由收发开关控制。多数天线系统一般需要旋转扫描,故还需要天线控制系统。一种单级振荡式发射机的组成如图4.42所示。其中振荡器产生大功率的高频振荡,其振荡受调制脉冲控制,输出包络为矩形的高频振荡。米波振荡器一般采用超短波三极管,分米波采用微波三极管或磁控管,厘米波用多腔磁控管。图4.42中的各级脉冲的图形如图4.43所示,其中射频脉冲是由天线发放到自由空间传播的脉冲形态。射频脉冲也有几种不同的调制方式,如图4.44所示。两个脉冲之间的时间间隔称为脉冲重复周期(T_r),单个脉冲的持续时间称为脉冲宽度(τ)。图4.44(a)为简单的固定载频脉冲波形,图4.44(b)为脉冲压缩雷达中采用的线性调频信号波形,图4.44(c)为相位编码脉冲压缩雷达中使用的相位编码信号波形(τ_0为子脉冲宽度)。

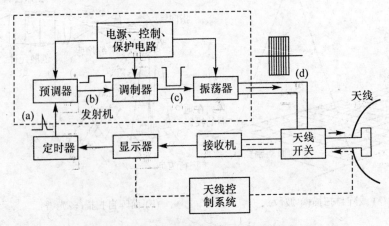

图 4.42 单级振荡式发射机组成示意图

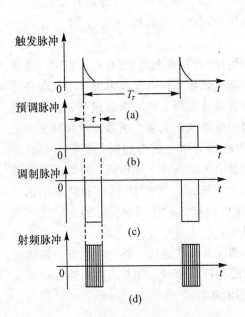

图 4.43 单级振荡式发射机各级波形

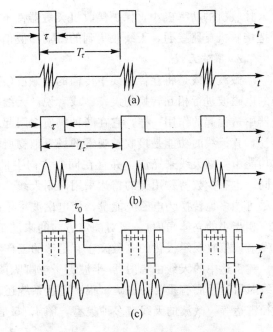

图 4.44 三种典型雷达信号和调制波形

　　超外差式雷达接收机的方框图如图 4.45 所示。由于要求雷达接收机灵敏度高、选择性好,以便能有效地接收到远处的污染回波信号,多采用超外差式电路。雷达回波信号进入接收机前,有的还不到 1 微微瓦(10^{-12} 瓦),一般都要把它放大几百万倍以上,才能在雷达显示器上观察到它。雷达的超外差式接收电路原理与普通超外差式收音机,特别是电视机相类似,只是雷达的工作频段在微波,所用器件不同,电路也复杂许多,其主要电路包括:射频放大器、本机振荡器、混频器、中频放大器、检波器和视频放大器。

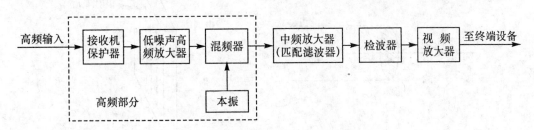

图 4.45 单超外差式雷达接收机方框图

　　以上是微波电子管发射机和接收机。随着微波半导体大功率器件技术的发展,已经可以采用多个微波功率器件、低噪声接收器件等组合成固态发射模块或者固态收发模块,称为固态发射机或固态收发机,如砷化镓场效应管一类半导体功率晶体管。

　　发射/接收机中的收发开关是实现收发快速转换的器件,也称为收/发组件(T/R 组件),是微波振荡器和天线之间的发射机/接收机前端,它由发射通道、接收通道以及这两个通道的微波开关组成,负责发射周期和接收周期的微波信号处理和传递。在脉冲发射时功率常高达兆瓦以上,此时收发开关即断开接收机支路,发射功率几乎全部送到天线,漏入接收机的功率极小，保护接收机灵敏器件不被烧坏。发射脉冲中止时即断开发射支路，把接收机支路接通，天线收集到的微弱回波信号几乎全部送入接收机。

2. 微波天线

微波天线是将在传输线中传输的电磁波（称为导行波的高频电流）与在自由空间中传播的电磁波进行相互转换的设备，或者说，天线的功能是辐射和接收无线电波。与光学传感器中透镜起的作用一样，它在两种媒质之间起着耦合器的作用。被动微波遥感如微波辐射计，其天线的功能是接收被观察的场景地物所辐射的微波电磁能量。通常发射和接受两种功能由一副天线来完成，并且在同一方向上的辐射能力与接受能力相同，即收发特性相同。也有少数特殊用途的雷达采用两副天线。一般要求天线具有下述功能：将导行波能量尽可能多地转换为电磁波能量；使电磁波尽可能集中于确定的方向上（辐射能量集中在一个相当小的立体角内），或对确定方向的来波最大限度地接收，即具有良好的方向性；能发射或接收规定极化的电磁波；有足够的工作频带。

雷达中的天线由辐射器（半波振子或喇叭馈源）和反射器或透镜、阵列等组成。雷达天线对雷达性能有重要的影响。很多雷达系统还以天线特征而命名，如相控阵雷达、合成孔径雷达等。微波的天线有多种类型，图 4.46 是常用的几种。

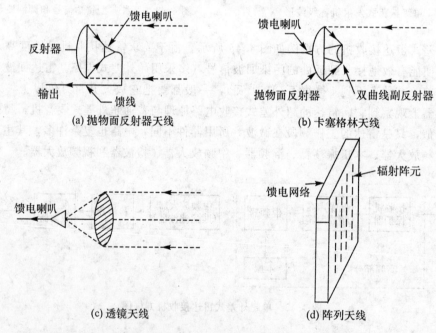

图 4.46　微波天线的类型

实际天线向三维空间的辐射强度不是各向同性的，而是方向的函数。若以球坐标系表示，当给定半径 r 时，辐射场是方向 (θ, φ) 的函数，即

$$E(r, t) = A(r, t) f(\theta, \varphi) \tag{4.25}$$

式中，$f(\theta, \varphi)$ 称为天线的方向性函数；$E(r, t)$，$A(r, t)$ 分别为 (θ, φ) 方向电场强度和最大辐射方向电场强度（振幅）。称

$$F(\theta, \varphi) = \frac{f(\theta, \varphi)}{f_{max}} \tag{4.26}$$

为归一化方向性函数，其中 f_{max} 是最大辐射方向的 $f(\theta, \varphi)$ 值。

描述天线的辐射场的方向分布的图称为方向图，它是三维的，但一般用两个相互垂直的主平面来描述场强的分布，通常用包含电场 E 的面和包含磁场 H 的面来表示。图 4.47 是一个天线 E 面的示意性方向图（这是极坐标形式的，也可以用直角坐标表示）。从图中看出，天线的辐射强度呈花瓣状分布，所以通常又称方向图为波瓣图。若天线的发射与接收辐射的方向图相同，则称其为互易天线。互易天线在遥感平台上只需一副天线同时用于发射和接收。

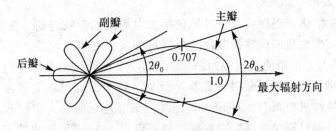

图 4.47　天线方向图及相关概念

在方向图中，定义了微波天线的一些重要概念和参数：

① 主瓣：最大辐射所在的波瓣。

② 旁瓣：主瓣外的其他波瓣，又称边瓣、副瓣。第一旁瓣离主瓣最近，其余依次次之。第一旁瓣电平的高低也反映了天线方向性的好坏。一般总希望主瓣很强而旁瓣小，使得电磁辐射具有很好的方向性。

③ 主瓣宽度（波瓣角大小）：主瓣最大辐射方向两侧半功率（0.5）点（也即最大场强的 $1/\sqrt{2}$ 处）矢径之间的夹角，称半功率波瓣宽度（$2\theta_{0.5}$）；有时或采用主瓣两侧头两个零点切线之间的夹角，称为零值主瓣宽度或全主瓣宽度（$2\theta_0$）。

④ 波瓣角 β 与波长 λ 和天线孔径 D 有如下关系：

$$\beta = \frac{K\lambda}{D} \tag{4.27}$$

式中，K 为与天线设计有关的常数。可见，提高天线的方向性需要增大天线孔径。β 决定了天线的角分辨力。天线孔径是表征天线提供给入射电磁波的表面电面积的参数。

⑤ 有效长度：在保持实际天线最大辐射方向上的场强值不变的条件下，假设天线的电流分布为均匀分布时天线的等效长度，它是衡量天线的辐射能力的重要指标。

⑥ 方向系数：辐射功率相同的实际天线和理想无方向性天线，在离天线某一距离处，前者在最大辐射方向上的辐射功率流密度与后者相同位置功率流密度之比。方向系数描述天线的定向辐射能力。方向系数的理论公式表明，方向系数增大要求主瓣窄而且全空间的旁瓣电平小。

⑦ 天线效率：天线辐射功率与输入功率之比。

⑧ 增益系数：天线方向系数与天线效率的乘积，其物理意义是：描述了实际天线与

理想的无方向性天线相比在最大辐射方向上将输入功率放大的倍数。

⑨ 极化特性：多数采用线极化。一般天线只对一个方向的极化敏感，但可采用双重极化天线。

⑩ 频带宽度：当天线的工作频率在一定范围变化时，天线的有关电参数不超出规定的范围，这一工作频率范围称为天线的频带宽度，简称带宽。

⑪ 有效面积：这是接收天线的参数，定义为在接收系统完全匹配和波的极化最有利于接收的情况下，接收天线所接收的最大功率 P_{rmax} 与来波功率 S_{av} 之比，记为 A_e，即

$$A_e = P_{rmax} / S_{av} \tag{4.28}$$

3. 微波探测器的工作原理

对于有源(主动)微波遥感，工作过程包括发射周期和接收周期。在发射周期 T/R 开关处于发射状态，发射机的微波振荡器产生微波振荡脉冲信号，经过 T/R 开关，用波导管(波长 10cm 以上者可用同轴电缆)传输到天线，通过天线向目标定向发射出去。然后 T/R 开关处于接收状态，微波脉冲被目标物反射、散射后的回波又被接收天线接收转变成高频电流，在接收机中被放大并记录。记录的信号包括时间、相位和强度。对于无源(波动)微波遥感，则只需接收目标物发射的微波辐射。在 T/R 开关处于发射的发射通道中，雷达射频信号的功率被放大；在 T/R 开关处于接收的接收通道中，接收信号被放大。上述工作原理是最简化的描述，实际系统的具体构成和工作细节较为复杂。图 4.48 是雷达工作过程及其微波脉冲示意图。

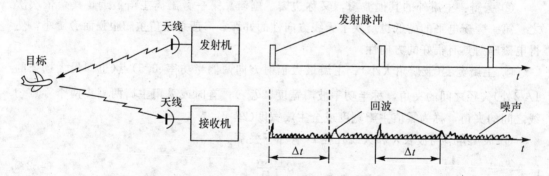

图 4.48　雷达的微波发射/接收及其微波脉冲示意图

4.3.2　几种主要的微波探测器

1. 雷达(RADAR)

雷达是最早应用的微波探测器之一，也是微波遥感中最重要的探测器。其基本组成即包括发射机、接收机和天线。

雷达具有下述功能：

① 测距：测量雷达与目标间的距离 s，即

$$s = c \cdot \Delta t / 2 \tag{4.29}$$

式中，c 为光速；Δt 为发射脉冲与接收到回波脉冲之间的时间间隔。

② 测向：测量目标相对于雷达的方位。可用主瓣(最强回波)来确定，但一般用单脉冲技术以提高精度。

③ 测速：测量目标相对于雷达的移动速度。原理是利用多普勒频移。

$$f - f_0 = 2f_0 v_r c \tag{4.30}$$

式中，f 为接收到的频率；f_0 为雷达发出的频率；v_r 为相对移动速度；c 为光速。从式(4.30)中即可解出相对移动速度 v_r。

④ 目标识别：利用微波与一定性质和状态条件下的物质相互作用产生特定的回波信号信息(波长、极化状态和回波强度)来识别。这是遥感利用微波雷达的主要目的。微波往往包含了比可见光、红外辐射更丰富的目标信息。

2. 微波散射计

物体对微波的散射特性，常用散射截面的概念来描述。如果雷达从某一目标接收的回波的通量密度，与一个放在目标处面积为 σ 的完全漫反射体(朗伯体)回波的通量密度相同，则称 σ 为此目标的雷达散射截面(Radar Cross Section，RCS)或有效散射截面。σ 具有面积的量纲。工程上常采用分贝(dB)单位，用 $10\log(\sigma)$ 或 $10\log(\sigma/\lambda)$ 表示。RCS 的严格的定义是基于入射场和散射场的功率密度 S^i，S^s。

$$\sigma = \lim_{R\to\infty} 4\pi R^2 \frac{S^s}{S^i} = \lim_{R\to\infty} 4\pi R^2 \frac{|E^s|^2}{|E^i|^2} = \lim_{R\to\infty} 4\pi R^2 \frac{|H^s|^2}{|H^i|^2} \tag{4.31}$$

式中，$E^s(H^s)$、$E^i(H^i)$ 分别为散射电场(磁场)、入射电场(磁场)；R 为目标到发射机的距离，趋于无穷大是使得电磁波成为平面电磁波。

地物单位面积的散射截面称为散射系数，记为 $\sigma_0(\sigma_0 = \sigma/A_{IL}$，$A_{IL}$ 为微波波束照射的实际面积)。有效散射截面与微波波长、极化、地面的介电性质、地面粗糙度、入射角、一定深度内的内部结构等多种因素有关。一个半径 a 远远小于波长即 $a \ll \lambda$ 的球状目标具有各向同性的散射特性，一个 $a \ll \lambda$ 且无损耗的金属球的散射截面为 $\sigma = \pi a^2$。对于 $a \ll \lambda/2\pi$ 的球状散射体，其散射截面与波长的负四次方成正比(即瑞利定理)。对于线径与波长相当的散射体来说，其散射截面对波长极为敏感，散射体线径的小变化可能引起散射截面的振荡。有的散射体的散射截面可能大于它在雷达波束方向的投影面积，这是散射体各散射元辐射的相长干涉所致。垂直于雷达波束、面积为 A 的金属面的散射截面为 $4\pi A^2/\lambda^2$。

散射计是探测目标散射特性的仪器，可用于研究地物散射特性与上述诸多因素的关系或规律。RCS 测量在遥感和军事上都很重要。散射计就是一个雷达系统，但它针对点目标(单一面积目标)而不对二维目标成像。而遥感中的成像雷达一般都要对目标进行微波成像。现有雷达散射计可测量最小散射系数为 -30(dB)，大多数目标的散射系数可被测出。有低分辨率和高分辨率的散射计，后者可以测量到散射体的散射特性。

3. 雷达高度计

雷达高度计是利用雷达的测距原理测量地面高度和海浪高度的仪器(但一般比较简单)。在海洋遥感以及飞机和宇宙飞行器的导航和着陆系统中有重要作用。图 4.49 是其原理框图。

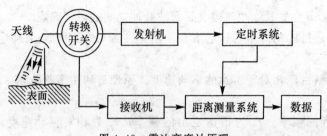

图 4.49　雷达高度计原理

4. 微波辐射计

微波辐射计用于记录地物的微波亮度温度，是一种被动微波遥感探测器。微波辐射计由高增益天线、射频开关、宽带射频放大器、混频器、中频放大器、平方率检波器和积分器等组成。图 4.50 是辐射计的原理框图。辐射计接收的是地物自身辐射的微波，信号的强度非常弱，因此要求微波辐射计有极高的灵敏度。

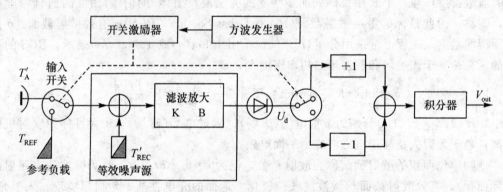

图 4.50　辐射计接收机原理

在第 2 章中我们已经知道，物体的亮度温度就是 $L(\lambda T) = L_b(\lambda T_b)$ 时的温度 T_b（T 为物体的真实温度，T_b 为黑体的温度）。微波辐射计经在线标定即可直接得到亮度温度。其原理如图 4.51 所示。测量匹配负载（黑体）两个已知温度 T_{CAL1}，T_{CAL2} 下的电压输出 V_{CAL1}，V_{CAL2} 得到 T-V 的线性关系。然后利用此关系就可以测量出物体的亮度温度来。

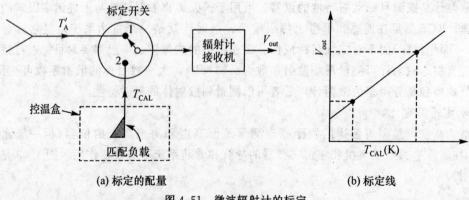

(a) 标定的配量　　　　　　　(b) 标定线

图 4.51　微波辐射计的标定

4.3.3 微波成像方式

微波成像与可见光和红外遥感器成像有很大的不同，它不是几何透视的关系，而是一种按传感器到探测目标的距离远近成像的几何方式。散射计主要用于点目标的辐射探测，但显然也可用于成像，成像原理同雷达。微波辐射计成像是被动成像。此处只讲雷达成像，其中又只介绍真实孔径雷达和合成孔径雷达，它们是微波遥感中的主要成像方式。

1. 真实孔径雷达成像

利用一副实际天线（故其口径称为真实孔径，以区别于合成口径）发射和接收微波的雷达称为真实孔径雷达(Real Aperture Radar，RAR)。在遥感中，为了提高真实孔径雷达的分辨率（距离向）、扩大视场、增加回波强度，采用向遥感平台侧下方发射微波束的方式。这种雷达称为侧视雷达(SLAR)，它又分为正侧视（波束指向与平台运动方向垂直）和斜侧视（波束指向与平台前进方向的夹角小于 90 度）。图 4.52 为正侧视雷达空间几何示意图。

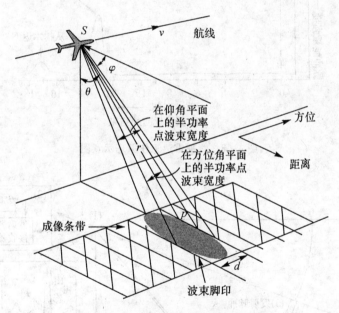

图 4.52　正侧视雷达空间几何示意图

雷达成像原理和过程如图 4.53、图 4.54 所示。天线向侧下方发射一定宽度的微波脉冲，遇到地物后产生后向散射回波，天线在时刻 t_1 接收到回波信号。微波向前传播再遇到另一地物，天线在 t_2 时刻接收到其回波信号。前后两地物到天线的斜距之差，就是电磁波在 $(t_2-t_1)/2$ 这一时间段所通过的距离。雷达成像中所描述的地物之间的几何关系就是基于此距离的。需要注意，这个斜距与地物之间的地面水平距离（地距）是不同的，地距随地物的斜距作非线性变化。雷达飞行器在某一位置发射一束微波，就获取与主瓣波束方向一致的一行地面影像（如图 4.52 中的"波束脚印"所示）。与主瓣波束方向一致的方向称为距离向。飞行器向前移动到下一位置，又获取一行影像，连续进行就获得一个条带的影像（成像条带，类似固态图像传感器的推扫）。飞行器前进的方向称为方位向。获取的回波信号可以通过变像管在显示器上显示出来，同时还将其用胶片或数字存储设备记录下来。由此可见，雷达遥感成像与光学遥感成像在物-像几何关系上有较大的不同。

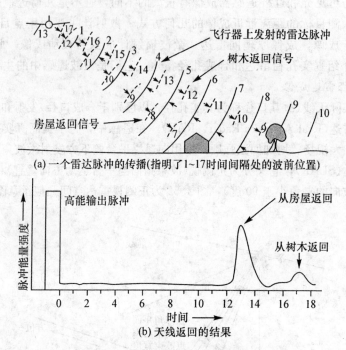

(a) 一个雷达脉冲的传播(指明了1~17时间间隔处的波前位置)

(b) 天线返回的结果

图 4.53　侧视雷达工作原理示意图

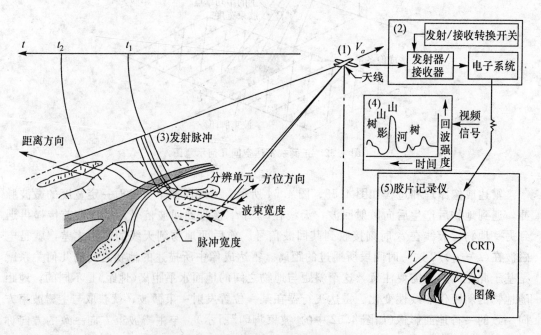

图 4.54　侧视雷达成像过程示意图

雷达成像的分辨率也与光学成像有很大差异。在雷达影像中，在距离向可区分的两个地物之间的最小距离称为距离分辨率，在方位向可区分的两个地物之间的最小距离称为方位分辨率。下面我们讨论一下这两个分辨率分别与哪些因素有关。

距离分辨率主要与雷达脉冲宽度有关。图 4.55 表示了地距上两个物体在斜距上的可区分情况，图中，τ 为脉冲宽度（以 μs 计），c 为微波在该介质中的波速，τc 为 1 个脉冲占据的斜距长度（即 τ 时间内微波传播的距离）。两物体的斜距太近，以致其回波在接收器的 τ 积分时间内累加在一起，则二者不可区分，使得二者的回波被累加到一起的最大距离就是两位置的可区分距离，即斜距分辨率。取天线开始发射脉冲的时间为起点。由图 4.55 可见，天线（O）开始收到 A 点回波的时间为 $t_1 = 2\overline{OA}/c$，开始收到 B 点回波的时间

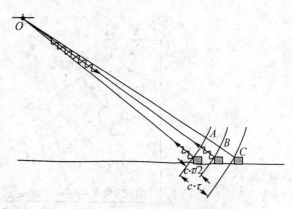

图 4.55 脉冲宽度与斜距分辨率的关系

为 $t_2 = 2\overline{OB}/c$，最后收到 A 点回波（脉冲的末端）的时间为 $t_3 = 2\overline{OA}/c + \tau$。要求 $t_3 = t_2$，则有 $2\overline{OA}/c + \tau = 2\overline{OB}/c$，于是 $\overline{OB} - \overline{OA} = \tau c/2$。所以地物的斜距分辨率为

$$\Delta R = \frac{\tau \cdot c}{2} \tag{4.32}$$

$\overline{OB} - \overline{OA} = \tau c/2$ 这个距离也称为波束的有效照射深度。从图 4.56 可知，地距与斜距的关系与微波束照射地物的角度（俯角 θ_d）有关，这个关系为

$$\Delta y = \frac{\Delta R}{\cos\theta_d} = \frac{\tau \cdot c}{2 \cdot \cos\theta_d} \tag{4.33}$$

式中，Δy 为地距分辨率；θ_d 为入射波束俯角。

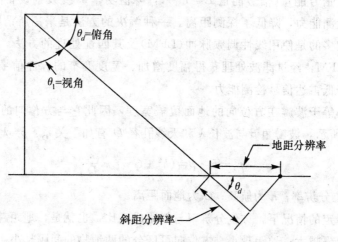

图 4.56 斜距分辨率与地距分辨率的关系

123

由上式可知，距离分辨率与脉冲宽度成正比，与入射俯角的余弦成反比。因此在距离向离天线越远距离分辨率越高，越近则越低，如图 4.57 所示。这也是雷达使用侧视方式的重要原因之一。

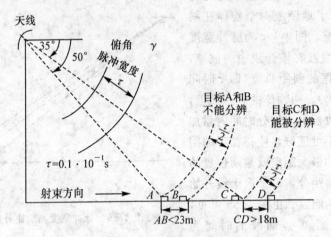

图 4.57   距离分辨率随距离变化的示意图

按地物之间的斜距比例关系生成的图像称为斜距图像。斜距图像在近距离处有压缩现象。按地物之间的地距关系生成的图像称为地距图像，它是从地物斜距改正到地距生成的。这也相当于一次重采样的过程。注意，从斜距图像换算到地距图像所用俯角 θ_i 是依地距而变化的，但其精确值不知，因为地形高度变化会引起该俯角变化。我们可以假设地面为水平面，而从波束入射角和波束在仰角平面上的半功率点的宽度（图 4.52）得到地距上各点的均分入射角 θ_i，显然这样的换算没有考虑地形起伏的影响。

因为斜距分辨率的极限是 $\tau \cdot c/2$。要提高距离分辨率必须减小脉冲宽度。而减小脉冲宽度就降低了信号能量（信号能量 $E = P \cdot \tau$，峰值功率 P 受发射设备限制），从而减小了雷达的信号检测能力，降低了探测距离。一种解决的方法是采用所谓脉冲压缩（PC）技术。现在应用较多的是使用线性调频脉冲（LFM）及其匹配处理的方法。这种脉冲压缩方法使用较宽的 LFM，经过滤波处理获得幅度增加、宽度变窄的脉冲信号，从而提高距离分辨率，又不降低雷达信号检测能力。

方位分辨率等于波瓣在方位向的地面覆盖宽度，因此它与方位向的波瓣角和斜距有关，如图 4.58 所示，波瓣角 β 与波长 λ 和天线孔径 D 有如下关系：$\beta = \lambda/D$，故有

$$p_a = R \cdot \beta = (h^2 + G^2)^{\frac{1}{2}} \cdot \frac{\lambda}{D} \tag{4.34}$$

式中，p_a 为方位分辨率；h 为航高；G 为地面距离。

在波瓣角给定的情况下，方位分辨率与斜距成正比，也就是，地距越大，方位向可区分的两地物的间隔越大；地距越小，方位向可区分的两地物的间隔越小。这一点与距离分辨率正好相反。图 4.59 表示了二者的相反变化。

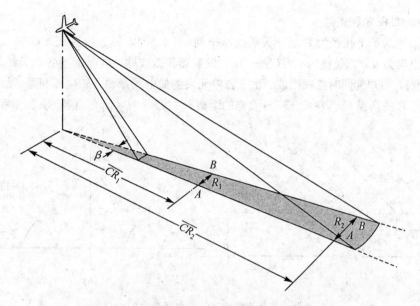

图 4.58　方位分辨率与波瓣角宽度和地距$\overline{GR}$的关系

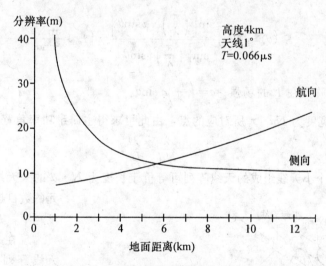

图 4.59　侧视雷达地面分辨率与地距的关系

　　从上式中看出，要想提高方位分辨率，就需要增大天线孔径或减小波长。波长的选择主要根据地物的散射特征来确定，不宜以分辨率的要求来改变它。增大真实孔径在技术上有很大限制，无论是机载还是星载雷达，都不可能把天线做得很大。比如，在 X 波段若天线孔径为 10m，其波束宽度约为 0.2°，则在 30km 处的方位分辨率为 100m。如果要将分辨率提高到 1m，则天线孔径要达 1000m，这显然是不可行的，因此需要另找途径。从天线阵的思路去考虑，利用飞行器所载天线的移动来实现合成大孔径，是提高孔径长度的一个可行的方法。这种雷达称之为合成孔径雷达（Synthetic Aperture Radar，SAR），它是当前微波遥感中最重要、应用最广的技术。

125

2. 合成孔径雷达成像

用一系列的单个孔径为 D 的小天线线形排列(图 4.60),称为线性天线阵列。每个辐射单元之间距离为 d,总长度为 $L=(N-1)d$。发射器将微波脉冲同时馈给各个天线单元(即同时发射微波),各单元同时接收回波。由于各单元发射的电场振幅、初位相相同,故可算出空间任意一点 P 的场强 E_p。在天线阵与 P 点的距离 $R \gg 2D/\lambda$ 时,E_p 可由各阵元矢量和求得。

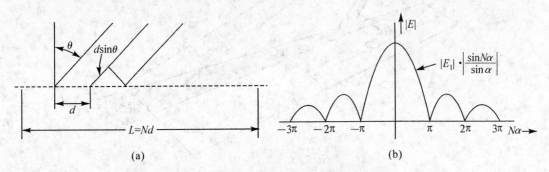

图 4.60 线性天线阵列及其电场强度的角分布

$$E_p(\theta) = |E_1| \frac{\sin\left[\left(\frac{\pi}{\lambda}\right)Nd\sin\theta\right]}{\sin\left[\left(\frac{\pi}{\lambda}\right)d\sin\theta\right]} = |E_1| \frac{\sin N\alpha}{\sin\alpha} \tag{4.35}$$

式中,E_1 为单个阵元在 P 的场强;$\alpha = \left(\frac{\pi}{\lambda}\right)d\sin\theta$。

主瓣的半角宽度为 $N\alpha = \pi$ 所对应的点,由此可求得主瓣半功率角宽 β 为

$$\beta = \frac{\lambda}{Nd} \approx \frac{\lambda}{L} \tag{4.36}$$

上式说明 N 个小天线组成的天线阵列可等价于长度为 $N \cdot d$ 的大天线的作用。天线阵元的数目越多,天线的角宽度越窄,方位分辨率越好。

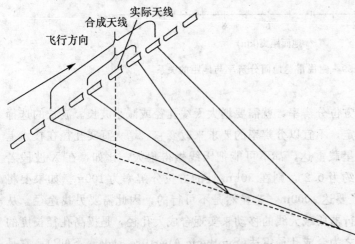

图 4.61 雷达飞行器的合成孔径天线

现在来考虑这个静态天线阵列由飞行器雷达天线在动态中合成,即飞行器的合成孔径。飞行器沿直线飞行,可以在等间距的不同位置发射、接收微波脉冲,因此飞行器所载雷达是一个活动的线性阵列天线,如图 4.61 所示,与固定的线性阵列的 N 个天线元不同的是,它的脉冲是在不同时刻、不同位

置发射和接收的。因此必须把侧视雷达沿直线飞行时在不同位置接收的信号储存起来，储存时必须同时保存回波的振幅和相位。当雷达移动一段距离 L 后，将储存的信号消除其因时间和距离不同引起的相位差，修正到如同时发射和同时接收的情况，如同线性阵列天线一样，计算叠加场强（矢量和），即实现了移动天线的孔径合成。这就是合成孔径雷达的基本思想。

　　合成孔径的长度不能是无限的。实际上，它不可能大于实际天线波束在任一位置所覆盖的航向上的距离（即场强的叠加要求波束间要有重叠区域），这个距离称为合成孔径的等效长度，如图 4.62 所示。

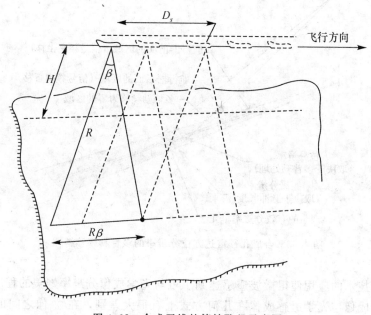

图 4.62　合成天线的等效孔径示意图

　　设 D 为雷达的实际天线的水平孔径，探测最大距离为 R，则合成孔径的最大等效长度为

$$D_s = \frac{R\lambda}{D} \tag{4.37}$$

　　于是合成孔径雷达的方位分辨率为

$$p_s = \frac{\lambda}{2D_s} \cdot R = \frac{D}{2} \tag{4.38}$$

　　公式中的 1/2 是因为合成孔径的天线阵元到目标微波来回传播了双程距离，合成阵列的等间隔阵元之间的相位差等于同样间隔的阵列处于只接收状态时的两倍，所以波束宽度公式要除以 2。上式说明合成孔径雷达的方位分辨率与距离和长度无关（当然是在最大等效长度范围内），而与天线实际孔径 D 成正比，即实际天线孔径越小，合成孔径天线分辨率越高，这正是 SAR 的优越处。

　　上述分析是从天线阵元的场强叠加（积分）出发的。从合成孔径雷达的多普勒频移进行分析(多普勒锐化)，可以得到相同的结果。其原理可以这样简单地定性解释：实际天线发射微波后，接收的回波信号的频率有三种情况：主瓣中心线的前方区域因雷达与目标相互靠近而频率增大，后方区域则相互离开而频率减小，之间必有一处频率不变(频移为零，即与发射频率相同)。频移为零或变化很小的区域是很窄的一个条带，且其宽度不随距离 R 变化(因远、近的相对速度变化率都是一样的)，故通过检测回波信号中频移为零(或近于零)的信号，即可得到非常窄的方位分辨率，如图 4.63 所示。

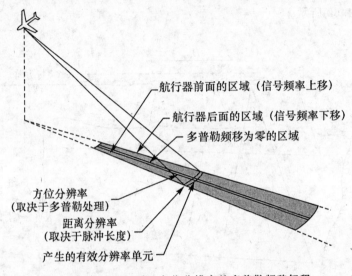

图 4.63 合成孔径雷达方位分辨率的多普勒频移解释

　　合成孔径技术的应用使得微波遥感达到了可与光学成像分辨率媲美的程度。

　　雷达遥感成像与光学遥感成像在几何方式上有很大差别，在物-像之间的几何变形方面雷达成像有其特殊性。对一般用户的应用有重要意义的几何特性如下：

　　① 斜距图像的比例失真(Scale Distortion)：在斜距图像上各点之间的相对距离与地面目标间的实际距离不保持恒定的关系，由式(4.33)可知二者之间是非线性关系。

　　② 透视收缩(Foreshortening)：对于有坡度的地形，前坡、后坡的斜距都小于其真实坡距的现象，而前坡的缩短量比后坡更大。后坡在坡面与雷达波束传播方向平行时，坡距才等于斜距(但此时将无回波)。坡度引起的透视收缩变形，只有利用地面的数字高程数据 DEM 才能得到纠正(图 4.64(a))。

　　③ 叠掩(Layover)：对于有坡度的地形，当微波束俯角+前坡坡度角>90 度时，前坡上不重叠的地物在雷达影像上产生重叠甚至倒掩的现象(图 4.64(b))。

　　④ 阴影(Shadow)：对于有坡度的地形，当后坡坡度角大于微波束俯角时，后坡无微波照射因而无回波的现象。从微波波束入射角与坡度角度关系可以看出，雷达阴影一般越远离雷达越严重，这与透视收缩恰好相反。

　　上述这些几何特性在做微波雷达图像解译和应用分析时需加以注意。

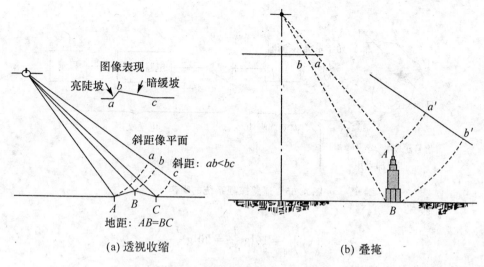

图 4.64　雷达成像的几何特性示意图

4.4　传感器的特性参量

传感器的性能可以从许多方面描述，通常采用能反映各种性能的参量(参数)来表示。对于光电传感器，主要的参数可分为四大类：第一类是光电转换特性的参数，如灵敏度(响应率)、转换系数(增益)；第二类是时间响应特性，如惰性(余辉)、脉冲响应函数、瞬时调制传递函数；第三类是噪声特性，如噪声、噪声等效输入(探测率)、信噪比；第四类是光学特性，如分辨力、光学传递函数。这里介绍几个在遥感中较为重要的参量。

4.4.1　噪声特性

任何叠加在信号上的随机扰动或干扰就是噪声。噪声的来源和机理十分复杂，概略地分类，它包括成像系统的内部噪声和外部噪声(图 4.65)。噪声是测量物理量在其平均值附近的涨落现象，是一种随机量，因此常用随机量在统计上的起伏方差表示。对于平稳随机过程，采用噪声电压或电流的平方值的时间平均来表示：

$$\overline{U_n^2} = \overline{[U_n(t)]^2} \tag{4.39}$$

$$\overline{i_n^2} = \overline{[i_n(t)]^2} \tag{4.40}$$

称为噪声功率。很多噪声与频率无关，像白光包含相等的各种频率成分一样，称为白噪声。

除了噪声功率外，常用来衡量噪声的参数还有：

(1)信噪比(S/N)

它是在负载电阻 R_L 上产生的信号功率 P_S 与噪声功率 P_N 之比，即

$$\frac{S}{N} = \frac{P_S}{P_N} = \frac{I_0^2 R_L}{I_N^2 R_L} = \frac{I_0^2}{I_N^2} \tag{4.41}$$

或用分贝表示为

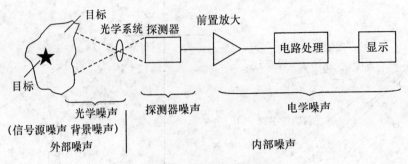

图 4.65 遥感探测系统的噪声

$$\left(\frac{S}{N}\right)_{dB}=10\lg\frac{I_0^2}{I_N^2}=20\lg\frac{I_0}{I_N} \tag{4.42}$$

(2)等效噪声输入(ENI)

器件在特定带宽(1Kz)内产生的均方根信号电流与均方根噪声电流相等时的输入通量(以瓦或流明表示)。

(3)噪声等效功率(NEP)

信号功率与噪声功率之比等于 1($S/N=1$)时，入射到探测器上的通量(以瓦表示)，即

$$NEP=\frac{\Phi_e}{S/N} \tag{4.43}$$

NEP 也称为最小可探测功率 P_{min}。当入射功率小于 P_{min} 时，显然，信号电压(电流)就会被噪声电压(电流)所淹没。

4.4.2 响应特性

1. 响应度(灵敏度)

响应度是光电探测器输出电压 V_0(或电流 I_0)与入射光功率 P(或通量 Φ)之比，即

$$S_V=\frac{V_0}{P_i} \quad (电压响应度) \tag{4.44}$$

$$S_I=\frac{I_0}{P_i} \quad (电流响应度) \tag{4.45}$$

S_V 或 S_I 描述了探测器的光电转换效能。

2. 光谱响应度

光谱响应度是探测器的输出电压 V_0(或电流 I_0)与入射到探测器上的单色辐通量(或光通量 $\Phi(\lambda)$)之比，即

$$S(\lambda)=\frac{V_0}{\Phi(\lambda)} \quad (单位为 V/W) \tag{4.46}$$

$$S(\lambda)=\frac{I_0}{\Phi(\lambda)} \quad (单位为 A/W) \tag{4.47}$$

采用光通量时，其单位用流明(lm)。

　　遥感探测器探测的波段不是单色辐射，而是一定宽度的波长区间，如图 4.66 所示。因为光谱响应度的作用，使得需要考虑波段有效宽度的定义。一种普遍采用的方法是将波段宽度定义为归一化光谱响应函数最大值一半处所对应的波长长度，称为半高全宽(FWHM)。而波段的中心波长则定义为最大值对应波长，如图 4.67 所示。这样的定义对于非对称响应函数并不是很合理。Palmer 提出确定中心波长 λ_c 和有效波段宽度 $\Delta\lambda$ 的矩方法：

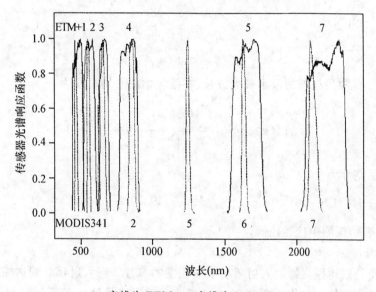

实线为 ETM+，虚线为 MODIS

图 4.66　两种卫星遥感器 ETM+ 和 MODIS 几个波段的光谱响应函数

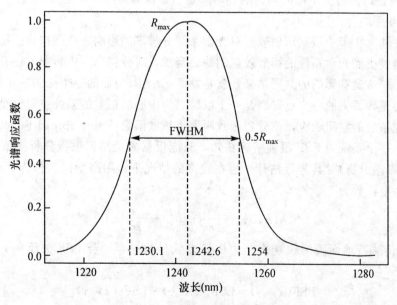

图 4.67　传统方法的中心波长和波段有效宽度(FWHM)

$$\lambda_c = \frac{\int_{\lambda_{\min}}^{\lambda_{\max}} f(\lambda)\lambda\,\mathrm{d}\lambda}{\int_{\lambda_{\min}}^{\lambda_{\max}} f(\lambda)\,\mathrm{d}\lambda} \tag{4.48}$$

$$\sigma^2 = \frac{\int_{\lambda_{\min}}^{\lambda_{\max}} f(\lambda)\lambda^2\,\mathrm{d}\lambda}{\int_{\lambda_{\min}}^{\lambda_{\max}} f(\lambda)\,\mathrm{d}\lambda} - \lambda_c^2 \tag{4.49}$$

$$\lambda_1 = \lambda_c - \sqrt{3}\sigma \tag{4.50}$$

$$\lambda_2 = \lambda_c + \sqrt{3}\sigma \tag{4.51}$$

$$\Delta\lambda = \lambda_2 - \lambda_1 = 2\sqrt{3}\sigma \tag{4.52}$$

式中，$\lambda_{\min}$、$\lambda_{\max}$ 是波段设置的最小最大波长。在波段内的平均亮度为

$$L_b(x,y) = \frac{\int_{\lambda_{\min}}^{\lambda_{\max}} L_{\lambda,\mathrm{sensor}}(x,y)f(\lambda)\,\mathrm{d}\lambda}{\int_{\lambda_{\min}}^{\lambda_{\max}} f(\lambda)\,\mathrm{d}\lambda} \tag{4.53}$$

波段的总亮度为

$$L_b(x,y) = \int_{\lambda_{\min}}^{\lambda_{\max}} L_{\lambda,\mathrm{sensor}}(x,y)f(\lambda)\,\mathrm{d}\lambda = L_b(x,y) \cdot \Delta\lambda \tag{4.54}$$

式中，(x,y) 表示探测单位的位置。

3. 响应时间

响应时间是描述探测器对入射辐射响应快慢的参数。当入射辐射到达探测器后，探测器的输出达到稳定值，或当入射辐射被遮断后，探测器的输出下降到照射前的值所需时间，称为响应时间。一般把输出值从 10% 上升到 90% 所需时间称为上升时间，从 90% 下降到 10% 所需时间称为下降时间。响应时间是遥感探测器的一个重要参数。

4. 空间响应

我们在 4.2.1 节中谈到衍射效应对光学系统分辨率的影响，在推扫式扫描中，像元之间的可分辨性受到光学系统的衍射效应制约。当然，对分辨率产生影响的还有大气散射等其他因素。所有这些影响的共同结果，就是物面一个点（地面的一个探测单元）的辐射经过成像后不再是像面上的一个点，而是一个以该点为中心的辐射的某种空间分布，这个分布就叫做成像系统的空间响应，该分布函数叫做点扩散函数（Point Spread Function，PSF）。一般来说，一个系统的 FSF 很难精确获知，只能根据先验知识进行分析或依据一些数学方法（如功率谱分析）对其进行估计。但在较多的情况下，用高斯函数作为 PSF 的估计是可行的。高斯函数为

$$h(x,\ y) = \frac{1}{2\pi\sigma^2}\exp\left(-\frac{x^2+y^2}{2\sigma^2}\right) \tag{4.55}$$

式中，σ 是传感器地面瞬时视场内一边中像元数目的一半。若 PSF 关于 $(x,\ y)$ 可分离，即有

$$\mathrm{PSF}(x,\ y) = \mathrm{LSF}_x(x,\ y) \cdot \mathrm{LSF}_y(x,\ y) \tag{4.56}$$

则称 LSF 为线扩散函数。

PSF 的傅立叶变换称为光学传递函数（Optical Transfer Function，OTF），OTF 的归一化的模就是本章前面讨论过的调制传递函数 MTF。有了 PSF，就可以对质量下降了的图像进行恢复。

由 MTF 可以定义有效瞬时视场（EIFOV），它等于 MTF 下降至 0.5 时对应的空间频率的半周。

4.5 辐射定标

由于探测器本身因素和外界环境因素的原因，探测器的输出往往与实际入射辐射量之间存在误差，因此需要度量这种误差，这就是定标的任务。定标是确定探测器的输出物理量（电压或电流，通常量化为一个整数值）所代表的辐射量与入射到探测器上的实际辐射量的定量关系，以及输出物理量所代表的辐射量在各分谱之间、在不同空间位置之间、在不同的测量时间之间的相对定量关系。前者称为绝对定标，后者称为相对定标。简言之，绝对定标是确定探测器的输出与实际入射辐射量的绝对一致性（在某个允许的误差内），相对定标是确定探测器输出的分谱值与实际入射辐射的分谱值、探测器输出值的空间分布和时间分布与实际入射的空间分布和时间分布的相对一致性（在某个允许的误差内）。绝对定标追求输出量与实际辐射量的接近，相对定标强调输出量对不同波谱段、不同空间位置、不同时间段的相同响应。显然，只要完成了绝对定标，相对定标自然解决。但绝对定标比相对定标难度大。不同领域的应用问题对辐射定标的精度有不同的要求，表 4.3 列出了一些领域的基本要求（需要指出，对定标精度的要求也是随着领域应用要求的提高而提高的）[58]。对于遥感的应用人员，了解定标的基本内容是有益的。

表 4.3　　　　　　　　遥感应用对遥感信息定量化的技术校准指标要求[55]

应用领域	校准要求				几何校准
	反射辐射反射比（%）	热红外辐射温度（K）	微波亮温（K）	微波后向散射系数（dB）	定位要求（m）
农业	2～3	0.5～1.0	0.5～1.0	0.25～1.0	1～30,1100～50000
土地资源	2～5	0.5～1.0			1～30～80
林业	2～3	0.5～0.1		0.2～1.0	1～30
水资源	2～4	0.3～1.0	0.5～1.0	0.25～1.0	30～1100～50000
地质	2～5	0.3～1.0	1～2	1.0	5～50～1100
海洋	2～4	0.3～1.0	0.5～1.0	0.5～1.0	100～1100
海冰	2～4	0.3～1.0	0.5～1.0	0.25～1.0	100～1100
灾害监测	2～5	0.5～1.0		0.5～1.0	1～30～1100

4.5.1 绝对定标

绝对定标分为实验室定标和飞行定标。

实验室定标是在探测器进入飞行器之前，在实验室模拟的飞行环境条件下进行的定标，主要是光谱定标和辐射定标，将仪器的输出值转换为辐射值。对带入飞行器中的二级辐射源，也要在实验室进行定标。

图 4.68　内定标系统框图

飞行定标是指探测器进入空间环境在工作状态下的定标，它又包括在飞行器中的定标和地面同步定标。飞行器进入轨道后，仪器的性能仍可能发生变化，特别是随时间发生变化。这种变化可能是由于某些元件的特性产生变化所引起的，也可能是由于真实工作条件与预计的工作条件不同而引起的。这样，有必要给仪器配备一个飞行中的定标系统，以便根据仪器的性能变化做出相应的响应。因此，定标系统是遥感仪器的重要子系统之一。飞行器中定标的一种方式是内定标系统，即定标系统完全放置在仪器内部，如图 4.68 所示。由定标源发出的辐射能，经定标系统的光学系统投射到光电接收器上，同时，通过和成像光学系统耦合，辐射能也传递到探测器列阵上。光电器件的输出用于定标源的反馈控制，以保持定标源的稳定。探测器的输出作为仪器性能变化的检测与校正。用于定标的源是经过地面精确定标的二级源或太阳辐射。

地面同步定标是在地面确定一块高辐射度的大面积均匀景物辐射场，用该已知光谱辐射的地面辐射场作为参考源。飞行中的遥感传感器对该参考地区成像的同时，地面同步测量地面辐射场的辐射以及测量大气状态。用大气参数数据和大气辐射传输程序计算出传感器入瞳面上的光谱辐射量，将遥感探测器的输出与地面测量辐射量进行比较。这种方法的主要问题在于难以准确确定大气气溶胶成分以及其他大气参数。这样的地面参考辐射场源有美国的 White Sands、La Crau 以及我国青藏高原的纳木错湖、华北的禹城等。

4.5.2 相对定标

进行相对辐射定标时，需要知道在相同的辐射环境下，某一景物的像元辐射度和其他景物的像元辐射度间的相对数值变化、某一景物像元在不同时间内的相对辐射度变化，以及某一波段的光谱辐射度和另一波段的光谱辐射度间的相对变化值。测量这些相对变化值的精度可以远远超过测量定标源的辐射精度。因此，相对定标的精度高于绝对定标。

4.5.3 遥感数据的用户定标

为了加深对遥感数据定标的理解，下面以 Landsat TM/ETM 为例(Landsat 是美国陆地卫星系列，TM/ETM 是该系列卫星中 4、5 号星和 7 号星上的遥感器，详见第 5 章)，说明如何从遥感器定标参数，换算得到遥感数据的辐射亮度值和反射率。假设仪器的误差已经校正，并且不考虑大气影响。这个计算本身不是前述意义下的定标，而是利用定标参数将遥感数据进行辐射量标定，类似于将某重物在秤杆上的刻度值与多少千克对应起来。显然，这个换算的精度依赖于杆称的定标精度。

（1）地物辐射亮度

$$L = \text{gain} \cdot DN + \text{bias} \tag{4.57}$$

式中，$\text{gain} = (L_{\max} - L_{\min})/255$（对 8bit 数据）；$\text{bias} = L_{\min}$；$DN$ 是像元值。

对 Landsat-7，gain 和 bias 可直接在遥感数据的头文件记录中查到；对 Landsat-4、5 可在头文件记录中查到 $L_{\max}$（最大亮度），$L_{\min}$（最小亮度）。

（2）地物反射率

得到亮度值后，就可以计算辐射入瞳处的反射率（表观反射率）：

$$\rho = \frac{\pi L d_s^2}{E_0 \cos\theta} \tag{4.58}$$

式中，ρ 是大气顶界的方向-半球反射率（假设大气顶为朗伯反射）；d_s 是日地天文单位距离；E_0 是太阳常数；θ 是太阳天顶角。

4.6　构像方程

各种成像系统中，地面点（物点）与传感器中的对应像点之间存在确定的几何关系。构像方程是指描述地物点的地面坐标 (X, Y, Z) 和图像坐标 (x, y) 之间数学关系的方程，通过构像方程可以实现图像的精确几何校正，可以由图像生成地形图或影像地图。通用构像方程是各种传感器系统都适用的构像方程的一般形式。它基于两个基本坐标系：传感器坐标系 S-UVW 和地面坐标系 O-XYZ（地心坐标系），以及根据传感器系统的构成所定义的一些辅助坐标系（用于坐标系的变换），如框架坐标系 S-$U'V'W'$、飞行器平台坐标系 F-$X'Y'Z'$ 等。各坐标系的空间关系如图 4.69 所示。

图中表示出了遥感成像及其制图的坐标变换全过程。地面场景经过传感器成像生成遥感图像，遥感图像经几何校正、信息提取而形成地图称为遥感制图（O-$xy \rightarrow O_m$-$X_mY_mZ_m$）。传统制图方法是对地面场景经地面测量而成图，称为地面测图（O-$XYZ \rightarrow O_m$-$X_mY_mZ_m$）。遥感制图已经成为制图的基本方法。地面坐标系统（地心坐标系，图中 O-XYZ）与地图坐标系统（图中 O_m-$X_mY_mZ_m$）之间的变换，包括将地面坐标系转换为地理坐标系，再转换为所需要的某种投影坐标系。这里只讨论从传感器坐标系到地面坐标系的变换。从图中可见，传感器坐标系与地面坐标系之间的关系可通过一系列三维空间坐标系变换得到。空间坐标系的变换可通过坐标的平移和旋转实现。三维坐标系的旋转可由三维的旋转变换方阵表达。通用构像方程的推导如下（传感器坐标系 S-UVW 与地面坐标系 O-XYZ 之间的转换关系）：

设地面点 P 在传感器坐标系中的坐标为 (U_p, V_p, W_p)，在地面坐标系中的坐标为 (X_p, Y_p, Z_p)。传感器坐标系变换为框架坐标系，有

$$\begin{bmatrix} U'_p \\ V'_p \\ W'_p \end{bmatrix} = C \begin{bmatrix} U_p \\ V_p \\ W_p \end{bmatrix} \tag{4.59}$$

式中，C 为传感器坐标系相对于框架坐标系的旋转矩阵。框架坐标系是用于安装传感器的框架设备的坐标系，它通常与传感器坐标系共原点。

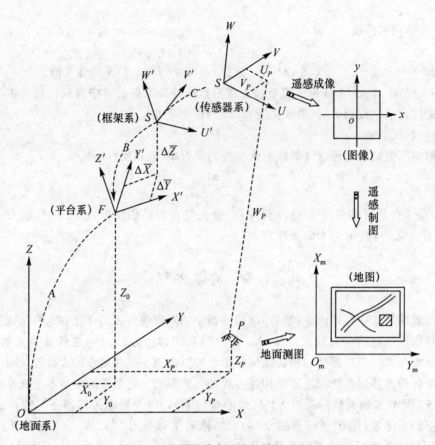

图 4.69　通用构像方程中的坐标系统

框架坐标系变换为平台坐标系，有

$$\begin{bmatrix} X'_p \\ Y'_p \\ Z'_p \end{bmatrix} = B \begin{bmatrix} U'_p \\ V'_p \\ W'_p \end{bmatrix} + \begin{bmatrix} \Delta X' \\ \Delta Y' \\ \Delta Z' \end{bmatrix} \tag{4.60}$$

式中，B 为框架坐标系相对于平台坐标系的旋转矩阵；$(\Delta X', \Delta Y', \Delta Z')$ 是框架系原点 S 在平台系中的坐标平移量。

平台坐标系变换为地面坐标系，有

$$\begin{bmatrix} X_p \\ Y_p \\ Z_p \end{bmatrix} = \begin{bmatrix} X_0 \\ Y_0 \\ Z_0 \end{bmatrix} + A \begin{bmatrix} X'_p \\ Y'_p \\ Z'_p \end{bmatrix} \tag{4.61}$$

式中，A 为平台坐标系相对于地面坐标系的旋转矩阵；(X_0, Y_0, Z_0) 是平台系原点 F 在地面系中的坐标平移量。

综合上述 3 式，通用构像方程可表达为

$$\begin{bmatrix} X_p \\ Y_p \\ Z_p \end{bmatrix} = \begin{bmatrix} X_0 \\ Y_0 \\ Z_0 \end{bmatrix} + A \left\{ B \cdot C \begin{bmatrix} U_p \\ V_p \\ W_p \end{bmatrix} + \begin{bmatrix} \Delta X' \\ \Delta Y' \\ \Delta Z' \end{bmatrix} \right\} \tag{4.62}$$

A，B，C 三个旋转矩阵由相应坐标系的三个姿态角确定。进一步考虑传感器坐标系与像平面上的图像坐标系之间的变换关系（与具体的成像方式有关），就可以得到地面坐标与图像坐标的关系式，此时式（4.62）就具体化为某种成像系统的构像方程（或称共线方程）。上述传感器坐标系通常又被称为像空间坐标系。图像坐标系 $O\text{-}xy$ 一般与传感器坐标系中的二维空间 $S\text{-}UV$ 重合。但是由于不同传感器的投影方式不同，在 $O\text{-}xy$ 和 $S\text{-}UV$ 之间还存在其他的几何关系。

下面以近垂直的框架摄影为例，导出其共线方程。

近似垂直摄影条件下，传感器、框架、平台坐标系可视为同一系统，则 $C=B=E$，E 为单位矩阵。设（$\Delta X'$，$\Delta Y'$，$\Delta Z'$）为零矢量，令（X_0，Y_0，Z_0）为摄影机投影中心的地面坐标（X_S，Y_S，Z_S）。根据中心投影的特点建立图像坐标与传感器系统坐标之间的关系为

$$[U_p,\ V_p,\ W_p]' = [x,\ y,\ -f]' \cdot \lambda_p \tag{4.63}$$

式中，$\lambda_p = W_p/f = H_p/f$ 为像点比例尺分母，f 为摄影机主距，H_p 为相对于地面上 P 点的航高，如图 4.70 所示。于是框幅式摄影机的构像方程可表示为

$$\begin{bmatrix} X_p \\ Y_p \\ Z_p \end{bmatrix} = \begin{bmatrix} X_S \\ Y_S \\ Z_S \end{bmatrix} + \lambda_P \cdot A \begin{bmatrix} x \\ y \\ -f \end{bmatrix} = \begin{bmatrix} X_S \\ Y_S \\ Z_S \end{bmatrix} + \lambda_p \cdot \begin{vmatrix} a_{11} & a_{12} & a_{13} \\ a_{21} & a_{22} & a_{23} \\ a_{31} & a_{32} & a_{33} \end{vmatrix} \cdot \begin{bmatrix} x \\ y \\ -f \end{bmatrix} \tag{4.64}$$

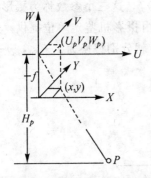

图 4.70　框架式摄影下传感器坐标与图像坐标的关系　　　　图 4.71　旋转姿态角（$\varphi-\omega-\kappa$ 系统）

可以推导出旋转矩阵 A 中各元素 a_{ij} 与摄影机姿态角 φ，ω，κ 的下述函数关系（图 4.71）：

$$\left.\begin{aligned} a_{11} &= \cos\varphi\cos\kappa - \sin\varphi\sin\omega\sin\kappa \\ a_{12} &= -\cos\varphi\sin\kappa - \sin\varphi\sin\omega\cos\kappa \\ a_{13} &= -\sin\varphi\cos\omega, \quad a_{21} = \cos\omega\sin\kappa \\ a_{22} &= \cos\omega\cos\kappa, \quad a_{23} = -\sin\omega \\ a_{31} &= \sin\varphi\cos\kappa + \cos\varphi\sin\omega\sin\kappa \\ a_{32} &= -\sin\varphi\sin\kappa + \cos\varphi\sin\omega\cos\kappa \\ a_{33} &= \cos\varphi\cos\omega \end{aligned}\right\} \tag{4.65}$$

由于这种直角变换是一种正交变换，故旋转矩阵为正交矩阵，而正交矩阵的逆矩阵等于其转置矩阵。因此从式（4.64）可得到由地面坐标系和传感器外方位元素决定的传感器坐

标系所表达的图像坐标：

$$\begin{bmatrix} x \\ y \\ -f \end{bmatrix} = \frac{1}{\lambda_P} \begin{bmatrix} a_{11} & a_{12} & a_{13} \\ a_{21} & a_{22} & a_{23} \\ a_{31} & a_{32} & a_{33} \end{bmatrix}^{-1} \begin{bmatrix} X_p - X_S \\ Y_p - Y_S \\ Z_p - Z_S \end{bmatrix} = \frac{1}{\lambda_P} \begin{bmatrix} a_{11} & a_{21} & a_{31} \\ a_{12} & a_{22} & a_{32} \\ a_{13} & a_{23} & a_{33} \end{bmatrix} \begin{bmatrix} X_p - X_S \\ Y_p - Y_S \\ Z_p - Z_S \end{bmatrix} \qquad (4.66)$$

进而可解得

$$
\begin{aligned}
x &= -f \frac{a_{11}(X_p - X_S) + a_{21}(Y_p - Y_S) + a_{31}(Z_p - Z_S)}{a_{13}(X_p - X_S) + a_{23}(Y_p - Y_S) + a_{33}(Z_p - Z_S)} \\
y &= -f \frac{a_{12}(X_p - X_S) + a_{22}(Y_p - Y_S) + a_{32}(Z_p - Z_S)}{a_{13}(X_p - X_S) + a_{23}(Y_p - Y_S) + a_{33}(Z_p - Z_S)}
\end{aligned}
\qquad (4.67)
$$

这就是框幅式近垂直摄影的共线方程，即地物点 P、投影中心 S 和图像点 p 位于同一条直线上。其他成像方式下的构像方程均可由通用成像方程导出。

前述描述平台或传感器相对于地面坐标系的位置和姿态的 6 个参数(即 X_S，Y_S，Z_S，φ，ω，κ)称为像片的外方位元素。此外，还有内方位元素。内方位元素是表示摄影中心与像片之间相对位置(相对于图像坐标系原点)的参数。在摄影成像的像片上有 4 个或 8 个框标，4 条边或 4 个角点两两相对的框标的连线成正交，交点作为像平面坐标系的原点。理想情况是，投影中心垂直投影到相片平面上的点（像主点）应与该原点重合，但由于摄影像机安装造成的误差，像主点与像平面坐标系原点可能并不重合。设像主点在像平面坐标系中的坐标为 x_0，y_0，再加上摄影中心到像片的垂距(主距)f，这三个参数称为摄影机的内方位元素，如图 4.72 所示。内方位元素一般为已知值，由摄影机鉴定单位提供。在内方位元素 x_0，y_0 不为零的情况下，上述共线方程中的 x，y 就分别替换为 $x - x_0$，$y - y_0$。

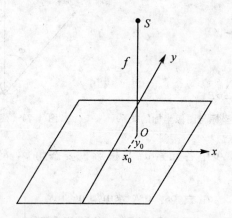

图 4.72　内方位元素 x_0，y_0，f

第 5 章　遥感平台系统

作为搭载遥感器的工具，遥感平台在遥感技术系统中占有重要位置。不同高度的平台共同构成了多层次的对地遥感观测系统。地面平台、航空平台、航天平台相互配合，优势互补，在定位精度、空间分辨率以及观测的灵活性、持续性等方面使得遥感数据的实用价值得以保证和提高。因此，遥感平台的发展水平也是遥感技术发展水平的标尺之一。在各种遥感平台中，作为航天平台的遥感卫星，是极其重要的一类遥感平台，以至于当我们提到遥感，几乎首先就会联想到卫星遥感。在本章中，我们将对各类遥感平台做简要介绍，重点是了解卫星平台的基本知识以及目前主要的遥感卫星的情况。

5.1　地面平台和航空平台

5.1.1　地面平台

地面遥感平台包括高架、车船等，也称为地基遥感。地基遥感的观测项目(参数)较多，如地表的微波辐射、散射特性，光学波段光谱特征，温度、湿度，植冠结构，水深、大气降水、大气廓线，微气象，等等。使用的仪器包括微波辐射计、微波散射计、光谱仪、声纳、多普勒雷达、探空与分光光度计，微型气象站等。其中有些观测项目不属于严格意义上的遥感观测，或者是广义的遥感观测。地面平台中的高架一般属于固定观测的平台，而且通常与遥感观测以外的多种其他观测项目结合在一起，如微型气象观测站、台站水文气象观测系统等。船作为地面遥感平台，用于内陆水体和海洋的观测。车通常用做环境遥感监测和三维景观近景摄影测量平台。中国科学院近年进行的"黑河流域遥感——地面观测同步试验与综合模拟平台建设"项目研究中，就开展了大量的地面遥感观测。

5.1.2　航空平台

航空平台的主要飞行器是飞机，包括有人驾驶飞机和无人驾驶飞机，以前者为主，航空遥感也常称为机载遥感。此外，高空气球或飞艇等也是航空平台中的可用飞行器。依飞行器的工作高度和应用目的，航空平台分为高空(10000～20000m)、中空(5000～10000m)和低空(<5000m)三种类型的遥感作业。

航空平台的最大特点是机动灵活，同时还具有空间分辨率高、调查周期短、不受地面条件限制(相对于地面平台而言)、资料回收方便等特点，因此特别适合对局部地区尤其是城市以及对突发事件的遥感调查，如 2008 年汶川大地震中，航空遥感发挥了重大的作用。由于航空遥感的分辨率高，所以目前对于比例尺大于 1：2000 的地表制图，若采用遥感方法，则一般是用航空遥感。高空气球或飞艇平台具有飞行高度高、地表覆盖面大、空中停留时间长、成本低和飞行管制简单等特点，同时还可对飞机和卫星均不易到达的平流层进行遥感活动。基于航空平台的遥感器包括了所有的类型，光学摄影相机、光学扫描遥感器和微波雷达、激光雷达等等，如航空数码相机、高像素航空数码相机、RC30 航空照相机、RMK TOP 航空摄影仪、LMK2000 航摄仪、DMC 全数字航摄仪、三维激光雷达(LIDAR)、低空数码遥感系统、机载合成孔径雷达(SAR)、机载成像光谱仪以及辅助的 IMU/DGPS CCNS 导航设备等。航空平台的缺点是飞行高度、续航能力、姿态控制、全天候作业能力以及大范围的动态监测能力较差，但作为一种探测和研究地球资源与环境的遥感手段，它过去发挥了巨大的作用，今后仍将是卫星平台和地面平台不可或缺的补充。

5.2 航天平台

5.2.1 航天平台概述

现有航天器按有人或无人驾驶，可分为无人航天器和载人航天器两类。无人航天器包括各种人造地球卫星、月球探测器和行星际飞行器(后二者属于航宇遥感平台)，载人航天器则有载人飞船、航天飞机和空间站三类。这些航天器都可以用于遥感的目的。在已经发射的数以千计的航天器中，占绝大多数的是各类应用卫星和试验卫星(以军事航天器居多)。

对地观测卫星即遥感卫星，是人造卫星中的一类"应用卫星"(其他还有科学技术试验卫星)。遥感卫星的主要类型包括地球资源卫星、气象卫星、海洋卫星、军事侦察卫星。测地卫星、对地定位卫星与测绘遥感关系密切，因此广义上说，它们也可列入对地观测卫星。本章将着重介绍后四种卫星的概况，其中又以资源卫星为主。

航天器的重要组成部分之一是有效载荷。有效载荷就是用于完成航天任务(如通信、遥感等)的仪器。有效载荷是航天器设计过程中最重要的考虑依据。有效载荷的类型很多，分为通信、应用、科学(科学实验和研究)、专用 4 类。遥感属于应用一类，其应用包括资源环境、气象、海洋、侦查等。遥感有效载荷又常分为可见光遥感器、红外遥感器、微波辐射计和雷达 4 种。

5.2.2 遥感卫星基础知识

对遥感应用研究人员来说，有关遥感卫星的知识常涉及空间坐标系、卫星轨道类型和参数、轨道的地面覆盖等内容。卫星轨道类型和参数、轨道地面覆盖等是标示一颗遥感卫星基本状况的指标，与卫星遥感应用有较大的关系，而这些指标都与空间坐标相联系。

1. 空间坐标系

地球空间应用问题中常用坐标系列于表 5.1。了解它们的定义有助于对地球及其卫星运动的理解。

表 5.1　　　　　　　　　　　　　　　　　常用空间坐标系

坐标系名称	中心(原点)	Z 轴	X 轴	Y 轴	应用
天体坐标系	地心	指向天北极	春分点	右手系确定	卫星视在运动、地理位置
地心坐标系	地心	指向地北极	本初子午圈	右手系确定	惯性测量、轨道分析、天文学
RPY 坐标系	航天器	轨道负法向	星下点	右手系确定	地球观测、姿态机动
航天器固连	设计图确定	轨道负法向	星下点	右手系确定	航天器仪器定位和定向

(1)地心坐标系

地心坐标系以地轴为 Z 轴，指向北极；以地心与赤道和本初子午线的交点的连线为 X 轴，指向该交点；以右手系确定 Y 轴及其指向，如图 5.1(b)所示。地心坐标系在实用

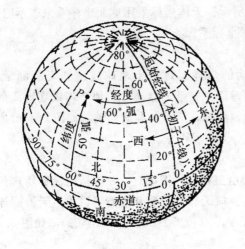

(a) 地球及其经纬线

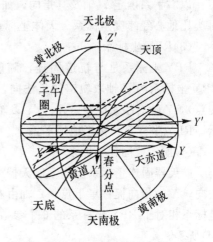

(b) 地心坐标系(XYZ)和天体坐标系($X'Y'Z'$)

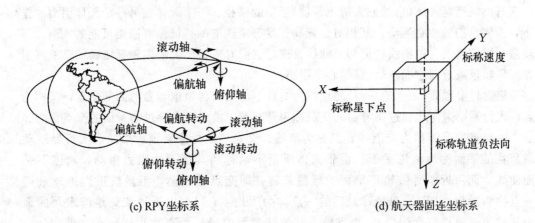

(c) RPY坐标系

(d) 航天器固连坐标系

图 5.1　地球及其空间坐标系

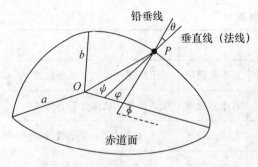

图 5.2 三种经纬度坐标关系示意图

中采用地心球面坐标系，即空间一点的矢径 r 及其与 $O\text{-}YZ$ 平面的夹角 θ 和与 $O\text{-}XY$ 平面的夹角 φ，θ 和 φ 分别称为经度和纬度。用经度和纬度表示的地心球面坐标系称为地理坐标系。在地理坐标系中，有 3 种稍有差异的地理坐标，它们是天文经纬度坐标、大地经纬度坐标和地心经纬度坐标，其经度均定义为通过地面点的子午面与本初子午面的夹角，而纬度的定义则有区别(图 5.2)：天文纬度为地面点的铅垂线与赤道面的夹角(ϕ)，大地纬度为地面点在地球椭球面上该点的法线与赤道面的夹角(φ)，地心纬度是地面点到地心的连线与赤道面的夹角(ψ)。

(2)天体坐标系

天体坐标系以天极为 Z' 轴，指向天北极；以地心与春分点的连线为 X' 轴，指向该交点；以右手系确定 Y' 轴及其指向，如图 5.1(b)所示。天体坐标系用球面坐标系来表示时，可类比地心经纬度坐标系。天体坐标系又称天球坐标系。

(3)RPY 坐标系

RPY 坐标系是与轨道固连，随航天器运动的坐标系，用于地球观测和姿态测量。RPY 坐标系的 Z 轴取轨道的负法向，X 轴指向星下点（航天器质心与地心连线在地面的交点），Y 轴右手系确定。X、Y、Z 轴分别称为偏航轴、滚动轴和俯仰轴，如图 5.1(c)所示。RPY 坐标系又称当地地平系。

(4)航天器固连坐标系

航天器固连坐标系固连于航天器上，其中心由工程设计图确定，Z 轴指向标称轨道负法向，X 轴指向标称星下点，Y 轴由右手系确定。航天器的位置和姿态可以由航天器固连坐标系相对于 RPY 坐标系的 6 个参数确定：X，Y，Z(位置)；ω，φ，κ(姿态)，如图 5.1(d)所示。

2. 飞行器轨道及其参数

飞行器轨道是天体(自然或人造飞行器)运动的路径。一个天体在另一个天体引力的作用下，围绕它们的质心运动，其相对位置和速度决定轨道的特征。有四类可能的轨道：圆形轨道、椭圆轨道、抛物线轨道和双曲线轨道，它们对应数学上的四种圆锥曲线。遥感卫星是圆形轨道或近圆形椭圆轨道(偏心率很小)。

轨道通过参考面(如赤道平面)的点称为交点，即飞行器轨道与参考面的交点，又称为节点。飞行器由南而北穿过参考面的交点称为升交点，由北而南穿过参考面的交点称为降交点。两交点的连线称为交点线，又称为节线。交点位置标志轨道面取向。飞行器运动轨道所在的平面称为轨道平面。由于天体质量不对称和其他天体引力摄动，轨道不是平面曲线，而可近似看做轨道平面的缓慢旋转，即交点的进动。卫星轨道离地球最近的一点称为近地点(P)，离地球最远的一点称为远地点(A)。由近地点到地球表面的最短距离称为近地点高度(Hp)，由远地点到地球表面的最短距离称为远地点高度(Ha)。轨道平面与参考面之间的夹角称为轨道倾角。对于围绕地球运动的天体，参考面取赤道平面。规定飞行器运动方向与地球自转方向一致时，轨道倾角小于 90°，反之大于 90°。飞行器在轨道上绕中心天体转动时，接连两次通过同一参考点的时间间隔称为轨道周期，如图 5.3 所示。遥感卫星选择升交点为参考点。根据开普勒定律，轨道周期的平方与半长轴的三次方成比例。

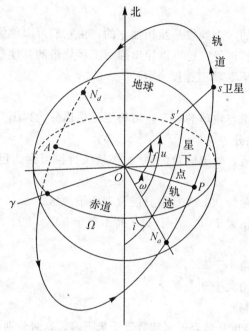

γ为春分点　N_a 为升交点　N_d 为降交点

图 5.3　椭圆轨道中轨道参数间的关系

飞行器的轨道在天体坐标系中用一组参数表示，即轨道要素。椭圆轨道上的卫星需要 6 个参数确定其轨道形状和位置，它们是：轨道平面空间方位的倾角和升交点经度；椭圆轨道的半长轴、偏心率和近地点经度；飞经升交点的时刻。这 6 个参数又称为欧拉元素或轨道根数，其定义如图 5.3 所示。这些参数由卫星跟踪站测定飞行器的方向、距离和（或）径向速度（距离速率）来换算确定。

① 轨道升交点经度（Ω）：春分点到升交点的地心张角，从春分点向东度量，$0° < \Omega < 360°$；它表示卫星轨道面的位置。

② 轨道倾角（i）：轨道平面正法向（由右手螺旋定则决定）与地球北天极之间的夹角，或卫星轨道面与地球赤道面的夹角（在升交点处卫星运行方向与赤道正方向即东向之间的夹角），$0° \leqslant i \leqslant 180°$，它表示轨道平面的方位。$i = 0°$（或 $i = 180°$），表示卫星轨道面与地球赤道面重合；$i = 90°$，表示卫星轨道通过地球两极（卫星轨道面与地球赤道面相垂直）；i 为其他值的卫星轨道，若 $0° < i < 90°$，表示卫星在升交点处由西南飞向东北方向；若 $90° < i < 180°$，表示卫星在升交点处由东南飞向西北方向。

③ 轨道半长轴（a）：即卫星椭圆轨道的半长轴 a，表示卫星轨道的大小或尺度。

④ 偏心率(e)：是决定卫星轨道形状的参数。$e=0$，为圆轨道；e越大，说明轨道椭圆度越大、轨道越扁。

⑤ 近地点角距(ω)：在轨道平面上，以地心O为中心，近地点P离升交点Na的角距。它决定近地点方向和远地点方向。

⑥ 卫星飞经升交点的时刻(τ)：它的意义在于给出卫星在轨道上任一位置所对应时间的时间起点。

以上描写卫星轨道的六个参数是互相独立的，由它们可以单值地确定卫星在任何时刻的位置和速度及星下点轨迹等，也可以导出描写卫星轨道的其他参数，如周期T、近地点高度H_p、远地点高度H_a、轨道速度v等。

3. 轨道类型

根据轨道参数及轨道与地球的关系，可将卫星轨道分为以下几种类型：

(1)依据轨道倾角划分

极地轨道：简称极轨，轨道倾角为90°。极轨飞行器可到达包括两极地区在内的地球上任何表面。

赤道轨道：轨道倾角为0°。飞行器只能覆盖赤道地区。

倾斜轨道：轨道倾角大于0°、小于180°而不等于90°。飞行器可覆盖赤道南、北相应纬度之间的地区。

顺行轨道：轨道倾角小于90°。

逆行轨道：轨道倾角大于90°。

(2)依据轨道高度划分

航天飞行器轨道的高度从数百千米到数万千米不等，有时分别称为低轨(小于1000km)、中轨(或称中高轨1000~10000km)、高轨(36000km)，大椭圆轨道(近地点300~500km，远地点40000km)，但之间的界限并非严格定义。遥感卫星多为低轨或中轨卫星。

(3)依据轨道与地球运动的关系划分

地球同步轨道：是指飞行器绕地球一周的时间(即轨道周期)与地球自转一周的时间相等的轨道。其中轨道倾角为0°的地球同步轨道又称为地球静止轨道(且为圆轨道)。地球静止轨道卫星距地心约36000km，飞行时像静止地悬挂在空中，可以观测到几乎半个地球表面。因此这种轨道是通信和气象应用中十分重要的轨道。

太阳同步轨道：是指光照角(卫星的轨道面与日地连线间的夹角)保持不变的轨道。采用这种轨道，当卫星对同一纬度不同经度的地面目标摄像时，其地方时保持不变。地球资源卫星通常都选用太阳同步轨道，如图5.4所示。

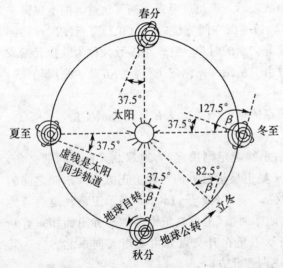

图5.4 太阳同步轨道及地球公转对它的影响

由于卫星的轨道面相对于惯性空间是不动的（以太阳为原点以春分点为参考点的坐标系是惯性空间），如果地球不围绕太阳公转的话，则光照角是不会改变的。但是，地球带着卫星围绕太阳不停地公转，因此就产生了光照角每天增加 0.9856°（=360°/365.25 天）的现象。设卫星的光照角 β 在赤道上秋分位置上设计为 37.5°（图 5.4），这样地球到了立冬位置时，太阳光照角 β 就会变为 82.5°，到了冬至时，β 将变为 127.5°。为了保持光照角不变，实现太阳同步的要求，就必须使卫星的轨道面也向东转动（即与地球公转方向相同）。如果轨道向东转动的角速度恰好等于 0.9856°/天，则由于公转引起的光照角的变化将会被消除，也就是说，光照角不变了，从而实现了太阳同步轨道的要求。

地球并不是一个严格的球形，赤道附近要凸出一些，该凸出部分会对卫星产生一摄动力矩（除赤道轨道和极轨道外），这个力矩迫使卫星轨道面发生进动，可以推导出进动的角速度为

$$\Omega = -10 \times \left(\frac{R_e}{a}\right)^{\frac{7}{2}} \frac{\cos i}{(1-e^2)^2} \quad （单位：°/天） \tag{5.1}$$

式中，R_e 为地球半径；a 为卫星轨道半长轴；i 为轨道倾角；e 为偏心率。因此，在给定 $\Omega = 0.9856$°/天的情况下，通过上式就可以求解出可满足这个进动角要求的轨道参数。换言之，采用特定的轨道参数，就可以获得保持太阳同步轨道所需的进动角，而不需对飞行器采用其他动力。

对于偏心率很小的近圆形轨道（大多数资源卫星是近圆轨道），卫星轨道的半长轴近似于卫星离地面的高度 h 加上地球的半径 R_e，此时卫星轨道的进动角公式变为

$$\Omega = -10 \times \left(\frac{R_e}{R_e+h}\right)^{\frac{7}{2}} \frac{\cos i}{(1-e^2)^2} \tag{5.2}$$

从此公式可获得太阳同步轨道卫星所要求的轨道高度 h 和倾角 i 之间的相互关系。如美国陆地卫星 Landsat-4、5 号星的轨道高度为 705km，其倾角为 98.2°，它保证了卫星过境的当地时间为上午 9:45。

4. 遥感卫星轨道选取原则及特点

① 高度的选取：考虑地面分辨率和轨道寿命间的关系。轨道越低，分辨率越高，但大气对卫星的影响越大，寿命越短。卫星轨道高度一般不低于 300km。

② 轨道形状的选取：一般考虑圆轨道或近圆轨道。这样有利于姿控、能源和热控系统设计以及对地指向精度、资料处理等。

③ 运行周期 T 的选取：由高度和偏心率决定。

④ 轨道的重叠性：轨道重叠是指相邻轨道的地面覆盖区的重叠。足够的重叠率便于图像拼接和信息补充。对极轨卫星，显然纬度越高重叠的百分比越高。

⑤ 轨道的重复性：卫星从某轨道星下点分开到再相遇，称为轨道的重复（必须保证轨道运行周期为常数，这种轨道又称为循环轨道），重复所需的时间叫做轨道重复周期。轨道重复便于地物的重复观察。由于地球的自转，非静止轨道不可能在一个运行周期内出现轨道重复，即轨道重复周期一定大于轨道运行周期。由于卫星每隔 T 分钟在轨道上转回原处一次（从惯性空间看），而星下点的起始位置却随地球自转每 24 小时方能转回原处一次（也是

从惯性空间看）。当二者再次相遇时，轨道便算重复。重复时刻之前一天二者所经历的时间（最小公倍周期）相等，故可列方程解出。Landsat-4、5 的重复周期是 16 天（图 5.5）。

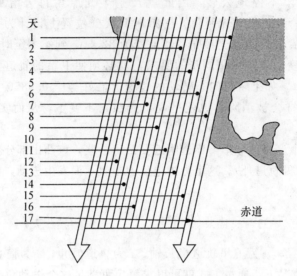

图 5.5　Landsat-4、5 的轨道间隔和重复示意图

遥感卫星对轨道覆盖范围内某一区域的重复观测，不是只有"按部就班"的轨道重复这一种方式。犹如人眼可以通过眼球的转动或头的转动来注视不同方向的目标一样，遥感卫星也可以采用遥感器的侧向摆动来重复观看当前轨道星下视场之外的目标，这就是遥感器的侧视，即遥感器在垂直飞行方向上以一定倾斜角度对非星下点的观测（图 5.11）。遥感中常用"重看"这个词表示侧视，以示与轨道重复观测的不同。现在新一代的遥感器大多可以在较大的摆动角度范围内对地成像。这种成像方式除了"重看"功能以缩短地物重访周期外，还给遥感带来另外两个方

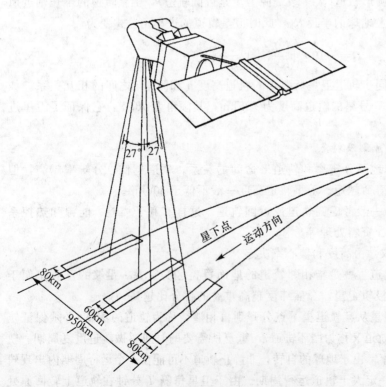

图 5.6　遥感卫星侧视功能几何示意图（以 Spot-4 为例）

146

面的用途：立体测量和多角度遥感（详见第 6 章）。

在设计卫星轨道时，除了上述要求外，还要考虑卫星的地面轨迹。因为地面轨迹代表了卫星的地面移动路径和覆盖范围，而这对于卫星数据的接收和各种遥感应用来说都是重要的。卫星的地面轨迹是卫星位置矢量（卫星 RPY 坐标系原点与地心的连线）与地面的交点的集合，它是轨道参数的函数。轨道面确定后，轨道周期（轨道高度）控制卫星地面轨迹。图 5.7 是不同周期轨道的地面轨迹示意图。轨道的地面覆盖特性（包括重叠率、间隙、轨迹等）虽然理论上可以用解析方式计算，但实践中常用数值仿真方法解决。

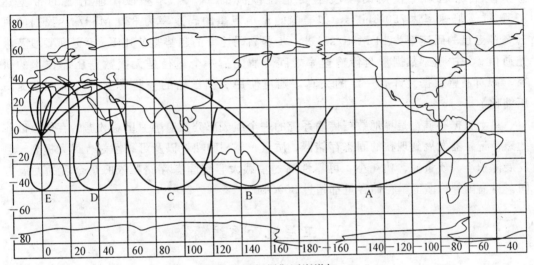

图中从A到E周期逐渐增加

图 5.7 不同周期轨道的地面轨迹

5. 遥感卫星常用参数

遥感卫星的参数有很多，下面列出常用的一些：

① 轨道运行参数：轨道类型、轨道高度（平均高度）、轨道倾角、降交点时（卫星经过降交点的当地时间）、运行周期（min）、覆盖周期（重复周期/天）等。

② 仪器参数：传感器（有效荷载）名称、视场角（或视场）、刈幅（km）、波段设置、空间分辨率、极化方式（对 SAR）、光谱连续性等。

③ 其他：数据传输速率、姿控（姿态控制方式，如三轴控制）、测轨（轨道监测方式，如 GPS）、卫星质量（kg）、功耗（W）、寿命（年）等。

6. 遥感卫星的星地数据传输

遥感卫星的数据传输采用星地间的数据通信方式。除了回收式遥感卫星不要进行遥感数据传输外，大多数的遥感卫星是通过无线电信号传输遥感数据的，它是卫星遥感中的一项重要技术。无线电信号传输又有两种方式，即通过中继卫星传输和直接星地传输，现在多采用后者，其工作流程是，从星上传感器形成数据开始，经数据编码、压缩、调制、信道传输、地面接收站解调、译码等一系列环节，最终将原始数据流恢复而结束。遥感星地数据传输既是卫星有效载荷的关键技术之一，也是空间电子学的前沿研究课题，又是数据压缩、解压、纠错编码、加扰/加密、高速数据调制/解调、高稳定度频率综合、同步、专用集成电路等众多通信与微电子技术的集成。

遥感数据传输具有以下三个方面的特点：数据量大，数据获取的时效性高，数据传输有很好的安全性。随着遥感技术的飞速发展，特别是随着微波、高光谱、高分辨率等新型传感器的出现，遥感卫星对数据传输的要求也越来越高。

遥感数据传输的一项重要指标是码速率，即每秒传输的二进制位的多少。目前，遥感卫星数据通信中使用的频段主要是在微波的 L、S、X 频段，理论上的带宽达375MHz，码速率达 750Mbit/s，如美国的快鸟卫星的码速率为 320 Mbit/s，我国的风云 2 号卫星的码速率为 14 Mbit/s。进一步提高码速率的趋势是使用 Ka 等更高频段及激光通信。解决遥感数据量与传输速率之间矛盾的另一个途径是无损数据压缩技术的研究，如对遥感数据允许有一定的失真，则可使用有损压缩的一些算法，从而大大提高压缩比。

星上数据存储也是星地数据传输系统的一个组成部分。遥感卫星对数据的存储由以前的磁带记录器发展到现在的固态存储器。质量、体积和功耗以及可靠性都有很大提高，但发展体积小、质量轻、功耗小、可靠性高的星载大容量固态存储器依旧是今后的发展方向。目前国外许多卫星存储容量都超过 300Gbit。

5.3　卫星地面系统简介

卫星地面系统是对整个航天器提供控制和数据支持的系统。航天器及其有效载荷在运行期间，地面系统都需要对其状态进行监视和控制，包括轨道位置、航天器位置状态、有效载荷的工作状态以及其他维护航天器正常运行所需要的参数。卫星地面系统的另一项工作内容是下载接收有效载荷所获得的飞行任务数据，即遥感数据，同时还向航天器上传按地面要求而变更的飞行任务安排等指令，所以，卫星地面系统既是维护航天器正常工作的支持系统，又是数据用户与航天器之间的信息交换中心。图 5.8 表示了数据用户、地面系统和航天器之间的关系。一般完整的地面系统是一个复杂的地面测控网，包括控制中心、由地面站和测量船和测量飞机组成的测控站等。

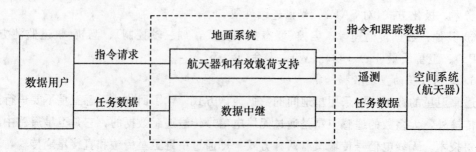

图 5.8　数据用户、地面系统和航天器之间的关系

卫星地面系统中，只负责卫星数据下载任务的系统称为遥感卫星地面接收站，它卫星数据传输流程中的一个环节。每个地面站可以接受到的某颗星的遥感数据的地面范围是一定的，这个范围称为地面站覆盖区。如图 5.9 所示，地面站覆盖区是以地面观测点 P 为中心的可观测区，星下点在此圈内的卫星都可观测，它由卫星轨道高度(卫星天线的最大覆盖角 θ，也称卫星的地球角半径)和地面站起始工作仰角(δ)决定。卫星视线方向与地面站位置 P 的水平面之间的夹角称为地面站仰角。仰角为 $0°\sim90°$，但由于星地间斜距 ρ 对卫星信号的衰减作用，对这种衰减影响的补偿一般从仰角为 5° 开始计算，这个仰角就是卫星起始工作仰角。图 5.10 是卫星地面站的图像以及 SPOT 卫星全球地面覆盖区的示意图。

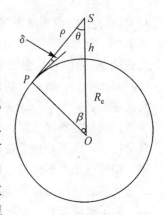

图 5.9　卫星地面站覆盖区与星站关系示意图

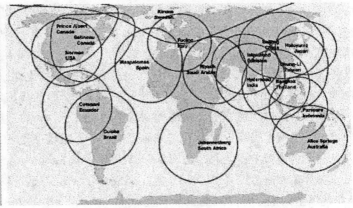

(a) 卫星地面站　　　　　　　(b) SPOT卫星在全球的地面站的覆盖区

图 5.10　卫星地面站及其覆盖区

5.4　重要遥感卫星平台介绍

5.4.1　遥感卫星发展概述

1957 年 10 月 4 日，苏联发射成功第一颗人造地球卫星，标志着人类太空科学技术的开端。但是在遥感卫星的发展历程中，美国是真正的开拓者和领航者。最早发展的遥感卫星是气象卫星。1960 年 4 月 1 日美国国家宇航局(NASA)组织发射了第一颗气象卫星——电视与红外观测卫星(TIROS-1)，开启了从太空观测大气和气象现象的历史。其后，美国又发射了一系列气象卫星，包括极地轨道和静止轨道的卫星。这些卫星为人类认识和预报天气现象做出了巨大贡献。在无云的条件下，还为地表宏观现象(如海冰、积雪、浅海透明度等)的观测提供了前所未有的便利。这对人类利用太空从宏观尺度观测、研究地球的期望和信心产生了巨大的影响。于是，遥感卫星的发展进一步向陆地和海洋等领域拓展。

1965 年美国开始地球资源卫星的前期研究，经过近 10 年的研究，于 1972 年 7 月发射成功第一颗地球资源技术卫星——ERTS-1，其上搭载了 RBV(反束光导摄像管)和 MSS(多光谱传感器)两种传感器。ERTS 后来改称 Landsat，并陆续发射成功 6 颗 Landsat 卫星（即 Landsat-1～5、7、后面的星增加或更新了遥感器），这就是成为全世界地球科学家研究区域资源环境和全球变化重要工具的 Landsat 系列卫星。与此同时，美国也着手研究用于海洋遥感的海洋卫星，其中的第一颗是搭载了 5 种传感器的 SeaSat-A。虽然这颗卫星只运行了 106 天，但它获取了大量的海洋物理环境的数据，被称为海洋卫星遥感的里程碑。美国也是世界上最早部署国防卫星系统的国家，自 1962 年至 1984 年，美国就共部署了三代国防通信卫星 68 颗。由于保密方面的原因，人们对军事卫星的细节情况了解较少。

除了美国以外，发射遥感卫星较多的国家还有苏联、法国、欧空局、日本、印度、中国等国家和组织。在现有的遥感卫星中，大部分属于光学遥感卫星。关于现有遥感卫星的更多情况，读者可搜索访问有关网站。

随着人类对地球进行整体性认识的需要的增加，对地球进行全球性的系统观测成为了必不可少的工作。在这项工作中担当最重要角色的就是卫星遥感技术。20 世纪 80 年代初，美国 NASA 提出并主持制定了对地观测系统(EOS)计划，20 世纪 90 年代正式实施。这项庞大的计划包括了陆地覆盖和全球生产力、季节性和年度气候预报、自然灾害、长期气候变化和大气臭氧 5 个方面。EOS 包括 9 个大中型卫星观测平台，由一系列遥感卫星构成。EOS 计划的实施，促成了地球系统科学(ESS)的提出。

现在，全球的遥感卫星已经做到应用种类齐全、传感器类型多样、空间分辨率和光谱分辨率得到很大提高、观测方式灵活多样、应用领域广泛，并且形成了类型系列化、观测历史连续、覆盖全球地表、功能互补的遥感卫星体系。

在众多的遥感卫星中，小卫星发展成为了卫星遥感中的一个重要的方向。通常把重 3.5 吨以上的卫星称为巨型卫星，重 2～3.5 吨的卫星称为大型卫星，1～2 吨的卫星称为中型卫星，小于 1 吨的卫星称小型卫星。小型卫星又可细分为小卫星(0.5～1 吨)、超小卫星(0.1～0.5 吨)、微型卫星(10～100 千克)、纳型卫星(小于 10 千克)、皮型卫星(小于 1 千克)和飞型卫星(小于 100 克)。但这种划分并不是一个一致公认的统一标准。一般把 1000 千克(也有定在 500 千克界限的)以下的卫星及其相关技术称为小卫星技术，它是 20 世纪 80 年代末期发展起来的新型空间技术。小卫星技术改变了传统空间技术中卫星大、功能全、周期长和成本高的发展倾向。它借助于搭载火箭或专用小火箭等廉价的运载工具，发射小型、轻量、功能集约的卫星，通过多颗卫星所组成小卫星网或星座，满足等价于大卫星应用的需求。小卫星已经成为空间技术必不可少的组成部分。特别是小卫星星群或星座的发展，将取代部分现代大型应用卫星的功能，已经引起卫星应用和空间技术发展的重大变革。我国在该小卫星领域的研究也已经取得重要进展，相继成功发射了实践五号、海洋一号等多颗小卫星。

遥感卫星众多，其应用目的和有效载荷不完全相同。目前，对遥感卫星通常采用按应用目的来分类，如资源卫星、气象卫星、海洋卫星等。少数也按主要的有效载荷分类，如雷达卫星。但是，由于各种应用对象的地物辐射波谱特征存在交叠的波谱区间，因此各种卫星的数据在应用上也存在部分共用性。

5.4.2　资源卫星

1. 概况

资源卫星是以资源和环境调查为主要目的的遥感卫星。因为主要以陆表为遥感应用区域,所以有时也称为陆地卫星。它运行在太阳同步轨道上,有效载荷以光学遥感器为主,获得陆地表面多波段中、高分辨率遥感成像数据。有专门设置的遥感卫星地面接收站,数据大多以商业方式进行销售分发。资源卫星在资源探查、工程勘测、农林植被调查、城市和土地利用规划、水利资源调查、自然灾害监测甚至军事侦察等广泛的应用领域,为用户提供陆地环境信息。资源卫星正在向多传感器、多极化、多角度和更多波段、更高分辨率的方向发展。

资源卫星根据其历史发展、传感器类型和空间分辨率、光谱分辨率的差异,可以分成下述几类(随着卫星技术和传感器技术的进步,有些分星搭载的传感器已有集成搭载方式,如同时搭载有 SAR 和光学遥感器的 ALOS 卫星):

(1)陆地卫星系列

此处"陆地卫星"的概念是作为资源卫星的一个类别,而不是前述资源卫星的同义词。"陆地卫星"的名称来源于美国发射的 Landsat 系列资源卫星。Landsat 系列是世界上发射最早、使用时间最长、应用领域最广泛的资源卫星,在早期卫星遥感中,资源卫星只有 Landsat,故其往往也作为资源卫星的代名词。现在,陆地卫星还包括其他一些国家发射的同类卫星。陆地卫星的特点是中低高度轨道,中等分辨率(10~30m),光学遥感为主,多光谱成像。主要应用领域是地学、资源、环境等。这个系列的在轨卫星中,有的已经超期运行,其中一些将由相关国家继续发射其后续卫星,以保持卫星观测的连续性。已有的大量数据加上后续的卫星计划,使它们仍是 21 世纪的重要遥感卫星,主要的卫星有:美国 Landsat系列(1~7),法国等 SPOT 系列(1~5),印度 IRS 系列(1A~1D),中国-巴西 CBERS 系列(1~2),中国遥感卫星系列(遥感卫星-X),俄罗斯 RESURS01,日本 ALOS 等。

(2)高空间分辨率卫星系列

这也是以资源环境应用为主要目的的卫星系列。其特点是低轨道,高分辨率(小于5m),光学遥感为主,多光谱成像。适用领域有制图、数字地球、地学、资源、环境、军事等。主要的卫星有:SPOT5(法国,分辨率全色 2.5m,5m,多光谱 10m),SPIN2(俄罗斯,返回式,分辨率 2m),IKONOS(美国,分辨率全色 1m,多光谱 4m),QICKBIRD(美国,分辨率全色 0.61m,多光谱 4m);Orbview-3(美国,分辨率全色 1m,多光谱4m),Orbview-2(为海洋卫星),Worldview-2(美国,全色 0.47m,多光谱 1.88m)。

(3)高光谱卫星系列

高光谱是辐射探测的波长很窄、波段之间连续的遥感地物波谱,详细概念见第 6 章。这类卫星的主要特点是低轨道,高光谱分辨率(10~20nm,可达 5~6nm),空间分辨率中等(20~1000),反射辐射光学遥感为主,高光谱成像(数十至数百个波段以上)。主要应用领域为地学、资源、环境、海洋、大气等综合性应用。高光谱遥感平台一直以航空机载为主(提出于 20 世纪 80 年代初,在 20 世纪 90 年代得到很大发展,以 AVIRIS 为代表),航天星载遥感器相对较少。主要的卫星有:Terra,Aqua（MODIS）,ENVISAT-1(MERIS),EO-1(Hyperion),ESA-PROBA(Chris)。Orbview-4 设计为高分辨率和高光谱卫星(4m 空间分辨率，200 个波段)，但发射失败。

(4)合成孔径雷达系列

这个系列有微波遥感卫星，其特点是低轨道，主动遥感器，中等空间分辨率(10～30m，也已有达 1m 分辨率的)，多参数成像(多极化、多波段)。应用领域为地学、资源、环境、海洋、大气等综合性应用。主要的卫星有：ERS-1、2，RADARSAT-1、2，ENVISAT-1、2 等。

上述主要卫星的详细资料可在有关网站上查找到。遥感卫星在不断发展更新，以下仅就使用广泛的几颗重要资源遥感卫星的基本资料予以介绍，使读者对卫星遥感数据资源有一个大概的了解。

2. 主要卫星举例

(1)Landsat 系列

这个系列的资源遥感卫星由美国发射，共有 7 颗，其中第一颗(Landsat-1)是世界上最早发射的地球资源卫星。它可分为三代陆地卫星(Landsat-1～3，4～5，6～7)。有效载荷全部是光学遥感器。其合适的中等空间分辨率和波谱分辨率适合很多地球科学研究项目的需求。表 5.2 列出了其基本参数和特征。现在除 Landsat-5(超期运行)还在获取数据外，其他星已不再使用。Landsat-6 发射失败。Landsat-7 由于其传感器 ETM＋上的扫描行校正部件 SLC (Scan Line Corrector)在 2003 年 5 月 31 日发生故障，导致影像出现坏行，难以正常使用。

Landsat 系列卫星是在世界范围内使用最多的资源卫星。为了使卫星遥感数据能尽可能有效地应用于资源环境领域，陆地卫星在进行波段选择时做了大量前期地面研究工作，依据光谱数据库，掌握了各种气候环境条件下多种地物的波谱特性，进行了许多模拟试验，开展了全美国地物种类调查，最后选定遥感器的波段，运行 10 年后，又做了增添。表 5.3 列出了 Ladsat-4，5 各波段的光谱效应和应用领域。Landsat-7 的 ETM⁺ 光谱设置与 Landsat-5 基本相同。图 5.11 是 Landsat-7 的外观图。

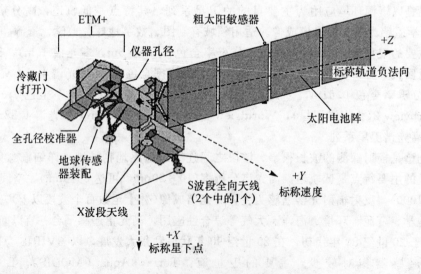

图 5.11　Landsat-7 外观图

表 5.2　　　　　　　　　　　　　　　Landsat 系列卫星的主要特征

卫星系统特征

卫星编号	发射时间	退役时间	传感器及其波段			轨道重复周期（天）/高度(km)
			RBV	MSS	TM	
Landsat-1	1972.7.23	1978.1.6	1-3(同步摄像)	4-7	无	18/900
Landsat-2	1975.1.22	1982.2.25	1-3(同步摄像)	4-7	无	18/900
Landsat-3	1978.3.5	1983.3.31	A-D(单波段并行摄像)	4-8ª	无	18/900
Landsat-4	1982.7.16	1993.8ᵇ	无	1-4	1-7	16/705
Landsat-5	1984.3.1	—	无	1-4	1-7	16/705
Landsat-6	1993.10.5	发射失败	无	无	1-7，Pan(ETM)	16/705
Landsat-7	1999.4.15	—ᶜ	无	无	1-7，Pan(ETM+)	16/705

传感器特征

传感器	卫星	光谱分辨率(μm)	空间分辨率(m)
RBV	1，2，3	0.475～0.575；0.580～0.680；0.690～0.830；0.505～0.750	80 30
MSS	1～5	0.5～0.6；0.6～0.7；0.7～0.8；0.8～1.1；10.4～12.6ᵉ	79/82ᵈ 240
TM		0.45～0.52；0.52～0.60；0.63～0.69；0.76～0.90；1.55～1.75；2.08～2.35；10.4～12.5；	30 120
ETMᶠ		上述 TM 波段 加 0.50～0.90	30(热红外为 60) 15
ETM+		上述 TM 波段 加 0.50～0.90	30(热红外为 60) 15

注：a：8 波段在发射不久后失效；b：TM 数据在 1993 年 8 月传送失败；c：ETM+上的 SLC 在 2003 年 5 月 31 日发生故障；d：Landsat-1～3 为 79m，Landsat-4、5 为 82m；e：发射后不久失效(Landsat-3 的 8 波段)；f：发射失败。

表 5.3　　　　　　　　　　　Landsat-4，5 有效载荷的光谱特性及其应用意义

波段(μm)	光谱效应
MSS-1(0.5～0.6)	属蓝绿光波段。对水体具有一定的透视能力，透视深度一般可达 10～20m，水质清澈时可达 100m；对陆地的地层岩性、松散沉积物和植被有反映明显；对于水体的污染，尤其是金属和化学污染反映较好
MSS-2(0.6～0.7)	属橙红光波段。对于水体的浑浊程度、泥沙流、悬移质反映明显的；对于岩性也反映较好；绿色植被有较低的色调，而假植物、病植物有较浅的色调
MSS-3(0.7～0.8)	属红光到近红外波段。对于水体及湿地反映明显，水体为深色调；浅层地下水丰富地段、土壤湿度大的地段有较深的色调，干燥地段色调较浅；对植物生长状况反映明显；健康的植物色调浅，病虫害的植物色调深
MSS-4(0.8～1.1)	属近红外波段，比 MMS-3 更具红外波段的特点。水体色调深，水陆边界清晰；健康植被呈浅色调
TM-1(0.45～0.52)	属蓝光波段。对水体的透视能力强，对叶绿素反映敏感；对区分干燥的土壤和茂密的植物有较好的效果

153

续表

波段(μm)	光谱效应
TM-2(0.52~0.60)	属绿光波段。对水体的透视能力强；对植被反映敏感，能区分林型和树种
TM-3(0.63~0.69)	属红光波段。可以根据植被的色调判断植被的健康状况，也可以区分植被的种类和覆盖度；还可以用于判定地貌岩性、土壤以及水体中的泥沙含量
TM-4(0.76~0.90)	属近红外波段。此波段避开了小于 $0.76\mu m$ 处叶绿素的"红边"和大于 $0.90\mu m$ 可能发生的水分子吸收谱带，使之更好地反映植物在近红外波段的强反射，茂密植被呈浅色。可用于植被、生物量、作物长势调查
TM-5(1.55~1.75)	属近红外波段。处于水的吸收带，对含水量反映敏感，可用于土壤湿度、植物含水量、作物长势分析；对岩性、土壤类型的解译也有一定的作用
TM-6(10.4~12.5)	属热红外波段。对热异常敏感，可用于区分农林覆盖类型，辨别地表温度差异，监测与人类活动有关的热特征，进行水温制图
TM-7(2.08~2.35)	属中红外波段。可用于区分主要岩石类型，地质探矿与制图

    Landsat 系列卫星图像数据采用全球参考系统(WRS)编号。WRS 按标准分幅，一幅卫星图像称为一景。影像统一编号，每一景由两个数字组成，例如 123-32，前者"123"为"轨径"(Path)号，即轨道圈的编号；后者"32"为"行"(Row)号。即当卫星沿轨道圈移动时，对一幅图像的中心纬度线给定的一个编号。陆地卫星 4、5 号覆盖全球一次共飞行233 圈，轨径编号为 001 至 233。规定穿过赤道西经 64.6 为第一圈轨径，编号为 001，自东向西编号。第一行开始于北纬 80°47′，与赤道重叠处(降交点)作为第 60 行，到南纬81°51′为 122 行。然后开始第 123 行，向北方向行数增加，穿过赤道(相当于 184 行)，并继续向北直至北纬 81°51′为第 246 行，如图 5.12 所示(从 123 行后为夜间飞行)。

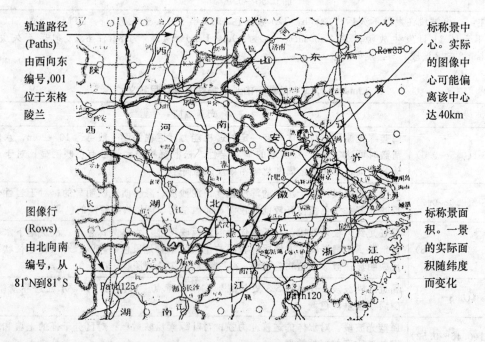

图 5.12 Landsat-5 的 WRS 编号

　　Landsat 系列卫星已经积累了 40 年覆盖地球表面的中等分辨率图像，这对地球科学来说是一个价值巨大的资源。为了保持 Landsat 对地观测的延续性，美国宇航局(NASA)和美国地质调查局(USGS)合作，开展"陆地卫星持续计划"(Landsat Data Continuity Mission，LDCM)。LDCM 设计为低轨道航天器，计划于 2013 年 1 月发射。USGS 打算在 LDCM 发射后将其命名为 Landsat-8。LDCM 保持与之前的 Landsat 系列数据特性的高度一致。它携带 2 个遥感器，一个为业务化陆地成像仪(Operational Land Imager，OLI)，它在短波段设置 9 个波段，图像分辨率除全色波段为 15m 外，其余都是 30m，刈幅宽度 185km；另一个遥感器是热红外传感器(Thermal Infrared Sensor，TIRS)，2 个热红外波段，100m 分辨率，185km 刈幅宽度。数据将由 USGS 的地球资源观测与科学(Earth Resources Observation and Science，EROS)中心进行处理、存档和分发。

　　(2)SPOT 系列

　　Spot 对地观测卫星系统是由法国空间研究中心发射、比利时和瑞典等国家参与的资源卫星系列。整个系统包括卫星、对卫星进行控制和编程的地面设施、图像制作处理和分发机构等。目前为止共发射了 5 颗卫星，分别是 Spot-1(1986 年 2 月发射)，Spot-2(1990 年 1 月发射)，Spot-3(1993 年 9 月发射)，Spot-4(1998 年 3 月发射)，Spot-5(2002 年 5 月发射，其性能做了重大改进)。目前在轨运行并可以获取数据的是 SPOT-4 和 Spot-5。

　　Spot-5 卫星的基本参数与其之前的几颗卫星相同：太阳同步轨道，轨道倾角 98°，高度 822km，降交点时间 10 点 30 分，运行周期 101.4 分，重复周期 26 天，一天绕地球 14 又 5/26 圈，相继轨迹间地面偏移距离向西 2823km。Spot-5 与其他 Spot 星的区别主要在有效荷载方面。在 Spot-1～4 上有两个一样的高分辨率可见光成像装置 HRV(Spot-4 加上一个近红外波段，因此 HRV 在 Spot-4 上称为 HRVIR)，而 Spot-5 改进为两个更高分辨率的成像装置 HRGs。HRGs 有 4 个多光谱波段、1 个全色波段。全色波段的传感器有两个 12000 个像元的 CCD 阵列(两排)，每个分辨率为 5m。两个 CCD 阵列在 x，y 方向均错开 2.5m，一个始终保持打开，另一个则按需要由地面控制中心编程打开。两个 CCD 阵列分别获得的 5m 分辨率图像经地面的超分辨率技术处理，可得到 2.5m 分辨率的图像。由于采用了一个恒星定位器和 DORIS(Doppler Orbitography and Radio-positioning Integrated by Satellite，多普勒轨道学与无线电定位集成卫星)定位系统，二者共同作用可以在没有地面控制点的情况下达到绝对定位精度 15m。

　　Spot-5 新搭载的高分辨率立体成像装置(HRS)用两个望远镜头沿轨道成像，能够在前后相隔极短时间，因而同一辐射条件下，从前向和后向两个不同角度获得同一地面区域的两幅图像(称为立体像对)，从而保证获取高精度的数字高程模型(DEM)数据。其成像方式为：一个向前(20 度入射角)，一个向后(20 度入射角)，前后摄像相隔 90 秒实时获取立体图像。HRS 为全色波段成像，沿轨道前进方向分辨率为 10m，垂直轨道方向分辨率为 5m，视场范围 120km，每景最大长度 600km，如图 5.13 所示。

　　Spot-5 的"植被"(Vegetation)成像装置是一个宽角的(2000km 视场)地球成像装置，有着高的辐射分辨率和 1km 的空间分辨率。它有三个波段，与 Spot-4 的 HRVIR 的 B2、

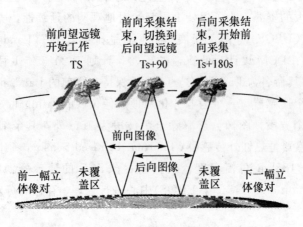

前向望远镜   前向采集结   后向采集结
开始工作   束,切换到   束,开始前
              后向望远镜   向采集
TS   Ts+90   Ts+180s

前向图像

后向图像

前一幅立   未覆   未覆   下一幅立
体像对   盖区   盖区   体像对

图 5.13　Spot-5 HRS 立体成像方式示意图

B3 和中红外一致。此外它还有一个 B0(0.43～0.47μm)波段,用于海洋制图和大气校正。

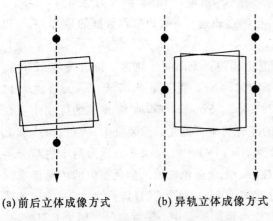

(a)前后立体成像方式　　(b)异轨立体成像方式

图 5.14　Spot-5 的两种立体成像方式

Spot-5 仍然保留了 3、4 号星上的侧视成像的功能,侧视角为 ±27°。通过同星异轨或异星异轨(与 Spot 的其他在轨卫星配合)的倾斜观测,Spot-5 能够在不同时间以不同的方向获取同一区域的立体像对。以东西 24°视角入射的立体像对形成的基线高度比(B/H,两次成像传感器之间的连线称为基线)为 1。如果立体观测时,一个垂直入射,一个以 27°倾斜入射,则基线高度比为 0.5。基线高度比在 0.5 到 1 之间的,就具备了形成立体像对的条件(参看第 6 章)。目前,Spot 系统有三颗在轨卫星(Spot-2、4、5,但实际只使用 Spot-4、5),利用其中的两颗,理论上能够在同一天接收到立体像对。图 5.14 表示了 Spot-5 的两种立体成像方式的区别。

　　Spot-5 的倾斜观测能力使得卫星可以在 900km 宽的条带内获取任何区域的图像。在给定周期和给定地点,倾斜观测能增大观测成像的概率。在不同纬度,此概率是变化的。在一个卫星周期 26 天内,在赤道有 7 次成像机会;在纬度 45°处,则是 11 次,换言之,每年 157 次或每 2.4 天一次,最大时间间隔(重访周期)4 天,最小则只要 1 天。考虑到 Spot 是多星运作体系——三颗卫星同时运行(现在使用的是两颗),大大提高了重复观测能力,地球上 95％的地点可在任意一天被 Spot 的一颗卫星成像。

　　Spot-4、5 的波段设置见表 5.4。Spot 影像的景的编号方式类似于 Landsat。

表 5.4　　　　　　　　　　　　**Spot-4、5 的波段设置(μm)**

卫星	HRS*	HRG**	HRVIR**	VEGETATION
Spot-4			H^1：0.61～0.68(10m) B1：0.50～0.59(20m) B2：0.61～0.68(20m) B3：0.78～0.89(20m) B4：1.58～1.75(20m)	B1：0.45～0.52 B2：0.61～0.68 B3：0.78～0.89 B4：1.58～1.75 (1000m)
Spot-5	P^2：0.49～0.69(5m)	P^2：0.48～0.71(5/2.5m) B1：0.50～0.59(10m) B2：0.61～0.68(10m) B3：0.78～0.89(10m) B4：1.58～1.75(20m)	无	B1：0.45～0.52 B2：0.61～0.68 B3：0.78～0.89 B4：1.58～1.75 (1000m)

注：H^1 表示单色，P^2 表示全色。其余为多光谱；

　　＊表示该遥感器有同轨形成立体像对的能力；

　　＊＊表示该遥感器有异轨形成立体像对的能力。

(3)IKONOS、Quickbird 和 Worldview 高分辨率卫星

美国空间成像公司于 1999 年 4 月 27 日发射 IKONOS-1 失败后，于同年 9 月 24 日发射成功 IKONOS-2。该卫星是世界上第一颗民用 1m 分辨率(全色波段)的高分辨率卫星，其多光谱分辨率为 4m。卫星轨道高度为 680km，为太阳同步轨道，图像幅宽 11km，最大侧视角为 45°，重访周期 1～3 天。由于 IKONOS-2 传感器可以侧视成像、前后成像，其数据采集模式具有同轨往复、异轨任意角度(最大侧视角内)成像的能力。其地面数据采集模式灵活多样，如图 5.15 所示。

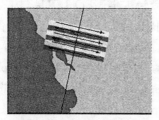

(a)跨轨往复扫描130km×56km

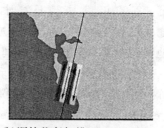

(b)顺轨往复扫描37km×100km

(c)顺轨条带扫描11km×1000km

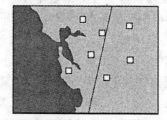

(d)单景扫描11km×11km

图 5.15　IKONOS-2 地面数据采集的几种模式

IKONOS-2 的光谱设置为：全色：$0.45 \sim 0.90 \mu m$，红：$0.63 \sim 0.69 \mu m$，绿：$0.52 \sim 0.60 \mu m$，蓝：$0.45 \sim 0.52 \mu m$，近红外：$0.76 \sim 0.90 \mu m$。图 5.16（见彩图页）是 IKONOS-2 全色图像、多光谱图像及其融合图像的实例（融合技术见第 7 章）。

Quickbird-2 卫星是美国 DigitalGlobe 公司于 2001 年 10 月 19 日发射的第一颗亚米级分辨率民用遥感卫星。其波段设置同 IKONOS-2，但分辨率更高。全色波段的星下点分辨率为 0.61m，多光谱星下点分辨率为 2.44m。

OrbView-3 由美国 ORBIMAGE 公司于 2003 年 6 月 27 日发射升空，波段设置、分辨率和定位精度与 IKONOS-2 相同。

Worldview 是美国 DigitalGlobe 公司的又一高分辨率遥感卫星，其中 Worldview-1 为试验星。Worldview-2 于 2009 年 10 月 6 日发射，高度为 770km，太阳同步轨道。其特点是分辨率更高，多光谱波段数目显著增加，见表 5.5，这大大加强了它的应用潜力。

表 5.5　　　　　　　　　　　　　　　　**Worldview-2 波段设置**

波段名称	全色	MS7（海岸）	MS4（蓝）	MS3（绿）	MS6（黄）	MS2（红）	MS5（红边）	MS1（近红外 1）	MS8（近红外 2）
波长区间(μm)	0.450 0.800	0.400 0.450	0.450 0.510	0.510 0.580	0.585 0.625	0.630 0.690	0.705 0.745	0.770 0.895	0.860 1.040
分辨率(星下点)(m)	0.46	1.8							

(4)高光谱系列

高光谱遥感卫星相对较少，这里介绍其中两颗卫星：EO-1 和 ESA-PROBA-1。

EO-1（地球观测 1 号）试验卫星是第一颗高光谱遥感卫星，它是美国 NASA 新千年计划的一部分，2000 年 11 月 21 日发射，设计使用寿命为 1 年。EO-1 卫星与 LandSat-7 覆盖相同的地面轨道，两颗卫星对同一地面的探测时间相差约 1 分钟的时间，就使得两颗卫星对同一地物目标以几乎相同的时间进行观测，从而可以对 LandSat-7 中的 ETM＋与 EO-1 中的三台主载荷获取的数据进行对比。EO-1 的高光谱成像仪为 Hyperion，推扫式成像（其他两台仪器为先进陆地成像仪（Advanced Land Imager，ALI）、高光谱大气校正仪（Linear etalon imaging spectrometer array Atmospheric Corrector，LAC））。Hyperion 有 242 个波段，覆盖可见光至短波红外（355～2577nm），带宽 10～11nm，分辨率 30m。Hyperion 用于地物波谱测量和成像、海洋水色要素测量以及大气水汽/气溶胶/云参数测量等，其性能比 EOS Terra 卫星上的 MODIS 要好得多。

ESA-PROBA-1 是欧空局的试验小卫星，为太阳同步轨道，轨道高度 615 km，倾角 97.89°。星上搭载了 3 种传感器，即紧凑式高分辨率成像分光计 CHRIS（Compact High Resolution Imaging Spectrometer）、辐射测量传感器 SREM（Radiation Measurement Sensor）、碎片测量传感器 DEBIE(Debris Measurement Sensor)。其中作为高光谱成像装置的 CHRIS，具有成像模式多(5 种针对不同应用的成像模式)、光谱范围宽、分辨率高、在同一地点 5 个不同角度成像的优点。CHRIS 的空间分辨率为 17m 和 34m，前者有 18 个波段，后者有 62 个波段，覆盖 400～1050nm 的波谱区间，可编程控制。光谱带宽 10nm 左右。可一次获取同一目标的 5 个不同角度的图像，加上传感器可偏离地面轨迹连续摆动，从而可从更多方向获得目标的图像(但每个目标一次仍然只有 5 个角度的成像)，如图 5.17 所示。CHRIS 的 5 种成像模式分别为[65]：

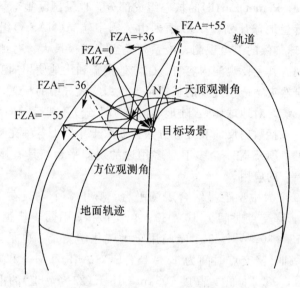

图 5.17　CHRIS 多角度成像示意图

MODE-1：全部列宽度，62 个光谱段，波谱范围为 773～1036 nm，天底点地面分辨率 34 m；

MODE 2：水波段，全部列宽度，18 个光谱段，天底点地面分辨率 17 m；

MODE 3：陆地波段，全部列宽度，18 个光谱段，天底点地面分辨率 17 m；

MODE 4：叶绿素波段设置，全部列宽度，18 个光谱段，天底点地面分辨率 17 m；

MODE 5：陆地波段，半列宽度，37 个光谱段，天底点地面分辨率 17 m。

CHRIS 对遥感的多个方面，如小卫星技术、多角度遥感、高光谱遥感、高分辨率遥感等具有重要意义。

(5)微波雷达系列

微波雷达卫星用于海洋研究比陆表应用研究多，或者海陆兼用，如欧空局的 ERS-1、2 就是针对海洋动力环境应用的雷达卫星，虽然陆表也使用它的数据。日本 1992 年 2 月发射的地球资源卫星 JERS-1(Japan's Earth Resource Satellite)是一颗以资源、环境观测为目的卫星，其上搭载的有效载荷有 SAR 和 7 波段的光学传感器，但其 SAR 的应用更为人知。JERS-1 为太阳同步轨道，高度 570km，倾角 98°。SAR 使用 L 波段(波长 235mm)，HH 极化(关于 SAR 的极化方式详见第 6 章)，天底点角度 35°，分辨率 18m，幅宽 75km。L 波段使其很适合陆表遥感。其后发射了 JERS-2。RADARSAT-1 是加拿大空间局于 1995 年 11 月发射的性能很高的雷达卫星，太阳同步轨道，高度 790km，倾角 98.6°，重复周期 24 天，C 波段，HH 极化，有 7 类 25 种工作模式，入射角 10°至 60°可调。最高空间分辨率 10m。2007 年 12 月 14 日发射了 RADARSAT-2，其主要参数与 RADARSAT-1 相同，但具有全极化组合方式，最高达 3m 的空间分辨率。

(6) EOS 系列[64]

EOS 系列是 1989 年由美国等 24 国共同发起并实施的旨在开展地球变化研究的"行星地球计划"(Mission to Planet Earth)的核心组成部分，也是国际地球科学计划(ESP)的主要组成部分。按照行星地球计划，EOS 系列由美国宇航局(NASA)组织和建造，至少进行连续 15 年有关全球气候的卫星观测。该系列是当今规模最大、对地观测内容比较齐全的遥感卫星平台系列。其主要观测内容有：①陆地覆盖和土地使用的变化；②从季节到经年的气候预报；③自然灾害；④气候的长期可变性；⑤大气中的臭氧。其目标是：建立集成的空间对地观测系统，对地球体系(陆地、海洋和大气)及其运行的相关过程进行研究；研制整套数据系统，包括数据反演和处理方法；获取十年以上各种完整地球环境数据并建立数据库。由此可见，EOS 是一个多卫星多用途的观测平台，具有显著的综合性，而并非专属于任何一种单一的应用。

EOS 计划包括 9 个大中型卫星综合观测平台。其中 3 个飞行在上午太阳同步轨道，称为 EOS-AM 系列，降交点时间为 10：30；3 个下午太阳同步轨道，称为 EOS-PM 系列，降交点时间为 13：30；另外 3 个专门用于大气化学测量，也是下午太阳同步卫星，称为 EOS-CHEM 系列，降交点时间为 13：45。EOS-AM、PM-1 和 CHEM 系列卫星都是三轴稳定卫星平台，98.2°倾角，高度 705km，16 天(23 条轨道)的重复周期。从研究目标和卫星特点来看，Landsat7 也可以看做 EOS 的开端。

表 5.6   **Terra 和 Aqua 中各传感器的基本特征和主要应用**

传感器	基本特征	主要应用
ASTER：高级空间热发射和反射辐射计	3 个扫描仪，工作在可见光、近红外、中红外、热红外，分辨率为 15~90m，沿航迹方向立体成像	研究植被、岩石特征、火山、云；生产 DEM；为整个卫星应用任务提供所需的高分辨率数据
CERES：云和地球辐射能量系统	2 个宽波段扫描仪	测量大气顶层的辐射通量，以监测地球总的辐射能平衡
MISR：多角度成像光谱辐射计	4 通道 CCD 阵列，提供 9 个单独的观测角度	提供地球表面地物的多角度观测以及云与大气气溶胶数据，为 ASTER 和 MODIS 数据提供大气影响校正
MODIS：中分辨率成像光谱仪	36 通道成像分光计；分辨率 250~1km	在陆地和海洋资源环境方面有多种应用，还运用于云的覆盖与属性观测
MOPITT：对流层污染测量仪	3 通道近红外扫描仪	测量整个大气柱中的一氧化碳和甲烷含量，CO 气体的分布廓线图
AMSR：高级微波扫描辐射计	6.9~89GHz 范围内 8 个频带，55°入射视角，圆锥式扫描	被动微波遥感。获取海洋盐度、海表温度、土壤湿度、海洋风、大气中水汽、云液含量等特定信息

　　EOS 卫星系统的优势在于它先进的仪器系统，见表 5.6。在 EOS-AM-1 和 PM-1 卫星上都装载有中分辨率成像光谱仪（MODIS），共 36 个光谱通道，有些通道空间分辨率达 250 米（空间面积分辨率比目前 NOAA-AVHRR 仪器高 18 倍），每条轨道的扫描宽度达 2300km，回归周期 1～2 天（与目前 NOAA 卫星相似），可对地球和海洋表面特性、云、辐射和气溶胶，以及辐射平衡等进行综合观测。这是从前的卫星所不能比拟的。其他仪器有云和地球辐射能量系统（CERES）、先进星载热发射和反射辐射计（ASTER）、多角度成像光谱仪（MISR）和对流层污染测量仪（MOPITT）、先进微波扫描辐射计（AMSR，空间分辨率 5km），这些仪器都是世界上首次进行星载飞行的仪器。第一颗 EOS-AM 卫星 EOS-AM-1（后命名为 Terra）已于 1999 年 12 月发射成功，第一颗 EOS-PM 卫星 EOS-PM-1（后命名为 Aqua）于 2002 年 5 月 4 日发射升空。

　　EOS 的 Terra 和 Aqua 中的 MODIS 数据对于地球环境研究有重要意义，这主要在于它精心设置的波段，也在于它是一个公开广播的遥感数据源（免费）。MODIS 的波段设置和相关用户见表 5.7。

表 5.7　　　　　　　　　　　　Terra 和 Aqua 中 MODIS 的波段设置

主要用户	波段序号	波段位置和宽度
陆地/云边界	1～2	620～670；841～876
陆地/云性质	3～7	459～479；545～565；1230～1250；1628～1652；2105～2155
海洋彩色/叶绿素/生物化学	8～16	405～420；438～448；483～493；526～536；546～556；662～672；673～683；743～753；862～877
大气中水汽	17～19	890～920；931～941；915～965
地面/云温度	20～23	3.660～3.840；3.929～3.989；3.929～3.989；4.020～4.080
大气汽度	24～25	4.433～4.498；4.482～4.549
卷云水汽	26～29	1.360～1.390；6.535～6.895；7.175～7.475；8.400～8.700
臭氧	30	9.580～9.880
地面/云温度	31～32	10.780～11.280；11.770～12.270
云顶高度	33～36	13.185～13.485；13.485～13.785；13.785～14.085 14.085～14.385

　　注：空间分辨率：250m（波段 1～2），500m（波段 3～7），1000m（波段 8～36）；
　　　　波段宽度：波段 1～19 的单位是 nm；波段 20～36 是 μm。

5.4.3　气象卫星

1. 概述

　　气象卫星是以观测云图及大气参数为主要目的的卫星。气象卫星按照气象观测的需求，能够在短时间内覆盖观测全地球。它的轨道包括地球同步和太阳同步两种轨道（极轨）。地球同步和太阳同步是两种有不同观测特性的卫星轨道。中期数值天气预报、气候演变预测和全球生态环境变化，包括大气成分的变化和军事上所需的资料等，主要从太阳同步气象卫星获得；地球同步卫星则对灾害性天气系统，包括台风、暴雨和植被生态的实时动态连续观测具有突出能力。两种气象卫星的观测功能是不能相互替代的。它们大多利用光-机扫描成像传感仪器(多波段扫描辐射计),获得地球表面和大气的各波段辐射图像,从而获取云层分布和地面温度分布信息。利用星上分光传感仪器(红外分光辐射计),得到大气向上红外辐射分谱数据及其分布,从中反演出大气垂直温度分布信息。气象卫星信息的利用,不仅使近期天气预报的准确度大为提高,而且还开辟了卫星气象的新时代。又由于光学电磁波段往往对地物的多种属性具有意义,因而在无云的条件下气象卫星信息也用于地表其他环境监测方面的研究。

2. 美国的气象卫星

美国气象卫星系列是世界上最早、最完整的天基气象观测平台。美国 20 世纪 60 年代曾发射三个试验性实用气象卫星系列:艾萨(ESSA)(共 9 颗)、艾托斯(ITOS)(共 1 颗)、爱脱斯(ATS)(地球同步气象卫星,共 5 颗)。1970 年 12 月 11 日发射第一代实用化气象卫星——诺阿(NOAA)。这个时期在遥感器上的进步,是将光学-机械行扫描仪原理(其最先应用是机载侦察红外扫描相机)引入到气象卫星有效载荷仪器,制成可见光和红外扫描辐射计,并将其作为气象卫星获取地球表面云图(可见光)和地面温度分布图(红外)的主要遥感仪器。与此同时,利用红外分光计获取大气 CO_2 气体在 $14 \sim 16 \mu m$ 的红外光谱,推断大气温度垂直分布的测量试验也获得成功。20 世纪 70 年代初,诺阿一号气象卫星以可见光和红外扫描辐射计、垂直温度分布辐射计两台仪器为主要有效载荷,获得云图、地面温度图和大气垂直温度分布等数据,成为世界上第一个气象卫星业务系统。

美国的气象卫星由美国海洋大气局(NOAA)统一管理(1998 年 10 月前美国国防部单独管理其所属气象卫星)。美国海洋大气局本身拥有的气象卫星有两个系列:地球静止轨道环境业务卫星(GOES)和诺阿(NOAA)。GOES(Geostationary Operational Environmental Satellites)是美国的静止轨道业务卫星系列,采用双星运行体制(一个轨道上运行 2 颗卫星)。GOES-East 卫星和 GOES-West 卫星分别定点在 75°W 和 135°W 的赤道上空,覆盖范围为 20°W~165°E,占近 1/3 地球面积。GOES 卫星从 1975 年开始至今已发射了 12 颗,经历了 3 代,目前处于第 3 代。第 3 代卫星共有 5 颗,现均已发射。GOES 卫星的用途是灾害性天气短期警报,如旋风、水灾、风暴、雷暴和飓风等;同时它还进行雾、降水、雪覆盖和冰盖运动监测。NOAA 卫星是太阳同步轨道业务卫星系列,也采用双星运行体制,其中 1 颗星的降交点地方时为上午,另 1 颗星为下午。双星制的 NOAA 卫星每天对地球观测 4 次。它们与 GOES 配合构成完整的气象监测卫星系统。美国自 1970 年 12 月发射第 1 颗 NOAA-1 开始,卫星发展已经历 5 代(主要以传感器 AVHRR-1、2、3 和 AMSU(先进微波探测器)、HIRS/2/3(高分辨率红外辐射探测器)为标志),至今发射了 18 颗,最近 1 颗 NOAA-18 于 2005 年 5 月 20 日发射,目前在轨卫星有 6 颗。NOAA 的用途是 1~7 天的天气预报,预报参数包括气温、湿度、降水、风速和风向等,以及云盖、臭氧、沙尘暴和化学尘埃的临近预报,土壤植被、湿度、冰雪覆盖、火情和水情等的监测。NOAA 卫星在我国气象和资源环境应用中都发挥过重要作用。表 5.8 是 NOAA 上 AVHRR 传感器(Advanced Very High Resolution Radiometer,高级甚高分辨率辐射计)的波段设置情况。AVHRR"甚高分辨率"的称谓是其 1.1km 分辨率相对于 GEOS 的 5km 分辨率而言的。

表 5.8 **AVHRR 的波段设置**

波段号	波段宽度(μm)	波段性质	波段缩写	所使用的传感器
1	0.58～0.68	可见光	VIS 或 RED	AVHRR-type (1-3)
2	0.725～1.00	近红外	NIR	AVHRR-type (1-3)
3A	1.58～1.64	短波红外	SWIR	AVHRR3：白天
3B	3.55～3.93	中红外	MIR	AVHRR-type (1-3) AVHRR3：晚上
4	10.3～11.3	长波热红外	T4 或 TIR1	AVHRR-type (1-3)
5	11.5～12.5	长波热红外	T5 或 TIR2	AVHRR-type (2-3)

在新一代的遥感卫星中，EOS 中的卫星提供了很好的气象观测研究的传感器，如前面已经介绍的 Terra 和 Aqua 中的 ASTER、CERES、MISR、MODIS、MOPITT 等。

气象卫星与资源卫星的主要应用目的不同，但由于可见光至中红外的光谱对资源环境和大气环境都有意义，因此它们的有效载荷都在可见光、近红外、中红外设置了探测波段。这样，两种卫星的数据资源就形成一定的信息重叠而具有共享价值。了解它们之间的相互关系有益综合优化利用这些数据资源。

5.4.4 海洋卫星

1. 概述

对地探测的对象可以分为陆地、大气和海洋三大对象，卫星遥感的发展也是围绕这三个目标开展的。三个目标有其共同点，但也有其明显的物理和表面状态的差异。比如，陆地地物种类繁多、地表形态复杂，大气成分和结构相对固定、形态比较简单但对流层变化急剧；海洋成分也比较稳定，表面形态更加单一，但面积巨大(占地球面积的 70.8%)且存在波浪、洋流等运动。因此，针对这三类目标分别开发遥感卫星是一种合理的考虑。与三个目标对应的遥感卫星就是资源(陆地)卫星、气象卫星和海洋卫星。

海洋卫星包括三大类：海洋水色卫星、海洋地形卫星和海洋动力环境卫星。海洋卫星一般搭载有光学遥感器、主动式微波遥感器和被动式微波遥感器等多种海洋遥感器。

海洋水色卫星是通过星上装载的遥感设备对海洋水色要素进行探测，如叶绿素浓度、悬浮泥沙含量、有色可溶有机物等，为海洋生物资源开发利用、海洋污染监测与防治、海岸带资源开发和海洋科学研究等提供科学依据和基础数据。此外，海洋水色卫星也可获得浅海水下地形、海冰、海水污染以及海流等有价值的信息。美国于 1997 年 8 月发射的 SeaStar 卫星就是其中一例。到目前为止，世界上已经发射的具有海洋水色遥感功能的主要卫星有 10 多颗。

海洋地形卫星主要是通过卫星上装载的雷达高度计对海洋洋面地形(海表拓扑：海平面高度的空间分布)进行探测，它在地球物理、海洋大、中尺度动力学过程等学科研究上的科学价值以及海洋灾害预报和海底油气资源勘探开发方面的经济价值显而易见。海洋地形卫星还可探测海冰、有效波高、海面风速和海流等。美法合作于 1992 年 8 月发射的

TOPEX/Poseidon 卫星和 GFO 卫星是目前最精确的海洋地形探测卫星。美国 EOS 已于 2003 年 1 月 13 日发射的 Laser ALT-1(ICESat)和于 2007 年发射的 ALT-2，可用于精确测量陆表和冰面地形。

海洋动力环境卫星提供全天时、全天候海况的实时资料，如海表温度、海面风场、浪场、流场、海面地形、海冰等多项海洋要素，对改进海况数值预报模式和提高中、长期海况预报准确率效果显著。此外，海洋动力环境卫星还可获得海洋污染，浅水水下地形、海平面高度信息。美国 1978 年发射的实验性海洋卫星 SeaSat 是最早的海洋遥感探测卫星，在 3 个月的运行过程中，利用所携带的微波探测器第一次获得了较为精确全球海面风速分布。欧洲空间局(ESA)于 1991 年 7 月和 1995 年 4 月相继发射的 ERS-1 和 ERS-2，是这类卫星中最具代表性的。除了海洋卫星以外，还有其他一些搭载有海洋探测器的卫星，功能也不外乎海洋水色、海表拓扑和海洋动力环境方面的探测内容。

2. 海洋卫星探测的特点

由于海洋环境与陆地、大气环境不同，因而不仅在光谱域的特性上不同，而且在空间域和时间域方面的要求也有明显差别。这些差别导致了对卫星遥感器的技术特性和运行方式的要求的不同，此外对卫星轨道和姿态测定精度的要求也较高。其主要特点可归纳为：

① 全天候全天时探测：对于海洋动力学过程探测，如海面风场、浪场、潮汐、风暴潮、内波、溢油、漂浮海冰等，由于这些过程时间变化尺度小，所以要求具有全天候、全天时探测能力，此外要求卫星地面覆盖周期短，如半天或一天，甚至几小时。目前海洋动力环境卫星具有全天候全天时探测能力，但地面覆盖周期较长。

② 半球或全球探测：为了研究海面拓扑结构、大气环流、"厄尔尼诺"、大洋洋底地形和极区海冰以及冰盖等全球尺度现象，为了中长期海况预报和海平面上升因果关系的研究以及利用海洋水色要素——叶绿素浓度分布及变化来研究全球碳循环等，都要求具有半球乃至全球探测能力。

③ 长期不间断监测：有些海洋现象时间变化尺度小，如海洋内波发生时间只有数小时或几天，海洋赤潮从发生到消隐，短的也只有几天；溢油污染从发生到扩散，短的只有一两天；潮汐则在 1 天内有涨潮、落潮；风暴潮增水每时每刻都不同；热带风暴潮也是瞬息变化，等等，为了捕捉这些现象，需要不间断监测。

④ 定性定量探测：大部分海洋探测是要求定量探测，如海平面高度相对精度，目前可达 1～3cm；海面风速风向精度可达 2m/s 和 20°；有效浪高精度为 0.5m；无云时的海面温度精度可达 0.5℃；离水辐射率探测精度≤5% 等。虽然这样的精度目前已是卫星探测技术的极限，但与海洋调查规范相比，仍旧偏低。

⑤ 轨道定位精度高：海洋地形卫星为了海平面高度的测量精度高，卫星轨道径向高度测定精度要求也十分高，如 1m 以内，与通常测定轨道精度几百米相比，高出几个量级。目前采取星上 GPS 定位、地面全球激光测距和无线电全球测距网等多项措施来实现。

⑥ 海洋的辐射功率小：水色探测器接收的是离水辐射率，该辐射率是经水体各类分子散射后离开水面的反射通量，其量级约为陆地的 1/10，所以其灵敏度比陆地探测器要高 10 倍，为了保证精度，仪器的信噪比也要高。此外，若要兼顾海岸带测量或在有云时探测器不饱和而正常工作，那么探测器的动态范围要宽，数据量化精度也要高，一般为

10～12bit。印度遥感卫星 IRS-P3 上德国研制的海洋水色仪 MOS 量化等级为 16bit，而陆地卫星 Landsat 上 TM 或 ETM＋的量化等级仅为 8bit。

⑦ 海洋水色要素探测需要细分波段：即波段多而狭窄，如 5～10nm 波段宽度；中心波长如 412nm、443nm 等都需要精确配准，如 1nm；而气象卫星和陆地卫星波段宽度为 25～50nm，中心波长配准精度也较低。对于河口悬浮泥沙探测、赤潮探测和海岸带测绘等，不仅要求波段多而窄，而且要求地面分辨率高，如 100～250m，这比海洋水色探测器分辨率(800～1100m)要高得多。

⑧ 探测器配套性好：由于海洋过程是多种因素作用的综合过程，一个海洋探测变量是多个参变量的函数，很难由一个探测器测量众多参变量，因而需要多个探测器配合测量，如风生浪，其有效波高可由雷达高度计测得；波长与波向要用波散射计或合成孔径雷达测量；浪波图像则靠合成孔径雷达获取；海面风速风向靠风散射计测得。又如极地海冰，其冰面高度可由雷达高度计给出，冰面积雪和纹理则要从合成孔径雷达图像得到，海冰聚集度和分类则由微波辐射计测量。

3. 海洋卫星实例

SeaStar 即 OrbView-2，是 1997 年 8 月 1 日美国宇航局发射成功的最具代表性的海洋水色卫星。SeaStar 具有太阳同步轨道，高度 705km，轨道倾角 98.2，降交点时为 12 时，周期 98.2 分钟，轨道重复周期 16 天(233 圈)。SeaStar 携带的传感器称为"海洋观测广角视场传感器"(Sea-view Wide Field Sensor：SeaWiFS)，其光谱设置见表 5.9。SeaWiFS 以全球覆盖 GAC(Global Area Cover)和局部覆盖 LAC(Local Area Cover)两种方式提供数据(分辨率 1.1km)。美国计划自 SeaStar 卫星发射开始，进行 20 年时序全球海洋水色遥感资料的连续积累。

表 5.9　　　　　　　　　　　　**SeaWiFS 的其光谱设置**

光谱通道	波段波长范围(nm)	主要测量次数
1	402～422	叶绿素吸收
2	433～453	
3	480～450	
4	500～520	
5	545～565	黄色悬浮物质
6	660～680	叶绿素浓度
7	745～785	水面植被
8	845～885	

5.4.5　军事卫星

军事卫星是探测目的为国防和军事应用的卫星。全球的军事卫星数量众多、种类齐全。从性能上看，军事卫星主要分为导航卫星、通信卫星、侦察卫星、导弹预警卫星、海洋监视卫星、国防气象卫星、核爆探测卫星和测地与绘图卫星几类。其中，侦察卫星又分为成像侦察卫星和电子侦察卫星。与民用遥感卫星一样，成像侦察卫星包括光学传感器和微波传感器。电子侦察卫星也称电子情报卫星，主要用于截获雷达、通信系统的传输信号，探测敌方军用电子系统的性质、位置和活动情况以及新武器的试验和装备情况。在基本结构和构成上，军事卫星与民用遥感卫星无大的差别，最重要的区别是前者分辨率和灵敏度高。在必要时，军事卫星可以与民用遥感卫星构成一个协同互补的卫星情报体系，共同实现获取军事情报的目的。

军事卫星一直是遥感卫星的重要驱动力和先驱。成像情报卫星对现代战争的重要作用已成为共识，几次中东局部战争就是很好的例证。军事卫星以美国和俄罗斯最多。美国目前在轨使用的成像侦察卫星有 5 颗：3 颗 KH-12 光学卫星与 2 颗长曲棍球雷达卫星。多颗卫星进行军事侦察，以提高时间分辨率。与先前的 KH 系列相比，KH-12 卫星通过采用先进的自适应光学成像技术，可在计算机的控制下随观测视场环境的变化灵活地改变主透镜表面曲率，从而有效地补偿了大气影响造成的观测影像畸变，分辨率达到 0.1m(有资料称达到 4.17cm)。KH-12 卫星上载有充足的燃料，可实现机动变轨(即改变轨道高度)，从而实现普查性侦察和详查性侦察功能的结合。它不仅有光/近红外成像仪，还增装了热红外成像仪，可用于对地下核爆炸或其他地下设施进行监测。长曲棍球卫星作为目前世界上唯一的军用雷达成像卫星，采用了合成孔径雷达技术。当雷达工作在 X 波段时，可在云、雨、雾、黑暗和烟尘环境下完成对地面目标的全天候侦察。当雷达工作在 20～90 兆赫时，雷达波长为米级，绕射穿透能力较强，对假目标、伪装后目标以及地下深处的设施具有一定的识别能力。其分辨率达到三个级别：标准方式扫描为 1.0m，宽幅扫描方式为 3.0m，精确扫描方式为 0.3m。这些卫星都可以 24 小时工作，其中光学成像卫星是借助某种影像增强系统来实现夜间成像的。此外，民用遥感卫星中一些高分辨率的卫星也可以用作军事用途，如 IKONOS、Quickbird、Orbview、worldview 系列、Spot-5、Radarsat 等。

5.4.6　我国的遥感卫星

1970 年 4 月 24 日我国成功发射了的第一颗人造地球卫星，从此开始了中国自主卫星应用的时代。除了通信卫星、科学实验卫星外，遥感卫星也是我国卫星中的重要组成部分。我国遥感卫星始于回收式军事侦察卫星。第一颗运行 3 天后成功回收的遥感卫星发射于 1975 年 11 月 26 日。其后连续发射了多颗不同用途的回收式卫星，到 1992 年，已发射 13 颗。

第一颗资源环境遥感卫星是中国-巴西 CBERS 系列 CBERS-1(又称资源 1 号 01 星)。CBERS-1 是中国与巴西于 1999 年 10 月 14 日合作发射的，太阳同步轨道，平均高度 778km，降交点地方时 10:30，重复周期 26 天，轨道周期 100.26 分钟。相邻轨道间距离 107.4km，相邻轨道间隔时间 3 天。有效载荷为 CCD 相机(空间分辨率 19.5m)、宽视场成像仪(WFI)(空间分辨率 258m)，红外多光谱扫描仪(IRMSS)(空间分辨率 78m，156m)。覆盖可见光至热红外波段，波段设置与 Landsat 相近。CBERS-2(资源 1 号 02 星)于 2003 年 10 月 21 日发射，技术参数同 CBERS-1。之后有资源 2 号 01、02、03 三颗遥感卫星发射成功。

我国遥感卫星的另一个重要系列是命名为遥感的系列卫星。遥感 1 号于 2006 年 4 月

27 日发射，至 2011 年发射了连续编号的 13 颗遥感系列卫星。截至 2012 年 5 月，遥感系列卫星增至 15 颗。遥感系列卫星是多用途的遥感卫星，包括科学试验、国土资源普查、农作物估产及防灾减灾等领域的应用。

我国的气象卫星研究起步于 20 世纪 70 年代。1988 年发射了第一颗试验型极轨气象卫星风云 1 甲（FY1A），至今已发射 12 颗气象卫星，称为风云系列卫星：FY-1A、B、C、D，FY-2A、B、C、D、E、F，FY-3A、B。其中，在轨业务运行的有 FY-1D、FY-2C、D、E、F，FY-3A、B 共 7 颗。FY1、FY3 是极轨卫星，FY2 是静止轨道卫星。图 5.18 是 FY-2E 获取的可见光云图地球圆盘图像。新一代极轨气象卫星 FY3 的发射成功（于 2008 年 5 月 27 日），标志着我国气象卫星和卫星气象事业发展进入了新的历史阶段。其卫星轨道为近极地太阳同步轨道，轨道标称高度 836km，轨道倾角

图 5.18　FY-2E 发回的地球圆盘图像（可见光云图）

98.75°，装载 11 台有效载荷：10 通道扫描辐射计、20 通道红外分光计、20 通道中分辨率成像光谱仪、臭氧垂直探测仪、臭氧总量探测仪、太阳辐照度监测仪、4 通道微波温度探测辐射计、5 通道微波湿度计、微波成像仪、地球辐射探测仪和空间环境监测器。FY-3 有 3 个方面的特点：①实现对大气参数的三维探测。卫星上携带的先进微波探测仪器和红外垂直探测仪不仅可以了解云和大气的表面特性，而且可以了解大气温度湿度的垂直结构分布，这对天气预报特别是对数值预报有十分关键的作用。②实现全球高分辨率观测。这对全球气候和自然灾害监测有重要价值。风云三号卫星有很强的星上存储能力，可以存储全球观测到的数据。同时拟与瑞典合作，在北极地区建立了数据接收业务，可以获取全球观测资料。③实现了全天候和全天时工作。风云三号卫星不受白天和黑夜的限制，也不受各种天气状况的影响，可以在各种条件下工作，提供 24 小时的观测服务。我国这些在轨运行的静止和极轨气象卫星相互配合，可连续对我国及其周边地区的天气变化进行实时监测，能极大提高对影响我国各种尺度天气系统的监测能力，获得的云图资料可填补我国西部和西亚、印度洋上的大范围气象资料的空白。我国下一代的风云 4 号气象卫星是静止轨道卫星，已在立项研制之中。

中国海洋卫星研究始于 1985 年。2002 年 5 月 15 日海洋一号甲卫星（HY-1A）与 FY-1D 气象卫星一起在太原卫星发射中心采用一箭双星方式发射成功。2007 年发射了海洋 1 号乙（HY-1B），2011 年发射了海洋 2 号（HY-2）。HY1 是海洋水色卫星，HY2 是海洋动力环境卫星。

HY-1A 卫星轨道为太阳同步近圆形轨道，高度为 798km，设计工作寿命为 2 年。HY-1 卫星有效载荷为：十波段海洋水色扫描仪（重复周期 3 天，分辨率 1.1km）、四波段

CCD 成像仪(重复周期 7 天,分辨率 250m)。

十波段海洋水色扫描仪主要用于探测海洋水色要素(叶绿素浓度、悬浮泥沙浓度和可溶有机物浓度)及温度场等;四波段 CCD 成像仪主要用于获得海陆交互作用区域的实时图像资料进行海岸带动态监测(表 5.10)。卫星观测区域分为实时观测区和延时观测区两种:实时观测区位,如渤海、黄海、东海、南海及日本海及海岸带区域;延时观测区位,如我国地面站覆盖区外的其他海域具体由地面控制进行确定。

表 5.10   **HY-1 卫星有效载荷的波段设置**

十波段海洋水色扫描仪(COCTS)			
波段	波长(μm)	动态范围	监测内容
1	0.402~0.422	40%	黄色物质、水体污染
2	0.433~0.453	35%	叶绿素吸收
3	0.480~0.500	30%	叶绿素、海水光学、海冰、污染、浅海地形
4	0.510~0.530	28%	叶绿素、水深、污染、低含量泥沙
5	0.555~0.575	25%	叶绿素、低含量泥沙
6	0.660~0.680	20%	荧光峰、高含量泥沙、大气校正、污染、气溶胶
7	0.730~0.770	15%	大气校正、高含量泥沙
8	0.845~0.885	15%	大气校正、水汽总量
9	10.30~11.40	200~320K	水温、海冰
10	11.40~12.50	200~320K	水温、海冰
四波段 CCD 成像仪			
波段	波长(μm)	目标反射率	监测内容
1	0.42~0.50	0.20	污染、植被、水色、冰、水下地形
2	0.52~0.60	0.50	悬浮泥沙、污染、植被、冰、滩涂
3	0.61~0.69	0.35	悬浮泥沙、土壤、水汽总量
4	0.76~0.89	0.50	土壤、大气校正、水汽总量

为了适应我国海洋资源环境调查研究的需要,我国今后将建立起一整套海洋卫星及其应用的体系,包括以可见光、红外探测水色水温为主的海洋水色卫星(HY-1 系列)、以微波探测海面风场、海面高度和海温为主的海洋动力环境卫星(HY-2 系列)和以多光谱成像仪、合成孔径雷达、微波散射计、辐射计、雷达高度计等多种遥感器为主载荷的海洋环境综合卫星(HY-3 系列),以及地面应用系统和海上辐射校正与真实性检验试验场,逐步形成以我国海洋卫星为主导的主体海洋空间监测网。

在军事侦察卫星领域,我国的卫星应用相对于其他领域更早。1975 年开始的返回式卫星就是军事侦察卫星。之后发射了一系列侦察卫星,其中绝大部分是返回式。这个系列命名为尖兵系列,一共发射了 10 多颗卫星。其遥感器包括胶片光学成像、数字光学成像和合成孔径雷达成像。尖兵 5 号开始又称为遥感卫星(遥感 1 号)。值得提及的是,民用卫星中很多高分辨率、高性能的遥感器也完全可以用于军事侦察目的,包括陆地卫星和海洋卫星。

第6章 遥感技术专题

遥感是一门涉及面很广的综合性技术。在其发展的过程中，一方面，其应用的领域不断扩大，如从最初的地形测量、地图制图到后来的资源环境调查研究，从作为定性的辅助分析工具到作为定量的信息获取手段；另一方面，随着应用需求的扩大，其探测技术也不断地在扩充，如从可见光遥感到红外遥感、微波遥感、激光遥感等。这样一些专门性的遥感技术往往有其独特的研究内容和技术特点。在一本遥感教材中很难对其详加介绍，但它们作为遥感的重要组成部分，对于从事遥感的人来说，对它们有所了解是必要的，因为它有助于我们了解遥感的发展和遥感的新技术，从而尽可能了解遥感的完整内容。本章将简要介绍摄影测量遥感、微波遥感和高光谱遥感，重点是这些技术的特点、主要内容和研究方法。

6.1 摄影测量遥感

摄影测量既是遥感的发端，又是遥感中最成熟的分支技术，它主要是依据遥感影像和与其对应地物之间的几何关系来测量地形，或者说，它是由二维影像重建图像对象的三维模型。通过摄影测量，可以生产符合制图规范的地形图、数字高程模型、正射影像、专题GIS 数据及其他数据产品。摄影测量从航空摄影测量开始(现在仍然是摄影测量的主体)，发展到航天(卫星)摄影测量，它经历了模拟测量、解析测量和全数字测量几个阶段。所谓全数字摄影测量，简单地说，就是摄影测量从输入影像到由其生成的各种产品的全过程，都是以数字形式处理完成的。虽然摄影测量依据的是纯几何关系(一部分学者据此认为摄影测量不属于遥感)，但这种几何关系的确定又是依赖于辐射影像的，并且现在摄影测量把地物本身类别属性等也作为其所要获取的信息内容，如道路、建筑物等，因此摄影测量作为遥感的分支学科是合理的。不过摄影测量在其发展过程中是作为测量学的一门技术相对独立地发展起来的，而且有其丰富的内容和完善的体系。限于篇幅和体系结构，本节对摄影测量遥感只能述其大意。

6.1.1 摄影像片的有关几何概念

第 4 章中提到，摄影有垂直摄影和倾斜摄影两种，因而像片也有两种。垂直航空像片是摄影机的主光轴与地面垂直拍摄得到的像片。由于飞行器姿态难以严格控制，故严格的垂直像片是很难获得的。只要主光轴在允许的角度内，得到的像片仍可认为是垂直航空相片。航空摄影测量主要采用垂直航空像片。倾斜航空像片是主光轴的倾角大于规定值得到的像片。它分为低倾斜航空像片和高倾斜航空像片，后者甚至包括水平影像，如图 6.1

所示。

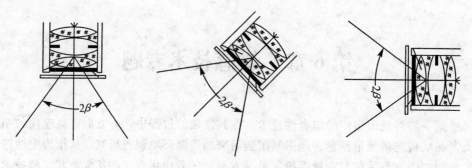

图 6.1　垂直摄影和倾斜摄影

　　垂直航空像片的拍摄通常由飞行器沿直线或近于直线的航线飞行，在等时间间隔的时刻曝光形成一幅幅像片(图 6.2)。主光轴与地面交点轨迹称为天底线，它连接各像片的中心。像片所覆盖的地面条带称为航带。拍摄时保持航带上相邻两像片之间 55%～65% 的重叠，称为航向重叠。形成的立体像对可以从中提取地面的三维坐标信息。连续航空像片上的重叠区称为立体重叠区。相邻像片中心的地面距离(也即空中两个相邻曝光时刻物镜中心之间的水平距离)称为空中基线。基线与航高的比值称为基线-航高比(简称基高比)，它决定了影像解译者看到的地物在高程方向被夸大的程度，比值越大，高程夸大越大。

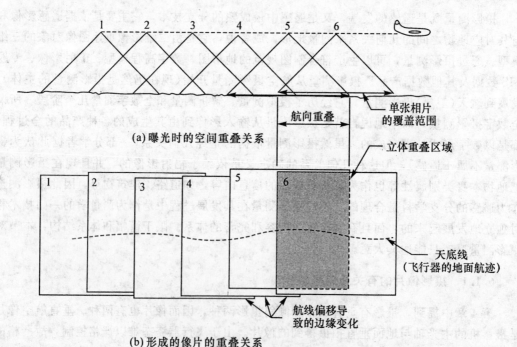

(a) 曝光时的空间重叠关系

(b) 形成的像片的重叠关系

图 6.2　单条行带垂直航空像片的获取模式[7]

通常航摄的目标不是一个带而是一个区域，这样需要几条相邻航带来覆盖。相邻航带之间也要求有一定的重叠，一般为 30%。整个航摄区域由数十至数百幅像片组成连续的整体像片，称为飞行索引镶嵌图，如图 6.3 所示。

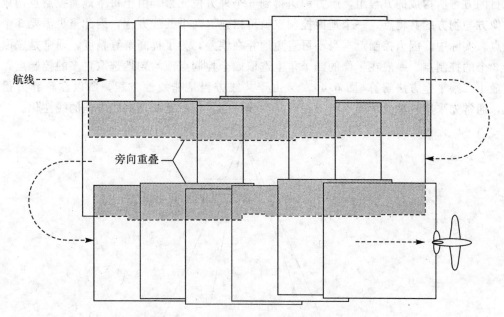

图 6.3 在一个投影区的相邻航带的像片关系[7]

航空像片的像幅有 230mm×230mm（240mm 胶片）、55mm×55mm（70mm 胶片）、24mm×35mm（35mm 胶片）。像片的地面覆盖面积是像幅或主距和航高的函数。在给定主距时，航高决定像片覆盖范围和分辨率。设 S 为比例尺，则有

长度：地面长度＝图像长度×$1/S$；

面积：地面面积＝图像面积×$1/S^2$。

面积的量测通常用已知单元面积的透明格网纸覆盖在像片上，计数待测区域的格网数，或用数字化仪跟踪区域边界由软件计算得出。在将航空像片扫描得到的数字图像上，也可通过软件计数待测区域的像元数乘以像元地面分辨率得到。

6.1.2 确定构象方程中外方位元素的空间后方交会法

摄影测量的主要目的是要通过遥感影像计算得到像点所对应物点的空间坐标，从而从影像上获得被测物体的位置、形状、大小等信息。为此，首先必须确定摄影成像的瞬间物像之间的几何关系。这个几何关系就是第 4 章 4.6 节中所介绍的构象方程。从 4.6 节还知道构象方程需要 6 个外方位元素，才能确定旋转变换矩阵。外方位元素可以从两条途径得到：一是利用遥感平台上的空间定位设备（雷达、全球定位系统 GPS、惯性导航系统 INS以及星相摄像机等）确定其自身的空间位置和姿态；二是利用影像覆盖范围内一定数量的地面控制点的空间坐标及其影像坐标，根据共线方程反求外方位元素。后者称为单幅影像

的空间后方交会(因为成像光线在摄影方向的反方向交会)。

　　单像空间后方交会的基本思想是:以单幅影像为基础,在影像覆盖区域内选择若干地面控制点,将控制点的三维地面坐标和对应影像坐标代入构像方程,得到等于或大于 6 个数目的方程所构成的方程组,解方程组得到 6 个外方位元素。由于每个地面控制点构成一对像方与物方的共轭点,一个地面控制点就可以建立两个共线方程,因此至少需要 3 个控制点。实际中,因为控制点本身不可避免地存在误差,为了提高解算精度,通常是选取多于 3 个的控制点。一般在影像的四个角上选取四个控制点或均匀地选取更多的控制点,通过最小二乘平差方法解算(图 6.4)。又由于共线方程是非线性方程,所以在解算方程组时,通常先采用一种数学技术将方程简化为线性的,也就是所谓共线方程的线性化。

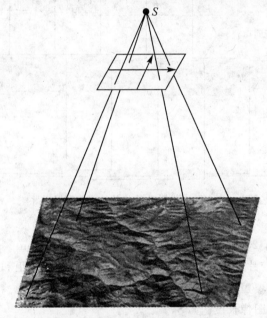

4 个控制点对应 4 条直线、8 个方程

图 6.4　单像空间后方交会示意图

　　还应注意的是,上述解算过程中的影像坐标是以影像上像主点为原点、以影像四边中点框标连线为坐标轴的坐标。但在对影像坐标的实际量测时(像片承片盘中的量测或扫描栅格化的量测),进行量测的坐标系与该坐标系的坐标可能不一致,这时首先就需要将实际量测的坐标变换为像主点为原点、框标连线为轴的坐标(图 6.5),这个过程称为影像的内定向,内定向通常采用多项式变换处理。

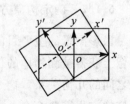

图 6.5　实际量测坐标(x', y')与图像坐标(x, y)的关系

　　地面控制点必须具备一些条件,其一是控制点在地面和像片上都应该容易辨认,其二是控制点的定位精度要高。满足第一条者如高反射率的线状、点状地物,满足第二条者如线度小的线状地物呈十字交叉

的交点等。获得地面控制点有几种方法：①在像片中选择合适的控制点，再从实地或地形图上测量得到对应地面点的坐标；②预先在地面做好控制点标志，飞行时该标志被醒目地成像；③地面与飞行器相关的 GPS 测量（三维坐标）加飞行器的 IMU 测量（IMU，Inertial Measurement Unit 惯性测量装置，测量飞行器方位和姿态）。

6.1.3　确定地面点空间坐标的立体像对空间前方交会

利用单幅影像不可能确定像点所对应地面点（物点）的空间坐标，因为在摄影方向上可以有无限多个空间位置的平面产生同样效果的成像。事实上，对每个像点坐标(x, y)，在共线方程中只有两个方程而有三个未知数(X_p, Y_p, Z_p)，因此不可能解出确定的地面点空间坐标(X_p, Y_p, Z_p)。如果能够增加同一区域的另一幅与第一幅影像摄影方向不同的影像，即同一地面点在两幅不同影像上有对应的一对点，从而可以构造 4 个共线方程，这样就可以解出确定的地面点空间坐标(X_p, Y_p, Z_p)。上述来自同一区域不同摄影方向的两幅不同影像称为立体像对，同一地面点在立体像对上的一对对应点称为同名像点，如图 6.6 所示。空间前方交会解算地面点坐标的公式如下：

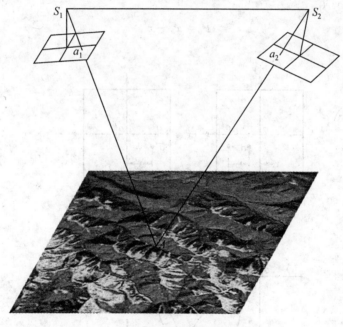

a_1，a_2 为同名像点

图 6.6　空间前方交会示意图

由框幅式摄影的共线方程（式（4.67）），有

$$\left.\begin{aligned}
&(x-x_0)[a_{13}(X_p-X_s)+a_{23}(Y_p-Y_s)+a_{33}(Z_p-Z_s)]\\
&= -f[a_{11}(X_p-X_s)+a_{21}(Y_p-Y_s)+a_{31}(Z_p-Z_s)]\\
&(y-y_0)[a_{13}(X_p-X_s)+a_{23}(Y_p-Y_s)+a_{33}(Z_p-Z_s)]\\
&= -f[a_{12}(X_p-X_s)+a_{22}(Y_p-Y_s)+a_{32}(Z_p-Z_s)]
\end{aligned}\right\} \tag{6.1}$$

整理可得：

$$l_1 X_p + l_2 Y_p + l_3 Z_p - l_x = 0 \left.\right\} \atop l_4 X_p + l_5 Y_p + l_6 Z_p - l_y = 0 \left.\right\}$$ 　　　　　(6.2)

式中，

$$l_1 = f a_{11} + (x - x_0) a_{13}, \ l_2 = f a_{21} + (x - x_0) a_{23}, \ l_3 = f a_{31} + (x - x_0) a_{33}$$

$$l_x = f a_{11} X_S + f a_{21} Y_S + f a_{31} Z_S + (x - x_0) a_{13} X_S + (x - x_0) a_{23} Y_S + (x - x_0) a_{33} Z_S$$

$$l_4 = f a_{12} + (x - x_0) a_{13}, \ l_5 = f a_{22} + (x - x_0) a_{23}, \ l_6 = f a_{32} + (x - x_0) a_{33}$$

$$l_y = f a_{12} X_S + f a_{22} Y_S + f a_{32} Z_S + (y - x_0) a_{13} X_S + (y - x_0) a_{23} Y_S + (y - x_0) a_{33} Z_S$$

由一对同名像点经式(6.2)(4 个方程)即可解得该像点对应物点的空间坐标$(X_p,\ Y_p,\ Z_p)$。

立体像对的三维坐标测量还可以从影像"视差"的概念推导得到。影像视差是指由于观察位置的变化造成一个物体成像的相对位置的变化量。离观察者近的物体视差大，远者小。这一现象是立体观察的基础(如人眼的双目立体视觉)，也是通过立体像对"视差"计算地面点高程的基础。视差位移只发生在航线的平行线上，或立体像对像主点的连线上。图6.7 中 A 点的视差为

$$P_a = x_a - x'_a$$ 　　　　　(6.3)

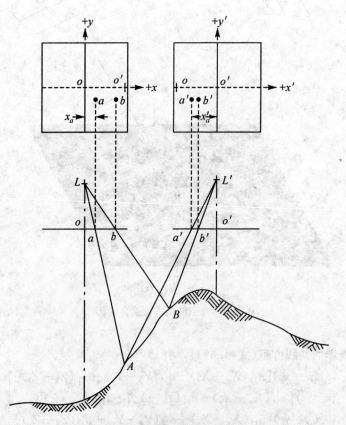

图 6.7　垂直摄影像片的视差[7]

从视差计算地物三维坐标，如图 6.8 所示。$La'_x a_x$ 和 $LA_x L'$、$LO_A A_x$ 和 Loa_x 为相似三角形。由 $La'_x a_x$ 和 $LA_x L'$ 可得

$$\frac{P_a}{f} = \frac{B}{H - h_A}$$

$$h_A = H - \frac{Bf}{P_a} \tag{6.4}$$

由 $LO_A A_x$ 和 Loa_x 可得

$$\frac{X_A}{H - h_A} = \frac{x_a}{f} \ , \ X_A = \frac{x_a(H - h_A)}{f}, \ X_A = B\frac{x_a}{P_a} \tag{6.5}$$

类似可得

$$Y_A = B\frac{y_a}{P_a} \tag{6.6}$$

上述计算 h_A，X_A，Y_A 的公式称为视差方程。虽然这三个方程是从垂直摄影得到的，但对于倾斜摄影（已知倾角）通过视差计算同样可得到地面点的三维坐标，只是几何关系相对复杂一些。它们与共线方程的结果是一致的。

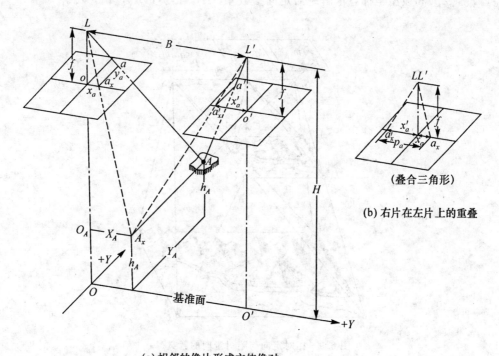

(b) 右片在左片上的重叠

(a) 相邻的像片形成立体像对

图 6.8　垂直像片上的视差关系[7]

6.1.4　立体像对相对定向和单元模型绝对定向

若立体像对中两幅影像的外方位元素都已经知道，那么确定同名点后直接应用共线方

程就可以求解像点对应的地面点的空间坐标。在航空摄影中，通常其中一幅影像的外方位元素已知，另外还知道重叠摄影区域另一幅影像的摄影中心到第一幅摄影中心的距离（基线）。这时需要确定第二幅影像相对第一幅影像在成像瞬间的空间关系（位置和姿态），即恢复摄影时相邻两影像摄影光束的相互关系。这个处理过程就称为立体像对的相对定向。由于基线长度已知，第二幅影像的 3 个位置元素中只有两个是独立的，再加上 3 个旋转角度参数，因此相对定向需要解算出 5 个未知参数。用 5 个或 5 个以上的同名像点坐标可以求解出这 5 个未知参数。

一个立体像对经相对定向所建立的立体模型是以像空间辅助坐标系为基准的，其比例尺是任意的（图 6.9）。因此要确定上述立体模型在实际物空间坐标系中的正确位置，还需把模型点的摄影测量坐标转换为物空间坐标。这是通过已知其物空间坐标和像坐标的控制点来确定空间辅助坐标系与实际物空间坐标系之间的变换关系，称为立体模型的绝对定向。对于数字摄影测量，绝对定向的大致步骤是：用控制点的像坐标和内定向参数计算控制点在一幅数字影像中的坐标，用"影像匹配"方法自动确定它在另一幅影像中的坐标，利用空间前方交会公式计算控制点的模型坐标 (X_M, Y_M, Z_M)。再根据控制点地面坐标 (X_G, Y_G, Z_G) 和模型坐标，求解绝对定向参数 Φ，Ω，K，λ，X_0，Y_0，Z_0。

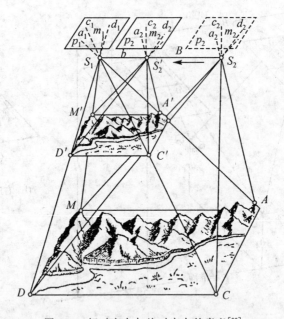

图 6.9　相对定向与绝对定向的意义[69]

6.1.5　影像匹配

无论利用共线方程求解还是视差方程求解地面点坐标，都需要确定同名像点。显然，同名像点的准确性及精度直接影响到视差计算，即影响地面坐标的精度。在传统方法中，是用人工双眼观测同名像点，而在数字摄影测量中，则使用影像匹配技术寻找同名像点。

因此影像匹配是数字摄影测量中至关重要的一项技术。影像匹配的基本原理是，在一幅影像中确定一个像点的特征(通常采用像点周围若干像点的集合的特征)，然后在另一幅影像中逐点搜索与这些特征相似的像点，以最相似的像点作为同名像点(图 6.10)。关于如何度量相似性，有多种准则或算法，如相关函数、相关系数、协方差函数等。

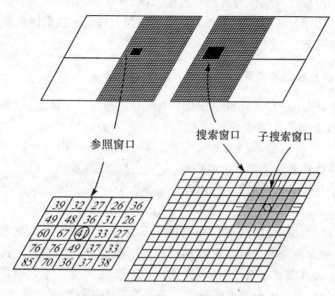

图 6.10　影像匹配原理示意图

在摄影测量中，核面和核线是两个很重要的概念。基于核线的影像匹配使得匹配速度和精度都有显著提高。所谓核面，就是两个摄影中心 S_1，S_2 与任意物方点 A 构成的平面(图 6.11)。过像主点(由投影中心作像平面的垂线与像平面的交点)的核面称为主核面。立体像对中左右两个影像有其各自的主核面，且一般二者不重合。核线则是核面与影像面

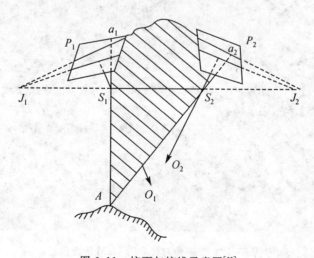

图 6.11　核面与核线示意图[66]

的交线。同一核面在左右影像上交出的两条核线称为同名核线。显然一幅影像的核线上的任意像点，其在另一影像上的同名像点必定位于该核线的同名核线上。换言之，同名像点必位于同名核线上。影像的核线交于一点，该点称为核点。将影像上的核线投影到与摄影基线平行的平面上，则所有核线成为平行线。根据这些特点，可以将影像投影到与摄影基线平行的平面上，按核线重采样为两幅新的图像（以核线为图像的行或列），确定同名核线后，寻找同名像点的影像匹配就可只限于在同名核线上进行，找到同名像点后又映射回原来影像作立体视差测量。

6.1.6 数字高程模型和数字地面模型

数字高程模型（Digital Elevation Model，DEM）是地表一定区域三维地形的数字表达。可以定义为区域 D 上地形的三维向量的有限序列[70]，即

$$\{V_i = (X_i, Y_i, Z_i), \ i = 1, 2, \cdots, n\} \tag{6.7}$$

式中，$(X_i, Y_i) \in D$ 是平面坐标，$Z_i \in R$ 是 (X_i, Y_i) 点的高程。

当 (X_i, Y_i) 呈规则的格网时，DEM 可简化表达为

$$\{Z_i, \ i = 1, 2, \cdots, n\} \tag{6.8}$$

DEM 可以用格网（栅格）形式或三角网（TIN）或二者的混合方式的数据结构来表达。DEM 可以通过多种途径获得，摄影测量是目前其中重要的一种途径。其他获取 DEM 的方法有地面测量、地形图数字化、GPS 测量、干涉雷达测量、雷达测距、激光测距等。DEM 在空间信息分析中有十分重要的意义，是最重要的基础地理数据之一。图 6.12 是一个 DEM 实例的二维图像显示，该 DEM 来自 SPOT 卫星立体像对。

图 6.12　立体像对提取的 DEM 的图像

数字地面模型(Digital Terrain Model，DTM)是 DEM 的扩展，即它是地表形态及地表其他多种信息的数字表达。可以定义为在区域 D 上的 m 维向量有限序列：

$$\{V_i=(V_{i1}, V_{i2}, \cdots, V_{im}), i=1, 2, \cdots, n\} \tag{6.9}$$

式中，V_{ik} 为 X_i，Y_i，Z_i、资源、环境、交通、土地利用类型等。遥感正是为 DTM 提供各种空间信息的手段。

6.1.7　摄影测量系统

摄影测量不仅已有成熟和完善的理论，而且已有多种实用的工作系统。数字摄影测量系统是目前使用较多的摄影测量的集成系统，有全自动、自动、半自动几种方式。全自动方式在摄影测量产品的生产过程中不需要人工干预，目前这类系统实用的很少。多数是半自动或自动的方式，即工作过程需要人工来输入、调整参数或交互处理。专门的数字摄影测量系统又称为摄影测量工作站，它包括软硬件两个方面。硬件设备包括计算机、立体观测及操作控制设备、输入输出设备；软件组成包括数字影像处理、模式识别、解析摄影测量、辅助功能等模块。数字摄影测量工作站的功能包括：影像数字化、影像处理、量测、影像定向(内定向、相对定向、绝对定向)、自动空中三角测量、构成核线影像、影像匹配、建立数字地面模型及其编辑、自动绘制等高线、制作正射影像、正射影像镶嵌与修补、数字制图、制作影像地图、制作透视图和景观图、制作立体匹配片等。

20 世纪 80 年代以来，世界上已建立多个有影响的数字摄影测量工作站。Kern 的 DSPI、Leica/Halava Inc. 的 DPW 610/650/670/710/770X、Zeiss 的 PHODIS、Intergraph 的 ImageStation、IIS 的 Digital Ploter、Laval 大学的 DVP、中国武汉大学的 VirtuoZo 等。多数系统可以工作在大型计算机工作站(如(SGI、SUN)和微机工作站上。这些工作站可以处理包括框幅式航片、SPOT、IKONOS 卫片等多种立体像对影像。除了专门的工作站外，还有一些综合性遥感图像处理和分析软件也包含了数字摄影测量的模块，如 ERDAS、PCI、ERMAPPER 等。

6.2　微波遥感

微波是波长为 0.1～100cm 的电磁波。将微波用于遥感，始于 20 世纪初军用的 PPI(平面位置显示器)雷达。早期雷达只能获得目标作为一个"点"的位置和运动参数。在资源环境方面的应用始于 20 世纪 50 年代中、后期的 PPI 雷达地质研究。20 世纪 50 年代还发展起了成像雷达技术，从此通过雷达还可以获得目标的二维形态的微波图像。这有力地促进了微波遥感的军事应用，尤其是民用。20 世纪 60 年代合成孔径雷达(SAR)技术的成功，进一步推动了微波遥感技术的发展。在此期间，美国的地球科学家们将 SAR 应用于工程地质、构造地质和火山研究。20 世纪 80、90 年代的机载 SAR 系统的研制，特别是星载 SAR 系统的成功，使微波遥感这一新型遥感技术在资源环境遥感中的应用进入了全面的实用阶段，并成为资源环境和海洋遥感中的一个重要研究领域，也是遥感发展新技术的标志之一。鉴于目前微波遥感主要是微波雷达遥感，以及篇幅的原因，下面的介绍限于微波雷达遥感。

6.2.1　微波的特性与微波遥感的特点

1. 微波特性

微波之所以成为遥感的重要波段，与其某些良好特性有关。微波的重要特性有：

①似光性：主要表现为反射特性、直线传播特性和集束性等。

②穿透性：表现为对云、雾、雪、冰、干沙、生物体、电离层等具有较强的穿透力。但大气中的氧分子和水汽分子对微波有较强的吸收，前者的吸收中心波长在 2.53mm，4～6mm，5mm 处，后者在 1.35mm，1.6mm。在吸收带之间就是微波的大气窗口，其大气窗口的中心波长为 1.4mm、3.3mm、8mm、>3mm。

③散射：微波的波长比可见光长许多，大气对微波的散射影响较小，但地表物体对微波的散射特性明显；

④由于微波的波长较长，相位变化和极化特征较为明显，因此微波可充分利用频域、相位、极化、时域等多种信息。

⑤某些地物具有特殊的微波波谱特性，有利于区分地物。如在常温（300K）下，水和冰在微波波段的比辐射率为 0.40 和 0.99，差异显著。而二者在红外波段的比辐射率则为 0.96 和 0.92，差异很小。

微波的上述这些特点，使其成为遥感中的重要信息载体。除了上述特性外，微波还具有宽频带（0.3～325GHz）、抗低频干扰（微波频率较高，可用微波滤波器阻隔低频）、视距传播、热效应（使物体内部分子互相碰撞摩擦发热）等特性，这些特性在通信和生活中得到广泛的应用。

2. 趋肤深度

电磁波在导体中传播时能量是有衰减的。衰减的程度用衰减常数 α 表示，即

$$\alpha = \omega\sqrt{\frac{\mu\varepsilon}{2}\left[\sqrt{1+\left(\frac{\sigma}{\omega\varepsilon}\right)^2}-1\right]} \tag{6.10}$$

式中，ω 为电磁波的圆频率；σ 为介质的电导率；ε 为介质的复介电常数。可见，微波对物体的穿透能力与物质的性质和微波波长有关。为了比较电磁波对物体的穿透力，定义电磁波的强度（振幅）减少到入射强度的 $1/e$（36.8%）时的透射深度为电磁波的透射深度 δ（称为趋肤深度），即满足

$$E_\delta = E_m e^{-\alpha\delta} = \frac{E_m}{e} \tag{6.11}$$

时的 δ 值为趋肤深度。式中，E_m 为入射到介质表面的电磁波强度，E_m 为 δ 处的电磁波强度。

电磁波对良导体的透入深度（趋肤深度）有以下的一般计算公式：

$$\delta = \frac{1}{\alpha} = \sqrt{\frac{2}{\omega\mu\sigma}} = \sqrt{\frac{\lambda}{\pi c\mu\sigma}} \tag{6.12}$$

式中，δ 为电磁波对物体的透射深度；α 为衰减常数；c 为真空中的光速；σ 为物体的电导率，μ 为物体的磁导率；λ 为电磁波的波长。

对于微波雷达，可以用下述公式计算微波的穿透深度：

$$D = \left[\frac{\lambda}{\sigma \, (\mu/\varepsilon)^{1/2} \pi}\right]^{\frac{1}{2}} \tag{6.13}$$

式中，D 为穿透深度；σ 为电导率；ε 为复介电常数；μ 为地面磁导率。

当电磁波透入导体内达 5 倍趋肤深度时，其强度已只有入射导体表面场强的 1%，此时可认为电磁波被完全衰减了。表 6.1 是几种土壤在不同含水量和不同波长的趋肤深度，物体含水量是通过影响物体的介电常数而影响透射深度的。

表 6.1　　　　　　　　　　　　几种土壤的趋肤深度

土壤种类	水分含量（%）	波长 λ(m)		
		1	0.1	0.03
砂土	0.00	20.00	3.30	1.6
	3.99	5.00	0.35	0.046
	16.80	2.40	0.063	0.01
泥	0.00	31.00	18.00	4.80
	2.20	2.80	0.43	0.19
	13.77	0.44	0.059	0.016
黏土	0.00	10.3	1.4	0.55
	20.00	0.14	0.038	

3. 散射特性

由于微波具有一定的透射深度，因此介质对微波的散射就包括来自介质表面的散射和来自介质内部的散射两种形式，其中前者称为面散射（图 6.13(a)），后者称为体散射。与入射方向一致的散射称为前向散射，与入射方向相反的散射称为后向散射。在通常 SAR 微波遥感中后向散射更有意义。虽然严格地说，物体被电磁波照射时面散射和体散射都同时存在，但有时其中一种只占很小的比例，因而可以予以忽略。一般，若介质是均匀的且介电常数较大，则可只考虑面散射。面散射即是微波在不同介质接触界面上的散射，故面散射的角方向性图与表面粗糙度关系密切（图 6.13(b)、(c)）。面散射的强度还正比于表面的介电常数。体散射是在介质内部经多路散射后所产生的总有效散射。在介质不均匀或不同介质混合的情况下，容易发生体散射。体散射的强度与介质内介电常数的不连续性和介质密度的不均匀性成正比，其散射的角方向性图取决于介质表面粗糙度、介质的平均介电常数及介质内相对于波长的不连续性的尺度。对于复杂植被区，散射是多层次多成分介质多次散射的结果，过程十分复杂，如图 6.14 所示。值得指出的是，无论是体散射还是面散射，无论是主动遥感方式还是被动遥感方式，物体的微波散射或发射都与物体的介电常数密切相关，所以介电常数是微波遥感中一个十分重要的物理参数。

电磁波的偏振在微波中称为极化，它是微波雷达遥感中的另一个重要参数。在侧视雷达中，将电场矢量与入射面平行的极化称为垂直极化（TM 波），记为 V；将电场矢量与入射面垂直的极化称为水平极化（TE 波），记为 H（但在天线工程中极化方式是以水平面作参考的），如图 6.15 所示。无论发射波是水平极化还是垂直极化，被地物散射的回波中一

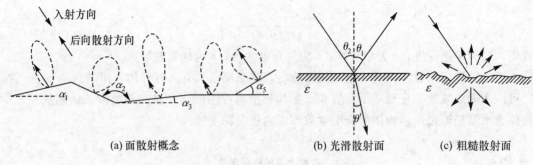

图 6.13　面散射概念及散射面类型

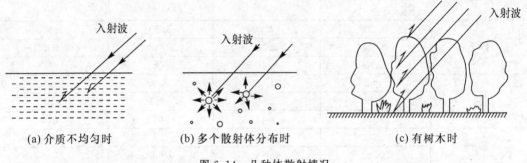

图 6.14　几种体散射情况

般既有水平极化波又有垂直极化波。因此主动微波遥感(发射-接收)中有 2 种极化的 4 种组合方式：雷达发射垂直极化波而接收的也是垂直极化回波，记为 VV；发射水平极化波而接收的也是水平极化回波，记为 HH；发射垂直极化波而接收的是水平极化回波，记为 VH；发射水平极化波而接收的是垂直极化回波，记为 HV。VV、HH 称为同极化，VH、HV 称为交叉极化。不同极化状态的微波携带的地物信息可以有很大的差异，所以极化状态的不同组合丰富了微波遥感中地物的信息内容。

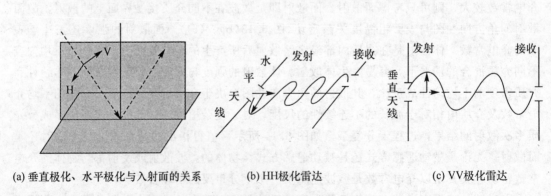

图 6.15　侧视雷达的极化示意图

4. 微波遥感的特点

微波遥感的特点可概括为两个重要方面：①从波与介质相互作用考虑，具有受天气影响少，不依赖阳光，具有对表面及云的一定的穿透能力，对表面结构特性敏感；②从信息特征来看，它具有信息载体多样性，即其幅度、相位、频率、极化等要素都携带有目标的信息，但信息处理技术较之光学遥感数据处理复杂。因此，微波遥感具有全天候、全天时工作能力，而且获得的信息丰富，用途甚广。此外，微波某些波段很适合海洋遥感，如 X 波段。

微波遥感与可见光和红外遥感（光学遥感）相比各有其优缺点（表 6.2）。光学遥感的图像特征明显，更适合从图像角度分析提取地物信息。同时，光学遥感一般采用多光谱或高光谱成像，能够形成反映地表物性组分信息的光谱特征，适用于地物类别的详细识别。微波遥感中目前星载传感器利用的波段较少（一般为 K，X，C，S，L，波段），且一个遥感平台上往往只装载有 1～2 个微波波段的传感器（SIR-C/X-SAR 使用了 L，C，X 三个波段），不能获得如光学遥感一样有意义的光谱特征。微波遥感对地物的识别主要依赖于物体的介电常数和表面结构特征，而介电常数受环境因素的影响明显，如物体的含水量、环境温度、压力等。由于环境因素的多变性，导致利用微波信息识别地物类别的不确定性增加（但某些在微波波段有特殊响应差异的地物能易于被识别）。另一方面，环境因素对微波的影响，恰好使得其可以反映环境因素的变化，故微波遥感能较好地反演地物的物理参数，如地物的湿度、温度等。微波雷达对表面结构信息敏感的特点使它可用于测量海洋的表面结构，利用干涉雷达可以测量地表的三维结构。

表 6.2　　　　　　　　　　　　　光学与微波遥感技术比较

性能	遥感器类型			
	有源微波	无源微波	有源光学	无源光学
全天候能力	很好	很好	不足	不足
全天时能力	很好	很好	很好	不足（除制冷红外）
穿透陆表	可能	可能	不足	不足
穿透植被	好	可能	差	差
角分辨率	很好（SAR）	不足	很好	很好
温度测量	不能	很好	可能	很好
带宽（B）	小	小	小	小
积分时间（τ）	好	高	好	很低
辐射对比度	斑点	大对比度	斑点	低对比度
图像解译	复杂	复杂	容易	容易（红外复杂）
环境干扰	辐射干扰	无	人体危险	无
功率要求	高	低	高	低

注：温度测量能力（ΔT）与系统带宽、积分时间有关，$\Delta T \propto 1/\sqrt{B\tau}$。

6.2.2　雷达方程

雷达方程描述雷达接收功率与雷达系统参数和地面目标参数之间数学关系。遥感应用人员可以通过雷达方程来了解系统参数和目标参数对雷达图像色调（回波强弱）的影响，这对于雷达图像的解译是有意义的。假设天线辐射强度全部集中在两个半功率点之间且均匀分布，雷达增益为 G（定向天线最大辐射方向的能流密度与一个各向均匀辐射天线能流密度之比），则单个目标的雷达方程介绍如下。

雷达（包括散射计）接收的回波功率 P_r 为

$$P_r = \frac{P_t G}{4\pi R^2} \cdot \sigma \times \frac{1}{4\pi R^2} \times \frac{G\lambda^2}{4\pi} = \frac{P_t G^2 \lambda^2 \sigma}{(4\pi)^3 R^4} = \frac{P_t G^2 \lambda^2 \sigma_0 A}{(4\pi)^3 R^4} \qquad (6.14)$$

式中，P_t 为天线发射功率；G 为天线增益；R 为天线至目标的距离；σ 为目标有效散射截面；σ_0 为后向散射系数；A 为面目标的面积；λ 为微波的波长。

上式中假设发射天线和接收天线为同一天线（因此天线增益同为 G）。方程中第一项 $\frac{P_t G \sigma}{4\pi R^2}$，为距离天线为 R、后向散射截面为 σ 的目标，受到天线微波照射后（辐照度为 $\left(\frac{P_t}{4\pi R^2}\right) \cdot G$）向外散射的总回波功率，乘上第二项 $\frac{1}{(4\pi R^2)}$ 后为雷达接收天线处的回波功率密度，乘上第三项 $\frac{G\lambda^2}{4\pi}$（接收天线的等效接收面积）后即为天线所接收的回波功率，其中，$\sigma = \sigma_0 A$。

当天线发射辐射不是局限于半功率点之间均匀分布，而是 4π 空间各向异性时，则考虑天线方向性函数（式(4.23)），此时(6.13)修改为

$$P_r = \frac{P_t G^2 \lambda^2 \sigma_0 A}{(4\pi)^3 R^4} |f(\theta, \varphi)|^4 \qquad (6.15)$$

当 σ_0 在目标面积 A 内各点处连续变化时，回波功率可积分得到

$$P_r = \int_A \frac{P_t G^2 \lambda^2 \sigma_0}{(4\pi)^3 R^4} |f(\theta, \varphi)|^4 dA \qquad (6.16)$$

由雷达方程可以看出，回波功率与发射功率的平方、天线增益的平方、波长（系统参数）的平方和散射截面（目标参数）的乘积成正比，与遥感器到目标的距离的 4 次方成反比。在给定发射机的发射功率、接收机的灵敏度和目标的最大散射系数的条件下，从雷达方程可以求出雷达系统的最大探测距离。但由于散射系数等参数具有随机性，因而这样求出的探测距离也只有统计意义。

6.2.3 影响雷达回波功率的参数

为了正确解释雷达图像，必须透彻了解影响雷达回波的各种参数。这些参数主要包括系统参数：频率、极化、入射角、观察的几何关系；地表参数：地物介电性质、地面几何形态、地面粗糙度、体散射状况。

1. 频率

在被动微波探测中，地物在不同频率段的微波发射率不同。在微波雷达探测中，频率也在多方面影响雷达图像，重要的两个方面是不同频率作用下介质的介电常数不同、波长与散射体半径的相对大小不同所引起的回波功率变化，以及微波穿透目标的深度不同所引起的体散射对回波的影响。介电常数对散射系数的影响将在后面有更多的说明。频率对目标散射系数的定量影响要视目标的物理和几何特性而定，可能随频率增大而增大，也可能

相反。穿透深度引起体散射的变化，则如低频 L 或 P 波段可以穿过树冠到达树枝树干，通过体散射获得更多有关生物量的信息。高频如 X 或 K 波段可以提供更多关于树梢树叶（面散射）的信息，如 ERS-1 和 RADARSAT 的 C 波段传感器获取的图像可以给用户提供关于目标的地表及近地表的信息，JERS-1 具有的 L 波段传感器可提供地表下的一些细节信息。

2. 极化

雷达可以以各种微波频率发射和接收不同的极化波。一般地，与极化面一致的地面结构产生弱的回波信号，与地面结构垂直的极化产生强的回波。例如，垂直的小麦作物在 VV（垂直极化）图像上比在 HH（水平极化）图像上要暗一些。但地面物体的结构很复杂，而一个雷达分辨单元中包含有多种地物类型和不同的微结构，所以很难说某种极化方式就是最好的。例如，图 6.16 和图 6.17 就说明在不同的具体地面条件下 HH 与 HV 两种极化方式各有其特点。国内有人试验用 HH、HV 和 VV 三种方式的合成图像，较好地识别出芭蕉、水稻、稻茬、水体、建筑、水生生物的地物目标。通过由四种极化组合方式构成的散射矩阵，还可以求出任意极化下的散射系数。

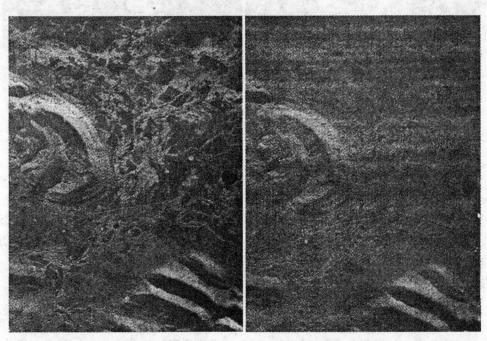

　　(a) HH极化，动态范围大层次丰富　　　　　　(b) HV极化，动态范围小层次欠丰富

图 6.16　HH 与 HV 极化图像效果的比较（Ⅰ）[10]

3. 入射角

对于平坦的地表，入射角（Incidence Angle）就是地表面（水平面）法线与入射线之间的夹角。但通常地表并不平坦，因此相对实际地表的局部表面的入射角，是微波入射波束的方向与局部地形表面法线之间的夹角，称其为当地（或局部）入射角（Local Incidence Angle），如图 6.18 所示。入射角在 0° 至 90° 之间变化。当地入射角 φ 与雷达波束俯角 β

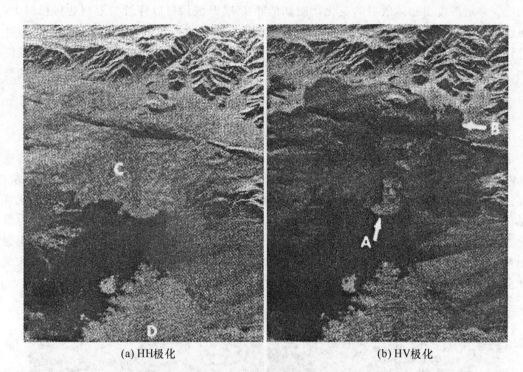

(a) HH极化   (b) HV极化

图 6.17   HH 与 HV 极化图像效果的比较(Ⅱ)[10]

(注意图中 A、B、C、D 四处地物的影像边界和清晰程度)

和地形坡度角 α 有如下关系：

$$\varphi = \beta + \alpha - 90° \qquad (6.17)$$

微波束的当地入射角是决定微波辐射后向散射强度的重要因素。小的入射角可接收到强的后向散射回波，大的入射角则可接收到弱的散射回波。当地入射角等于入射角时，回波来自水平地面；当地入射角小于入射角时，出现透视收缩现象，回波因此而集中增强（像元的亮度比同样位置上水平地面像元的亮度要亮一些），在当地入射角为零时达到最大（开始出现叠掩现象）；当地入射角大于入射角时，回波减弱；当地入射角大于 90° 时，出现阴影而无回波。

4. 观测的几何关系

观测的几何关系指雷达观测方向(微波束发射方向)与地物之间的几何关系。这种几何关系对回波的影响包括几个方面。局部入射角对回波的影响是其中之一，其中透视收缩、叠掩和阴影所产生的信息损失是无法恢复的。这使得雷达图像在高峻的山区的应用价值减小。在可见光遥感中，很多阴影区处于传感器的视线范围内，只是太阳直射光不能到达而产生阴影，但天空漫射光仍可照射地面，因此阴影区内的辐射信息并不是完全损失了。重叠象素的堆叠可以容易从山区的雷达图像上观察到，它一般在山峰顶点或山脉脊线的周围出现一段比周围像素亮一些的弧，这些弧还给人一种地形的某种程度的变形的感觉。定量估计这种重叠的影响的方法是，计算地形比例因素，它是单位垂直地形起伏(高度)上的视

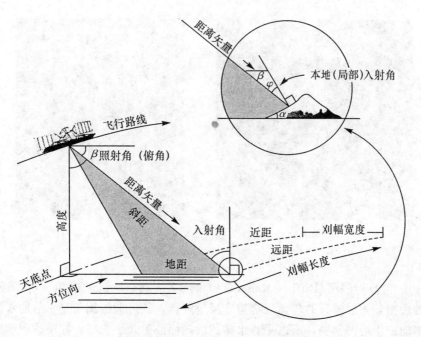

图 6.18 入射角与本地入射角示意图

水平位移。如果该因子大于 2.5，一般认为该雷达图像不宜作专题图分类。对回波产生影响的另一几何因素，是地物的地面排列方式与雷达观测方向的关系。相同的成行排列的地物(如排成一组线状的农作物或地质构造)，从不同的方向进行探测时，雷达图像差别很大。当观测方向(距离方向)与地物排列线平行时，后向散射较弱，雷达图像较暗；观测方向与之垂直时，后向散射较强，图像较亮(图 6.19)。图 6.20 显示的是有阴影和透视收缩、叠掩现象的雷达图像。

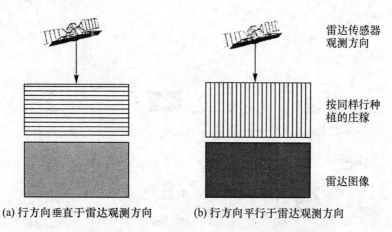

(a) 行方向垂直于雷达观测方向   (b) 行方向平行于雷达观测方向

图 6.19 地物排列方向与观测方向相互关系对回波的影响

5. 表面形态

对雷达遥感来说，地表面形态可以考虑分为三类：镜面反射表面(Specular

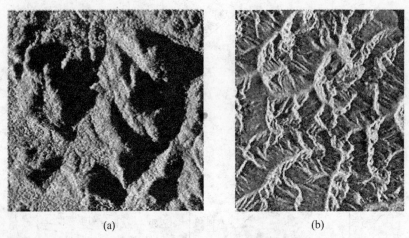

(a)　　　　　　　　　　　　(b)

图 6.20　阴影和透视收缩、叠掩现象

Reflectance)、漫反射表面(Diffuse Reflect)和角反射表面(Conner Reflect)。镜面反射表面是光滑的表面，入射波束的传播完全遵守反射定律，其近似的例子是平静的水面。由于镜面反射不能产生后向回波，所以以平静水体的后向面散射几乎为零，在雷达图像上呈黑色调。当水面具有波纹且与雷达束波长相当时，水面会对雷达波产生中等强度的散射，当水波破碎时，可接收到更强一些的回波。漫反射表面是粗糙的地表面，散射在不同空间方向上发生，但通常散射强度是各向异性的(此处漫反射不是指朗伯反射面)。这是陆地表面最普遍的散射表面类型。角反射表面是相邻表面之间构成直角的表面。角反射的几何特点是，不论入射波束的入射角怎样，它的任何反射回波可以严格以入射方向的逆方向被接收到。因此角反射具有很强的回波，如为金属角反射体，则反射最强。特殊制作的金属角可用做野外的地面控制标志。如图 6.21 所示，角反射分二面角和三面角。二面角反射两次，

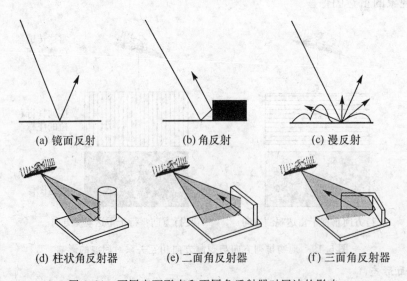

(a) 镜面反射　　　　　　(b) 角反射　　　　　　(c) 漫反射

(d) 柱状角反射器　　　　(e) 二面角反射器　　　　(f) 三面角反射器

图 6.21　不同表面形态和不同角反射器对回波的影响

回波极化方向改变(称为去极化)。三面角反射三次回波极化方向不变。此外,当地物走向平行于飞行方向,且地物间的垂直距离是波长的整数倍时,由布拉格散射产生的谐振效应也会使回波增强。

6. 表面粗糙度

镜面和角面可以看做规则的地面形态,而漫反射面则是不规则的地面形态。漫反射面用粗糙度来量化它的粗糙程度。地面越粗糙回波越强,粗糙度一项的变化可引起后向散射达 40 分贝的变化。根据瑞利准则,粗糙度的影响在一定程度上可以被传感器的微波频率和入射角的大小所控制,但对于卫星雷达传感器其频率和入射角一般是确定的。图 6.22是不同粗糙度的表面(水面、油污面和陆地)的影像特征,从中看出雷达图像对于水陆分界和海洋油污监测是有效的。

(a) 陆地和水面(暗色调)　　　　　　(b) 水面中的油污(暗色调)

图 6.22　陆地、水面和水面油污的雷达图像

7. 复介电常数

介电常数是度量电介质在入射辐射场的激励下响应极化的能力的物理量(此处极化不是偏振的概念),它反映了介质由自身性质与周围环境所决定的电特性。电介质极化的微观机理有极化分子的取向极化、离子和电子位移极化等。在响应外场的极化过程中,存在电导和热损耗,用复介电常数可以统一表达介质极化响应和损耗的特性:

$$\varepsilon_c = \varepsilon' + i\varepsilon'' \tag{6.18}$$

式中,ε_c 为复介电常数;ε' 为表征介质的介电特性;ε'' 为表征介质的耗散特性(与电导率和频率有关)。

在自然物体中,水具有很高的介电常数(80)。其他物体往往随其含水量的多少而介电常数发生变化,如土壤的介电常数随含水量的增加而几近线性增加。介电常数与频率有关,此外介电常数还是温度和压力的函数。

无论介质是面散射还是体散射,散射强度均与介质的介电常数有很大关系。一般来说,物体的散射系数与介电常数的平方根成正比。水、盐、金属、生长的植物比岩石、干

燥的土壤和沙地、死亡的植物介电常数高,因此前者的散射系数比后者高。介电常数在微波遥感中是一个极其重要的参数。因其与介质自身性质有关,故可利用散射系数识别目标;又因其与环境状况有关,故又可利用散射系数反演环境参数。在其他条件相同时,介电常数较高的物体在图像上比介电常数较低的物体显得明亮。在雷达图像中,灌溉后的耕地比不灌溉的耕地更亮,雨后的森林比雨前更亮。图 6.23 反映的就是水浇地因含水量增加而呈现高亮度。

图 6.23 喷灌后的农田在雷达图像上的高亮度显示
(圆形亮斑正是一个旋转喷头洒水的范围)

由于土壤和植物的微波反射率很强烈地依赖于其湿度情况,因此 SAR 的一个重要的潜在应用就是测量土壤湿度,这对作物产量(收成)的预测十分重要。

6.2.4 雷达数据处理的基本内容

在雷达方程中(式(6.13)),考虑了天线系统的损耗 L_n,天线接到的回波功率(也即接收天线输出端的功率)为

$$P_r = \frac{P_t G^2 \lambda^2}{L_n (4\pi)^3 R^4} \sigma \tag{6.19}$$

该功率经雷达接收、处理,成像后像元的功率为

$$P_I = \frac{P_t G^2 \lambda^2}{L_n (4\pi)^3 R^4} H_R \sigma \tag{6.20}$$

式中,H_R 为天线输出端至成像处理器输出端之间的传递函数(可理解为系统对输入施加的影响)。从上式可见,雷达图像的信号强度既与目标散射截面有关,也与雷达系统的多个参数有关。若将系统参数和成像处理器的传递函数合并为系统的总传递函数 H_s,则图像像元功率(量化后通常称为图像的灰度值 G 或数字 D)可表示为

$$G = H_s \cdot \sigma \tag{6.21}$$

或者用散射系数表示为

$$G = H_s \cdot \sigma^0 \tag{6.22}$$

此时 H_s 中包含了目标面积 A 的影响。这样得到的原始雷达图像数据，在记录时将同时记录功率和相位，用复数表示为

$$u = |u| e^{j\varphi} = |u| \mathrm{Re}(e^{j\varphi}) + j|u| \mathrm{Im}(e^{j\varphi}) \tag{6.23}$$

式中，u 为雷达图像中的回波功率；φ 为相位；Re 为复数实部，Im 为复数虚部。相位信息在 InSAR 处理中是必不可少的。

雷达数据的处理过程和方法很复杂，下面只简要地从概念上介绍其中的几项内容。

1. SAR 成像处理基本过程

SAR 成像处理与真实孔径雷达成像有很大的差别。第 4 章中已经提到，为了提高空间分辨率，SAR 采用了脉冲压缩技术和合成孔径技术。所以在 SAR 的成像处理中很重要的一部分工作就是关于这两项技术的处理。图 6.24 为 SAR 数据成像处理过程示意图，图 (a) 为 SAR 传感器在方位向不同位置获得的原始数据（大时宽的线性调频脉冲回波信号），图 (b) 为经过脉冲压缩（匹配滤波）后的窄时宽回波信号，图 (c) 为经过距离徙动校正后的回波信号，图 (d) 为经过方位压缩后的回波信号。经过这样四个步骤就得到高空间分辨率的 SAR 图像。其中，距离徙动校正是因为雷达在移动过程中，在方位向的不同位置时与目标的距离是变化的（在正侧视位置时距离最短），从而引起不同位置的回波相位的变化。SAR 成像算法有多种，如距离-多普勒（RD）算法、波数域（ω-κ）算法、Chirp-Scaling 算法等。

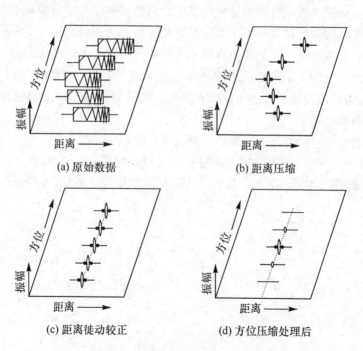

(a) 原始数据　　　　(b) 距离压缩

(c) 距离徙动较正　　　　(d) 方位压缩处理后

图 6.24　SAR 数据成像处理过程示意图[75]

2. 斑点噪声的抑制

在一个雷达的分辨率单元中，总是存在大量线径大小与雷达工作波长相当的小散射体。一个分辨单元中的雷达回波就是这些大量小散射体的回波的叠加（图 6.25）。由于雷达与这些散射体存在距离的微小差别，即散射体回波之间存在相位差。而这些相位差具有随机变化的性质，散射体回波又满足干涉条件，导致分辨单元的总回波是大量小散射体回

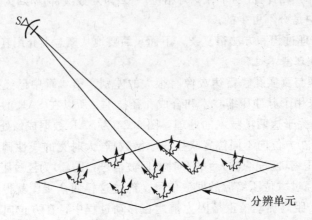

图 6.25　分辨单元内的多个散射体

波的相干叠加。相干叠加的结果可能是干涉相长或干涉相消，它取决于各散射体回波的相位差。而相位差的随机性使得均匀地面场景中的两个相邻像元的回波功率在某一均值附近起伏变化。在雷达图像上就表现为本来应具有均匀亮度的相邻像元，实际的亮度却不相同甚至差别很大，形成斑点一样的噪声影像，这样的噪声就是雷达图像的斑点噪声。斑点噪声与场景的散射系数的大小是相关的，故是一种乘性噪声（$G = H_s(\sigma_0 + N \cdot \sigma_0)$，$N$ 为噪声），而且又是雷达成像物理过程中的固有特性，因此对斑点噪声的抑制相比图像中其他加性噪声要复杂得多。

目前抑制斑点噪声的方法有两类：一类是成像中的"多视"处理，另一类是成像后的滤波处理。所谓"多视"处理中的"视"，就是合成孔径长度等分为 L 部分，其中的一部分回波所生成的图像（图 6.26）。例如，将合成孔径长度等分为 4 部分（每部分的"孔径"长度相

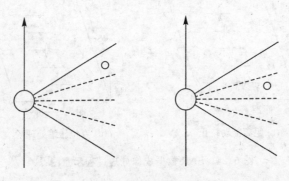

图 6.26　多视处理示意图

对于合成孔径长度的 1/4），可生成 4 幅同一场景的雷达图像（称为"4 视"图像），再将这 4 幅图像取其平均生成一幅平均图像。可以证明，"L 视"图像像元灰度值的均值等于单视图像（未做多视处理的图像）的均值，而方差则为单视图像的 1/L。多视处理在抑制斑点噪声的同时，降低了图像的空间分辨率，因为 L 视中的每视图像对应的孔径长度只有合成孔径长度的 1/L。多视处理抑制斑点噪声的例子见图 6.27（图中单视图像与多视图像清晰度看起来差别不大，是因为二者都被压缩显示）。

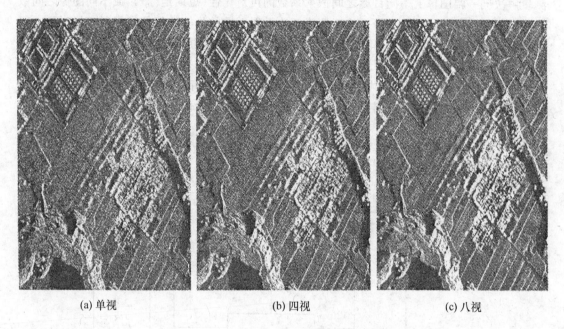

(a) 单视　　　　　　　　　　(b) 四视　　　　　　　　　　(c) 八视

图 6.27　多视处理抑制雷达图像相干斑点噪声[74]

滤波的方法是在单视图像中，基于图像的局部统计特性，设计合适的滤波算子对图像进行平滑滤波。具体的滤波算法有很多（详见第 7 章）。

3. 雷达图像辐射定标

从式(6.22)可知，雷达图像的灰度值是目标的散射系数经过系统的传递函数作用后得到的。但雷达参数和成像参数具有一定程度的随机性，这使得系统传递函数具有一定的不确定性。如果这样，两幅同一区域的雷达图像中地面目标散射特性的对比，甚至同一图像中不同像元之间的对比就成为问题，而要依据散射系数进行地面目标的属性量反演就更成为问题。要解决这个问题，就需要了解系统传递函数的变化特性，对传递函数进行定量测定，进而使能求出目标的散射系数。这就是雷达图像的辐射定标（类似于光学遥感器中亮度值的确定）。显然，辐射定标对雷达遥感应用，特别是定量遥感是十分重要的。研究表明(R. J. Brown 等，1993)不同应用对 SAR 辐射量有如表 6.3 所示的要求。

表 6.3   不同应用对 SAR 辐射定标精度的要求

应用	农业(±dB)	林业(±dB)	冰川(±dB)	水文(±dB)	地质(±dB)
相对定标	0.5	0.2	1.0	0.5	1.0
绝对定标	1.0	0.2	1.0	1.0	2.0

辐射定标包含两个方面，一是散射系数的相对测量，二是散射系数的绝对测量。相对测量解决同一幅图像上不同目标之间散射系数的可对比性(短期定标)，或不同图像之间散射系数的可对比性(长期定标)；绝对测量解决散射系数的具体数值的求解(绝对定标)。辐射定标的方法是通过微波功率的输入/输出测量，利用定标方程(由雷达方程导出的散射系数与雷达系统参数之间的关系式)求解系统传递函数。这个过程中要使用已知辐射功率或散射系数的稳定微波辐射源(内定标器)和标准反射器(外定标器)作为测量的标准。外定标器有角反射器、金属球、金属板和自然的分布目标，如热带雨林、沙漠等。

SAR 图像处理的主要内容和过程如图 6.28 所示。

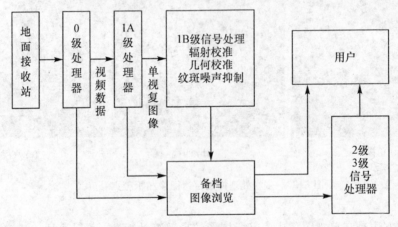

图 6.28　SAR 地面数据处理系统

6.2.5　干涉雷达(InSAR)高程测量[74]

1. 基本原理

干涉雷达(Interference SAR)是利用两幅或两幅以上满足一定条件的 SAR 图像，获取地面目标高程信息的雷达。如同摄影测量一样，单幅雷达图像不能确定目标的高程。在图 6.29(a)中，若地面目标点 P 到雷达的距离测定为 r，则 P 的位置不定，它可以在以雷达为中心以 r 为半径的圆弧上的任意位置，如图中 P_1，P_2。当在雷达航向的同一法平面内，还有一部雷达测定其到目标的距离为 r_2 时(图 6.29(b))，则显然弧 q_1，q_2 的交点可以确定出 P 的位置(y, z)。考虑如图 6.30 所示的两部雷达与点 P 的几何关系(其中 B 称为基线)，根据三角函数的余弦定律，有：

$$r_2^2 = r_1^2 + B^2 + 2Br_1\cos(\alpha+\theta) \tag{6.24}$$

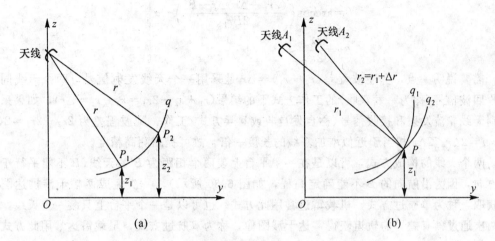

图 6.29　非干涉雷达与干涉雷达的几何定位情况

从中可以求出：

$$\theta = \arccos\left(\frac{r_2^2 - r_1^2 - B^2}{2Br_1}\right) - \alpha \tag{6.25}$$

式中，r_1，r_2 可以测量得到；B，α 为设定的雷达参数。于是可以求出 P 点在法平面的坐标：

$$\left. \begin{array}{l} h = H - r_1\cos\theta \\ y = \sqrt{r_1^2 - (H - h)^2} \end{array} \right\} \tag{6.26}$$

将 $r_2^2 - r_1^2$ 分解为

$$(r_2 - r_1)(r_2 + r_1) = (r_2 + r_1)\Delta r \quad ((r_2 - r_1) = \Delta r \quad （两个天线的波程差）$$

由于 B 相对 r_1 很小，于是 Δr 的误差在计算过程中会被放大（θ 的误差变大），导致计算出的高程值误差变大。计算表明，ERS-1 雷达卫星 r_1 为 800km，B 为 100m，精确配准两幅雷达图像后斜距测量精度为 0.45m 时，高程误差可达 15km。因此需要采用其他方法计算 Δr。一种较好的方法就是比相法，也称干涉法，即对比两个天线回波复信号的相位差 ϕ 来计算 Δr。相位差 ϕ 与波程差 Δr 的关系是

$$\phi = \frac{2\pi}{\lambda}\Delta r \tag{6.27}$$

可见，若已知 ϕ，由式(6.27)计算得到的 Δr 是以波长 λ 为尺度计算的，又因为雷达所用波长一般在 cm 级甚至 mm 级，所以这样得到的波程差的精度提高很多。求 ϕ 可采用图像复信号干涉的方法，因为这种方法基于复信号的干涉，故称为干涉雷达。

Δr 一般会比 λ 大许多，所以实际的相位差 ϕ 比 2π 要大很多。然而复信号的干涉结果只能取得 ϕ 以 2π 为模的主值 φ（或称缠绕值），即 $\varphi \in (-\pi，\pi]$（因为干涉结果只取决于 φ 的大小：$\cos\varphi$ 与 $\cos\varphi = \cos(n \cdot 2\pi + \varphi)$，$n = 0，1，\cdots$ 的值是相等的）。这样，实际的相位差 ϕ 与干涉测量求得的相位差主值 φ 相差 2π 的整数倍。于是需要估计这个整数值而得到真实相位差 ϕ，这称为解缠绕处理。这样，在干涉法中 θ 由下述公式求出：

$$\left.\begin{aligned}
\theta &= \arccos\left(\frac{(2r_1 + \Delta r)\Delta r - B^2}{2Br_1}\right) - \alpha \\
\Delta r &= \frac{\phi\lambda}{2\pi}
\end{aligned}\right\} \tag{6.28}$$

需要说明一点，上述波程差$(r_2 - r_1) = \Delta r$是采用一个天线发射信号，两个天线同时接收回波信号（称为一发双收）的工作方式下的结果$(r_1 + r_2 - 2r_1 = r_2 - r_1 = \Delta r)$，如果采用两副天线轮流发射和接收信号（称自发自收或乒乓方式）工作，则波程差为$2r_2 - 2r_1 = 2(r_2 - r_1) = 2\Delta r$。$2\Delta r$相当于近似增加基线的长度一倍，故可提高测高精度。

两个天线的构成方式，可以是在一个平台上装两个相距为B的天线（B不能平行于飞行方向，因为沿航向的B不能确定高程，如图6.30所示），一次完成两幅干涉雷达图像的获取，称为单航过方式，机载雷达常用此方式。也可以是一个平台上只装一个天线，利用两次通过稍有差异的轨道获得雷达干涉图像，称为双航过方式，星载雷达常用此方式。

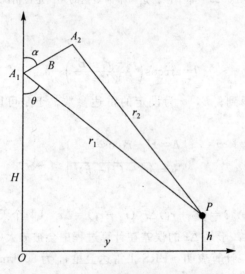

图6.30　干涉雷达定位的几何关系

2. 处理过程

(1)获取干涉雷达图像

通过上述介绍的单航过或双航过方式获得一发双收或自发自收的两幅干涉复图像，为了使图像之间具有好的相干性，在成像处理上，比非干涉图像处理要增加一些处理内容。

(2)图像配准

与立体摄影测量一样，干涉测量也要将两幅干涉图像上的同名点对应起来。只是这里不是要计算视差，而是使两图像中同一位置的影像对应同一小块目标区域，以便计算其正确的相位差。

(3)产生干涉相位并去平地相位

计算干涉相位的公式为

$$\varphi_0(x, r) = \arg[f_1^*(x, r) f_2(x, r)] \tag{6.29}$$

式中，$\varphi_0(x, r)$ 即原始干涉相位；$f_1^*(x, r)$ 为干涉图像 1 的复共轭，$f_2(x, r)$ 为干涉图像 2；$\arg[\cdot]$ 为求复数的幅角（即主值）。$\varphi_0(x, r)$ 中包含水平地面引起的干涉相位（平地相位，如图 6.31 所示）和高程引起的干涉相位两部分。水平地面的干涉相位为

$$\phi_g(r_1) = \frac{2\pi}{\lambda}(r_2 - r_1) = \frac{2\pi}{\lambda}\left(\sqrt{r_1^2 + B^2 + 2Br_1\cos(\alpha + \theta)} - r_1\right) \tag{6.30}$$

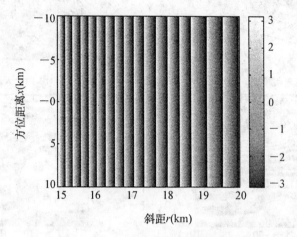

图 6.31　水平地面相位干涉条纹[74]

去平地相位后的干涉相位为

$$\varphi_1(x, r) = \varphi_0(x, r) - \phi_g(r) + 2k\pi \tag{6.31}$$

式中，$r = r_1$，k 为整数，其取值满足 $-\pi \leqslant \varphi_1(x, r) \leqslant \pi$。$\varphi_1(x, r)$ 中只含有高程引起的干涉相位，便于对其解缠绕。

（4）二维相位解缠绕并计算真实相位

对 $\varphi_1(x, r)$ 解缠绕得到纯粹反映高程变化的干涉相位 $\phi_1(x, r)$，它正确反映了相邻像元高程的变化。这个处理过程称为二维相位解缠绕。解缠绕的算法有多种，也较为复杂。在得到 $\phi_1(x, r)$ 后，再将平地相位加上，称为平地相位恢复。恢复后得到相位为

$$\phi_2(x, r) = \phi_1(x, r) + \phi_g(r) \tag{6.32}$$

由于解缠绕后的相位 $\phi_1(x, r)$ 只是恢复了相对高程的真实情况，还不知道绝对高程引起的相位变化，故还要加入绝对高程的相位影响 ϕ_c，显然它应该是一个常数，即

$$\phi(x, r) = \phi_2(x, r) + \phi_c \tag{6.33}$$

通过地面控制点 (x_{ref}, r_{ref}) 的绝对高度 h_{ref} 可以计算得到该点的绝对相位 $\phi(x_{ref}, r_{ref})$（类似于立体摄影测量中的绝对定向），于是可求得

$$\phi_c = \phi(x_{ref}, r_{ref}) + \phi_2(x_{ref}, r_{ref}) \tag{6.34}$$

（5）高程计算

依据上述公式即可算出图像中每个像元的高程，得到数字高程模型（DEM）。

图 6.32 是用仿真数据实现雷达干涉法高程测量的过程和结果的示意图。

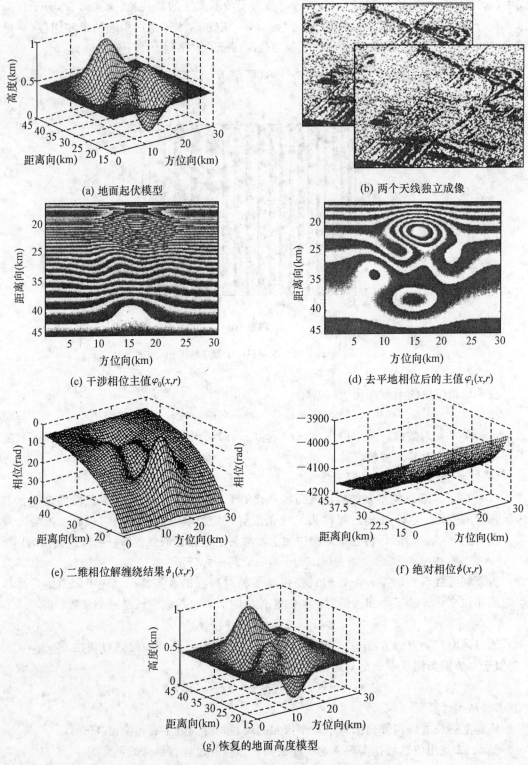

(a) 地面起伏模型

(b) 两个天线独立成像

(c) 干涉相位主值$\varphi_0(x,r)$

(d) 去平地相位后的主值$\varphi_1(x,r)$

(e) 二维相位解缠绕结果$\phi_1(x,r)$

(f) 绝对相位$\phi(x,r)$

(g) 恢复的地面高度模型

图 6.32　仿真计算干涉法高程测量过程示意图[74]

6.2.6　微波遥感的主要应用

微波遥感作为一类新型遥感技术，有着广泛的应用领域和良好的应用效果。这里讨论的微波遥感是以微波雷达遥感作为代表。

在地质学领域，雷达遥感应用包括以下几个方面：①岩石类型（岩性）调查。由于介电常数与岩石的化学成分、结构构造、密度等具有相关性，故雷达图像能够在一定程度上反映岩性变化。一些金属矿化的矿脉由于具有高的介电常数值，回波强度很强，在雷达图像中易于发现和识别，可用于寻找矿床。尤其微波具有的穿透性，在植被覆盖地区雷达遥感比光学遥感更显示出其优越性。②地质构造调查。雷达图像能够很好地反映地质构造，是因为雷达信号具有对地表结构、对含水量变化的敏感性以及对植被的穿透能力。这是雷达图像在地质领域中最具优势的方面。③对快速变化的地质现象具有很好的监测能力，如地震、滑坡、泥石流、地面沉降、火山爆发等。利用 InSAR 可以测量地表三维形态，利用在地表（包括地表的运动目标）发生变化前后的三幅干涉雷达图像，经对变化前两幅图像的干涉处理和变化前、后两幅图像的干涉处理（也称为差分干涉雷达，Differential Radar Interferometry，DInSAR）就可以获得地表形态的变化特征。此外，在地貌、古地理研究方面雷达遥感也有很好的应用。

在植物生态学领域，雷达遥感具有重要意义。它包括的应用有：①农作物监测和估产。对于水稻估产，雷达遥感的必要性不仅在于它在作物识别方面的某些优势，更在于它的全天候监测能力，因为水稻生长期大多是降雨较多的天气，光学遥感受到极大的限制。②森林生态监测。主要有森林覆盖类型识别、森林蓄积量和生物量估测等。

在水文学领域，雷达遥感的应用也很广泛，主要有：①水体监测。水体的镜面反射特性使得水体的后向散射很小，在雷达图像上容易识别。在洪水期雷达的全天候能力更是显示出它的不可替代的作用。②土壤水分检测。基于含水量对介电常数的影响，进而通过散射系数估计含水量。但散射系数还受地表粗糙度和植被覆盖的影响也较大，需要分离它们的影响。已有多种由散射系数估计土壤水分的模型。③积雪和冰川调查。包括雪盖填图、积雪湿度（雪层中的液态水）反演、冰川分布及运动监测等。④地下水调查。地下水在光学图像中很难发现，但微波的穿透性和对水的敏感性，使得利用雷达遥感探测地下水成为可能。如在干旱沙漠地区发现地下水方面，已有很成功的实例。⑤湿地调查。包括湿地分类、湿地生物量估计等。

在海洋学领域，雷达遥感尤其取得广泛成功。一些雷达卫星的主要探测目标就是海洋。雷达遥感在海洋方面的应用有：①海洋动力环境监测，包括海浪、内波、洋流等。这些动力环境因素对工业（如海上石油开采）、渔业和国防（如舰艇航行）等都十分重要。②海冰的调查。③水下地形调查。水下地形的雷达探测机制，是海流与海底的相互作用导致海面流速的变化，海面流速变化又改变了小尺度海面粗糙度，并通过海浪谱调制改变雷达的后向散射。④其他海洋信息探测。如海洋峰面信息、船舶及其尾迹、海洋油溢污染等。

雷达遥感的其他应用领域还有考古探测、城市土地利用监测、全球变化影响因素监测等。特别是全球变化研究中雷达遥感有着非常重要的意义。

6.3 高光谱遥感

6.3.1 概述

绝对温度大于零度的物体在整个光谱轴上具有连续的光谱曲线。获得地物的连续光谱曲线，对于识别地物及其有关属性参数是十分有益的，因为有些地物之间的光谱差别往往体现在某些光谱邻域的细微变化上。但由于多种因素的影响，遥感器不可能获得理想的连续光谱曲线。比如大气窗口的限制，使得遥感器探测的光谱范围限于可见光、红外和微波中若干个分离的光谱区间；而因探测器对波长响应的灵敏度限制等原因，又使得在大气窗口内也只能以一定的光谱带宽为波段进行探测。为了获得尽可能精细的地物光谱曲线，人们在不断努力地减小辐射探测的光谱带宽。起初是黑白摄影像片，整个可见光作为一个全色波段，带宽在 300nm 以上。然后出现彩色胶片，可以探测红、绿、蓝或近红外、红、绿 3 个波段。之后又发展了多光谱探测器，可同时探测可见光至红外之间的 3 个以上波段，每个波段的带宽大约在几十至两百 nm 之间不等(如 TM)。多光谱对地物光谱特征的描述精度比全色像片和彩色像片提高了许多，称为多光谱遥感。20 世纪 80 年代开始研制波段带宽更窄、波段数目更多的探测器，其特点是带宽在 10nm 以下(卫星遥感中的高光谱有的带宽在 20nm 左右)，波段数目在数十个至数百个以上，波段与波段之间的衔接连续或近于连续(被大气窗口隔断的情形除外)。这样探测到的地物光谱就称为高光谱(如 AVIRIS，Hyperion)。由于遥感通常不仅要获得地物的光谱特征，还要获得地物光谱特征的二维分布(成像)，这与地面光谱测量中用光谱仪获得的地物的"点"光谱特征是不同的，所以遥感中高光谱又称为成像光谱。高光谱成像的扫描方式如第 4 章中所述。基于高光谱的遥感技术称为高光谱遥感。

高光谱与多光谱对地物辐射特征的描述能力的差异可从图 6.33 中看出。在 430～530nm 区间，TM 只有 1 个波段(也即 1 个反射率值)，MODIS 有 2 个光谱反射率值，而 AVIRIS 有 8 个连续的光谱反射率值。因此，黝帘石在该区间的特征反射峰在 TM 的多光谱中不能得到反映，MODIS 虽有所反映但很粗糙，而 AVIRIS 的高光谱则较为细致地反映出了该特征。对大量的地球表面物质的光谱测量表明，不同的物体会表现出不同的光谱反射和辐射特征，而表现这些特征的吸收峰和反射峰(或发射峰)的波长宽度为 5～50nm (其物理机理如第 2 章中所述，即不同分子、原子和离子及其晶格振动，引起不同波长的光谱发射和吸收，从而产生了不同的光谱特征)。高光谱的意义就在于有效描述这些窄而重要的局部光谱特征。

由于高光谱既能描述地物的连续光谱曲线特征，又能描述地物的空间分布特征，所以它能更全面地反映不同地物的辐射特性和空间几何特性，能够具有更强的识别地物的能力。如果把高光谱数据的波长变化与图像空间变化一起构成三维空间，即光谱维 λ 与图像平面的空间维 x,y 构成的空间，那么高光谱数据可以用图 6.34 所示的立体来表示，通常称为高光谱图像立方体，图中表示出了高光谱作为成像光谱的图谱合一的特点。

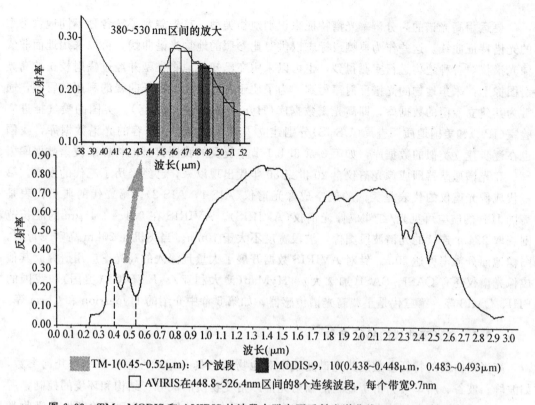

图 6.33　TM、MODIS 和 AVIRIS 的波段在黝帘石反射光谱曲线(0.2～3.0μm)上的差异

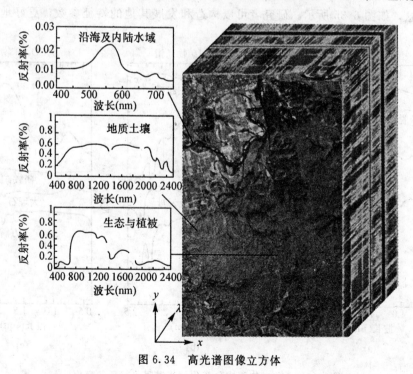

图 6.34　高光谱图像立方体

要运用高光谱的高分辨率光谱特征来识别地物类型，首先需要了解各种不同地物类型的光谱特征曲线。这些作为典型或标志以供对比参照的地物光谱曲线，可以采用地面非成像光谱仪对各种地物进行实测得到，也可以采用在已知其地物类型并经过辐射校正的高光谱图像上，采集地物的光谱反射率得到。为了便于对这些光谱特征曲线的利用和管理，通常为其建立专门的数据库，即高光谱数据库(Hyperspectral Library)。美国的喷气推进实验室(JPL)和美国地质调查局(USGS)分别建立了具有较为丰富内容的光谱数据库，我国也在逐步建立类似的数据库，如第3章3.4.1节中提及的我国典型地物标准波谱数据库。

高光谱遥感器即成像光谱仪自20世纪80年代出现以来，已经经历了三代的发展。第一代成像光谱仪的代表是美国的航空成像光谱仪(AIS-1，AIS-2)。第二代的典型代表是美国JPL的航空可见光/红外成像光谱仪(AVIRIS)。AVIRIS在$0.4\sim2.45\mu m$的波长范围获取224个连续的光谱波段图像，波段宽度不大于10nm。当飞机在20km高空飞行时，图像地面分辨率可达20m。针对AVIRIS数据开展了大量且深入的高光谱应用研究。其他成像光谱仪还有CASI、SASI(加拿大)、HyMap(澳大利亚)、HYDICE(美国)和我国的PHI、OMIS等。第三代是星载高光谱传感器，如第5章中介绍的Hyperrion和Chris等。

6.3.2　高光谱曲线的特征参数

高光谱曲线的特征参数是指光谱曲线中对地物信息具有标示性意义的一些几何参数，如波峰、波谷、斜率等。由于地物的辐射光谱严格受物质的成分、结构和环境的控制，所以这些参数蕴涵丰富的信息，如岩石矿物在$0.4\sim2.5\mu m$就具有一系列可诊断性的吸收光谱特征信息，如图6.35所示。研究者可以构造和发展其他的特征参数，更好地实现对光

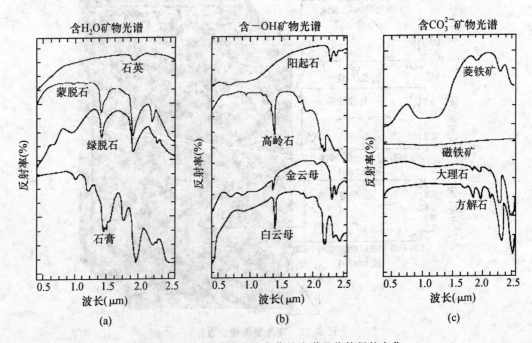

图6.35　一些矿物随成分变化的光谱吸收特征的变化

谱曲线局部特征的数学描述。应该指出，有的参数有明确物理意义，有的则是经过变换的综合性参数，未必可以明确其物理意义，但只要能够有效地突出光谱的地物标示性就是有意义的。

1. 波谷—光谱吸收特征参数

光谱吸收特征在吸收光谱曲线上为峰，在反射光谱曲线上为谷。光谱吸收特征参数包括波谷的位置(P)、深度(H)、宽度(W)、斜率(K)、对称度(S)、面积(A)、绝对辐射值，如图 6.36 所示。这些参数的定义如下：

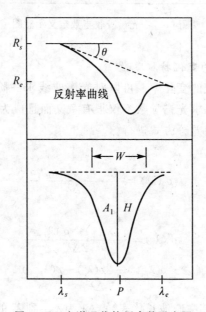

图 6.36　光谱吸收特征参数示意图

位置(P)：波谷底点对应的波长。

深度(H)：波谷底点与相邻两峰连线的铅垂线距离。

宽度(W)：深度一半处的波谷宽度。

斜率(K)：$K=\arctan[(R_e-R_s)/(\lambda_e-\lambda_s)]$，其中 R_e，R_s 分别为吸收终点和吸收始点的辐射率值（反射率值）；λ_e，λ_s 为相应的波长。

对称度(S)：$S=A_l/A$，其中 A_l 为吸收谷底点左边的面积，A 为吸收谷的总面积。

面积(A)：为由宽度 W 和吸收谷曲线所围的面积。

光谱吸收指数(SAI)：对光谱吸收特征的一般描述，如图 6.37 所示。它能够反映与吸收物质含量有关的信息。

$$SAI=\frac{\rho}{\rho_m}=\frac{d\rho_1+(1-d)\rho_2}{\rho_m}$$

式中，$d=(\lambda_m-\lambda_2)/(\lambda_1-\lambda_2)$。

对实际光谱曲线求上述参数时，为了方便，可能需要对曲线进行一些变换处理，如去连续统变换[77]。

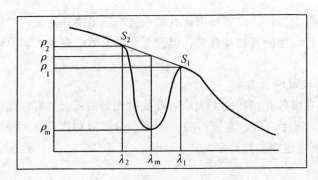

图 6.37　光谱吸收指数定义示意图

2. 导数——光谱对波长的变化特征参数

光谱导数反映光谱曲线的变化率。可以对光谱曲线求一阶、二阶甚至更高阶的导数。由于高光谱的连续性，使得求光谱导数不仅很有意义而且成为可能。对实际上仍然是离散的光谱波段来说，导数采用差分方式进行。

一阶导数光谱定义为

$$\rho'(\lambda_i) = \frac{\rho(\lambda_{i+1}) - \rho(\lambda_{i-1})}{2\Delta\lambda} \tag{6.35}$$

二阶导数光谱定义为

$$\rho''(\lambda_i) = \frac{\rho'(\lambda_{i+1}) - \rho'(\lambda_{i-1})}{2\Delta\lambda}$$

$$= \frac{\rho(\lambda_{i+1}) - 2\rho(\lambda_i) + \rho(\lambda_{i-1})}{\Delta\lambda^2} \tag{6.36}$$

式中，λ_i 为第 i 波段（可由其中心波长代表）；$\Delta\lambda$ 为 λ_{i-1} 到 λ_i 的波长间隔长度。

图 6.38 显示了导数的应用意义。图中不同的植物类型在红光与近红外之间的导数（图中直线斜率）有明显的差异。光谱导数在抑制大气散射影响和水质、植被信息提取中得到有效的应用。但导数技术对噪声敏感，尤其是高阶导数。

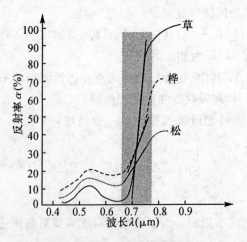

图 6.38　三种植物的光谱导数

6.3.3　高光谱分析技术

高光谱遥感虽然是多光谱遥感的发展，但它的意义不是简单的波段数目的增加和波段宽度的减小，它所带来的一些光谱特性和图像特性在遥感技术上是具有里程碑性质意义的。如前所述，高光谱细致地刻画了地物的辐射光谱特性，为地物的精细分类和定量遥感提供了重要基础。同时，由于高光谱波段数目很多，信息丰富而数据量也急剧增大。所有这些使得对高光谱数据的处理和信息提取方法也有不同于多光谱的很多重要特点。比如光谱导数分析，在多光谱中由于波段不连续，从而没有其意义，而在高光谱中则是很有理论和实用价值的。当然，不仅多光谱的处理方法对高光谱仍然适用，而且有些从高光谱数据发展起来的分析方法，对多光谱也是可用的。高光谱信息分析技术有很多，包括各种光谱匹配方法、混合像元分解方法、分类方法等。下面介绍两种分析方法[76]，其他一些方法将在第 8 章中部分地有所介绍。这两种方法在原理上对多光谱也实用。

1. 光谱角度制图法

光谱角度制图（SAM）法是一种光谱匹配的方法，它计算高光谱图像中像元的光谱与几种已知地物类型的"标准"或"参考"光谱之间的相似性，将像元归入与其相似性最大的标准光谱的地物类型。它所采用的度量光谱之间相似性的量，就是光谱空间中两光谱向量之间的夹角 α。为了便于图示，以三维的光谱为例，如图 6.39 所示。在图中，像元的光谱和标准光谱都是一个三维向量（对于 n 维光谱则是一个 n 维向量），显然，两个光谱若相似则它们之间的夹角会很小，完全相同则夹角为 0。光谱向量的长度（模）的大小对光谱之间角度没有影响。SAM 方法最好针对光谱反射率数据进行。若是辐亮度数据，则未计入模长的考虑这一点，可能是有利的，也可能是不利的。比如，地物由于光照、地形等原因造成的光谱辐亮度值整体提高或降低，不计模长可消除光照影响，因此有利；但若地物的确是因自身辐亮度有较大的成比例的差异，则不计模长显然是不利的。

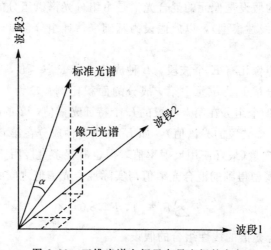

图 6.39　三维光谱空间里向量之间的夹角

计算角度 α 的公式为

$$\alpha = \cos^{-1}\left[\frac{\sum_{i=1}^{n_b} t_i r_i}{\left(\sum_{i=1}^{n_b} t_i^2\right)^{\frac{1}{2}}\left(\sum_{i=1}^{n_b} r_i^2\right)^{\frac{1}{2}}}\right] \qquad (6.37)$$

式中，n_b 为波段数；t 为像元光谱；r 为标准光谱。

　　应用 SAM 方法有几点需要注意：一是标准光谱可能与像元光谱的维数不一致（这是常见的情况，因为地面标准光谱的测量要比空间遥感光谱测量细致得多），此时需要将高维光谱压缩到与低维光谱一样的光谱维数。压缩的方法通常是采用重采样的方法。二是对光谱进行分析、选择，再做对比可能更好，也就是将最能反映所要识别的地物的光谱特征波段（波谷、波峰、拐点等）挑选出来进行对比，而不是使用全部光谱波段。这样既可以提高计算效率，也可以减少无关波段的影响。三是可以对标准光谱和像元光谱先做导数处理，以减少光谱噪声的影响。四是这种方法对地物类型比较纯的像元效果较好，而对混合有多种不同地物的像元效果可能不能令人满意，因为标准光谱是某种纯粹的地物的光谱。

　　光谱匹配的方法还有很多，如二值编码匹配、波形匹配等。

　　2. 混合像元分解

　　一个像元所对应的地面单元中，往往包含了不止一种的地物类型，这种像元称为混合像元(Mixed Pixel)。组成混合像元的各种地物成分称为组分或端元组分，或"终端单元"(Endmember)。对混合像元，我们探测到的是其混合光谱，即像元的光谱亮度值来自像元中所有地物组分的光谱贡献（设满足非相干光辐射功率相加原理）。基于像元的混合光谱，而将混合像元中各种地物（端元）所占比例估计出来就是混合光谱分解技术(Spectral Unmixing)。高光谱为混合像元分解提供了必要的信息条件。要从混合光谱中估计出各种端元地物成分，首先要清楚各端元地物的光谱以何种形式构成了混合光谱，即混合光谱的数学模型，然后依据各种组分光谱对混合光谱的贡献大小来估计相应的地物组分的含量。一种简单而比较合理的假设是像元的混合光谱是由组分光谱以组分的面积比例加权的线性组合（此为混合光谱的线性模型），以此假设为基础来估计组分含量，称为混合像元线性光谱分解。

　　设图像中任意一个像元有 K 个波段，L 种成分，令 $1 \leqslant k \leqslant K$，$1 \leqslant l \leqslant L$。$F$ 代表 $L \times 1$ 维的成分向量，即其分量 F_i 为像元中第 i 成分的面积比例；E 为 L 种组分的光谱特征矩阵，即 E 的 k 行代表 L 个组分在第 k 波段的 L 个特征光谱值，E 的 l 列代表第 l 个组分的组分光谱特征（有 K 个波段的光谱值），如 E_{kl} 为第 l 种成分在第 k 波段的光谱值；R 为像元的 K 维混合光谱向量（最好使用反射率值，但也有很多直接用亮度值或传感器的输出量的编码值）。ε 为用模型得到的混合光谱值与实际混合光谱值之间的误差向量。并设定：

$$\sum_{l=1}^{L} F_l = 1, \ F_l \geqslant 0 \qquad (6.38)$$

　　于是按照前述混合光谱的线性组合的假设，有

$$R_k = \sum_{l=1}^{L} E_{kl} F_{l_j} + \varepsilon_l, \ k = 1, \cdots, K \qquad (6.39)$$

式中，ε_l 为拟合误差。上式用矩阵形式表示为

$$R=EF+\varepsilon \tag{6.40}$$

上式就是线性光谱混合模型(LSMM)。显然,所谓混合像元线性光谱分解,就是在式(6.40)中已知 R 和 E 求 F。

若 $K=L-1$(注意不是 $K=L$,因为有式(6.40)的约束条件),则拟合误差 ε 必为零(因为此时 F 有确定的唯一解。总假设 E 满足线性方程组(6.40)的有解条件),可直接求解出 F。设 E 为非奇异矩阵,有

$$F=E^{-1}R \tag{6.41}$$

若 $K>L-1$(这是通常的情形,并且这样可以提高组分估计的精度),则求式(6.42)的解可转换为求使

$$\varepsilon=R-EF \tag{6.42}$$

最小的 F。可用所有波段的 R 值采用最小二乘法求解(该数学方法参见有关数学书籍)。

在实际求解时,R 是高光谱遥感数据本身,是确定已知的,但 E 则不然。而 E 又是问题的关键。首先要确定的是一个混合像元中可能有哪些地物组分(终端单元),这通常需要结合实地调查和图像分析以及应用目的来确定,不合实际的多选和少选都会导致估计误差的增大。确定了终端单元后,E 的确定又有多种方法,这里介绍两种基本方法。

一是选择只有一种地物类型出现于其中的像元,即所谓纯像元(Pure Pixel),然后实地测量或在图像中测量该像元的相应光谱值。将所有终端单元都找到其对应的纯像元进行光谱测量,就得到了 E。

二是选择一些含有所有终端单元的混合像元,测量这些像元中各终端单元的面积含量,得到 F。再将这些像元的 R 和 F 代入式(6.40)反求 E,如此也可确定出 E。

在混合像元的线性混合模型(6.40)中,当 E,F 均未知时,要对像元进行分解,则显然必须同时对 E,F 做出估计。这一类问题(即源信息 F 和混合矩阵 E 都未知)是盲源分离技术中的一种。盲源分离的一种最主要的技术是独立主成分分析(Independent Component Analysis, ICA)[79]。ICA 假设 F 中各"源"(即各成分)是独立同分布的,且其概率分布为非高斯分布。ICA 的基本方法是将观测变量(这里是 R)的线性组合的分布极大化其非高斯性或最大似然估计等。

混合光谱的分解,除了线性光谱混合模型外,还有一些其他的模型,如几何光学模型、随机几何模型、概率模型、光谱吸收指数模型等[76]。

6.3.4　高光谱的应用

高光谱遥感技术的出现,为地球科学的许多领域提供了极有价值的新的研究手段。举例来说,下面这些领域都已从高光谱技术中受益。

1. 地质学领域

主要用于精确地质填图或单矿物填图。岩石矿物在 $0.4\sim2.5\mu m$ 具有一系列可诊断性光谱特征信息,主要是金属离子的电子转移和 Al-OH、Mg-OH、CO 等分子团的振动所形成的矿物光谱吸收特征,这些特征的带宽在 $10\sim20nm$。1981 年,Goetz 等人利用 10 个波段的 SMIRR 第一次实现了从空间轨道直接识别灰岩和黏土矿物。1983 年,美国 NASA 的 JPL 在内华达 Guprite 地区获取了 128 波段 10nm 光谱分辨率的航空成像光谱仪(AIS)

图像，并成功地进行了高岭土、明矾石等单矿物识别。中科院遥感所王晋年等人(1996)研究提出 SAI 指数，并用其在新疆哈图金矿区、澳大利亚 Rum Jungle 铀矿区以及塔里木盆地进行蚀变岩带填图，取得良好的结果。

2. 生态环境领域

其中植被监测是高光谱应用中研究得较多的领域。主要有植物参数分析，如归一化植被指数(NDVI)。归一化植被指数是植物生长状态和植物空间分布密度的最佳指示因子。但实验表明，NDVI 对土壤背景的变化较为敏感，而利用高光谱数据可以消除土壤信号在NDVI 中的作用。吸收光合有效辐射(APAR)是另一个植物参数，它可有效地估计植物的生物量。植物冠层的光合有效辐射从理论和实验中都证明与光的反射值有联系。遥感所得的吸收光合有效辐射(APAR)比叶面积指数(LAI)能更可靠地估计作物生物量，因为作物的光合作用过程直接把 APAR 能量转换成干物质。植被生长监测和估产也是高光谱遥感的重要应用领域，包括叶子生理、植被初级生产力与生物量、作物单产估计、植物病虫害监测等。运用高光谱遥感还能监测植被受空气污染的状况。

3. 海洋环境领域

赤潮监测：赤潮是海水中的浮游生物过度增殖或聚集致使海水变色的一种生态异常现象。在赤潮水体光谱曲线中，一些典型的光谱吸收谷和反射峰构成窄的特征波段，它们可被高光谱探测到。溢油、海冰、海岸带监测：根据海面油膜的光谱特性，利用海面油膜和正常海面的光谱特征参数的差异，建立比较完善的油膜发生检测方法。通过对海冰、海水的反射特征进行统计分析区分冰水，并计算海冰密集度。陆源污染、海水养殖、滩涂等海岸带典型要素的遥感监测在高光谱技术下更有成效。在以下一些方面高光谱技术可以发挥更大的作用：①海洋碳通量研究，认识其控制机理和变化规律；②海洋生态系统与混合层物理性质的关系研究；③海岸带环境监测与管理。

4. 大气环境领域

大气中分子和粒子成分在太阳反射光谱中有强烈反映，这些成分包括水汽、二氧化碳、氧气、臭氧、云和气溶胶等，其中，水汽是主要吸收成分。用于分析水汽的方法通常都是估算 940 nm 处水汽吸收强度与大气中总水柱丰度的关系。卷云在地球能量平衡中发挥着重要的作用，但在宽带光谱遥感中是一个无法探测的因子。在高光谱中利用水汽在1380nm 和 1850 nm 处的强烈吸收确定卷云分布。在环境监测方面，可以探测直接或间接地危害环境的地表成分，如酸雨和重金属，同时可以用来监测有害矿物的迁移。

第7章　遥感图像处理

绝大多数遥感器是成像的,即各波段的辐射信息可以用二维的图像方式显示出来。在图像中,地物的光谱信息以亮度或颜色表达,地物的空间信息则以诸如形状、大小、纹理等表现。把遥感数据作为图像,对其进行各种旨在校正和增强其信息的处理,称为遥感图像处理。这些处理是进一步提取其中信息的准备或前提。

7.1　遥 感 数 据

遥感数据就是记录了遥感器所获取的地物电磁辐射信息的数值。这些辐射信息包括辐射亮度或辐射功率、波长、偏振、相位以及与具体探测单元相联系的时间和位置。不是每种遥感器的数据一定包括所有这些信息,比如,目前光学遥感数据中不含有偏振和相位信息。可以形式化地把遥感数据定义为这样一个数据集合:

$$RD_S = \{L, \lambda, P_o, P_h, t, x, y\} \tag{7.1}$$

式中, L, λ, P_o, P_h, t, x, y 分别表示辐射亮度或辐射功率、波长、偏振、相位,时间和位置。RD_S 表示具体传感器 S 的数据。对于不考虑偏振、相位的光学遥感数据,则可表示为

$$RD_S = \{L, \lambda, t, x, y\} \tag{7.2}$$

遥感图像基于遥感数据,遥感图像之所以有一些与其他图像不同的特点,就是因为遥感数据有一些不同于普通图像数据的特点。这些特点主要体现在数据获取方式的多样性方面,如多平台、多传感器、多光谱、多角度、多时相、多极化、多尺度等,从而使得遥感数据信息容量大、复杂性高。这一方面增强了遥感数据描述地物特征的能力,另一方面也增加了对遥感数据处理、分析的难度。了解这些特点对于更好地使用遥感数据是必要的。

7.1.1　遥感数据的分辨率

我们后面的讨论针对式(7.2)定义的遥感数据集进行,这个数据集表达了确定时空条件下的地物辐射信息。我们使用"分辨率"这个术语来描述该数据集反映地物辐射信息的精细程度。由于数据集中包括空间变化、光谱变化、时间变化和辐射量变化4个方面,故分辨率也包含空间分辨率、光谱分辨率、时间分辨率和辐射分辨率4种。

1. 空间分辨率

遥感数据的空间分辨率是指数据集 RD_S 中的一个空间点 (x, y)(图像中称之为像元或像素)所对应的地面单元的大小(即一个像元的地面覆盖,又称为地面采样距离,GSD),它反映了遥感数据描述地物形态细节特征的能力大小。空间分辨率取决于传感器的特性、

大气介质的特性和成像比例尺，或者说它取决于有效瞬时视场大小（参看第 4 章 4.4.2 节）。传感器的特性包括望远系统的分辨率、瞬时视场角（一个探测元件的受光角度）大小、感光材料的分辨率或固体探测元件的尺寸。大气介质的特性则如散射、湍流、折射等。经过采样后的遥感数据空间分辨率（GSD）在 x 方向和 y 方向取相同的值，因此一个数据点即代表一个矩形地面单元，分辨率则用其边长大小表示，单位为 m 或 km。一些卫星遥感器的遥感数据空间分辨率见第 5 章。

对于摄影成像的胶片或像片，其空间分辨率用线对数/mm（每 mm 可区分的明暗条纹的对数）表示。但胶片经过扫描仪数字化后的图像仍用像元地面大小表达。摄影胶片的分辨率 R_s 与摄影物镜的分辨率 $R_镜$、感光材料的分辨率 $R_胶$ 和大气介质对分辨率的影响 $R_气$ 有下述关系：

$$\frac{1}{R_s^2}=\frac{1}{R_镜^2}+\frac{1}{R_胶^2}+\frac{1}{R_气^2} \tag{7.3}$$

地面可辨认的最小目标单元大小称之为遥感数据的地面分辨力。对于摄影胶片，根据胶片分辨率和胶片的比例尺，依据下式可计算出其地面分辨力 R_g：

$$R_g=\frac{M}{R_s}\times 1000^{-1}(\text{m}) \tag{7.4}$$

式中，M 为摄影比例尺的分母，R_s 为线数（/mm）。

对于二维点阵的数字产品，地面分辨率不等于前述空间分辨率。其地面分辨力与空间分辨率有如下经验关系式：

$$R_g=2\sqrt{2}\cdot GSD \tag{7.5}$$

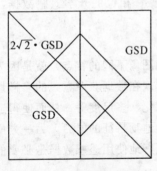

图 7.1　GSD 与地面分辨力关系示意图

式中，GSD 为空间分辨率。取空间分辨率的 $2\sqrt{2}$ 倍，可保证任何在尺寸上大于或等于该值的地面目标能够完整地出现在至少一个空间分辨率单元中，如图 7.1 所示。以 SPOT 的全色波段为例，其空间分辨率为 10m，可求得地面分辨率为 28m。

关于地面最小可分辨目标的大小，也不一定完全取决于式（7.5）。在某些特殊条件下甚至可以小于像元的空间分辨率（GSD），例如，与周围背景有显著亮度差异的线状目标，其线径可远低于分辨单元。实际上，一个目标只要其亮度大到或小到足以使其所在单元的亮度与背景区分开来，它就是可辨认的，而不必考虑其实际大小，但对其地物类型不一定可以识别，同时对其空间定位精度也只能达到像元级别。

遥感图像的显示比例尺（电子或纸介质）是可变的。要区分数据的空间分辨率和其显示比例尺在概念上的不同。给定的遥感数据的空间分辨率是不变的，但可用不同比例尺的影像图来表示。10 米分辨率的 SPOT 数据可以制成 1：5 万或 1：50 万或其他比例尺的影像图，显然，对目标细节的判读前者优于后者。但是 SPOT 数据本身的空间分辨率依然是 10m，只是在 1：50 万的制图产品中，将其降低为相应的最小图斑对应的地面分辨力了。如果将 10m 分辨率的 SPOT 数据制成 1：5 千的影像，因为数据本身的空间分辨率还是

10m，所以也并不能提高其地面分辨力。

2. 光谱分辨率

光谱分辨率是指 RD_S 中 λ 的间隔大小以及光谱连续性，它反映遥感数据区分电磁辐射的最小波谱间隔大小的能力，通常用波段带宽（参看第 4 章 4.4.2 节）、波段数目多少（通道数）来表示。根据光谱分辨率，遥感数据分为全色、多光谱和高光谱。遥感数据的光谱分辨率从带宽数纳米到数百纳米不等。高的光谱分辨率对刻画地物的光谱特征是十分必要的。

3. 时间分辨率

时间分辨率是指遥感器重复获取地面上同一区域影像的最小时间间隔，即 RD_S 中 t 的周期，它由飞行器参数（轨道高度、轨道倾角、运行周期、轨道间隔、偏移系数）和遥感器特点（有无侧视能力）等决定。遥感数据的时间分辨率可分为短周期（以时为单位）、中周期（天为单位）和长周期（年为单位），如 FY-2 气象卫星数据为 0.5 小时，Landsat 资源卫星数据为 16 天，Spot 资源卫星数据为 3 天。在遥感应用中，将获取遥感数据的时间特征称为时相，但一般时相概念多只涉及季节和月份。遥感数据随时间变化是地物特征随时间变化的反映。如图 7.2 所示，大豆和玉米在种植后的不同时间的光谱特征具有规律性的变化。在对一些具有明显时变特性的地表现象的研究中，如农作物长势、地质灾害等，遥感数据的时间分辨率尤显重要。

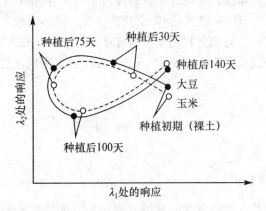

图 7.2　植被在不同时间的光谱响应

4. 辐射分辨率

辐射分辨率反映遥感数据对地物辐射量大小变化的区分能力或描述精度，即 RD_S 中 L 的精确度，它包括两个方面：一是传感器探测辐射的灵敏度，即可探测的最小辐射度差，如 $1\mu W/cm^2$；二是对辐射量的动态量化范围（在最大最小区间内的量化级数），即记录辐射能大小的精度，如 2bit 只能记录 4 个辐射量值。量化级数要与探测灵敏度相适应，低的探测灵敏度用大的量化级数没有意义，只会浪费存储单元，高的探测灵敏度用小的量化级数则损失信息。一般遥感数据的量化级数与其灵敏度是相匹配的，这样辐射分辨率通常就用量化级数来反映。遥感传感器的辐射分辨率有 6bit、7bit、8bit、11bit、16bit 等。

对于胶片，其辐射分辨率取决于胶片的特征曲线。显然，辐射分辨率越高就越能真实细微地记录目标的辐射变化特征。

7.1.2　遥感数据的处理级别

遥感数据的处理级别是指遥感数据供应商提供给用户的数据产品被预加工的层次。为了满足不同行业不同客户对数据的不同要求，数据供应商对从卫星上接收下来的原始数据做一系列的预处理。其内容包括：补偿仪器原因引起的辐射和几何变化、生成使用和解释图像所需的辅助数据、将产品最终打包等。各种不同遥感卫星数据的预处理方式可能有所不同。下面以 Landsat7 为例进行说明。

Landsat7 预处理级别分为：①原始数据产品（Level 0）：卫星下行数据经过格式化同步、按景分幅、格式重整等处理后得到的产品，产品格式为 HDF 格式，其中包含用于辐射校正和几何校正处理所需的所有参数文件。原始数据产品可以在各个地面站之间进行交换并处理。②系统几何校正产品（Level 2）：经过辐射校正和系统级几何校正处理的产品，其地理定位精度误差为 250m，一般可以达到 150m 以内。如果用确定的星历数据（Definitive Ephemeris Data）代替卫星下行数据中的星历数据来进行几何校正处理，其地理定位精度将大大提高。几何校正产品的格式可以是 FAST-L7A 格式、HDF 格式或 GeoTIFF 格式。③几何精校正产品（Level 3）：采用地面控制点对几何校正模型进行修正，从而大大提高产品的几何精度，其地理定位精度可达一个像元以内，即 30 米。产品格式可以是 FAST-L7A 格式、HDF 格式或 GeoTIFF 格式。④高程校正产品（Level 4）：采用地面控制点和数字高程模型对几何校正模型进行修正，进一步消除高程的影响。产品格式可以是 FAST-L7A 格式、HDF 格式或 GeoTIFF 格式。要生成高程校正产品，要求用户提供数字高程模型数据。

7.2　遥　感　图　像

7.2.1　图像和图像数据

一般而言的图像，是人所能直接知觉的画面，故图像是可见光能量（380～760nm）的二维分布，称为模拟（物理）图像，如实际的景观、照片、计算机屏幕上的图像等。人脑对图像信息的处理分析机能已经进化得近乎完善，所以我们往往将本来"不可见"的其他信息也想办法变成可见的图像。在计算机技术出现以后，将一切信息以图像形式展示出来成为可能。这个过程包括两项内容，其一是将原始信息（无论可见或不可见）变成二维的数字阵列；其二是用此数字阵列控制某种显示设备，以二维光能量将信息呈现出来。前者称为信息的数字化，后者称为数据的可视化。数字化得到的二维数字阵列称为图像数据。

数字化过程直接针对的对象有两种，一种是原始信息（如自然景观），另一种是原始信息的间接模拟表达（如像片）。无论针对哪一种对象，实现其数字化的过程都包括两个步骤：空间采样和信息量化（图 7.3）。采样是将连续的空间划分为离散点（面元）的过程。采样的间隔（对应前述遥感数据的空间分辨率）越小，空间分辨率就越高，图像越清晰。采样

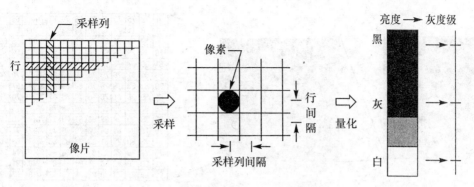

图 7.3　模拟图像的数字化过程示意图

的最小间隔由采样定理确定。量化是将取连续实数值的信息编码为离散的整数值的过程。量化的级数(对应前述遥感数据的辐射分辨率)越多,图像的层次感越强。采样和量化决定了图像表达目标细节信息的程度。遥感图像的信息是地物的电磁辐射信息(辐射亮度或辐射功率)。所谓数字图像,就是指信息经数字化后得到的图像数据,但这个概念使用中有些含混,既可以指图像数据本身,也可以指显示出来的图像,其实,显示出来的图像一定是"(物理)模拟"的。数字图像中的一个像点称为像素或像元(pixel)。最后指出,由于信息的内容是多种多样的,所以数字图像所表达的内容也是多种多样的,数字图像只是表达信息的一种形式。我们所要讨论的遥感数字图像,其物理内容就是电磁辐射信息。图 7.4(见彩图页)中的"遥感图像"就是由 TM 传感器获取的 1 波段(蓝光)、4 波段(近红外)、7 波段(短波红外)合成的,其中 4、7 波段是肉眼不可见波段。

　　遥感数字图像可以通过两种途径获取(对应数字化的两种对象):①直接方法,即对目标物的扫描成像,如第 4 章中介绍的固态图像传感器的扫描和微波雷达成像;②间接方法,即对目标物已有的照片或胶片扫描,如航片扫描仪扫描航空摄影胶片。扫描仪的扫描过程为:航空相片→采样(扫描)→光电转换→电平值→量化。

7.2.2　遥感图像的数学表示

　　模拟图像(如像片)在空间上和亮度上都是连续取值,因此模拟图像在数学上可表示为

$$f(x, y), L_{x\min}\leqslant x\leqslant L_{x\max}, L_{y\min}\leqslant y\leqslant L_{y\max}; f, x, y\in R \tag{7.6}$$

式中,$L_{x\min}$,$L_{y\max}$是图像的空间范围;f是图像像点(x, y)的亮度值。

　　对于数字图像,空间坐标和亮度值(或称灰度值)都是离散值,则可表示为

$$f(i, j), 0\leqslant i\leqslant M-1, 0\leqslant j\leqslant N-1; f\in R \text{ 或 } N; i, j\in N \tag{7.7}$$

式中,i, j 为像元的行、列序号;M, N 为图像最大行、列数;f是图像像素的灰度值。(i, j)即图像像素,i, j的实数坐标值分别为$i\Delta x+\Delta x/2, j\Delta y+\Delta y/2$,$\Delta x, \Delta y$为遥感图像在列方向和行方向的采样间隔,即遥感图像的空间分辨率。在明确$f(i, j)$为离散图像或并不需要区分离散图像与连续图像的情况下,我们以后也常将其直接写为$f(x, y)$。遥感图像中f的取值也可能是复数,如式(6.24)所示的 SAR 数据。图 7.5 显示了一幅遥感数字图像(局部)的图像与数字阵列。

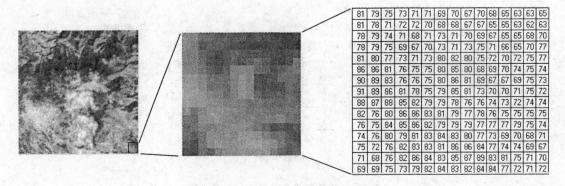

图 7.5　遥感图像及其数字阵列示意图

对于图 7.5 中所示的图像的数字阵列，数学上用矩阵来表示是最直观的。矩阵表示为（设图像为 M 行、N 列）

$$f(i, j)=\begin{bmatrix} f(1, 1) & f(1, 2) & \cdots & \cdots & f(1, N) \\ f(2, 1) & f(2, 2) & \cdots & \cdots & f(2, 5) \\ \vdots & \vdots & \ddots & & \vdots \\ \vdots & \vdots & & \ddots & \vdots \\ \vdots & \vdots & & & \vdots \\ f(M, 1) & \cdots & \cdots & \cdots & f(M, N) \end{bmatrix} \qquad (7.8)$$

$f(i, j)$ 也可以用向量表示。将上述矩阵按行或按列展开为一个向量，如按行展开表示为

$$f=[f_1, f_2, f_3, \cdots, f_i, \cdots, f_M]^{\mathrm{T}}$$
$$f_i=[f(i, 1), f(i, 2), f(i, 3), \cdots, f(i, N)], \quad (i=1, 2, \cdots, M) \qquad (7.9)$$

数字图像的矩阵表示和向量表示，在图像处理的不同场合各有其便利之处。

7.2.3　遥感图像的显示

在遥感图像计算机处理中，利用各种类型的显示器将遥感图像显示出来。显示器的种类有多种，如 CRT 监视器、LCD 显示器、投影仪等，其原理都是利用图像像素数据（灰度值）控制显示器的电信号实现的。以彩色 CRT 显示器为例，如图 7.6 所示（见彩图页）。荧光屏上涂有荧光粉，显像管中的电子枪的电子束打击荧光粉点而发光。一个物理像素由 3 个分别发出红、绿、蓝色光的荧光粉点构成，3 个原色荧光粉点相隔很近，在正常视距下肉眼只能将其知觉为一个点。3 个原色荧光粉点的亮度分别由对应于红绿蓝的 3 个电子枪控制（电子束流的强弱），每个电子枪则由一个图像像素的 3 个灰度值（对应遥感数据中的 3 个波段）控制，使红、绿、蓝三原色的亮度与 3 个灰度值成比例，红、绿、蓝的加色合成就形成了该像素点的颜色（参见第 4 章彩色合成）。用彩色显示器生成灰度图像，则只要使红、绿、蓝 3 个原色的电信号取相同的值，即用一个单波段图像的像素值同时控制 3 个电子枪即可。

有两种类型的遥感图像显示：①灰度图像：只引起亮度感觉的图像，单个波段形成灰度图像；②彩色图像：有颜色感觉的图像，一般由三个波段形成彩色图像。在遥感图像处理中，彩色图像有以下 3 种类型，第一种是假彩色：将多光谱遥感数据中的任意三个波段分别赋予红、绿、蓝所合成的彩色图像，若其彩色与实物的颜色不一致，则称其为假彩色图像。第二种是真彩色：若合成彩色图像的三个波段，其红、绿、蓝所采用的波段正好对应地分别来自多光谱中红光、绿光、和蓝光所处的波段，则显示的图像与我们在现实生活中观察到的地物彩色相同或接近，所以称其为真彩色。第三种是伪彩色：按照某一规则将灰度图像中的各灰度值分别赋予(编码)不同的彩色而形成的图像。

下面对真彩色的显示原理稍加说明。由于严格的真彩色是使图像呈现标准人眼目视景物的颜色，故需使屏幕上图像各像素发射出的光谱完全与景物在可见光区间的光谱一致。于是这个过程包括两个关键步骤：一是真实地记录景物的可见光光谱，二是在屏幕上真实地复现景物的辐射光谱。第一步中，至少需要严格按照三种视锥细胞的光谱响应区间准确记录景物的辐射(这取决于探测技术)；第二步中，由于目前在屏幕上我们只能将其光谱"简化"为三原色，故需要根据所记录的辐射数据，以三原色方式在屏幕上严格地再现原辐射分布的"颜色"(这取决于显示器技术)。因为是以三原色重构真彩色而非以原光谱再现，又光谱的颜色是人的生理心理作用结果，故真彩色是否"真"，只能依赖于主观判断，如图7.7 所示(见彩图页)。

例如，LandsatTM/ETM 的 5，4，7 波段，若被分别对应红、绿、蓝 3 个颜色通道，则其合成彩色图像为假彩色，如图 7.8 所示(见彩图页)；若 3，2，1 波段被分别对应红、绿、蓝 3 个颜色通道，则合成真彩色图像，如图 7.9 所示(见彩图页)，因为 $3(0.63 \sim 0.69 \mu m)$，$2(0.525 \sim 0.605 \mu m)$，$1(0.45 \sim 0.515 \mu m)$ 波段正是位于红、绿、蓝的光谱区间。在遥感中，常将近红外、红、绿 3 个波段分别对应红、绿、蓝所合成的图像称为标准假彩色图像。由遥感图像的显示方式可以知道，地物在图像上的色彩和色调主要是由地物的光谱特征以及显示方式所决定的。比如，蓝色的水体与绿色的植被，在真彩色图像上也分别显示为蓝色和绿色，它们的颜色特征就是由它们在蓝光波段和绿光波段的光谱特征所决定。但蓝色的水体和绿色的植被在假彩色图像上也可以被分别显示为绿色和蓝色，这时它们的颜色特征就取决于图像的彩色合成方式。了解这一点，对于从遥感图像中利用颜色来识别地物目标很有意义。

7.2.4　遥感图像数据的格式

1. 遥感图像数据格式的分类

遥感数据的格式是指数据在存储介质上的逻辑组织形式。遥感数据的存储介质有多种，如硬盘、磁盘阵列、CD-ROM、CCT(Computer Compatible Tape，计算机兼容磁带)等。目前，作为保存和交换用的记录介质主要是光盘和磁带(8mm 盒式磁带居多，容量一般为 5GB)。遥感数据文件的格式也有多种，大体上可分为以下几类：

①工业标准格式：如 EOSAT(Committee on Earth Observing System)、LGSOWG CCRS (Landsat Ground Station Operators Working Group，用 于 Landsat4，5，7，Spot)、LGSOWG SPIM（用 于 Spot）、CEOS（用 于 ERS-1/2）、HDF，HDF-EOS

(MODIS)等。

②商用遥感软件的遥感图像格式：如 EARDAS 的 *.img，PCI 的 *.pix，ERMAPPER 的 *.ers 等。

③通用图像文件格式：GeoTiff、TIFF、JPEG 等。

各种文件格式的数据内容及其组织方式有所不同，但一般包含对遥感数据的说明性信息(如坐标范围、空间分辨率、波段数目、投影类型等)和遥感数据本身两大部分。不同文件格式之间可以通过文件转换程序进行转换。

2. 多波段遥感数据文件的组织方式

有一种只记录遥感数据本身，而不含任何说明性辅助信息的格式，称为裸数据格式(Raw Data Format)，如通用二进制(General Binary)文件；多波段的裸数据有 3 种组织方式，分别称为 BSQ(Band Sequence，按波段序列)、BIL(Band Intercross by Line，按行交叉)和 BIP(Band Intercross by Pixel，按像素交叉)。图 7.10 是裸数据这 3 种组织方式的示意图，其中 A、B 代表两个波段，A_{m1}、B_{m2} 分别表示 A 波段的第 m 行第 1 个像素，B 波段的第 m 行第 2 个像素。

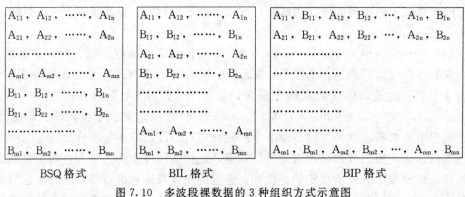

图 7.10　多波段裸数据的 3 种组织方式示意图

3. 遥感数据的分层结构

为了达到图像数据的快速显示或数据压缩的目的，遥感图像数据格式中还常采用下述两种分层结构方式(图 7.11)，这两种结构是有区别的。

① 金字塔结构：像素按 $2^0 \times 2^0 \rightarrow 2^k \times 2^k$ 方式构成图像(层)集，即图像分辨率由粗到细，如图 7.11(a)所示。金字塔结构在图像显示时进行快速缩放很有益处。这种结构在很多遥感软件中都使用，如 ERDAS IMAGENE，对每个遥感图像(后缀为 .img)都有一个名字相同但后缀为 .rrd 的文件，该文件用于存储金字塔结构的信息。

② 4 叉树结构：也是不断 4 等分图像，但第 i 层 $2^i \times 2^i$ 中的某一块的各"像素"的数值不变时，该图像块停止 4 分操作。4 叉树结构在图像压缩和特征提取方面有广泛应用，如图 7.11(b)所示。4 叉树结构的压缩效率依图像的复杂性而变化，只有图像中存在大片像素具有相同值时，才有好的压缩效果，否则可能反而增加数据量。遥感图像中一般只有分类专题图才使用 4 叉树结构。

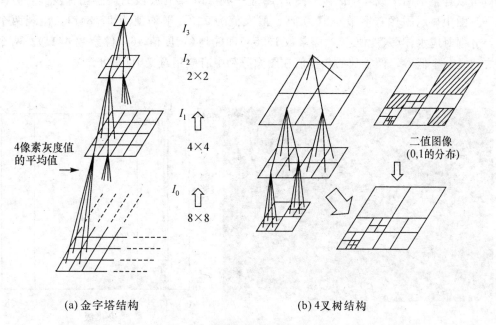

(a) 金字塔结构　　　　　　　　　　(b) 4 叉树结构

图 7.11　图像的分层结构示意图

7.2.5　遥感图像的统计特征

图像特征分为可视特征和参数特征两类。可视特征指"看得见"的图像特征,包括图像中各种目标的亮度、颜色、纹理、边沿、轮廓、形态、大小等;参数特征是指经过计算后得到的用于描述图像统计特性或空间特性的各种参数,如图像灰度的均值、方差,图像的比值,图像的协方差、各阶矩、图像在变换域中的频谱,等等。遥感图像的可视特征将在第 8 章遥感图像解译的章节中介绍,此处只介绍遥感图像参数特征中的若干统计特征。

图像的统计特征是描述图像的统计特性的量。可以将一幅图像看做二维随机过程(随机场)的一个样本,从而用联合概率加以描述。一般我们不能得到同一区域具有统计意义的多个样本。因此,通常假设图像是广义平稳的,即图像中各像点处的灰度值的均值是一个常数,任意两点之间的协方差只与两点间的距离有关而与位置无关。这样,便可将空间某像素处的多次采样,转换为在空间不同像素处的采样,即关于某像素的样本用空间不同位置的像素的样本代替。

1. 一阶直方图及其统计参数

一阶直方图描述图像中像素灰度值的频率分布,在图像像素数足够大的情况下近似为其概率。二阶直方图是图像中任意两个相距一定距离的像素(像素对),其灰度值对的联合概率分布。一阶直方图简称为直方图或灰度直方图。一阶直方图的定义可表示为

$$P(b) \approx \frac{N(b)}{M} \tag{7.10}$$

式中,M 是图像测量窗口中的总像素数;$N(b)$ 为测量窗口中灰度值为 b 的像元数。测量

窗口可以是整幅图像或其子区域。图 7.12 是一幅 TM 第五波段的遥感图像及其直方图的例子。图中显示图像灰度最小值为 15，最大值为 112，平均值为 37.8471，出现两个峰值，分别对应水体（灰度值 17，像素数 16955）和陆地（灰度值 46，像素数 4411）。两个峰值之间是一个低谷，低谷处的灰度值在图像分割中有应用意义（见第 8 章）。

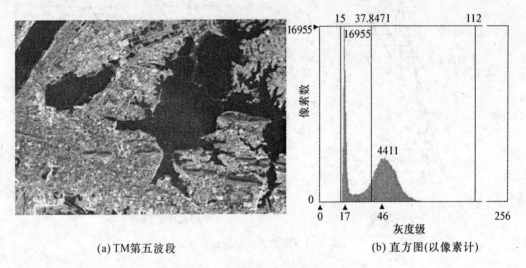

(a) TM第五波段   (b) 直方图(以像素计)

图 7.12 遥感图像直方图的例子

图像的一阶直方图只能反映灰度值的灰度级分布信息，而不能反映灰度的空间分别信息。确定的图像有确定的直方图，而确定的直方图不能对应确定的图像。遥感图像的直方图的形态一般较为复杂。可以将直方图形态变化归纳为图 7.13 所示的几种主要形式。

基于一阶直方图的重要统计参数有：

① 均值：
$$\bar{b} = \sum_{b=0}^{L-1} b \cdot P(b) \quad 或 \quad m = \frac{1}{n} \sum_{i=1}^{n} x_i \tag{7.11}$$

② 方差：
$$\sigma_b^2 = \sum_{b=0}^{L-1} (b - \bar{b})^2 P(b) \quad 或 \quad \sigma_b^2 = \frac{1}{n} \sum_{i=1}^{n} (x_i - m)^2 \tag{7.12}$$

当样本较大时除以 $n-1$。

③ 能量：
$$b_N = \sum_{b=0}^{L-1} P^2(b) \tag{7.13}$$

④ 图像熵：
$$b_E = -\sum_{b=0}^{L-1} P(b) \log_2 P(b) \tag{7.14}$$

式中，L 为灰度级数；n 为图像总的像元数。此外，最大值、最小值也是图像的统计特征参数。

平均值反映随机变量取值（灰度值）的平均水平，方差反映了随机变量取值的离散程度或变化性，能量和熵都是图像信息量的度量。二阶直方图可用于图像纹理的描述详见第8章。

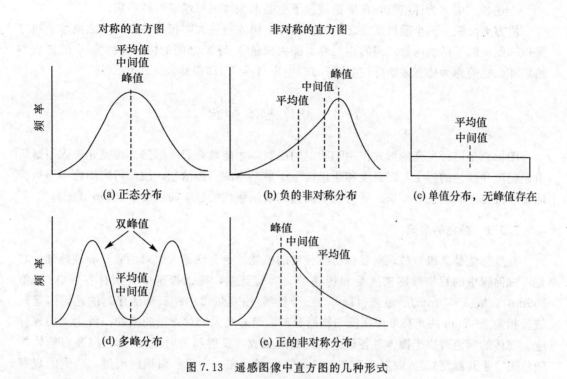

图 7.13 遥感图像中直方图的几种形式

2. 多光谱遥感图像的统计参数

对于多个波段的图像，每个像素在每个波段有一个灰度值，如 LasndsatTM 有 7 个波段，则其每个像素有 7 个值。把像素的每个波段的值都看做一个随机变量，则一个像素可看做一个随机向量，其中各波段的值是随机向量各分量的一次取值。记多波段图像像素的随机向量为 X，则有

$$X_i = [x_1, \ x_2, \ \cdots, \ x_k]^T \tag{7.15}$$

式中，X_i 表示第 i 个像素的向量；x_j 表示 X_i 的第 j 个分量；k 为分量（波段）数。

于是，X 的均值向量为

$$M = [m_1, m_2, \cdots, m_k]^T, m_i = \frac{1}{n}\sum_{j=1}^{n} x_{ij} \tag{7.16}$$

随机变量 x_i, x_j 的协方差的定义是

$$\mathrm{Cov}(x_i, x_j) = \sigma_{ij} = \frac{1}{n}\sum_{l=1}^{n}(x_{li} - m_i)(x_{lj} - m_j) \tag{7.17}$$

随机向量 X_i 与 X_j 之间的协方差定义为其分量两两之间的协方差，分量之间的协方差构成一个矩阵，称为随机向量 X_i 与 X_j 互协方差矩阵，简称协方差矩阵。

$$C = \mathrm{Cov}(X_i, \ X_j) = \mathrm{Cov}\begin{bmatrix} x_{i1} \\ x_{i2} \\ \vdots \\ x_{ik} \end{bmatrix}\begin{bmatrix} x_{j1} & x_{j2} & \cdots & x_{jk} \end{bmatrix} = \begin{bmatrix} \sigma_{i1j1} & \sigma_{i1j2} & \cdots & \sigma_{i1jk} \\ \sigma_{i2j1} & \sigma_{i2j2} & & \vdots \\ \vdots & \vdots & \ddots & \vdots \\ \sigma_{ikj1} & \sigma_{ikj2} & \cdots & \sigma_{ikjk} \end{bmatrix} \tag{7.18}$$

上述各式中 n 为样本数，在平稳假设下也是取全体图像像素为样本集。

协方差反映了两个随机变量之间的相关性，协方差值大则相关性大，反之则小。协方差矩阵则反映了随机向量之间的相关性。随机向量 X 与 X 之间的协方差称为 X 的自协方差矩阵，也简称为协方差矩阵(在式(7.18)中令 $X_i = X_j$ 即得其表达式)。

7.3 颜色基本知识

图像总是以可见光的形式作用于我们的眼睛，才能被我们所感知。可见光进入眼睛后引起亮度和颜色的感觉，而亮度和颜色携带了最基本的图像信息，故此研究图像必不可少地要涉及亮度和颜色的知识。研究定量测量和表示颜色的科学叫色度学(Colorimetry)。

7.3.1 颜色的合成

亮度感觉是人眼对被观察目标明亮程度的感觉。色觉则是人眼对色彩的心理感觉，它是由视网膜中的视锥细胞来感受和传递的。实验证实，视锥细胞中分别存在敏红(峰值 559nm)、敏绿(531nm)、敏蓝(419nm)三种色素(由视蛋白中的氨基酸序列的差异引起)。波长相差 3~5nm 的光都可为视锥细胞所分辨。色彩是大脑对光谱刺激的一种生理心理反应。物体的颜色取决于物体对各种波长光线的吸收、反射和透射能力的差异(高温物体的颜色决定于其温度)。人眼对亮度和颜色的知觉都存在一个观察面积的阈值。色觉的观察面积阈值比亮觉的大，所以亮度的空间变化比颜色空间变化更易引起人眼的知觉。换言之，空间分辨率受亮度制约。但在二者都在阈值之上时，人眼对颜色种类变化的感觉优于对亮度级差变化的感觉。

彩色合成的三原色原理的基本内容最早由 Grassman 定律所表述。在 Grassman 定律的基础上，进一步完善为一组色匹配公理：

①任何色光都可以由互相独立的、不多于三个的基色混合而成；

②在一个辐射级上的色匹配结果，可以在相当宽的辐射量的范围内保持不变；

③人眼不能分解混合光的各个分量，只能分辨色光的色调、亮度和饱和度的变化；

④混合光的强度是各分量的强度的总和；

⑤由不同的颜色混合而成，但能产生相同的颜色感觉的混合色之间可以相互替代，既可以是异谱等色也可以是同谱等色，可以利用各种颜色的代数式的相加和相减得出所需的颜色。

颜色的目视感知属性即明度(亮度)、色调、饱和度的含义分别介绍如下：

明度(Luminance)：人眼对物体明亮程度的感觉，由光的强度决定。有时称亮度(视亮度，Brightness，Illumination)。颜色理论中的(相对)明度(Lightness)的概念与它有所不同，后者是目标与背景视亮度的对比。

色调(Hue)：物体表面对人眼呈现近似红、黄、绿、蓝的一种或两种色的感觉，由主光谱波长决定。有的合成色无主波长，由原色的比例决定。

饱和度(Saturation)：彩色纯洁(Purity)的程度，单色刺激和特定的无彩色刺激相加混合匹配某颜色刺激时，这两种光刺激量的比例，即由颜色中含白光成分的量决定。

明度、色调、饱和度中的任何一项的变化都对颜色知觉产生影响。

根据物体对入射光的色响应,将其分为消色物体和彩色物体,前者对入射光无选择性吸收和反射,后者对入射光有选择性吸收和反射。光源的光谱成分(颜色)对消色物体和彩色物体的颜色产生不同的影响。当有色光照射到消色物体时,物体反射光颜色与入射光颜色相同。两种以上有色光同时照射到消色物体上时,物体颜色呈加色法效应(如幻灯片投影),如红光和绿光同时照射白色物体,该物体就呈黄色。当有色光照射到有色物体上时,物体的颜色呈减色法效应,如黄色物体(反射红、绿吸收蓝)在品红光(红和蓝构成)照射下呈现红色,在青色(绿和蓝构成)光照射下呈现绿色,在蓝色光照射下呈现黑色。

7.3.2　颜色的表示

由于明度、色调、饱和度是心理量,不能直接测量,所以颜色的物理测量是针对三基色进行的。常用的三基色是红、绿、蓝,记为 R、G、B。国际照明委员会(CIE)以水银光谱规定的三基色为:700nm 为红光,546.1nm 为绿光,435.8nm 为蓝光。CIE 还把一种等能光谱的人造光源——E 光源(近似色温 5500K)作为标准白色 $E_白$。将 RGB 三种基色混合以匹配出等能白光 $E_白$,实验测量出其所需 R、G、B 的光通量的比例为:1:4.5907:0.0601。于是把 1 份光通量的红光、4.5907 份光通量的绿光和 0.0601 分光通量的蓝光定义为三个基色单位,即[R]、[G]、[B]。对于标准白色 $E_白$ 有配色方程:

$$F_{E_白} = 1[R] + 1[G] + 1[B] \tag{7.19}$$

而对于任意的颜色 F,配色方程为

$$F = R[R] + G[G] + B[B] \tag{7.20}$$

其中,RGB 是匹配 F 时所需基色([R]、[G]、[B])的量,称为色系数或三刺激值。这样,任何一种颜色都可以用以[R]、[G]、[B]为基色单位的 RGB 色系数来匹配并表示。在这一基础上,定义了多种描述颜色的方法,称为表色系或彩色空间。所有的表色系,若其是基于颜色的加法合成的称为混色系,若是基于减法合成的则称为显色系。

色匹配的实验方法如图 7.14 所示。

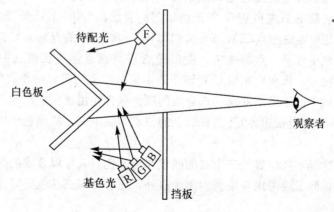

图 7.14　色匹配的实验方法

1. 色度学模型

将用于匹配各种彩色的色系数 R，G，B 归一化，令

$$r=R/(R+G+B)，g=G/(R+G+B)，b=B/(R+G+B)。 \qquad (7.21)$$

$r，g，b$ 称为相对色系数。因有 $r+g+b=1$，于是用 $r，g$ 两个独立变量可构成一个直角坐标系的二维混色图，称为 1931 CIE-RGB 色度图（CIE1931 年制定）。任何一种颜色都在该色度图上有一个对应点。但这个色度图存在一些缺陷，比如色系数存在负值、颜色分布在坐标系的多个象限中等。为了克服这些缺陷，CIE 对[R]、[G]、[B]三基色作了一个数学变换，生成一组新的三基色[X]、[Y]、[Z]。[R]、[G]、[B]与[X]、[Y]、[Z]的关系如下：

$$\begin{bmatrix} X \\ Y \\ Z \end{bmatrix} = \begin{bmatrix} 0.4185 & -0.0912 & 0.0009 \\ -0.158 & 0.2524 & -0.0025 \\ -0.0828 & 0.0157 & 0.1786 \end{bmatrix} \begin{bmatrix} R \\ G \\ B \end{bmatrix} \qquad (7.22)$$

基于[X]、[Y]、[Z]的配色方程为

$$F=X[X]+Y[Y]+Z[Z] \qquad (7.23)$$

对色系数 X、Y、Z 规一化，令

$$x=X/(X+Y+Z)，y=Y/(X+Y+Z)，z=Z/(X+Y+Z) \qquad (7.24)$$

$x+y+z=1$，也称为相对色系数。用 $x，y$ 两个独立变量构成一个直角坐标系，任何一种颜色可在该坐标系的第一象限中有一个对应点，称这个混色图为 1931 CIE-XYZ 色度图。RGB 色系数与 XYZ 色系数的转换关系为

$$\begin{bmatrix} X \\ Y \\ Z \end{bmatrix} = \begin{bmatrix} 2.7689 & 1.7518 & 1.1302 \\ 1.0000 & 4.5907 & 0.0601 \\ 0.0000 & 0.0565 & 5.5943 \end{bmatrix} \begin{bmatrix} R \\ G \\ B \end{bmatrix} \qquad (7.25)$$

1931 CIE-XYZ 色度图见图 7.15（见彩图页）。

1931 CIE-XYZ 色度图中的几个特点如下[50]：

①马蹄形区域包括了所有物理上可以产生的真实颜色。

②马蹄形曲线边界上的颜色是纯光谱色，光谱波长与其 $x，y，z$ 值的对应关系可查表。颜色与颜色名称的对应可查看 CIE 色域图。直线段（AB）不是光谱色，称为紫红线。$x=y=1/3$ 的点是等能白光点（E），$x=0.3101$，$y=0.3162$ 的点称为 C 白光点。

③马蹄形区域中任意一点的颜色，由白光点 C 与该点连线在该点一端的马蹄形边界上的交点的颜色决定，饱和度则由 C 到该点的距离与 C 到边界点的距离的比值决定。

④马蹄形区域中的任意不共线三点合成的颜色包含在由该三点形成的三角形区域内。

⑤马蹄形区域中（包括边界）任意直线上的三点，其中一点的颜色可以由其两侧两点的颜色混合合成。

由④可知，选择不同位置的三个点的颜色作为基色，其可以合成的颜色的数量是不同的。三基色的选择除了要考虑合成色的多少以外，还要考虑三基色对亮度的影响。

2. 工业模型

如 7.2.3 节中所述，彩色显示器显示色彩的原理都是采用 R、G、B 三色控制信号，控制 R、G、B 以不同比例混合产生彩色的。这里的 R、G、B 即前述色系数。由 R、G、

B 组成的直角坐标系就是 RGB 彩色空间。实际上在混色系统中，物理上实现彩色合成都必须基于 R、G、B，故这种彩色空间可称之为工业模型。RGB 彩色空间示意图如图 7.16 所示。

图 7.16 中单位长度的 R、G、B 三个顶点组成的三角形称为 Maxwell 三角形，Maxwell 三角形平面中的任意一点处的相对色系数 r、g、b 都满足 $r+g+b=1$。

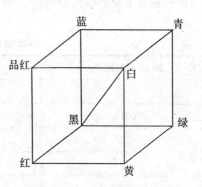

图 7.16 RGB 彩色空间示意图

3. 物理模型：孟塞尔颜色立体

孟塞尔(Munsell)颜色系统是世界上使用最广泛的颜色系统，有物理样品集(包括颜色图册、颜色立体模型和颜色表示说明书)。该系统是一种显色系统，它采用标准物体的色外观为基础色标进行目视比色。孟塞尔系统表示颜色的方法是：孟塞尔色相：10 个色调区，每个区有 10 等份，中间(5)为主色系色相；孟塞尔光值：11 级，0~10。孟塞尔彩度：到中心的距离 26 级，如图 7.17 所示(见彩图页)。

4. 视觉模型

从人的视觉系统出发，用明度(亮度)、色调、饱和度来描述色彩。有多种 HLS 色彩空间模型，如双圆锥空间模型、双 6 面锥体模型(图 7.18)等。HLS 色彩空间的双圆锥模型相当复杂，但确能把色调、亮度和色饱和度的变化情形表现得很清楚。

通常把色调和饱和度通称为色度，用来表示颜色的类别与深浅程度。由于人的颜色视觉只能知觉亮度、色调和饱和度，为了便于色彩处理和识别，经常采用 HLS 色彩空间，它比 RGB 色彩空间更符合人的视觉特性。在遥感图像处理和计算机视觉中，大量算法都可在 HLS 色彩空间中方便地使用，它们可以分开处理而且是相互独立的。因此，在 HLS 彩色空间可以大大简化图像分析和处理的工作量。HLS 模型在遥感数据融合等方面也有重要的应用。

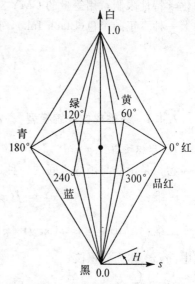

图 7.18 双六面锥体 HLS 模型

5. CMY 色彩空间

彩色印刷或彩色打印的纸张是不能发射光线的，因而印刷机或彩色打印机就只能使用一些能够吸收特定的光波而反射其他光波的油墨或颜料，即采用减色法合成颜色。油墨或颜料的三基色是青(Cyan)、品红(Magenta)和黄(Yellow)，简称为 CMY。青色对应蓝绿色；品红对应紫红色。理论上说，任何一种由颜料表现的色彩都可以用这三种基色按不同的比例混合而成，这种色彩表示方法称 CMY 色彩空间表示法。彩色打印机和彩色印刷系统都采用 CMY 色彩空间。

因为 CMY 空间正好与 RGB 空间互补，即用白色减去 RGB 空间中的某一彩色值就等于同样色彩在 CMY 空间中的值。RGB 空间与 CMY 空间的互补关系见表 7.1。

表 7.1　　　　　　　　　　**RGB 空间与 CMY 空间的互补关系**

RGB 相加混色	CMY 相减混色	对应的色彩
000	111	黑
001	110	蓝
010	101	绿
011	100	青
100	011	红
101	010	品
110	001	黄
111	000	白

　　根据这个原理，很容易把 RGB 空间转换成 CMY 空间。此外，由于彩色墨水和颜料的化学特性限制，用等量的 CMY 三基色得到的黑色不是真正的黑色，因此在印刷术中常加上一种真正的黑色(Black Ink)，所以 CMY 又写成 CMYK。

7.4　遥感图像处理概述

7.4.1　线性成像系统模型

1. 卷积运算

卷积是函数与函数之间的一种运算算子。连续函数的卷积定义如下：

一维：
$$h(x) = f(x) * g(x) = \int_{-\infty}^{+\infty} f(\alpha)g(x-\alpha)\mathrm{d}\alpha \tag{7.26}$$

二维：
$$h(x,y) = f(x,y) * g(x,y) = \iint_{-\infty}^{\infty} f(\alpha,\beta)g(x-\alpha,y-\beta)\mathrm{d}\alpha\mathrm{d}\beta \tag{7.27}$$

式中，$g(x)$ 称为卷积核。

例：已知 $f(x) = \mathrm{rect}(x)$，$h(x) = \mathrm{rect}\left(\dfrac{x-1}{2}\right)$，求 $f(x) * h(x)$。

求解过程和结果如图 7.19 所示。

从上例可看出，卷积具有下述卷积效应：①展宽效应：卷积的宽度(定义域)等于参与卷积的两个函数的宽度和；②平滑效应：被卷积函数的形态被平滑(整体而言)。

离散函数的卷积定义如下：

一维：$f(x) * g(x) = \dfrac{1}{M}\sum_{m=0}^{M-1} f(m)g(x-m)$，$x = 0,1,\cdots,M-1$，$M = A+C-1$

二维：
$$f(x,y) * g(x,y) = \frac{1}{MN}\sum_{m=0}^{M-1}\sum_{n=0}^{N-1} f(m,n)g(x-m,y-n)$$

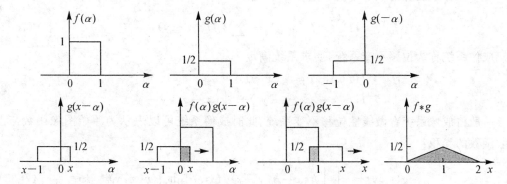

图 7.19 一维函数卷积过程及卷积效应示意图

$$\begin{cases} x = 0, 1, \cdots, M-1, \ M = A + C - 1 \\ y = 0, 1, \cdots, N-1, \ N = B + D - 1 \end{cases} \tag{7.28}$$

式中,A,C 为 f,g 的高度;B,D 为 f,g 的宽度。

2. 狄拉克函数

狄拉克函数又称 δ 函数,定义如下:

$$\left. \begin{array}{l} \delta(x - x_0, y - y_0) = \begin{cases} \infty & x = x_0, y = y_0 \\ 0 & \text{其他} \end{cases} \\ \iint_{-\infty}^{\infty} \delta(x, y) \mathrm{d}x \mathrm{d}y = \iint_{-\varepsilon}^{\varepsilon} \delta(x, y) \mathrm{d}x \mathrm{d}y = 1 \end{array} \right\} \tag{7.29}$$

式中,ε 为任一小正数。δ 函数是对点源(定义在空间中一个无穷小的点上的物理量)的物理特性的数学描述,它有广泛的物理应用背景,如密度、亮度、照度等。

可以证明 δ 函数具有如下卷积性质:

$$f(x, y) = \iint_{-\infty}^{\infty} f(\alpha, \beta) \delta(x - \alpha, y - \beta) \mathrm{d}\alpha \mathrm{d}\beta \tag{7.30}$$

当 (x, y) 取离散值时,$\delta(x - \alpha, y - \beta)$ 起到采样的作用。事实上,在采样理论中,离散图像函数正是通过由 δ 函数构成的冲击阵列函数(梳状函数)对连续函数采样得到的。这个过程中的 δ 函数也称为冲击函数(或脉冲函数)。

3. 线性成像系统

一个成像系统可以看做是由"输入—成像作用—输出"构成的系统(图 7.20)。其中,输入的是原始图像的离散点,经过成像系统的作用 H(点扩散函数),再加上系统的随机噪声,就得到系统输出的图像。

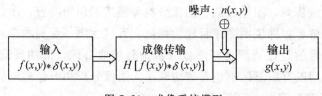

图 7.20 成像系统模型

一个成像系统称为线性系统，要求系统满足：

$$H \sum_1^n k_i f_i(x,y) = \sum_1^n k_i H f_i(x,y) \tag{7.31}$$

成像系统称为位移不变系统,要求系统满足：

$$Hf(x,y) = g(x,y)$$
$$Hf(x-x_0,y-y_0) = g(x-x_0,y-y_0) \tag{7.32}$$

一般将成像系统看做线性位移不变系统。此时成像系统可以表示为原始图像函数与点扩散函数的卷积：

$$g(x,y) = \iint_{-\infty}^{\infty} h(x-s,y-t)f(s,t)\mathrm{d}s\mathrm{d}t + n(x,y) \tag{7.33}$$

式中，$h(x-s,\ y-t)=H\delta(x-s,\ y-t)$，即系统的点扩散函数；$n(x,\ y)$ 为噪声。

遥感成像系统通常也被看做线性系统。在式(7.33)中，$g(x,\ y)$ 是已知的，但不等于 $f(x,\ y)$。若已知点扩散函数 h 和噪声函数 $n(x,\ y)$ 来求解 $f(x,\ y)$，称为图像恢复，通常用反卷积技术处理。若 h 未知，希望对它做出估计，则属于系统辨识问题。若 $f(x,\ y)$、h 都未知，需要同时估计，则属于盲源分离问题。在遥感图像处理中，主要处理图像恢复问题。

7.4.2 遥感图像处理中的有关概念和术语

1. 图像处理概念

对图像进行一系列的操作而改变图像，以达到满足预期目的的输出图像，这个过程称为图像处理。按被处理的遥感图像的类型和对图像操作的物理过程，图像处理可以分为模拟图像处理和数字图像处理。模拟图像处理采用光学和照像技术对模拟图像进行操作，如照片的缩放、光学密度分割、光学傅立叶变换等。数字图像处理是利用数字计算机对数字图像进行的处理，主要是对输入图像施加某种变换而得到新的输出图像，达到如图像校正、图像增强、图像恢复、图像压缩等目的。图像光学处理方法具有信息容量大、分辨率高、目视效果好、可并行处理等优点，但精度不高、稳定性差，且设备复杂、昂贵，消耗也大。随着计算机性能价格比的极大提高，计算机图像处理技术已经以绝对的优势取代了光学处理中的大部分方法。当然，目前很多的终端图像产品还是纸介质的，而且数字图像的物理显示也与光学处理有关，所以光学方法不可能被完全取代。本书不涉及遥感图像的模拟处理，只介绍数字遥感图像处理，并且限于篇幅，只对基本内容做扼要介绍。

与图像处理相联系的概念是图像分析和图像理解。二者主要目的是从图像中提取有用信息。图像分析是对图像中感兴趣的目标进行检测和测量，从而建立对象的描述，输出为数值或符号，如边缘检测、图像分割、图像分类等模式识别的内容。图像理解是对图像中的目标做出正确的解释，即说明图像目标为何物、有何性质、有何种空间特征关系等。简言之，图像处理的目的是改善图像，图像分析则是提取目标，而图像理解则是要解释目标。显然，三者之间既有明显区别也有密切联系。图像分析和图像理解的内容我们将在第8章"遥感信息解译和反演"中简要予以介绍。

2. 图像处理的有关术语

图像处理时，每次处理的对象或处理单元可以从一个像元直至整个图像。依处理对象的尺度不同，可把它分为：

点处理：处理单元为一个像素的处理，如灰度变换。

邻域处理或局部处理：处理单元为围绕当前处理像元的若干像元的集合的处理。当前像元周围的若干像元的集合称为该当前像元的邻域(图 7.21)，如卷积运算。用矩阵表示邻域的方法如下所示：

$$\begin{bmatrix} i-1,\ j-1 & i-1,\ j & i-1,\ j+1 \\ i,\ j-1 & i,\ j & i,\ j+1 \\ i+1,\ j-1 & i+1,\ j & i+1,\ j+1 \end{bmatrix}$$

式中，i，j 为当前处理像元，其 4-邻域为水平方向和垂直方向 4 个像元构成，8-邻域为全部 8 个邻近像元构成。

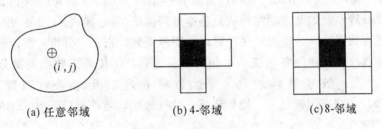

(a) 任意邻域　　　　(b) 4-邻域　　　　(c) 8-邻域

图 7.21　邻域示意图

全局处理：以整个图像为对象的处理，如傅立叶变换。

窗口或模板：图像处理的范围通常是整幅图像，但也可以是图像中的某些特定的区域，这些区域用窗口或模板定义。窗口或模板是给定的像元集合，用来指定特定的待处理区域范围(通常称为感兴趣区域，Area of Interesting，AOI，或 Region of Interest，ROI)。窗口或模板都可以是任意形状的，但通常以矩形区域为多。

为完成某个具体的图像处理功能，所采取的一系列有序的图像操作的集合，称为一个图像处理算法。一个图像处理算法可能是只能按处理单元顺序依次进行，也可能可以同时针对所有单元同步进行，这就是串行处理和并行处理。串行处理是当前像素(i，j)的输出依赖于之前一次处理结果，只能有一个当前像素；并行处理是当前像素(i，j)的输出只依赖于(i，j)的邻域(可以包括(i，j)在内)，图像中的每个像素可以同时成为当前像素。

单波段处理和多波段处理：单波段处理是被处理的图像只有一个波段，而多波段处理的被处理图像是多个波段，其输出图像一般是单个波段，个别情况也有输出为多个波段图像的。

7.4.3　遥感图像处理系统

遥感图像处理系统是专门针对遥感图像的数据处理、信息提取的软件(有时候包含一些必要的或可选的硬件)，它是数字图像处理软件中的一种，但通常比一般的数字图像处理软件复杂。数字图像处理软件一般包括下述几个类型：

①图像浏览类：用于观看数字图像，具有图像缩放、漫游、仿射变形等基本处理功能，如 Windows 的画图、Microsoft Picture Manager 等。

②专业应用类：用于各种专门应用领域的图像处理，包括针对专业领域应用的各种处理方法的模块化程序，用户只需输入参数即可实现大量的专业性图像处理算法，如医学图像处理软件（AFNI、Mimics、OSIRI 等）、遥感图像处理软件（ERDAS Imagine、PCI、ANVI 等）、艺术图像处理软件（Photoshop 等）。

③图像开发工具类：属于计算机辅助软件工程（CASE）类软件。用于实现用户的各种图像处理算法，提供了开发语言、图像处理常用函数库以及与基础语言（如 C 等）的接口，如 Matlab 等。

遥感图像处理系统的核心部分是软件。目前比较著名的遥感图像处理系统有美国 ERDAS 公司的 ERDAS Imagine，加拿大 PCI 公司的 PCI，澳大利亚 ERMapper 公司的 ERMAPPER、RSI 公司的 IDL/ENVI，德国 Definiens Imaging 公司的 eCognition 等。

遥感图像处理系统的基本功能构成是基本处理模块（核心模块）+专业处理模块。基本处理模块主要有数据输入、输出，文件管理，图像增强，校正，分类，图像镶嵌，地图投影变换等。专业处理模块则各系统不尽相同。主要有：①按遥感数据类型分：多光谱处理，高光谱处理，数字摄影测量、雷达数据处理以及地球物理数据处理（如 ERMAPPER）；②按应用领域分：地质遥感、油气遥感、植被遥感等（如 ERMAPPER）。

7.5 遥感图像处理中的重要变换

7.5.1 图像变换概述

图像处理中的算法实质上可以归结为某个图像变换，即二维图像函数的数学变换。一般表示如下：

$$f(x, y) \xrightarrow{\text{数学变换：} T[f(x,y)]} g(x, y) \tag{7.34}$$

式中，$f(x, y)$ 是输入图像，$g(x, y)$ 是输出图像。具体数学变换的形式有很多，其中很重要的一类是所谓正交变换。正交变换就是将图像函数 $f(x, y)$ 变换为由正交函数系 $\{\varphi_n(x, y)\}$ 来表示，后者是满足下述条件的函数系：

$$\int_{x_1}^{x_2} |\varphi_n(x,y)|^2 \mathrm{d}x\mathrm{d}y < \infty, \int_{x_1}^{x_2} \varphi_n(x,y)\varphi_m^*(x,y)\mathrm{d}x\mathrm{d}y = \begin{cases} 0, & n \neq m \\ \mu_m, & n = m \end{cases} \tag{7.35}$$

式中，μ_m 为实常数；$\varphi_m^*(x, y)$ 为 $\varphi_m(x, y)$ 的复共轭函数。比如下述函数就是一个 $[-\pi, \pi]$ 上的正交函数系：

$$\{\varphi_n(x)\} = \{1, \cos x, \sin x, \cos 2x, \sin 2x, \cdots, \cos nx, \sin nx, \cdots\}$$

如果对正交函数系有：

$$\frac{1}{x_2 - x_1} \int_{x_1}^{x_2} |\varphi_n(x)|^2 \mathrm{d}x = 1 \tag{7.36}$$

则称其为标准或规范正交函数系，如 $e^{jn\omega x}$, $\left(\omega=\dfrac{2\pi}{T},\ n=0,\ \pm 1,\ \pm 2,\ \cdots\right)$, $x\in$ $\left[-\dfrac{T}{2},\ \dfrac{T}{2}\right]$ 即是一规范正交函数系。

基于正交函数系的二维变换的一般表达式可以写为

$$F(u,v)=\int\limits_{x_1}^{x_2}\int\limits_{y_1}^{y_2}f(x,y)\varphi(x,y;u,v)\mathrm{d}x\mathrm{d}y \tag{7.37}$$

$$f(x,y)=\int\limits_{u_1}^{u_2}\int\limits_{v_1}^{v_2}F(u,v)\varphi'(x,y;u,v)\mathrm{d}u\mathrm{d}v \tag{7.38}$$

式中，$\varphi(x,\ y;\ u,\ v)$；$\varphi'(x,\ y;\ u,\ v)$称为变换核或核函数。$f(x,\ y)\sim F(u,\ v)$称为变换对。最重要也最常用的正交变换是傅立叶变换。上述表达在数字图像处理中写为离散形式，积分变成求和。

正交变换具有一些很好的性质，比如，正交变换具有完全可逆性，即利用上式从 $F(u,\ v)$ 可以精确地求出 $f(x,\ y)$，即变换过程中没有消息损失；正交变换可以消除图像之间的相关性；正交变换具有集中图像能量(或信息)的作用。

下面将要介绍的傅立叶变换和 K-L 变换，就是重要的正交变换。本书只简要介绍这些变换的基本原理，以便能够正确地加以运用。

7.5.2 傅立叶变换

先回顾一下傅立叶级数。以 T 为周期的一元函数 $f(x)$ 在区间 $[-T/2,\ T/2]$ 上若满足狄氏条件，则 $f(x)$ 可展开为傅立叶级数，并且在连续点处有：

$$f(x)=\frac{a_0}{2}+\sum_{n=1}^{\infty}(a_n\cos n\omega_0 x+b_n\sin n\omega_0 x)=\sum_{n=1}^{\infty}c_n e^{jn\omega_0 x} \tag{7.39}$$

式中，
$$\left.\begin{array}{l}a_0=\dfrac{2}{T}\displaystyle\int_{-T/2}^{T/2}f(x)\mathrm{d}x\\[2mm]a_n=\dfrac{1}{T}\displaystyle\int_{-T/2}^{T/2}f(x)\cos n\omega_0 x\mathrm{d}x\\[2mm]b_n=\dfrac{1}{T}\displaystyle\int_{-T/2}^{T/2}f(x)\sin n\omega_0 x\mathrm{d}x\\[2mm]c_n=\dfrac{a_n-\mathrm{j}b_n}{2}=\dfrac{1}{2\pi}\displaystyle\int_{-\pi}^{\pi}f(t)e^{-jnx}\mathrm{d}t\end{array}\right\} \tag{7.40}$$

上述表达利用了欧拉公式：

$$\cos\varphi=\frac{e^{j\varphi}+e^{-j\varphi}}{2},\ \ \sin\varphi=-\mathrm{j}\frac{e^{j\varphi}-e^{-j\varphi}}{2} \tag{7.41}$$

$\omega_0=2\pi/T$ 是 $f(x)$ 的频率，称为基频。式(7.39)中的第一项显然是 $f(x)$ 在一个周期内的算术平均，故常称为直流分量或零次谐波。

从物理学的角度看，式(7.39)表明 $f(x)$ 可以由无限多个不同频率、不同振幅的正弦、余弦波(即简谐波)叠加而成，事实上也正是如此，如图 7.22 所示，图中左边是一个周期为 T 的矩形波，右边是不同频率谐波的叠加，可以看出，随着所叠加谐波数量的增加，合成的曲线越来越接近矩形波曲线。

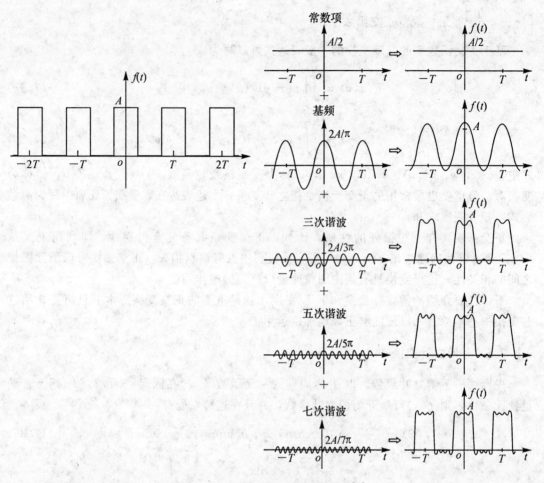

图 7.22　矩形波的谐波分析示意图[23]

　　实际中很多函数并非周期函数，如遥感图像，几乎没有周期性，这时相当于周期 T 趋向于无穷大，而基频 $\omega_0 = 2\pi/T$ 趋向于零。对式(7.39)，令 $\omega_0 \to 0$，可推导出：

$$\left.\begin{array}{l} f(x) = \dfrac{1}{2\pi}\displaystyle\int_{-\infty}^{\infty} F(\omega)\mathrm{e}^{\mathrm{j}\omega x}\,\mathrm{d}\omega \\[2mm] F(\omega) = \displaystyle\int_{-\infty}^{\infty} f(x)\mathrm{e}^{-\mathrm{j}\omega x}\,\mathrm{d}x \end{array}\right\} \tag{7.42}$$

$F(\omega)$ 称为 $f(x)$ 的傅立叶变换，$F(\omega) \sim f(x)$ 称为傅立叶变换对。

二维连续图像函数的傅立叶变换为

$$\left\{\begin{array}{l} F(u,v) = F\{f(x,y)\} = \displaystyle\int_{-\infty}^{\infty}\int_{-\infty}^{\infty} f(x,y)\mathrm{e}^{-\mathrm{j}2\pi(ux+vy)}\,\mathrm{d}x\mathrm{d}y \\[3mm] f(x,y) = F^{-1}\{F(u,v)\} = \displaystyle\int_{-\infty}^{\infty}\int_{-\infty}^{\infty} F(u,v)\mathrm{e}^{\mathrm{j}2\pi(xu+yv)}\,\mathrm{d}u\mathrm{d}v \end{array}\right. \tag{7.43}$$

离散数字图像的傅立叶变换为

$$F(u,v) = \frac{1}{MN} \sum_{x=0}^{M-1} \sum_{y=0}^{N-1} f(x,y) \mathrm{e}^{-\mathrm{j}2\pi(ux/M+vy/N)}$$

$$f(x,y) = \sum_{u=0}^{M-1} \sum_{v=0}^{N-1} F(u,v) \mathrm{e}^{\mathrm{j}2\pi(ux/M+vy/N)}$$

$$\Delta u = \frac{1}{M\Delta x}, \ \Delta v = 1/(N\Delta y)$$

$$(7.44)$$

式中,M,N 为图像的行列数。

显然傅立叶变换是一个复数,实部记为 $R^2(u,v)$,虚部记为 $I^2(u,v)$,并有下述几个重要物理概念:

频谱: $$|F(u,\ v)| = [R^2(u,\ v) + I^2(u,\ v)]^{\frac{1}{2}} \tag{7.45}$$

功率谱: $$E(u,\ v) = R^2(u,\ v) + I^2(u,\ v) \tag{7.46}$$

相位谱: $$\phi(u,\ v) = \arctan[I(u,\ v)/R(u,\ v)] \tag{7.47}$$

频谱、功率谱反映了图像各频率所承载的能量(信息)的大小,在傅立叶变换中,低频部分的能量总是大于高频部分。而图像灰度的空间分布信息主要地包含在相位谱中,所以相位谱比频谱意义更重要(在傅立叶反变换中,仅由相位谱恢复的图像比仅由频谱恢复的图像好很多)。称 $f(x,\ y)$ 为图像的空间域,$F(u,\ v)$ 为频率域。

傅立叶变换有很多性质。其中一条称为卷积定理的性质为

$$f(x,\ y) * g(x,\ y) \Leftrightarrow F(u,\ v) \cdot G(u,\ v)$$

$$f(x,\ y) \cdot g(x,\ y) \Leftrightarrow F(u,\ v) * G(u,\ v)$$

$$(7.48)$$

即空间域的卷积与频率域的普通积等价,空间域的普通积与频率域的卷积等价。

图像傅立叶变换的物理意义是,将图像灰度的空间变化分解为无限多不同频率、不同振幅的正弦和余弦变化。使更清楚地看出空间灰度变化在各种频率中占的比重(频谱值的大小)。频率域中的低频成分对应原图像中平缓的灰度变化,高频对应原图像中急剧跳跃的灰度变化。我们通过分析各种频率成分在图像中所占的比重,就可方便地了解图像灰度变化的总体情况,并且可以通过修改频谱函数(即改变某些频率的振幅值大小),使得再经反傅立叶变换后得到符合我们期望的输出图像。这就是频率域滤波等处理方法的数学原理。

值得指出的是,傅立叶变换是在整个空间域上的积分,其频谱反映的是图像整体灰度变化的状况,而不特别地考虑任何局部灰度变化特征。这是傅立叶变换的不足之处。为克服这一不足,在傅立叶变换基础上发展出了小波变换技术。

图 7.23 给出了两个图像的傅立叶频谱实例,其中左边是原图像,右边是频谱图像。频谱图像中将傅立叶变换后的零频移至了坐标原点,亮度大的点代表所对应频率的振幅值大。

7.5.3 K-L 变换

K-L 变换最早由 Hotelling 于 1933 年针对离散信号提出,其后由 Karhunen 和 Loeve 提出关于连续信号的类似变换,所以该变换又称为 Hotelling 变换(特别地针对离散数据)。在多元统计分析和遥感中则更多地称为主成分分析(Principal Components Analysis,

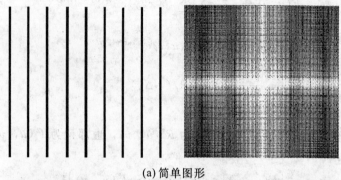

(a) 简单图形

(b) 实际遥感图像

图 7.23　图像傅立叶变换频谱图

PCA)。该变换还可称为特征变换、主分量变换。K-L 变换是一种统计变换。

　　定义：设有随机向量 X（如多光谱图像），K-L 变换是形如 $Y=AX$ 的一种变换，其中 Y 是将 X 的各分量进行线性组合而生成的新的特征向量，且变换矩阵 A 是 X 的协方差矩阵的特征向量矩阵的转置矩阵。

　　新的随机向量 Y 具有以下重要性质（这也是我们要求 K-L 变换具有的性质）：

　　①Y 的各分量（y_1，y_2，…，y_n）是互不相关的；

　　②Y 中各分量按顺序所承载的原随机向量 X 中的信息量，是由大到小排列的，即 y_1 信息量最大，y_n 信息量最小；

　　③Y 的均值向量为零向量 $E(Y)=0$。

　　由此可见，K-L 变换实现了在随机变量空间中的坐标系变换，新的坐标系的各坐标轴依次指向特征空间中变量方差最大、次大，直至最小的各个方向。按照对 Y 所要求的这些性质，可以推导出 K-L 变换中矩阵 A 恰好是必须满足定义中的条件[82]。

　　K-L 变换的主要计算步骤如下：

　　①求原随机向量 X 的协方差矩阵：

$$M_X = \frac{1}{n}\sum_{k=1}^{n} X_k X_k^{\mathrm{T}} - m_k m_k^{\mathrm{T}} \tag{7.49}$$

　　②求该协方差阵的特征值及其特征向量 a_i。

③由特征向量生成新的随机向量：

$$Y = [a_1^T, \ a_2^T, \ \cdots, \ a_p^T]^T X \tag{7.50}$$

遥感图像处理中有两种 K-L 变换的方式：一是以多光谱图像像元为随机向量，各波段为其分量（p 个）的 K-L 变换，即 $X = (b_1, \ b_2, \ \cdots, \ b_p)^T$，$b$ 代表波段。这是遥感中运用 K-L 变换的主要方式。它可以消除波段之间的相关性，用于图像的去相关处理；它又能够将各波段的信息集中到少数几个波段，因而可以用于特征选择和降维，此外 K-L 变换还可用于数据融合等其他目的。二是以多光谱图像的每个波段为随机向量（大小为 $M \times N$，对单波段图像则通常取 8×8 大小的子图像构成向量），每个像元为其分量的 K-L 变换，即 $X = (p_1, \ p_2, \ \cdots, \ p_{M \times N})^T$，$p$ 代表像素。这种方式的 K-L 变换可以消除图像像元之间空间上的相关性，用于图像压缩等处理。

K-L 变换的几何意义和物理意义讨论（针对上述第一种 K-L 变化方式）。几何意义是坐标系变换。在新的正交坐标系下样本（像元）的各分量之间互不相关，且各分量所携带的信息量按大小依次排列（图 7.24），物理意义则不明确。原随机向量各分量所代表的波段的物理意义，在变换后被融合，所以很难确切地指出各主成分的物理涵义。一般第一主成分反映原有各变量之间高度相关的信息或主要信息，如地形信息，高序次主成分反映原各变量之间的信息差异或弱信息。

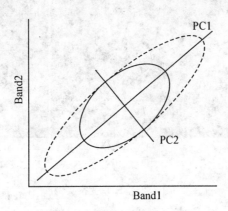

图 7.24　K-L 变换的几何意义

K-L 变换应用中的几项注意：

①可用累计贡献率来确定选用主成分的个数，一般使其达 85% 以上。累计贡献率：

$$\sum_{i=1}^{k} \frac{\lambda_i}{\sum_{j=1}^{p} \lambda_j} (k \text{ 为所选主成分的个数}) \tag{7.51}$$

②可用 y_k 与 x_i 的相关系数（也称 y_k 关于 x_i 的负荷量）$\rho(y_k, \ x_i)$ 来评价新变量与原变量之间的关系：

$$\rho(y_k, \ x_i) = \frac{\sqrt{\lambda_k} a_{i,k}}{\sqrt{\sigma_{i,j}}} \tag{7.52}$$

式中，$\sigma_{i,j}$ 是 M 的第 i 个对角元素；$a_{i,k}$ 为 a_k 的第 i 个分量。

③可用 X 的自相关阵代替协方差阵求解主成分，以克服各分量量纲不一致的影响，即

$$M = \mathrm{Cov}(X, \ X) \Leftrightarrow R = \mathrm{Corr}(X, \ X) = \frac{\mathrm{Cov}(X, \ X)}{\mathrm{Var}(X)} \qquad (7.53)$$

例：SPOT 影像（三个波段）K-L 变换实例（图 7.25）。

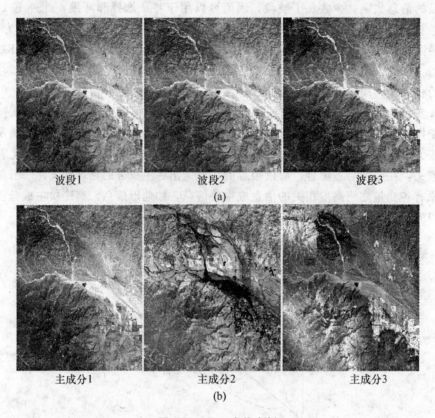

图 7.25　K-L 变换实例

图(a)为原图像波段，图(b)为 K-L 变换后的主成分。注意图中第一主成分影像对地形地貌的增强，第三主成分对弱信息的增强（主成分 3 上部的暗色调区域）。其协方差矩阵和特征值、特征向量见表 7.2、表 7.3。从表中可看出 K-L 变换对原图像的去相关作用和信息聚集作用。

表 7.2　　　　　　　　　　　　例 7.1 K-L 变换的协方差矩阵

原图像			变换后图像		
753.89	645.05	702.67	1970.12	7.25e−009	−1.43e−007
645.05	561. 08	603.83	7.25e−009	10.17	−6.66e007
702.67	603.83	670.37	−1.43e−007	−6.66e007	5.06

表 7.3 　　　　　　　　 例 7.1K-L 变换的特征值和特征向量

特征值		特征向量		
λ_1	1970.12	0.617	0.299	−0.727
λ_2	10.17	0.531	0.523	0.666
λ_3	5.06	0.580	−0.797	0.164

7.5.4　T-C 变换

T-C 变换即缨帽(Tassel Cap)变换，又称 K-T 变换(由 Kauth 和 Thomas 最早提出故名)，是一个基于经验分析而建立的线性变换。T-C 变换最初针对 MSS 数据。Kauth 和 Thomas 利用 MSS 图像 DN 值研究农作物的生长时，发现农作物像元的 MSS5,6 波段 DN 值在这两个波段的直角平面空间上呈一个缨帽剖面形态，作物生长期落入缨帽中，作物成熟、凋落后落到缨帽底，即植被的绿色变化(反映植物生长过程)在垂直于缨帽底平面的方向有很好的反映，因此他们利用 MSS 的 4 个多光谱波段，设计了一种线性变换(坐标旋转)，使得其中一个坐标轴穿过帽顶而垂直帽底，另一个轴平行帽底。这 4 个轴分别称为土壤亮度指数(I_{SB})、绿度指数(I_{GV})、黄度指数(I_V)和噪声(I_N)。黄度指数和噪声反映大气条件(图 7.26)。后来 Crist 等人将其推广到 TM(Landsat-4、5)和 ETM，并增加了两

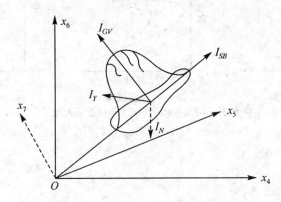

图 7.26　基于 MSS 的缨帽变换示意图

个附加轴。主要轴的变换系数见表 7.4、表 7.5(ERDAS IMAGINE)[86]。

表 7.4 　　　　　　　　　 Landsat MSS 的 T-C 变换系数

MSS	B1	B2	B3	B4
明度	0.32331	0.60316	0.67581	0.26278
绿度	0.28317	0.66006	0.57735	0.38833
黄度	0.89952	0.42830	0.07592	0.04080

表 7.5   **LandsatTM/ETM 的 T-C 变换系数**

TM/ETM	B1	B2	B3	B4	B5	B6
明度	0.3037/ 0.1544	0.2793/ 0.2552	0.4743/ 0.3592	0.5585/ 0.5494	0.5082/ 0.5490	0.1863/ 0.4228
绿度	−0.2848/ −0.1009	−0.2435/ −0.1255	−0.5436/ −0.2866	0.7243/ 0.8226	0.0840/ −0.2458	−0.1800/ −0.3936
湿度	0.1509/ 0.3191	0.1973/ 0.5061	0.3279/ 0.5534	0.3406/ 0.0301	−0.7112/ −0.5167	−0.4572/ −0.2604

T-C 变换中前三个坐标轴的意义如下：

明度（Brightness）：土壤反射率变化大的方向；

绿度（Greenness）：与绿色植被量高度相关；

湿度（Wetness）：与植被冠层和土壤湿度有关。

在 ERDAS 中还定义了第四个应用轴，即霾度（Haze）：反映场景中的雾气。

根据上面这些变换轴的意义，就可以将这种变换运用于有关的应用研究中。如农作物的生长过程，可以在 T-C 坐标视面（亮度、绿度、湿度两两构成的坐标平面）上观察到其明显的位置变化过程，它反映了作物叶片的叶绿素含量随生长期的变化，因而可用于农作物生长的监测分析（图 7.27）。

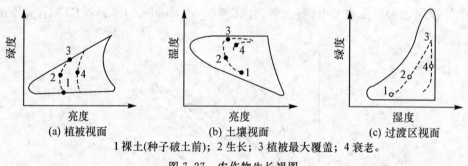

(a) 植被视面   (b) 土壤视面   (c) 过渡区视面

1 裸土(种子破土前)；2 生长；3 植被最大覆盖；4 衰老。

图 7.27   农作物生长视图

7.5.5 彩色变换

我们已经知道颜色可以用多种模型来描述。既然各种模型都是对同一个颜色对象的描述，那么这些模型之间就存在相互联系。彩色变换就是建立各种模型之间的定量转换关系。在遥感图像处理中用得最多的是 RGB 的工业模型与亮度、色调、饱和度的视觉模型之间的变换。视觉模型中又以 HLS 模型和 HSV 模型产生的色彩更接近人的视觉感知。这里介绍 RGB 模型与 HLS 模型的变换关系。

1. RGB 到 HLS 的变换

设 r, g, b 为原始亮度值经过归一化后的值，即 $r, g, b \in [0, 1]$，又设 M 为 r, g, b 中的最大值，m 为 r, g, b 中的最小值。先计算

$$R = \frac{M-r}{M-m}, \ G = \frac{M-g}{M-m}, \ B = \frac{M-b}{M-m} \tag{7.54}$$

计算亮度 $L\in[0，1]$ 的公式为

$$L=\frac{M+m}{2}$$

计算饱和度 $S\in[0，1]$ 的公式为

$$
\left.
\begin{array}{l}
\text{if } M=m，S=0 \\
\text{if } M\leqslant 0.5，S=\dfrac{M-m}{M+m} \\
\text{if } M>0.5，S=\dfrac{M-m}{2-M-m}
\end{array}
\right\} \tag{7.55}
$$

计算色调 $H\in[0，360]$ 的公式为

$$
\left.
\begin{array}{l}
\text{if } M=m，H=0 \\
\text{if } R=M，H=60(2+b-g) \\
\text{if } G=M，H=60(4+r-b) \\
\text{if } B=M，H=60(6+g-r)
\end{array}
\right\} \tag{7.56}
$$

2. HLS 到 RGB 的变换

如有 $H\in[0，360]$，L，$S\in[0，1]$，则

$$
\left.
\begin{array}{l}
\text{if } I\leqslant 0.5，M=I(I+S) \\
\text{if } I>0.5，M=I+S-I\cdot S \\
m=2\cdot I-M
\end{array}
\right\} \tag{7.57}
$$

$R\in[0，360]$ 的计算为

$$
\left.
\begin{array}{l}
\text{if } H<60，R=m+(M-m)\dfrac{H}{60} \\[2mm]
\text{if } 60\leqslant H<180，R=M \\[2mm]
\text{if } 180\leqslant H<240，R=m+(M-m)\dfrac{240H}{60} \\[2mm]
\text{if } 240\leqslant H\leqslant 360，R=m
\end{array}
\right.
$$

$G\in[0，360]$ 的计算为

$$
\left.
\begin{array}{l}
\text{if } H<120，G=m \\[2mm]
\text{if } 120\leqslant H<180，G=m+(M-m)\dfrac{H-120}{60} \\[2mm]
\text{if } 180\leqslant H<300，G=M \\[2mm]
\text{if } 300\leqslant H\leqslant 360，G=m+(M-m)\dfrac{360-H}{60}
\end{array}
\right\} \tag{7.58}
$$

$B\in[0，360]$ 的计算为

$$
\left.
\begin{array}{l}
\text{if } H<60，B=M \\[2mm]
\text{if } 60\leqslant H<120，B=m+(M-m)\dfrac{120-H}{60} \\[2mm]
\text{if } 120\leqslant H<240，B=m \\[2mm]
\text{if } 240\leqslant H<300，B=m+(M-m)\dfrac{H-240}{60} \\[2mm]
\text{if } 300\leqslant H\leqslant 360，B=M
\end{array}
\right.
$$

上述彩色空间变换在遥感图像处理中有多种应用，其原理基于前面我们提到过的人眼对亮度和色彩的视觉特点，即对色调变化的区分优于对灰度级别的区分，对灰度空间变化的区分优于对颜色空间变化的区分。其主要应用包括图像增强（亮度、色调扩展，纹理增强）、数据融合等。

7.6 遥感图像校正

7.6.1 概述

地物经过遥感成像，所形成的图像与地面景观的真实辐射相比，可能在像素的亮度值和几何位置上都存在误差，因此需要把这种误差消除掉。像素的亮度值相对于地面对应地物单元的真实辐射亮度的偏离称为辐射误差。像素的几何位置相对于对应地物真实位置（用正射投影衡量）的偏离称为几何误差。消除遥感图像的辐射误差和几何误差的过程就称为遥感图像校正。相应地，前者称为辐射校正（Radiometric Correction），后者称为几何校正（Geometric Correction）。

为了有效地实现校正，需要对产生误差的原因做出正确的分析。从大的方面来说，误差产生的原因可以分为遥感器原因、大气原因、地形原因和处理过程原因四种。这里只对前三者做一简要分析，将各种具体原因列于表 7.6 中。

表 7.6 　　　　　　　　　　　产生遥感图像误差的原因

	辐射误差	几何误差
遥感器（包括平台）	镜头透光强度不均匀误差、光电转换误差、增益变换误差、频率退化效应误差（调制传递函数 MTF）、噪声等。	光学仪器的几何像差；遥感器的瞬时位置、高度、速度、旋转、行距、偏航（图 7.28）
大气	大气吸收和散射、天空漫入射光误差、程辐射误差、大气信道误差、邻近像元效应、大气湍流效应（光闪烁）	大气折射，大气湍流效应（光像抖动、光束扩展）
地形（包括地球运动）	坡度坡向、像元地面几何结构	地球曲率、地球自转地形起伏

上述误差中，由遥感器系统原因引起的误差以及其他需要由接收数据的地面站提供校正参数的误差，一般由数据提供者按照描述误差变化规律的数学公式进行校正。而大气、地形等因素引起的误差校正一般要由数据使用者自己完成。前者称为系统校正（System Correct）或数据批处理（Bulk Process），后者称为精确校正（Precision Correct）。

值得指出的是，遥感图像辐射校正并非总是必要的。一般而言，对于那些精确基于地物的反射亮度或发射亮度的信息分析方法，遥感图像辐射校正是必须的。比如，温度和生物量反演、水体悬浮物、叶绿素、矿物成分、土壤金属元素等物质成分及其含量的反演，

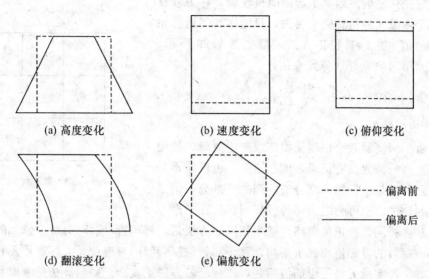

(a) 高度变化　　　(b) 速度变化　　　(c) 俯仰变化

(d) 翻滚变化　　　(e) 偏航变化

- - - - - - - 偏离前

———— 偏离后

图 7.28　遥感平台位置和状态变化对成像的影响

如果没有较精确的辐射校正，结果是不可靠甚至不可用的。而对单景图像进行的很多图像分类问题、基于可视图像特征的目标识别问题等，则往往可以不要求严格的辐射校正，除非图像的辐射误差太大（如模糊），特别是误差在像元之间显著不均匀时。原因是在这些处理和识别过程中，目标的特征在一景图像中变化不大，而且很多算法并不依赖于精确的绝对辐射亮度。但若能够进行辐射校正，当然也很有益。至于几何校正，则总是必要的，因为无论科研还是生产，都有对遥感目标的空间定位精度要求。下面将对主要由用户完成的误差校正的常用方法做一基本介绍。

7.6.2　辐射校正

若辐射成像系统可以看做一个线性位移不变系统，则输出图像与输入图像之间存在式 (7.34) 的关系。如能确定系统的点扩散函数 h 和噪声 n，则可以反求出真实图像 $f(x, y)$。将点扩散函数对辐射的影响予以改正的处理过程，就叫做辐射校正。在遥感成像系统中，点扩散函数 h 受仪器、大气介质、地形等多种因素影响，并且这些因素之间有复杂的相互作用，所以基于式 (7.33) 求解一般是很困难的。实际的做法通常是将影响因素分开，分别进行辐射校正，如仪器校正、大气校正、地形校正、邻近效应校正、噪声估计等。具体做法中仍然有很多困难，而且这种策略忽略了影响因素之间的耦合作用。

1. 探测器错误的校正[38]

仪器对辐射影响中有一类影响一般也是由用户自行处理的，因为它不需要特别的仪器参数。探测器错误就是其中一种，它是指传感器故障或偶然因素引起的遥感数据错误，主要有下述几种：

(1) 随机性坏点像元（散粒噪声）

有时探测器的个别探测元没有探测到或记录到单个像元的辐射亮度，这样的像元就是坏像元,它往往是偶然因素引起的随机现象,称为散粒噪声。由于坏像元的信息完全丢失,只能靠其邻近像元来估计它的值。所以其校正方法一般如图 7.29 所示,中间坏像元用它的 8-邻域像元来估计:

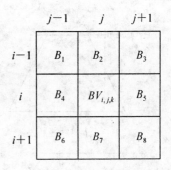

$$BV_{i,j,k} = \text{Int}\left[\frac{1}{8}\sum_{i=1}^{8} BV_i\right] \qquad (7.59)$$

图 7.29　散粒噪声校正

(2)行或列缺失

有时由于探测器某个探测元损坏或产生故障,致使一整行或整列的像元没有记录,谓之缺失。也可能不是整行或整列,而是一行的一部分或一列的一部分,谓之部分行或列缺失。也可称之为坏行或坏列。这种情形与坏点像元基本相同,校正的思路也基本相同,方法是,将坏行(或坏列)每个像元的上、下行(或左、右列)的像元值相加求平均,赋予坏行(或坏列)的对应像元。坏点像元和坏行像元的校正方法,实质上是一个插值问题,比(7.59)方法更复杂一些的算法是考虑利用邻近更多的正常像元的值来估计坏像元的值。

(3)行起始问题

这是指由于探测器的原因,某些行整行发生位置的偏移,即向右偏移 1 个像元。这种情况在早期的卫星图像上有发生,如 Landsat-2、3 上的 MSS 影像。校正的办法是整行反向移动 1 个像元。

(4)N-行条带

这也是由于探测器的某个探测元的故障,引起该探测元所探测到的辐射比正常探测元整体高出或降低某个固定的数值,在目视图像时,可见到周期性的亮行或暗行。校正的办法是找出该条带增加或减少的亮度值,然后减去或增加上这个值。有时条带是亮度放大或缩小了某个倍数,这时就要乘上这个倍数的倒数。

上述图像误差现象除条带外通常不易目视发现,要用算法来检测。坏像元和坏行可以设定一个像元亮度阈值来检测,行起始问题可以逐行对比像元亮度差异检测,条带问题可以对 N 个探测元所对应的行求其直方图来检测。

2. 大气校正

大气对辐射传输的影响是很复杂的,正如第 3 章中的辐射传输方程以及 3.2.4 节中所给出的讨论一样,其中包含了众多的大气因素。我们将大气校正分为绝对校正和相对校正两种。所谓绝对校正,就是能够给出图像像元对应的地面单元的真实反射(发射)系数或辐亮度的校正。有三种方式进行绝对校正:①用标准大气模型,根据研究区的数据年份、高度、经纬度等计算出大气参数,进而计算地面反射(发射)系数或辐亮度。这种方式对于大气衰减较小的情况比较有效。②依据大气模型并结合实地实时的大气观测计算出大气透过率,进而计算出地面反射(发射)系数或辐亮度。实时实地大气状态参数可以由专门气象观测数据得到或利用同时的高光谱遥感波段反演得到。③与卫星传感器同步地实时实地对地面进行光谱测量,再建立其与遥感数据的关系方程而进行校正。相对校正则只能给出同一图像不同波段之间,或不同时相图像的波段之间相对一致的辐亮度或反射率,它将大气衰减影响尽量减小。相对校正一般采用多角度或多光谱遥感数据来剔除大气衰减的影响。但多光谱方式比多角度要有效一些，因为多角度存在传输路径不一致的问题。

（1）绝对大气校正

实例一：基于简化的反射辐射传输方程计算反射率[38]。

①数据及参数：MSS band7；日期：23∶00（格林威治标准时）；传感器：Landsat 2 MSS；空气温度：29℃；相对湿度：24%；大气压：1004 mbar；能见度：65km；高度：30m。

②计算过程：根据卫星过境时当地经纬度、时间计算太阳天顶角：

$$\theta_o = 38°, \quad \mu_o = \cos\theta_o = 0.788$$

计算大气垂直光学厚度（根据观测数据和有关公式计算，细节略）：

$$\tau = 0.15$$

计算辐射下行透过率和上行透过率（根据路径实际光学厚度）：

$$T_{\theta_o} = e^{-0.15/\cos 38°} = 0.827 \quad （下行辐射透过率）$$

$$T_{\theta_v} = e^{-0.15/\cos 0°} = 0.861 \quad （上行辐射透过率）$$

计算地表总太阳辐照度（根据当时太阳常数及日地距离）：

$$E_g = 186.6 \text{Wm}^{-2}$$

计算程辐射（考虑了大气瑞利散射、米氏散射和吸收）：

$$L_p = 0.62 \text{ Wm}^{-2}\text{sr}^{-1}$$

计算反射率，先将上面有关的量代入反射辐射传输方程（式（3.37））：

$$L = \left(\frac{E_0}{D^2}\cos\theta \cdot T_0^{-m(\theta)} + E_D\right) \cdot \frac{\rho}{\pi} \cdot T(h) \cdot S + S \cdot L_P \quad （设增益等于1）$$

$$L = \frac{\rho_{\text{band7}}}{\pi} \cdot T_{\theta_v} E_g + L_P = \frac{\rho_{\text{band7}}}{\pi}(0.861)(186.6) + 0.62 = 51.14\rho_{\text{band7}} + 0.62$$

式中，$E_g = \dfrac{E_0}{D^2}\cos\theta \cdot T_0^{-m(\theta)} + E_D$。

再将 7 波段图像数据（DNs）转换为亮度值：

$$L_{\min} = 1.1 \text{ Wm}^{-2}\text{sr}^{-1}$$

$$L_{\max} = 39.1 \text{ Wm}^{-2}\text{sr}^{-1}$$

$$K = \frac{L_{\max} - L_{\min}}{C_{\max}} = \frac{39.1 - 1.1}{63} = 0.603 \quad （MSS 辐射分辨率为 6bit）$$

7 波段像元的亮度值为

$$L = (K \times BV_{i,j,k}) + L_{\min} = (0.603\, BV_{i,j,7}) + 1.1 \quad （\text{Wm}^{-2}\text{sr}^{-1}）$$

式中，$BV_{i,j,k}$ 表示第 k 波段第 i 行第 j 列像元的灰度数据（DNs）。

将辐射传输方程的结果和上式结合，有：

$$51.14\rho_{\text{band7}} + 0.62 = 0.603 BV_{i,j,7} + 1.1$$

$$\rho_{\text{band7}} = 0.0118 BV_{i,j,7} + 0.0094$$

换成百分比表示有：

$$\rho_{\% \text{band7}} = 1.18 BV_{i,j,7} + 0.94$$

每个像元的反射率 ρ_{band7} 即可由它的 $BV_{i,j,7}$ 值算出。

实例二：基于辐射传输模型和软件的计算方式。

如第 3 章所述，已有一些大气辐射传输模型算法可以自动计算出大气衰减的有关参数，不过通常需要用户提供算法所需的若干大气信息，或者所校正的遥感数据中包含有一些处于吸收成分的大气吸收带的波段。一般需要用户提供的参数包括：

①待校正的遥感数据的地面场景的经纬度；

②遥感数据获取时的日期和精确时间；

③数据获取时遥感器的高度；

④地面场景的平均高程；

⑤大气模式，如热带、中纬度夏季、中纬度冬季、副极地夏季、副极地冬季等；

⑥遥感辐射亮度数据，即 DN 值要改正为亮度值（单位为：$Wm^2\mu m^{-1}sr^{-1}$）；

⑦每个波段的有关信息，如半高全宽；

⑧遥感数据获取时当地的能见度。

将这些参数输入所选择的大气模型中，就可以计算出遥感数据获取当时当地的大气吸收和散射特性，而这些大气特性信息又用于反演遥感辐射的相应地表反射率。

图 7.30 是武汉市 2005 年的 TM 影像（显示的是波段 1）。用 ENVI 软件的 FLAASH 模块进行大气校正，采用标准大气模式。图 7.30（a）是未经大气校正的大气顶反射率，图 7.30（b）是经过大气校正后的地表反射率。由于当时大气能见度比较高（大气影响相对较小），所以以目视看来第一波段的大气校正效果不是很显著。但从其中的两种地物（长江水体和珞珈山植被）的光谱曲线来看，校正的作用是很明显的：植被在红光与近红外之间的特征更突出，反映水体泥沙含量的 3 波段峰值有所呈现（图 7.31）。

实例三：经验线性法校正。

经验线性法校正（Empierical Line Calibration，ELC）是采用一个基于经验的线性模型来实现对遥感数据的校正。在遥感平台经过当地成像的同时，在地面同步测量若干地物的反射率，然后将这些测量数据与遥感器上对应的数据拟合成一个线性函数：

$$BV_k = \rho_\lambda A_k + B_k \tag{7.60}$$

式中，BV_k 是遥感器输出的 DN 值；ρ_λ 是地面光谱反射率；A_k 为系（与大气透过率和仪器因素有关）；B_k 为常数项（与程辐射有关）。

各波段的线性模型一经建立，就可以对相应各波段进行校正。此法在对地物同步测量时，应选择至少两种以上反射率明显不同的地物类型，且各地物内部尽可能为均质，如沙地、平静水体等（或人工制造一些不同亮度的均质地物目标，如图 7.32 所示），这样才能拟合出高精度的稳定线性函数。经验线性法校正的一个实例见图 7.33，注意其中蓝光波段的强散射效应的改正，以及改正后近红外波段反射率的相对高。相比于原亮度值曲线，校正后的反射率曲线符合植被的典型光谱特征。

有研究指出，将 ELC 方法与辐射传输模型结合，用地面实测光谱修正大气参数，这样大气校正的结果更好。

（2）相对大气校正

绝对大气校正方法中的经验线性法需要实时同步地面测量，辐射传输方法需要知道成像当时当地的大气条件，但这往往并不容易得到，而尤其对于大量的遥感历史数据更难办

(a)

(b)

图 7.30　TM 数据绝对大气辐射校正

到。所以，目前绝对大气校正的遥感数据还不能形成业务化的标准产品（但 MODIS 有地表反射率产品）。相对大气校正自然就是退而求其次的办法，而且很多应用问题对辐射精度的要求也能够为相对大气校正所满足。

　　相对大气校正主要有同一场景遥感数据各波段之间的相对大气校正和同一场景不同时间遥感数据的各波段之间的相对大气校正两种。具体方法很多，以下介绍其中几种。

　　① 同一场景遥感数据各波段之间的相对大气校正。

　　这种大气校正主要是消除大气对可见光各波段的程辐射。大气散射主要作用于可见光

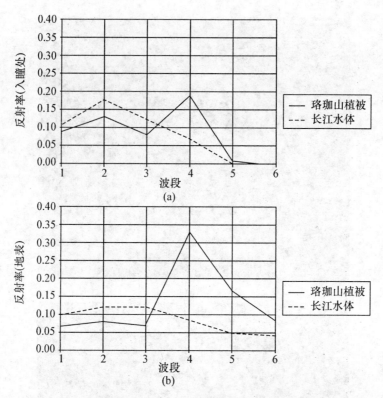

图 7.31　TM 数据绝对大气辐射校正前后两种地物的反射率曲线对比

(a) 实地光谱仪校准

(b) 实地的人工标准地物

图 7.32　经验线性法的实地光谱测量[35]

波段，尤其是可见光的短波波段，而对近红外和短波红外的影响甚小。校正的基本思想是，在可见光和近红外波段图像中寻找地物的反射率为零的或反射率极低的（如平静的深水水体）像素（称为暗像素）。如果它的像素值在红外波段为零而在可见光波段不为零，就

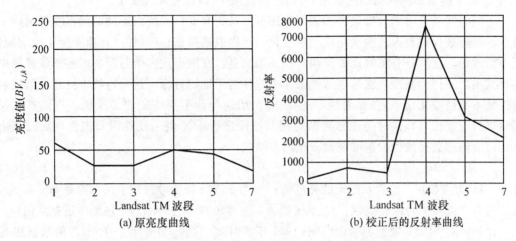

(a) 原亮度曲线　　　　　　　　　　　(b) 校正后的反射率曲线

图 7.33　对 Landsat 数据的经验线性法校正实例(火炬松)[35]

认为可见光波段上该像素的值是由大气程辐射引起。而大气程辐射在一个有限范围的场景区是基本相同的,因此将可见光波段图像中的每个像素都减去暗像素的值,就消除了程辐射,这种方法称为暗像素扣除法。如何确定暗像素的值? 首先要确定图像上存在暗像素,然后有以下两种方法获得暗像素值,通常它们都利用近红外波段图像作为参考:

第一种方法是直方图法,如图 7.34(a)所示。将可见光各波段图像和近红外波段图像分别求其直方图,若近红外波段直方图的最小灰度值为零,则可见光波段图像直方图上的最小灰度值 ΔV 就是该波段各像素灰度值要减去的量。若近红外波段直方图的最小灰度值为一接近零的小值 ΔIR(被认为是暗像素对近红外仍有一定的反射),则将可见光波段各像素的灰度值减去可见光最小灰度值与近红外最小灰度值的差值($\Delta V - \Delta IR$)。

第二种方法是线性拟合法。将可见光波段与近红外波段图像中的暗像素和非暗像素的灰度值作一线性拟合(图 7.34(b)),则直线方程中的截距 ΔV 就是可见光灰度值的改正量。

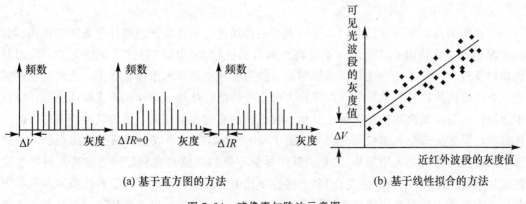

(a) 基于直方图的方法　　　　　　　　(b) 基于线性拟合的方法

图 7.34　暗像素扣除法示意图

② 同一场景不同时间遥感数据各波段（亮度或 DN）相对大气校正。

不同时间成像时的大气条件和太阳辐照度都难免有变化，所以不同时间里获得的同一场景的遥感数据也就因这些变化而产生变化，在提取遥感信息时（如土地覆盖变化检测）必须予以改正，使其具有可对比的相同条件。做法是：在两个或多个时间的遥感图像数据中选择其中之一作为基准，然后在这些图像中选择若干地物目标，这些地物本身的光谱反射特性是不变或变化很小的（称为伪不变特征），用这些伪不变特征的 DN 值，将该基准遥感数据的各波段与其他时间遥感数据的相同波段进行 DN 值的线性回归拟合，从而找出其他时间遥感数据波段向基准波段改正的关系式：

$$L_{j,i}^{k}=a_i L_i^k+b_i \tag{7.61}$$

式中，L_i^k 为待校正 i 波段 k 像元的亮度值；a_i 为 i 波段与参考波段 j 的拟合系数；b_i 为 i 波段与参考波段 j 的拟合截距；$L_{j,i}^k$ 为 i 波段以参考波段 j 为基准的 k 像元改正亮度值。

比如，对 SPOT 数据的两个时间（1991 年 8 月 10 日和 1987 年 4 月 4 日）的数据进行校正，选择 1991 年作为基准数据，然后将 1991 年的数据与 1987 年的数据的对应波段进行 DN 值拟合，就得到 1987 年数据各波段的线性校正关系式，如图 7.35 所示（用 2 个波段说明）。

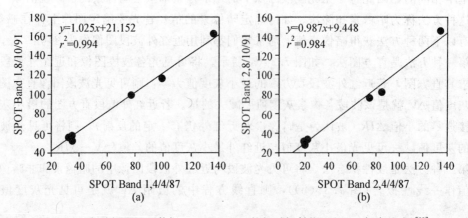

图 7.35　多时相 SPOT 数据（1987—1991）的相对辐射校正（1991 年为基准）[35]

上述所谓伪不变特征的利用，实际上就是要通过它们才能把纯属外部条件变化而引起的 DN 值的变化找出来，所以伪不变特征本身的光谱特性应该对时间是稳定的，而对外部辐射条件和大气条件的变化又是敏感的。如未受扰动的深水水体、裸土、大的屋顶和其他具有内部同质特性的地物等，都可作为伪不变特征。此外，选择伪不变特征还要注意以下方面：一是，其高程应与图像中其他多数地物的高程大致相同，因为气溶胶随高度的变化显著，通常大部分气溶胶变化在海平面 1000m 的高度内（所以选择高山顶的地物来估计海平面的大气影响是无用的）；二是，其中尽量不要包含植被地物，因为植被光谱特性受环境胁迫（受环境影响而产生变化）和物候性变化明显，但对于具有光谱特性稳定性的林木冠层，而且遥感数据是以周年性间隔获取的，则这样的植被可以考虑使用；三是，伪不变特征应选择平坦的地面，这样才能使得对所有地物，太阳直射光束辐射的变化与太阳天顶角的变化保持成比例。

③ 同一场景不同时间遥感数据各波段反射率的相对大气校正[40]。

上述关于不同时间的波段之间的亮度线性拟合关系(式(7.61))不能推广到反射率之间的关系，因为反射率需要通过亮度推导，而亮度与反射率之间是非线性的关系，即

$$L_S = \frac{E_{o_\lambda}\left(E_{du_\lambda} + \dfrac{T_{\theta_o}\rho_\lambda T_{\theta_v}}{1 - E_{dd_\lambda}\rho_\lambda}\right)}{\pi} \qquad (7.62)$$

式中，L_S 是传感器接受到的总辐亮度；E_{o_λ} 是大气顶的太阳辐照度；E_{du_λ}、E_{dd_λ} 分别为大气的上行和下行半球反射率；T_{θ_o}、T_{θ_v} 分别为沿入射路径和观测路径的大气透过率；ρ_λ 为地表反射率。

在式(7.62)中，当所有大气参数都已知时，便可求出地表反射率 ρ_λ：

$$\rho_\lambda = \frac{1}{\dfrac{(E_{o_\lambda}T_{\theta_o}T_{\theta_v})/\pi}{L_S - (E_{o_\lambda}E_{du_\lambda})/\pi} + E_{dd_\lambda}} \qquad (7.63)$$

假如参考图像 j 的亮度和反射率已知，如何获得以 j 为参照的同地区另一图像 i 的反射率呢？逻辑上可以这样分析：若大气顶太阳辐照度已知，由图像中多个像元的入瞳亮度和地表反射率，则原则上通过式(7.62)可以求解出图像的大气光学参数。当假设一组大气光学参数时，则可以求出图像像元的反射率。于是，对参考图像 j 设定一组大气光学参数(实际上设定一组大气状态参数如气溶胶和水汽，通过辐射传输模型求出大气光学参数)，可以得到 j 各像元的反射率。现在问题是，如何使 i 图像以 j 图像为标准输出 i 图像像元的反射率。关键点在假设 i 与 j 中有"反射率不变像元"。这样，对于 i 图像通过不变像元的反射率就可以求出 i 图像的大气光学参数，进而求出其他所有像元的反射率。

具体实现方式采用查找表。以一个带大气状态参数(水汽和气溶胶)自变量的辐射传输模型(如 MODTRAN)，建立不同大气状态参数下对应的光学参数的表(状态参数-光学参数表)。设定一组大气状态参数(相应地确定了一组大气光学参数)，在给定 j 图像大气顶辐照度下，求出 j 图像各像元(入瞳亮度已知)的反射率，并建立光学参数-亮度-反射率表。对 i 图像，找到不变像元，根据其反射率和入瞳亮度从查找表中确定 i 图像的光学参数，以此求出 i 图像其他像元的反射率。

3. 地形校正

地物的反射辐射是与入射太阳辐射辐照度有关的，而辐照度又与入射光线的入射角有关。在第 2 章中我们已经知道这个关系就是余弦关系 $\cos i$ (i 是入射角)。由于地表的起伏使得地面单元有坡度和坡向，各地面单元的坡度、坡向的不同使得太阳入射辐射对于各单元的局部入射角不同，因而各单元的辐照度不同，这是地形对遥感器探测到的辐射产生影响的主要因素。地形对辐射的这种影响使得具有相同反射率的地物，由于其坡度、坡向的不同而在遥感图像上具有不同的亮度。辐射的地形校正就是要消除这种影响。经过地形影响校正的遥感图像上，由于阴影效应被消除或减弱，所以看起来立体感消失或就减小。由于地形校正与 DEM 有关，所以在做校正之前，必须先将 DEM 的空间分辨率通过重采样变成与遥感数据的空间分辨率一致，并统一遥感图像与 DEM 的坐标(相同地面单元的对

应像元具有相同的坐标，称为 DEM 与遥感图像的匹配）。Teillet 等（1982）介绍了 4 种地形校正的方法（余弦校正、Minnaert 校正、统计-经验校正和 C 校正），下面简要介绍其中两种[38]。

（1）余弦校正

余弦校正即改正像元因局部坡度-坡向产生的太阳直射辐射辐照度的影响。假定地面为朗伯反射面，可以推导出基于太阳天顶角 θ_o 和局部入射角 i 的、遥感器垂直观测地面的地形改正公式为（图 7.36）

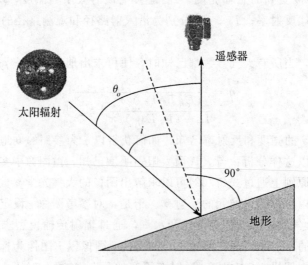

图 7.36　地形影响中的几何关系[35]

$$L_H = L_T \frac{\cos\theta_o}{\cos i} \qquad (7.64)$$

式中，L_H 为改正后的亮度值（地表面为水平时的反射亮度）；L_T 为遥感器观测到的亮度值。入射角 i 可以由 DEM 与太阳天顶角 θ_o 和方位角算出（公式较为繁琐，可查阅有关文献）。余弦校正的一个实例见图 7.37。

余弦校正没有考虑漫入射天空光以及像元地面单元的周围环境地物对单元的照射。天空光使得阴影区像元的余弦校正结果与实际情况相差较大。

（2）Minnaert 校正

这是对余弦校正的改进算法，公式如下：

$$L_H = L_T \left(\frac{\cos\theta_o}{\cos i}\right)^k \qquad (7.65)$$

式中，$k \in [0, 1]$，称为 Minnaert 常数，是对地面在何种程度上属于朗伯面的度量，当 $k=1$ 时，即为完全的朗伯反射面，与余弦校正公式相同。

4. 邻近效应校正

邻近像元效应的结果与程辐射相同，即使得图像的对比度降低（减小 MTF 值）。消除邻近像元效应的方法有三类：基于大气点扩散函数（PSF）、基于三维辐射传输方程求解和

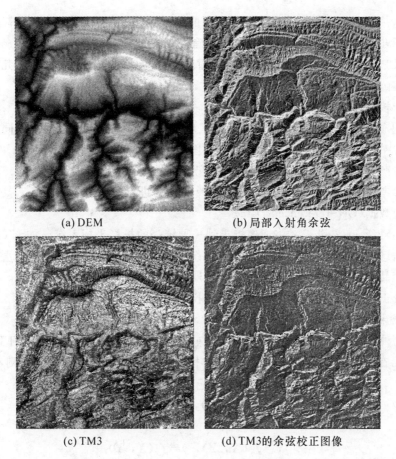

(a) DEM　　　　　　　　　(b) 局部入射角余弦

(c) TM3　　　　　　　　　(d) TM3的余弦校正图像

TM 影像获取时间 2004 年 4 月 22 日。太阳天顶角 30°，方位角 122°

图 7.37　地形余弦校正实例

建立经验算法。PSF 方法的困难在于对它的精确估计。三维辐射传输方程的困难在于求解困难、复杂，经验算法是相对有效的实用方法。

　　Tanre 等(1981)推导出的一个关于大气顶反射率的公式，包含了邻近像元效应：

$$\rho_{\text{TOA}} = \rho_P + \gamma(\theta_o)\left(\frac{\rho\exp\left(-\dfrac{\tau}{\mu_v}\right) + \rho_e t_d(\theta_v)}{1 - \rho_e S}\right) \tag{7.66}$$

式中，ρ_{TOA} 为大气顶反射率；θ_o、θ_v 分别为太阳和观测天顶角($\mu_v = \cos\theta_v$)；ρ_P 纯大气反射率；$\gamma(\theta_o)$ 为整层大气的太阳下行路径透过率；τ 为光学厚度；$t_d(\theta_v)$ 为地表至传感器路径的上行散射透过率；S 为地球大气反照率；ρ 为目标地表反射率；ρ_e 为像元周围的平均地表反射率。困难在于 ρ_e 不易得到。展开的讨论参见本书参考文献[40]。

7.6.3　几何校正

　　如前所述，遥感图像校正分为系统校正和精确校正。由传感器特性和遥感器的瞬时位置、高度、速度、旋转、行距、偏航以及地球自转等引起的误差的校正，在卫星地面接收站完成。这一步的校正不能完全消除由地球曲率、大气折射以及地形变化等引起的误差，还需要进一步予以校正，即精确校正。精确校正一般通过**地面控制点**（Ground Control Points，GCPs）来进行。GCPs 就是已知其图像坐标和地面坐标，用其建立几何校正模型的图像-地面坐标点对。

在图像校正中常用到下述术语：

图像配准（Registration）：使同一地面区域的一幅或多幅图像之间的相同地物互相匹配，即选择一幅图像为基准图像，以使各幅图像中的所有同名像元能够重合。遥感图像与非遥感图像产品（如 DEM）之间也常常需要配准。

地理参考（Geo-referencing）：基于 GCPs 对图像进行地理坐标的校正。其数据产品称为地理参考数据（Geo-referenced Data）。

地理编码（Geo-coding）：将图像校正到一种统一的投影坐标系统，如 UTM 等，以使其在地理信息系统中能够与具有相同坐标系统的其他图像、地图等信息进行叠合等操作和分析。其产品称为地理编码数据（Geocoded Data）。

正射校正（Ortho-rectification）：按正射投影做校正。

1. 几何校正的基本过程

无论何种校正方法，都是要完成原图像（待校正图像）到校正图像的几何变换（映射）。设任意像元在原始图像和校正图像中的坐标分别为 (x, y) 和 (X, Y)，则有如下映射关系：

$$X=\varphi_X(x, y), Y=\varphi_Y(x, y) \tag{7.67}$$

或

$$x=f_x(X, Y), y=f_y(X, Y) \tag{7.68}$$

显然式（7.67）与式（7.68）互为反变换。式（7.67）、式（7.68）所用的几何变换函数主要有两类，一类是遥感图像构像方程（共线方程），另一类是多项式函数。对构像方程几何变换函数，其中的有关参数（系数）既可用地面控制点（GCPs）来求解，也可以利用卫星轨道参数、传感器姿态参数来解算（参见第 6 章）。对多项式函数，则只能通过地面控制点来求解。当式（7.67）、式（7.68）式已经确定，则通过式（7.58）可以将原始图像像元的坐标 $\{(x, y)_i, i=1, \cdots, M \times N\}$ 逐一地变换到校正图像 $\{(X, Y)_i, i=1, \cdots, M \times N\}$。但变换以后的坐标 $\{(X, Y)\}$ 通常是不规则的（图 7.38(a) 左边的图），因此需要将此不规则的离散像点重新采样为规则的图像像元 $\{(X', Y')_i, i=1, \cdots, M \times N\}$，并对规则像元赋以灰度值，这一步称为重采样。这种校正过程称为正解法（即从原始图像坐标解算出校正图像坐标）。正解法要经过坐标变换和重采样分离的两步，效率不高。如果先预算出校正图像的边界范围，然后将其规则化为分辨率与原始图像相同的校正图像 $\{(X', Y')\}$，再对校正图像的像元按式（7.68）反求出其在原始图像中的坐标 (x, y)，此时该坐标 (x, y) 也可能不一定恰好与原始图像中的像元坐标重合，而是落在几个像元之间（图 7.38(b) 左边的图）。这时校正图像中该像元 (x, y) 的灰度值需要由原始图像上周围若干像元值经插值得到，这种校正过程称为反解法（即从校正图像坐标解算出原始图像坐标）。反解法求出坐标后即可进行灰度赋值，是一种比正解法更有效率的校正策略。

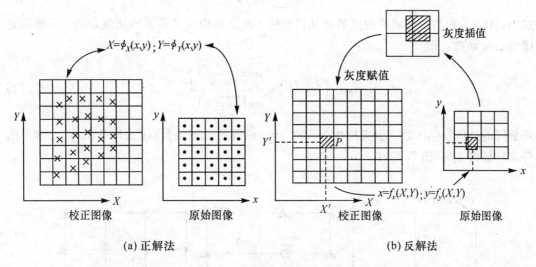

(a) 正解法   (b) 反解法

图 7.38   图像几何校正的过程

2. 基于多项式的校正

(1) 坐标变换

多项式是一种简单而对函数具有很好的逼近能力的函数，因此多项式能够非常好地刻画图像的仿射变形（平移、旋转、剪切、缩放等）。反解法多项式可表示为

$$
\left.
\begin{aligned}
x_i &= f_x(X_i,\ Y_i) = a_0 + (a_1 X_i + a_2 Y_i) + (a_3 X_i^2 + a_4 X_i Y_i + a_5 Y_i^2) + \cdots \\
y_i &= f_y(X_i,\ Y_i) = b_0 + (b_1 X_i + b_2 Y_i) + (b_3 X_i^2 + b_4 X_i Y_i + b_5 Y_i^2) + \cdots
\end{aligned}
\right\}
\tag{7.69}
$$

上述多项式的系数利用 GCPs 建立的方程组来解算。一个 GCP 可以构成 x 和 y 的各一个多项式方程，因此，若多项式的阶数是 n，其系数个数就是 $(n+1)(n+2)/2$，则其 GCP 的个数至少也是 $(n+1)(n+2)/2$。考虑到 GCP 本身不可避免地存在误差，根据误差理论的最小二乘法原理，应尽量多采用一些控制点数据（一般 2 倍于最小 GCP 个数），解超定方程组，求出系数的最佳解。为了减少平差过程法方程系数矩阵的不良状态，要求控制点分布均匀合理，也可采用正交多项式代替以上一般多项式。GCP 的选择还要考虑定位精度上的要求，应该选择变化小、标志明显、定位精度高的地物目标，如河流交叉口、道路交叉口等。在地形起伏大的地区，尽量选择高程相近的点作为 GCP。GCP 的参考坐标不一定要实地测量，可以而且实际上也是更多地从另一幅已经具有正确几何关系的图像或地图上获取参考坐标。对图像配准来说，问题本身就是图像到图像的校正。

多项式的阶数一般用一、二、三阶为宜。一阶多项式可以消除 X、Y 方向的平移，X、Y 方向的比例尺变形，倾斜和旋转变形，可以满足大多数遥感图像的几何校正要求。只有当图像变形严重而校正精度要求很高时，才用高阶多项式校正。

(2) 灰度赋值

采样点的灰度赋值通常涉及插值。插值的基本思想是考虑插值点周围邻域内若干像素对所插之值的加权贡献。其一般表达方式为

$$V_p = \sum W_{i,j} \cdot I_{i,j} \qquad (7.70)$$

式中，$W_{i,j}$ 为权值。邻域内的点数及其权值的不同取法构成了不同的插值方法。采样理论指出 sinc 函数，即

$$\mathrm{sinc}\left(\frac{x-x_0}{b}\right) = \frac{\sin\pi\left(\dfrac{x-x_0}{b}\right)}{\pi\left(\dfrac{x-x_0}{b}\right)} \qquad (7.71)$$

是最好的插值权值函数。但实用中采用对 sinc 函数的近似函数（三次样条函数）。常用的有 3 种插值方法（图 7.39）：

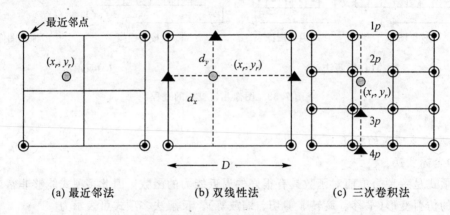

(a) 最近邻法 (b) 双线性法 (c) 三次卷积法

图 7.39 三种图像插值方法示意图

①最近邻法：用与采样点最近的像元灰度值作为该像元的值，可视为最近邻像素的权值为 1，其他像素权值为零。

②双线性内插法：用像元点最近的四个像元值作内插，即

$$V_r = \sum_i^4 \frac{(D-\Delta x_i)(D-\Delta y_i)}{D^2} \times V_i \qquad (7.72)$$

式中，V_r 为插值生成的值；V_i 为邻域内已知像元的值。

③双三次卷积法：用像元点周围的 16 个像元值确定输出像元值，形式为

$$V_r = \sum_{i,j}^4 W(x_{r(ip)}) \cdot V_i \cdot W(y_{r(ij)}) \qquad (7.73)$$

式中，

$$\begin{cases} W(x_0) = 1 - 2x_0^2 + |x_0|^3, & 0 \leqslant x_0 < 1 \\ W(x_0) = 4 - 28|x_0| + 5x_0^2 - |x_0|^3, & 1 \leqslant x_0 \leqslant 2 \\ W(x_0) = 0, & \text{其他} \end{cases} \qquad (7.74)$$

像元间距离设为 1，x_0 定义为以被采样点为原点的邻近像元 x 方向坐标值，y_0 类同。

(3)最小二乘法求解多项式系数原理

以 x 为例说明，y 同理可得。设：

$$x_i = f_x(X_i, Y_i) = a_0 + (a_1 X_i + a_2 Y_i) + (a_3 X_i^2 + a_4 X_i Y_i + a_5 Y_i^2) + \cdots + a_p Y^n$$
$$p = \frac{(n+1)(n+2)}{2} - 1 \tag{7.75}$$

又设控制点的观测值为 $(\alpha_i, \beta_i) \Leftrightarrow (X_i, Y_i)$，$i = 1, 2, \cdots, m$；$m \geqslant p+1$。一个合理的要求是：方程中的系数应使 m 个控制点由计算到的 (x_i, y_i) 与观测得到的 (α_i, β_i) 之间的总误差最小，即下式最小：

$$Q = \sum_{i=1}^{m} (\alpha_i - x_i)^2$$
$$= \sum_{i=1}^{m} (\alpha_i - (a_0 + a_1 X_i + a_2 Y_i + a_3 X_i^2 + a_4 X_i Y_i + a_5 Y_i^2 + \cdots + a_p Y^n))^2 \tag{7.76}$$

将 Q 分别对各系数求导并令其为零，有

$$\begin{cases} \sum 1 \cdot a_0 + \sum X_i a_1 + \sum Y_i a_2 + \cdots + \sum Y_i^n a_p = \sum \alpha_i \\ \sum X_i a_0 + \sum X_i^2 a_1 + \sum X_i Y_i a_2 + \cdots + \sum X_i Y_i^n a_p = \sum X_i \alpha_i \\ \cdots\cdots \\ \sum Y^n a_0 + \sum Y^n X_i a_1 + \sum Y^n Y_i a_2 + \cdots + \sum Y_i^{2n} a_p = \sum Y_i^n \alpha_i \end{cases} \tag{7.77}$$

此为一线性方程组：$AU_1 = B_1$。类似地，对 y 为：$AU_2 = B_2$，其中，

$$A = \begin{bmatrix} \sum 1 & \sum X_i & \sum Y_i & \cdots & \sum Y_i^n \\ \sum X_i & \sum X_i^2 & \sum X_i Y_i & \cdots & \sum Y_i^n \\ \vdots & \vdots & \vdots & \ddots & \vdots \\ \sum Y_i^n & \sum Y_i^n X_i & \sum Y_i^n Y_i & \cdots & \sum Y_i^{2n} \end{bmatrix} \tag{7.78}$$

$$U_1 = \begin{bmatrix} a_0 \\ a_1 \\ a_2 \\ \vdots \\ a_p \end{bmatrix}, U_2 = \begin{bmatrix} b_0 \\ b_1 \\ b_2 \\ \vdots \\ b_p \end{bmatrix}, B_1 = \begin{bmatrix} \sum \alpha_i \\ \sum X_i \alpha_i \\ \vdots \\ \sum Y_i^n \alpha_i \end{bmatrix}, B_2 = \begin{bmatrix} \sum \beta_i \\ \sum X_i \beta_i \\ \vdots \\ \sum Y_i^n \beta_i \end{bmatrix} \tag{7.79}$$

由线性方程组解出 U_1, U_2，即得到多项式的系数。

(4)GCPs 精度分析

单个 GCP 的均方根误差(RMS Error)为

$$R_i = \sqrt{X_{Ri}^2 + Y_{Ri}^2} \tag{7.80}$$

式中，$R_i = \mathrm{GCP}_i$ 的方根误差；$X_{Ri} = \mathrm{GCP}_i$ 在 X 方向的残差；$Y_{Ri} = \mathrm{GCP}_i$ 在 Y 方向的残差，如图 7.40 所示。

总的 GCPs 均方根误差为

$$R_x = \sqrt{\frac{1}{n} \sum_{i=1}^{n} X_{Ri}^2}, \quad R_y = \sqrt{\frac{1}{n} \sum_{i=1}^{n} Y_{Ri}^2} \\ T = \sqrt{R_x^2 + R_y^2} \tag{7.81}$$

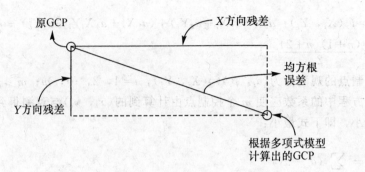

图 7.40　GCP 误差分解

单个 GCP 点 i 的误差贡献为

$$E_i = \frac{R_i}{T} \tag{7.82}$$

若 $E_i > 1$，说明 GCP_i 比平均误差大，反之小。

GCPs 误差的容限分析：GCP 的最大容许误差，一般与最终用户的要求、所使用图像数据的类型、源 GCP 的精度以及辅助数据等都有关。在 ERDAS IMAGINE 中，误差是以像素计量的。一般最好是将容限设为 1（个像素）。GCPs 误差的容限示意图如图 7.41 所示。

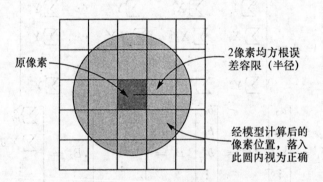

图 7.41　GCP 误差容限示意图

3. 基于共线方程的几何校正

基于共线方程的校正，需要用户输入由数据供应商提供的共线方程的系数文件，一般叫做 RPC 文件（有理多项式系数，Rational Polynomial Coefficients）。然后还要提供数字高程模型文件或者图像区域内的最低和最高高程数据。有的软件还进一步设置基于用户选取的 GCP 的共线方程解优化处理，如 ERDAS IMAGINE 等。这些参数或 GCP（如果选择了它）确定后，即可实现校正。其像元灰度赋值过程与前述一样。

4. 图像镶嵌

将相邻的两幅或多幅图像拼接成一幅完整的图像，称为图像镶嵌。

图像镶嵌中最重要的内容是几何校正。如图 7.42 所示，两幅图像之间可能存在相对的变形，在拼接的边界上就不能使所有的地物都重合，因此必须进行几何校正。为了得到

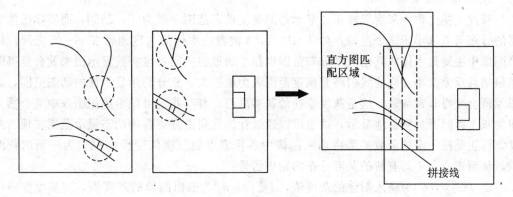

图 7.42　图像镶嵌示意图

更好的拼接效果，还需加入一些其他处理。在遥感图像处理软件 PCI 中，图像镶嵌的步骤包括：①为图像校正在图像重叠区内布置控制点（DCP）；②确定拼接线和拼接区域；③确定直方图匹配区域（为了使拼接线的两边图像色调一致）；④进行图像校正、直方图匹配；⑤根据直方图匹配做灰度校正；⑥重采样，拼接形成镶嵌图像。

　　5. 图像校正中的自动控制点选取

　　多项式校正中，GCP 的选取对图像校正精度至关重要，但 GCP 的人工选取又是一项很费时费力的事情，所以开发自动控制点选取算法对提高校正精度、提高图像处理自动化水平和减小人的劳动强度都有很大意义。这项工作实质上就是图像匹配，参看第 6 章6.1.5 节。图像匹配有很多具体算法。一种针对图像目标"特征点"的匹配方法有更好的效果，这些特征点是一些有标志性意义的角点、边缘点、拐点等。取得目标特征点的算法也有很多，SIFT（Scale Invariant Feature Transform）算法是当前一个性能良好的特征点匹配算法。有兴趣的读者可阅读有关图像处理的文献[87,88]。

7.7　遥感图像增强

　　图像增强是通过对图像进行各种变换，得到具有我们所期望的效果的新图像，这种效果对于遥感图像来说，主要是改善图像的视觉效果和突出图像中感兴趣的信息。一般包括整体上的图像增强和针对特定图像信息的图像增强。由于增强的目的不同，故难以对增强后的效果建立统一、定量的评价方法，多以目视感觉为依据。增强的方法众多，可分为空间域增强和频率域增强两大类，此外还有彩色增强和其他特定信息增强方法。

7.7.1　空间域增强

　　空间域增强是在图像空间坐标下的图像变换操作。它包括基于确定变换函数的增强：线性增强，非线性增强；基于直方图分布特征的增强：直方图均衡化，直方图规定化；基于卷积运算的增强：图像平滑、图像锐化、方向滤波；图像代数运算增强：加减乘除运算。

1. 图像灰度变换

灰度变换也称为灰度级修正。显示器的亮度动态范围一般为[0,255]，而实际图像数据的分布可能远小于这个范围，如 TM1，2，3 波段中水体的灰度通常在 0～25 之间。如果图像中主要是水体或其他灰度分布范围也很小的地物，则直接将其显示出来就会显得图像很暗且反差太小。假使我们将其灰度范围人为地扩大，充分利用显示器的动态范围，则图像就会变得非常清楚，这是灰度变换的基本思想。有时我们可能希望把图像中某个感兴趣的灰度区间更加醒目地显示，这也可以通过让该区间占据更多的动态显示范围实现。灰度级修正是按一定的函数关系将输入图像中各像素点的灰度值变换（映射）为一新的灰度值，从而形成一个具有新的灰度分布的输出图像。

设 $f \in [a, b]$ 为输入图像的灰度值，$g \in [c, d]$ 为输出图像的灰度值，则灰度变换可以表示为

$$g = T[f] \tag{7.83}$$

式中，$T(\cdot)$ 代表变换，它可以是线性函数或非线性函数，但一般应具有单值单调性（某些特殊处理可不要求单调性）。灰度变换函数确定后，即可对图像的每一像元按该函数逐一变换，所以灰度变换是一种点处理运算。

（1）线性变换

① 一般形式：设输入图像的灰度 f 的分布范围为 $[a, b]$，所期望的输出图像的灰度 g 的分布范围为 $[c, d]$，则线性变换式为（图 7.43(a)）

$$g = [(d-c)/(b-a)] \cdot [f-a] + c \tag{7.84}$$

线性变换有几种变化形式：分段线性变换、反转变换和灰度切片变换。

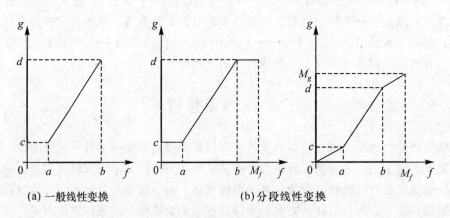

(a) 一般线性变换　　　　　(b) 分段线性变换

图 7.43　线性灰度变换示意图

②分段线性变换：

a. 尾段截去（图 7.43(b)）：当图像中绝大部分像素的灰度值集中在某一区间 $[c, d]$，而少部分像素灰度值在此区间之外。为了使图像的主要部分得到较好的反差，可牺牲该小部分的像素。此时有

$$g=\begin{cases} c, & 0\leqslant f < a \\ \dfrac{d-c}{b-a}\cdot f+c, & a\leqslant f < b \\ d, & b\leqslant f < M_f \end{cases} \tag{7.85}$$

式中，$[c，d]$为$[a，b]$的输出拉伸区间；M_f为输入图像的最大灰度值。

b. 尾段压缩(图 7.43(b))：目的是扩展感兴趣的灰度值区间，压抑不感兴趣的灰度值区间(不是完全截去)。以三段线性变换为例，变换式可表示为

$$g=\begin{cases} \dfrac{c}{a}f, & 0\leqslant f < a \\ \dfrac{d-c}{b-a}\cdot f+c, & a\leqslant f < b \\ \dfrac{M_g-d}{M_f-b}[f-b]+d, & b\leqslant f < M_f \end{cases} \tag{7.86}$$

线性灰度变换前、后图像的直方图函数之间有确定的关系。读者试参考"直方图变换"中的内容对此做出分析。

③ 灰度反转变换(图 7.44(a))：

$$g=[-(d-c)/(b-a)]\cdot[f-a]+d \tag{7.87}$$

④ 灰度切片变换(图 7.44(b))：

$$g=\begin{cases} f, & a\leqslant f < a' \\ d, & a'\leqslant f\leqslant b' \\ f, & b' < f\leqslant b \end{cases} \tag{7.88}$$

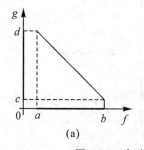
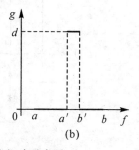

(a)　　　　　　　　　　(b)

图 7.44　灰度反转和灰度切片示意图

(2)非线性灰度变换

常用变换函数有：

① 对数变换：

$$g=a+\dfrac{\ln[f+1]}{b\ln c} \tag{7.89}$$

② 指数变换：

$$g=b^{c[f-a]}-1 \tag{7.90}$$

上二式中的 a，b，c 为可调参数，用于改变函数曲线的形态，其可调范围由 g 的允许动态范围限定。

在图像显示时还有一种情况值得提及，就是有些遥感数据的动态范围很大，超出了 8 位的常规显示器的动态范围，比如 QUICKBIRD、IKONOS 等数据是 11 位的，直接在 8 位的显示器上显示会丢失一些图像细节信息，所以需要对原图像进行灰度压缩，即动态范围压缩。一种压缩变换的函数是

$$g = C\log(1 + |f|) \tag{7.91}$$

式中，C 为尺度比例常数，调节的范围由 g 的允许动态范围限定。

(3) 直方图变换

这也称直方图修正法。直方图修正法就是根据输入图像的直方图对图像的灰度进行变换，使输出图像具有所期望的直方图。

① 直方图均衡化：是将任意分布的直方图变换为均匀分布的直方图。为讨论方便起见，将 f 用下式归一化为 $r(0 \leqslant r \leqslant 1)$：

$$r = \frac{f - f_{min}}{f_{max} - f_{min}} \tag{7.92}$$

式中，f_{max}，f_{min} 分别为图像灰度的最大值和最小值。直方图均衡化的原理可从图 7.45 得到几何说明。均衡法就是要通过一个灰度变换函数 $T(r)$，将原直方图 $P(r)$ 变换成均匀分布的新直方图 $P(s)$。问题的关键是如果求出这个函数 $T(r)$。

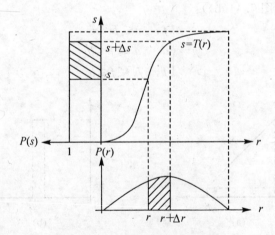

图 7.45　直方图均衡法示意图

设变换函数为 $s = T(r)$，$r \in [0, 1]$，函数 $T(r)$ 满足单值单调增加，这样可以保证逆变换(反函数 $T^{-1}(r)$)存在，且变换与逆变换都是单值的。现求 $T(r)$ 的表达式。

设 $P_r(r)$、$P_s(s)$ 代表原始图像和输出图像的概率密度函数，依概率论中关于随机变量函数的概率密度函数的定理，即：设 x 是一个具有概率密度 $f(x)$ 的随机变量，$y = g(x)$ 处处可导且对于任意 x 有 $g(x) > 0$（或 $g(x) < 0$），则 $y = g(x)$ 是一个连续型随机变量，其概率密度为

$$\varphi(y) = \begin{cases} f[h(y)] \cdot |h'(y)|, & \alpha < y < \beta \\ 0, & \text{其他} \end{cases}$$

$$\alpha, \beta = \min, \max\{g(-\infty), g(\infty)\} \tag{7.93}$$

式中，$h(y)$ 是 $g(x)$ 的反函数。

于是有

$$P_s(s) = P_r(r) \cdot \frac{\mathrm{d}r}{\mathrm{d}s} \tag{7.94}$$

令 $P_s(s) = 1$（均匀分布），由上式，有

$$\frac{\mathrm{d}s}{\mathrm{d}r} = P_r(r) \tag{7.95}$$

即

$$S = T(r) = \int_0^r P_r(x)\mathrm{d}(x) \tag{7.96}$$

此即所求变换函数。在离散情形下，有

$$P_r(r_k) = \frac{n_k}{N}, \ 1 \leqslant r_k \leqslant 1, \ k = 0, \ 1, \ \cdots, \ L-1 \tag{7.97}$$

$$s_k = T(r_k) = \sum_{j=0}^k P_r(r_j) = \sum_{j=0}^k \frac{n_j}{N} \tag{7.98}$$

式中，L 为灰度级数。注意：$r = 0$ 时，对连续函数有 $s = 0$，对离散函数 $s = n_0/N$。

由于数字图像是离散值，所以通常所得到的直方图并非是严格均匀的。因为不能将属于同一灰度级的各个像素予以拆分而变换到不同的灰度级（那样将改变原有图像的内容）。均衡化过程因为要合并掉一些灰度级，因而可能损害图像的细节信息。

②　直方图规定化：也称为直方图匹配，是通过改变输入图像的灰度分布，使输入图像的直方图变换为某任意指定的直方图，或与另一图像的直方图一致。其方法是将两个直方图分别均衡化，因为[0，1]区间上的均衡化分布是唯一的，所以通过这个均衡化分布可以将两个直方图联系起来。设图像 $f_r(x, y)$ 的直方图为 $P_r(r)$，其均衡化变换函数为 $T(r)$（即 $S = T(r)$）；指定的那个直方图分布为 $P_z(z)$，其均衡化变换函数为 $G(z)$（即 $S = G(z)$），于是有 $T(r) = S = G(z)$，从而可求得由直方图 $P_r(r)$ 变换到 $P_z(z)$ 的函数关系 $z = Z(r)$，即

$$s = T(r) = \int_o^r P_r(x)\mathrm{d}x \tag{7.99}$$

$$s = G(z) = \int_o^z P_z(x)\mathrm{d}x \tag{7.100}$$

$$z = G^{-1}(s) = G^{-1}[T(r)] \overset{\Delta}{=\!=} Z(r) \tag{7.101}$$

这一过程的几何说明如图 7.46(a) 所示。对于离散分布函数，用离散函数的均衡化算法求 s，但此时由两个分布函数得到的 s 值并不一定能完全相等，因此只能通过两个最相近的 s 值将 r 映射到 z，如图 7.46(b) 所示。

直方图均衡化和规定化的算法细节请参看图像处理的相关文献。

图像灰度对比度增强的方法除了上述所介绍的最基本方法外，还有其他一些方法，如局部统计法（用局部均值和方差增强对比度）等。

2. 卷积运算增强

(1)离散图像卷积处理——模板方法

卷积是图像处理中使用十分广泛的方法。在给定 $g(x, y)$ 的宽度（定义域）下，只有 f, g 的共同定义域下的乘积才有意义，所以离散函数的卷积是采用所谓卷积模板（即卷积

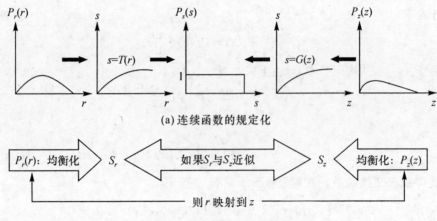

(a) 连续函数的规定化

(b) 离散函数的规定化

图 7.46　直方图规定化的原理示意图

核)的值与其覆盖下的图像对应值相乘、累加，并逐像元移动模板来完成的。经模板卷积运算后的输出图像的变化情况，视模板函数的情况而定。卷积模板方法的数学表达如下：

每一个覆盖位置的中心像元的输出值为

$$V_{k,l} = \left[\frac{\sum_{i=1}^{q} \sum_{j=1}^{q} W_{i,j} f_{i,j}}{F} \right], \text{记 } S = \sum_{i=1}^{q} \sum_{j=1}^{q} W_{i,j}, F = \begin{cases} S, & S \neq 0 \\ 1, & S = 0 \end{cases} \quad (7.102)$$

或

$$V_{k,l} = \sum_{i=1}^{q} \sum_{j=1}^{q} W_{i,j} f_{i,j} \quad (7.103)$$

要求 $\sum_{1 \leqslant i,j \leqslant q} W(i,j) = 1$ 或 $\sum_{1 \leqslant i,j \leqslant q} W(i,j) = 0$（等于零时称为零和核）。

输出图像为

$$g = f * W \quad (7.104)$$

式中，$f_{i,j}$ 为当前模板覆盖下的输入图像像元；$V_{k,l}$ 为当前处理单元的中心像元(k, l)的输出值；W 为卷积模板；$W_{i,j}$ 为模板中的元素，可看做权重值；q 为模板大小（以像元数记）；f 为输入图像；g 为输出图像。除以 F 或使卷积模板的和为1，是使图像被卷积后像元值的动态范围不变。而零和核使输出图像的均值为零，一般用于图像锐化。

例：求下述图像 g 对图像 f 的卷积：

$$f(x, y) = \begin{bmatrix} 2 & 0 & 9 & 8 \\ 5 & 2 & 7 & 6 \\ 6 & 8 & 0 & 2 \\ 2 & 0 & 4 & 1 \end{bmatrix}, g(x, y) = \begin{bmatrix} 2 & 4 & 0 \\ 0 & 6 & 7 \\ 5 & 4 & 8 \end{bmatrix}$$

解：由离散卷积公式可知，卷积后的图像大小为（f 的行数＋g 的行数－1）×（f 的列数＋g 的列数－1）。但实际图像处理中，生成的图像只保持原图像的大小。卷积过程如图

7.47 所示。

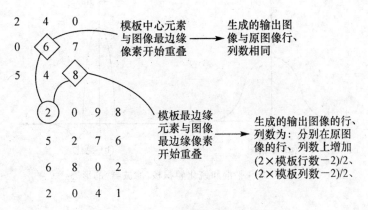

图 7.47　卷积模板处理示意图

运算中图像 f 周围缺少的像元用 0 充填(也有作镜像映射的)。由此,将卷积模板与所覆盖图像对应像元值相乘再累加,作为目标中心处像元的输出值。按(式 7.104)可算出两图像的卷积结果图像为(按保持 f 大小不变的方式)

$$f \times g = \frac{1}{36} \times \begin{bmatrix} 48 & 152 & 196 & 107 \\ 140 & 119 & 176 & 94 \\ 118 & 108 & 70 & 74 \\ 36 & 72 & 43 & 14 \end{bmatrix}$$

显然与前述灰度变换增强基于单点运算不同,卷积增强是基于点的邻域特征的运算。它属于邻域处理方法。在目的上二者也有不同,灰度点变换是增强对比度,卷积运算是增强目标的表面特征。表面特征的增强包括两个相反的内容:抑制图像噪声(称为图像平滑)和加强图像纹理边缘(称为图像锐化)。图像平滑和锐化可以在空间域进行,也可以在频率域进行。在后面我们可以看到空域处理与频域处理二者是等价的,故也称卷积方法为空域滤波方法。

(2)图像的平滑

为使卷积后的图像得到平滑,对卷积模板 W(权值 $W_{i,j}$)的设计有如下要求:

$$W_{i,j} > 0 \quad (称为低频核或低通核)$$

这项要求的一维图形通常如图 7.48(a)所示。其中曲线的形态可以不同,只要求函数值大于零。不同的曲线形态有不同的平滑效果。在了解频域处理方法后就可以知道这一要求的道理所在。

具体滤波方法举要介绍于下(只列出模板):

①简单局部平均法:

$$W_{i,j} = \frac{1}{M}, \quad g(x,y) = W_{i,j} \sum_{(i,j) \in S} f(i,j) \tag{7.105}$$

式中,S 为邻域内像素点的点集;M 为 S 中的总点数。简单局部平均法就是一个算术平均。

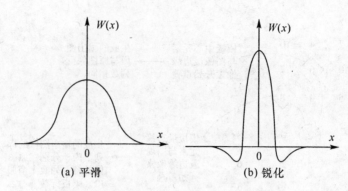

(a) 平滑　　　　　　　　(b) 锐化

图 7.48　平滑和锐化卷积核(滤波器)的形态

②梯度倒数加权平均法：这里的梯度指方向导数或方向梯度，是相邻像素之间灰度值之差的绝对值。模板为

$$W_{i,j} = \frac{1}{|g(i,\ j) - f(i_0,\ j_0)|}$$

$$i = i_0 \pm 0,\ 1,\ 2,\ \cdots,\ k;\qquad j = j_0 \pm 0,\ 1,\ 2,\ \cdots,\ k \tag{7.106}$$

$(i_0,\ j_0)$ 为中心像元。当 $g(i,\ j) - f(i_0,\ j_0) = 0$，规定 $W_{i,j} = 2$。

③中值滤波法：将序列 $a_1, a_2, \cdots, a_n$ 按大小排序为 $a_{i_1}^1 \leqslant a_{i_2}^2 \leqslant a_{i_3}^3 \leqslant \cdots \leqslant a_{i_n}^n$，则称

$$X_m = a_{i_k}^{\frac{n+1}{2}}(n\ \text{为奇数时}) \quad \text{或} \quad X_m = \frac{1}{2}\left(a_{i_k}^{\frac{n}{2}} + a_{i_k}^{\frac{n}{2}+1}\right)(n\ \text{为偶数时}) \tag{7.107}$$

为该序列的中值。例如，6，2，9，0，10，15，4，3，16，排序：0，2，3，4，6，9，10，15，16，中值为6。

中值滤波是将模板窗口内中心像素值用窗内数字之中值代替。窗口一般取方形窗口或十字形窗口。中值滤波是一种非线性滤波。虽然它也是采用滑动模板进行处理，但与由卷积定义的操作显然有所不同。

中值滤波器是百分比滤波器(Percentile Filter)的特例。百分比滤波器在对窗口内数据排序后，从小到大确定每个数据的位置百分比，取 100% 位置的数据，就是最大值(Max)滤波器，可以检测图像中的亮点；取 0% 位置的数据，就是最小值(Min)滤波器，可以检测图像中的暗点；取 50% 位置的数据，就是中值(Median)滤波器，可以滤除图像中的噪声而较好地保留图像的细节。

对于简单局部平均法，有时过于损害图像的细节特征，可以采取多种其他方法减小这种损失，其中之一是所谓超限像素平滑法。其处理方法为

$$g'(x,\ y) = \begin{cases} g(x,\ y), & \text{当}\ |f(x,\ y) - g(x,\ y)| > T \\ f(x,\ y), & \text{当}\ |f(x,\ y) - g(x,\ y)| \leqslant T \end{cases} \tag{7.108}$$

式中，$f(x,\ y)$ 为原图像；$g(x,\ y)$ 为中间过程图像；$g'(x,\ y)$ 为最终输出图像；T 为选定的阈值；$g(x,\ y)$ 按局部平均法计算。超限像素平均法对椒盐噪声有较好的抑制效果，同时可保留小的灰度差异及纹理。

(3)图像的锐化

图像锐化的卷积模板设计是基于对图像的微分处理。对离散的数字图像，微分处理变成差分操作。差分是在两个相邻像素之间进行减法运算。用卷积模板来表示时，对模板的要求是（这个要求同样有其频域滤波原理的依据）：

$$W_{i_0, j_0} \cdot W_{i, j} < 0 \quad （称为高频核或高通核）$$

式中，W_{i_0, j_0} 是模板的中心元素；$W_{i, j}$ 是其周围相邻元素。它的一维图形形态如图 7.48(b) 所示。

① 一阶差分卷积模板：是基于梯度的模板。

梯度：

$$\vec{G}[f(x, y)] = \nabla f = \left[\begin{array}{cc} \dfrac{\partial f}{\partial x} & \dfrac{\partial f}{\partial y} \end{array} \right]^{\mathrm{T}} \tag{7.109}$$

梯度的模：

$$G_M[f(x, y)] = \mathrm{mag}(\nabla f) = \left[\left(\dfrac{\partial f}{\partial x} \right)^2 + \left(\dfrac{\partial f}{\partial y} \right)^2 \right]^{\frac{1}{2}} \tag{7.110}$$

梯度的方向：

$$\phi(x, y) = \arctan \left| \dfrac{\dfrac{\partial f}{\partial x}}{\dfrac{\partial f}{\partial y}} \right| \tag{7.111}$$

对于数字图像则用差分表示为

$$G[f(x, y)] = \{ [f(i, j) - f(i+1, j)]^2 + [f(i, j) - f(i, j+1)]^2 \}^{\frac{1}{2}} \tag{7.112}$$

或

$$G[f(x, y)] = |f(i, j) - f(i+1, j)| + |f(i, j) - f(i, j+1)| \tag{7.113}$$

基于上述梯度表达的卷积模板称为典型梯度算子。

另一种称为罗伯兹（Roberts）梯度算子的梯度计算表达式为

$$G[f(x, y)] = \{ [f(i, j) - f(i+1, j+1)]^2 + [f(i+1, j) - f(i, j+1)]^2 \}^{\frac{1}{2}} \tag{7.114}$$

Roberts 算子也可采用式(7.114)中 1 为模，即取差分的绝对值。1 为模的典型梯度算子与 Roberts 梯度算子的模板分别如下：

$$H_{典型} = \begin{bmatrix} 2 & -1 \\ -1 & 0 \end{bmatrix}, \quad H_{\mathrm{Roberts}} = \begin{bmatrix} 1 & -1 \\ 1 & -1 \end{bmatrix} \tag{7.115}$$

② 二阶差分卷积模板：二阶差分算子是拉普拉斯算子：

$$\nabla^2 f = \dfrac{\partial^2 f}{\partial x^2} + \dfrac{\partial^2 f}{\partial y^2} \tag{7.116}$$

其差分表示为

$$\nabla^2 f = 4f(i, j) - f(i+1, j) - f(i-1, j) - f(i, j+1) - f(i, j-1) \tag{7.117}$$

拉普拉斯算子模板为

$$H_{\mathrm{Laplacian}} = \begin{bmatrix} 0 & -1 & 0 \\ -1 & 4 & -1 \\ 0 & -1 & 0 \end{bmatrix}, \tag{7.118}$$

显然，差分处理后在图像上灰度平坦的地方梯度值为零或很小，而在灰度急剧变化的边缘地方梯度值则很大。

各种遥感图像处理软件中都实现了上述平滑和锐化的增强方法。

③ 方向滤波：在遥感中还经常针对某个方向的图像增强处理，称为方向滤波增强，其模板大多使用一阶差分算法，即

$$H_{\text{vertical}} = \begin{bmatrix} -1 & 0 & 1 \\ -1 & 0 & 1 \\ -1 & 0 & 1 \end{bmatrix} 或 H_{\text{vertical}} = \begin{bmatrix} -1 & 2 & -1 \\ -1 & 2 & -1 \\ -1 & 2 & -1 \end{bmatrix}$$

$$H_{\text{horizontal}} = \begin{bmatrix} -1 & -1 & -1 \\ 0 & 0 & 0 \\ 1 & 1 & 1 \end{bmatrix} 或 H_{\text{horizontal}} = \begin{bmatrix} -1 & -1 & -1 \\ 2 & 2 & 2 \\ -1 & -1 & -1 \end{bmatrix}$$

$$H_{\text{diagonal}} = \begin{bmatrix} 0 & 1 & 1 \\ -1 & 0 & 1 \\ -1 & -1 & 0 \end{bmatrix} 或 H_{\text{diagonal}} = \begin{bmatrix} 1 & 1 & 0 \\ 1 & 0 & -1 \\ 0 & -1 & -1 \end{bmatrix}$$

$$H_{\text{diagonal}} = \begin{bmatrix} -1 & -1 & 2 \\ -1 & 2 & -1 \\ 2 & -1 & -1 \end{bmatrix} 或 H_{\text{diagonal}} = \begin{bmatrix} 2 & -1 & -1 \\ -1 & 2 & -1 \\ -1 & -1 & 2 \end{bmatrix} \tag{7.119}$$

图像的梯度求出以后，可以采用以下几种方式生成不同效果的梯度图像：

$$g(x, y) = G_M[f(x, y)] \tag{7.120}$$

其特点是显示陡边缘，平缓区较暗。

$$g(x, y) = \begin{cases} G_M[f(x, y)], & G_M \geqslant T \\ f(x, y), & 其他 \end{cases} \tag{7.121}$$

其特点是突出边缘又不压抑背景。

$$g(x, y) = \begin{cases} L_G, & G_M \geqslant T \\ f(x, y), & 其他 \end{cases} \tag{7.122}$$

其特点是突出边缘。

$$g(x, y) = \begin{cases} G_M[f(x, y)], & G_M \geqslant T \\ L_G, & 其他 \end{cases} \tag{7.123}$$

其特点是简化背景。

$$g(x, y) = \begin{cases} L_G, & G_M \geqslant T \\ L_B, & 其他 \end{cases} \tag{7.124}$$

其特点是同时简化边缘与背景。

3. 图像代数运算增强

图像代数运算是指对多波段图像逐像元地进行代数运算，其中以四则运算为主，可包括初等函数。以下 X_i 代表已经配准好的多光谱或多时相图像。

(1)加法运算

$$Y = \frac{1}{k} \sum_{i=1}^{n} w_i X_i \tag{7.125}$$

式中，w_i 为 X_i 的权值；k 为比例因子。若 $\sum_{i=1}^{n} w_i = 1$，则 Y 是一个加权平均图像。平均图像可有效地降低噪声提高信噪比，一般有 $\text{SNR}_Y = \sqrt{n}\text{SNR}_i$。

（2）减法运算

$$Y = \frac{1}{k}(w_i X_i - w_j X_j) \tag{7.126}$$

可用于变换检测、运动图像检测、消除背景噪声、压抑地形影响、增强特定光谱特征等。缺点是减少图像信息，降低信噪比。

（3）乘法运算

$$Y = X_i \cdot X_j \tag{7.127}$$

可用于图像掩膜（Masking）和图像调制（Modulate）。图像掩膜是一个每个像素值为 1bit 的位图，通常将感兴趣的区域的像素值设为 1，其他区域的像素值设为 0。这种掩模与另一图像做乘法运算，则可从图像中将感兴趣的区域分离出来。图像调制是将某种信息融入另一图像中，使图像包含该信息。调制的方法有多种，如将 DEM 信息调制到彩色图像中，最简单的方法可以采用 DEM×(R, G, B)的算法。

（4）除法运算

$$Y = \frac{X_i}{X_j} \tag{7.128}$$

如果 X_i, $X_j \in [0, 255]$（$X_j \neq 0$，若 $X_j = 0$，可令 X_j 为一大于零的小实数），则 Y 为[0, 255]的实数。在 8 位编码和显示模式下，[0, 1]将被映射为 0，即分子小于分母时都被编码为 0。由此可能造成一半信息的损失。因此常取

$$Y = K \tan \frac{X_i}{X_j} \tag{7.129}$$

若取 $K = 162.34$，可将 $\frac{X_i}{X_j}$ 映射到[0, 255]。若考虑对 Y 的线性扩展，可取

$$Y = 255 \cdot \frac{\alpha - \min(\alpha)}{\max(\alpha) - \min(\alpha)}, \ \alpha = \cot \frac{X_i}{X_j} \tag{7.130}$$

比值图像能有效地压抑地形影响、增强地物光谱信息。应用于消除地形增益因子和偏置因子影响的原理如下（假设各波段偏置相同）：

$$\frac{X_k - X_i}{X_l - X_m} = \frac{(a\rho_k + b) - (a\rho_i + b)}{(a\rho_l + b) - (a\rho_m + b)} = \frac{\rho_k - \rho_i}{\rho_l - \rho_m} \tag{7.131}$$

消除地形影响的原理如图 7.49 所示，一个实例如表 7.7 所示。

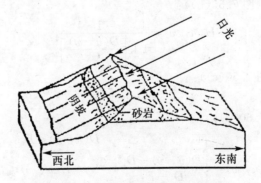

图 7.49　比值图像消除光照差异示意图

表 7.7   地形对辐照影响的消除

光照情况	波段 4	波段 5	比值(4/5)
阳坡	28	42	0.66
阴坡	22	34	0.65

7.7.2 频率域增强

在频域中增强图像的原理，乃基于前述图像傅立叶变换。我们已经知道频域中不同频率成分所对应的原空域图像的灰度变化特点，即低频对应灰度的平缓变化，高频对应灰度的急剧变化。对灰度图像特征的增强不外乎是平滑和锐化，所以我们可以通过改变图像频谱的成分来达到增强图像的目的。改变图像频谱是通过构造另一个频谱函数来作用于图像频谱实现的，这个构造的频谱函数称为频率转移函数，又称滤波器。

设空域原图像为 $f(x, y)$，其傅立叶变换后的频谱函数为 $F(u, v)$，转移函数为 $H(u, v)$，增强后的空域图像为 $g(x, y)$，则频域增强的一般过程可表示为

$$f(x, y) \xrightarrow{\text{DFT}} F(u, v) \xrightarrow{F(u, v) \cdot H(u, v)} G(u, v) \xrightarrow{\text{IDFT}} g(x, y) \tag{7.132}$$

其中，DFT 是离散傅立叶变换，IDFT 是离散傅立叶变换的逆变换。上述过程的核心是滤波器的设计，所以以下主要讨论一些滤波器转移函数。

1. 平滑滤波器

通过 $H(u, v)$ 对 $F(u, v)$ 作保留低频、去除高频的选择性压抑达到平滑效果，即

$$G(u, v) = H(u, v) \cdot F(u, v) \tag{7.133}$$

有如下几种典型的滤波器：

(1)理想低通滤波器(图 7.50(a))

$$H(u, v) = \begin{cases} 1, & D(u, v) \leqslant D_0 \\ 0, & D(u, v) > D_0 \end{cases} \tag{7.134}$$

式中，D_0 为截止频率；$D(u, v) = (u^2 + v^2)^{\frac{1}{2}}$。

理想低通滤波器存在使图像严重变模糊的缺陷，故不常使用。

(2)改进型低通滤波器

①巴特沃思滤波器(图 7.50(b))：

$$H(u, v) = \frac{1}{1 + \left[\dfrac{D(u, v)}{D_0}\right]^{2n}} \tag{7.135}$$

②指数型滤波器(图 7.50(c))：

$$H(u, v) = e^{-\left[\frac{D(u, v)}{D_0}\right]^n} \tag{7.136}$$

③梯形滤波器(图 7.50(d))：

$$H(u, v) = \begin{cases} 1, & D(u, v) < D_0 \\ \dfrac{D(u, v) - D_1}{D_0 - D_1}, & D_0 \leqslant D(u, v) \leqslant D_1 \\ 0, & D(u, v) > D_1 \end{cases} \tag{7.137}$$

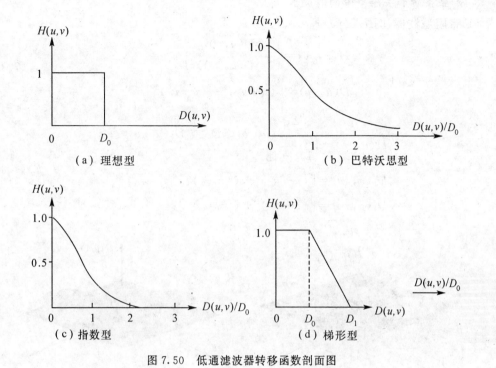

图 7.50　低通滤波器转移函数剖面图

2. 锐化滤波器

锐化滤波器转移函数的图形，是低通滤波器的相应图形以 $D(u,v)=D_0$ 为轴的对称映射。

(1)理想高通滤波器

$$H(u,v)=\begin{cases}0, & D(u,v)\leqslant D_0\\1, & D(u,v)>D_0\end{cases}\qquad(7.138)$$

(2)改进型高通滤波器

①巴特沃思滤波器：

$$H(u,v)=\cfrac{1}{1+\left[\cfrac{D_0}{D(u,v)}\right]^{2n}}\qquad(7.139)$$

②指数型高通滤波器：

$$H(u,v)=e^{-\left[\frac{D_0}{D(u,v)}\right]^n}\qquad(7.140)$$

③梯形高通滤波器：

$$H(u,v)=\begin{cases}1, & D(u,v)<D_1\\\cfrac{D(u,v)-D_1}{D_0-D_1}, & D_1\leqslant D(u,v)\leqslant D_0\\0, & D(u,v)>D_0\end{cases}\qquad(7.141)$$

3. 加强条带和去除条带的滤波器

（1）带阻滤波器（图 7.51(a)）

$$H(u, v) = \begin{cases} 0, & D(u, v) \leqslant D_0 \\ 1, & D(u, v) > D_0 \end{cases}$$ (7.142)

$$D(u, v) = [(u-u_0)^2 + (v-v_0)^2]^{\frac{1}{2}}$$

或

$$H(u, v) = \begin{cases} 0, & D_1(u, v) \leqslant D_0 \text{ 或 } D_2(u, v) \leqslant D_0 \\ 1, & \text{其他} \end{cases}$$

$$D_1(u, v) = [(u-u_0)^2 + (v-v_0)^2]^{\frac{1}{2}}$$ (7.143)

$$D_2(u, v) = [(u-u_0)^2 + (v-v_0)^2]^{\frac{1}{2}}$$

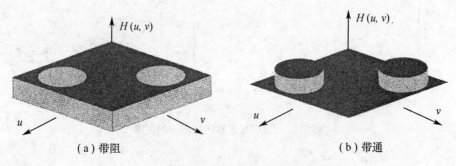

(a) 带阻   (b) 带通

图 7.51　带阻带通滤波器转移函数三维图

带通滤波器（图 7.51(b)）：

$$H(u, v) = \begin{cases} 1, & D(u, v) \leqslant D_0 \\ 0, & D(u, v) > D_0 \end{cases}$$ (7.144)

$$D(u, v) = [(u-u_0)^2 + (v-v_0)^2]^{\frac{1}{2}}$$

或

$$H(u, v) = \begin{cases} 1, & D_1(u, v) \leqslant D_0 \text{ 或 } D_2(u, v) \leqslant D_0 \\ 0, & \text{其他} \end{cases}$$ (7.145)

$$D_1(u, v) = [(u-u_0)^2 + (v-v_0)^2]^{\frac{1}{2}}$$

$$D_2(u, v) = [(u-u_0)^2 + (v-v_0)^2]^{\frac{1}{2}}$$

4. 同态滤波

如果一幅图像由于照度不均而使得落在亮区、暗区（如阳坡、阴坡）中的细节特征不能同时充分地显示出来，如何通过图像增强处理来改善它？同态滤波可以在一定程度上解决这个问题。图像函数可以简化表示为照度与物体反射率的乘积，即

$$f(x, y) = i(x, y) \cdot r(x, y); \quad 0 \leqslant i(x, y) < \infty, \ 0 \leqslant r(x, y) \leqslant 1$$ (7.146)

一般在一个有限区域内，照度虽然不均匀（亮区、暗区），但这种不均匀是宏观的平缓变化，而且光照在亮区、暗区内部是均匀的，这意味着它在图像的频谱中主要反映在低频

部分。而物体的反射率是地物本身的特性，各处变化比较大，从而反映在高频部分。这样，增强的方法就是抑制低频而加强高频。同态滤波处理这个问题的原理是：对图像灰度做对数变换，使得在对数域图像的低频和高频分离。

令：
$$z(x, y) = \ln f(x, y) = \ln i(x, y) + \ln r(x, y) \tag{7.147}$$

然后对其做傅立叶变换，即

$$Z(u, v) = F\{z(x, y)\} = F\{\ln i(x, y)\} + F\{\ln r(x, y)\} = I(u, v) + R(u, v) \tag{7.148}$$

由于对数变换是非线性的，所以 $I(u, v)$，$R(u, v)$ 不能等同于 $F\{i(x, y)\}$，$F\{r(x, y)\}$，但仍可认为其分别落在低频区域和高频区域。这样，可以选择一抑制低频加强高频的转移函数对 $Z(u, v)$ 做滤波，其输出记为 $S(u, v)$。

$$S(u, v) = H(u, v)Z(u, v) = H(u, v)I(u, v) + H(u, v)R(u, v) \tag{7.149}$$

$S(u, v)$ 的低频部分(光照部分)受到压制。对 $S(u, v)$ 做傅立叶反变换，即

$$s(x, y) = F^{-1}\{S(u, v)\} = F^{-1}\{H(u, v)Z(u, v)\}$$
$$= F^{-1}\{H(u, v)I(u, v)\} + F^{-1}\{H(u, v)R(u, v)\} \tag{7.150}$$

式中，$F^{-1}\{H(u, v)I(u, v)\}$ 对应光照有关的部分；$F^{-1}\{H(u, v)R(u, v)\}$ 对应地表反射有关的部分。其中，$s(x, y)$ 是 $z(x, y)$ 经频域滤波后得到的。又由于 $z(x, y)$ 是由 (x, y) 取对数得到的，所以对 $s(x, y)$ 取指数得到增强后的图像 $g(x, y)$，即

$$g(x, y) = \exp\{s(x, y)\} \tag{7.151}$$

同态滤波的处理流程可概括如下：

$$f(x, y) \rightarrow \boxed{\ln} \rightarrow \boxed{FFT} \rightarrow \boxed{H(u, v)} \rightarrow \boxed{IFFT} \rightarrow \boxed{\exp} \rightarrow g(x, y)$$

频域滤波的一个实例见图 7.52。

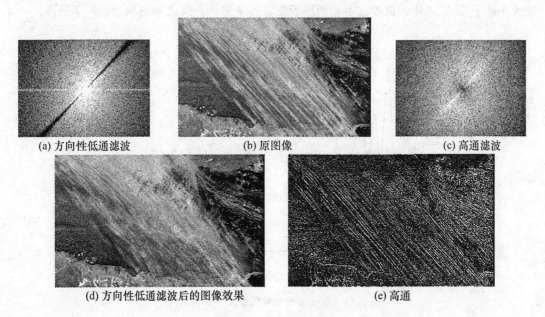

(a) 方向性低通滤波　　　　(b) 原图像　　　　(c) 高通滤波

(d) 方向性低通滤波后的图像效果　　　　(e) 高通

图 7.52　频域滤波实例

5. 频域滤波与空域滤波的关系

　　傅立叶变换的卷积定理(式(7.48))表明：空间域上两个函数的卷积等于其各自的傅立叶变换的频谱函数的普通积；空间域上两个函数的普通积的傅立叶变换等于其各自傅立叶变换的频谱函数的卷积。基于该定理，图像平滑和锐化算子既可以通过空域卷积实现，也可以在频域实现。图 7.53(b)是空域中图像平滑的卷积核函数，图 7.53 (a)为其傅氏频谱函数(即频率转移函数)；这个转移函数是一个低通滤波器，正好说明了频域滤波与空域卷积的效果是等价的。图 7.53(d)为空域中锐化图像的卷积核函数，图 7.53(c)为其傅氏频谱函数，它是一个高通滤波器。锐化卷积核和高通滤波器的作用也是等价的。这也是为什么平滑卷积核函数和锐化卷积核函数需要具有该形态特征的原理。

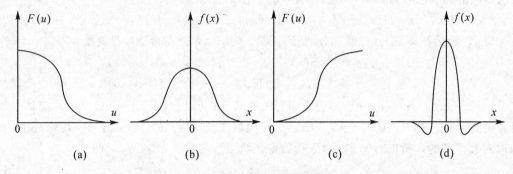

图 7.53　转移函数与卷积函数的形态对比

　　虽然空域卷积处理与频域滤波处理是等价的，但二者的运算效率是不同的。其效率与处理图像的大小和卷积模板的大小有关，具体如图 7.54 所示的经验关系。图像大小和模板大小落于图 7.54 中的曲线之上，则频域滤波效率更高，反之则空域卷积效率更高。

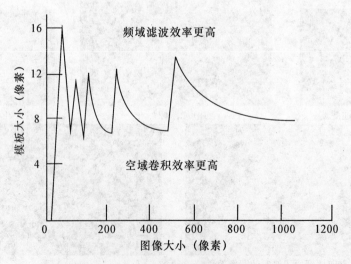

图 7.54　空域卷积与频域滤波的效率比较

7.7.3　彩色增强

在满足色块大小阈值的条件下，人眼对于图像的彩色变化比亮度更敏感，因此将图像变换成彩色也是一种图像增强的方式。假彩色、真彩色、伪彩色都是彩色图像增强的方式。比如真彩色图像符合我们的直观，识别地物时因熟悉而变得容易。但假彩色图像能够展示一些真彩色不能显示的信息，比如，比较图 7.8 与图 7.9(见彩图页)，三峡大坝工地附近的地物在前者上要清晰许多(读者试从尘埃散射的角度解释其机理)。在遥感图像中如何选择波段构成假彩色图像，对图像的目视解译很有意义。一般来说，所选择的波段应使感兴趣的信息与环境信息的色彩差异大。这首先要选择使感兴趣信息与环境信息光谱差异大的波段，其次要选择使感兴趣信息与环境信息形成互补色的彩色合成方式，因为人眼对互补色感觉更醒目。另外，对感兴趣信息的显示颜色的选择也可以加以考虑，尽量使用人眼敏感的颜色，如红色、绿色(人眼对绿光敏感，绿光和红光的颜色视野小)。下面介绍两项彩色图像增强内容，一是伪彩色图像增强灰度图像的视觉感受力；二是对彩色图像按感兴趣信息的需要，增强其中的亮度、色调或饱和度以提高视觉感受力。

1. 伪彩色增强

将一幅灰度图像变为彩色图像的方法有很多，以下三种是常用的方法。

(1)密度分割(编码)法

这种方法最为简单，只要将不同的灰度级或灰度级区间赋予一种不同的颜色即可。可以按颜色的连续变化赋色，也可以任意赋色。

(2)灰度分段合成法

这种方法将图像灰度区间 L 四等分，以灰度坐标为变量构造三原色的赋值函数 $r(l)$，$g(l)$，$b(l)$，l 为灰度级。灰度分段合成法的 $r(l)$，$g(l)$，$b(l)$ 定义如图 7.55(a)所示。在计算机处理时，先用 $r(l)$，$g(l)$，$b(l)$ 赋值函数求出各灰度值级的三原色值，然后建立伪彩色表(PCT)，实现伪彩色显示，如图 7.55(b)所示。

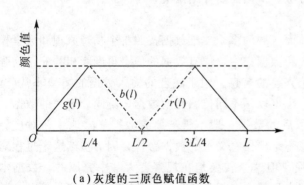

(a)灰度的三原色赋值函数	(b)伪彩色表

PCT			
输入	输出		
	红	绿	蓝
0	0	0	255
1	0	50	200
2	0	100	150
⋮	⋮	⋮	⋮
⋮	⋮	⋮	⋮
255	255	0	0

图 7.55　灰度分段合成法及其伪彩色表示意图

伪彩色编码还有比较复杂一些的方式，比如，将灰度图像先做傅立叶变换，然后对其频谱进行三种不同的滤波处理，再反变换生成三个不同的灰度图像，最后将此三个灰度图像分别赋予三原色即可合成一个伪彩色图像。如下述滤波方式即是一例，它将一幅灰度图像变换为增强了纹理信息的伪彩色图像：

$$[灰度图像] \xrightarrow{\text{DFT}} [傅立叶频谱] \rightarrow \begin{bmatrix} L=高通滤波 \\ H=低通滤波 \\ S=127 \end{bmatrix} \xrightarrow{\text{LHS 反变换}} \begin{bmatrix} R \\ G \\ B \end{bmatrix}$$

2. 亮度、色调或饱和度增强

对彩色图像的亮度、色调或饱和度进行增强，使输出的新彩色图像的视觉效果得到改善。或者突出某些图像特征，如纹理等。几种处理方式举例如下：

(1)亮度扩展

$$[R \quad G \quad B] \rightarrow [H \quad L \quad S] \xrightarrow{L \text{ 扩展}} [H \quad L' \quad S] \rightarrow [R' \quad G' \quad B']。$$

图像特点：彩色图像的亮度范围变大，层次感增强。

(2)色调扩展

$$[R \quad G \quad B] \rightarrow [H \quad L \quad S] \xrightarrow{H \text{ 扩展}} [H' \quad L \quad S] \rightarrow [R' \quad G' \quad B']$$

图像特点：彩色图像的色彩丰富，色彩对比增强。

类似地，可以对饱和度进行扩展增强。

(3)纹理增强

$$\begin{bmatrix} b_1 \\ b_2 \\ b_3 \end{bmatrix} \rightarrow \begin{bmatrix} R \\ G \\ B \end{bmatrix} \rightarrow \begin{bmatrix} H \\ L \\ S \end{bmatrix} \xrightarrow{\substack{H=G/R \\ S=G/B}} \begin{bmatrix} H' \\ L \\ S' \end{bmatrix} \rightarrow \begin{bmatrix} R' \\ G' \\ B' \end{bmatrix}$$

图像特点：纹理信息得到增强。b_1，b_2，b_3 为选择的多光谱波段。

7.7.4 其他增强方法

遥感图像的增强方法是非常多的，前述介绍的各类方法中每类都有很多不同的具体算法。除此之外还有其他的一些重要方法。下面简要介绍两类。

1. 数据融合增强

遥感中的数据融合，是将同一地面区域的多个二维数据按照某个物理原理和数学模型重新组合为一个新的数据集，在这个新数据集中，原有数据的信息得到互相补充、增强和综合，更有利于用户分析和提取所感兴趣的信息。用于融合的输入数据的类型非常广泛，可以是同一传感器的不同波段数据，也可以是不同传感器的数据、不同分辨率的数据，甚至是遥感数据与非遥感数据。融合以后的数据一般不再与原有数据显式地一一对应。所以，将三个波段合成为一个彩色图像不是严格意义上的数据融合，因为虽然这个过程对观察者来说实现了 RGB 到 HLS 的转换，但这个转换是在观察者大脑中完成的，数据本身没有变化。由此可见，数据融合的基本目的之一就是通过数据的"重组"以增强信息。数据融合的研究内容非常丰富，已经提出的融合方法也很多。下面介绍遥感中最常用到的几种。

(1)HLS 变换融合

HLS 变换的一种典型应用是多分辨率遥感数据的融合。多光谱数据可以形成彩色图像，如果有红、绿、蓝的三个波段还可以合成真彩色图像。但很多卫星的多光谱数据的空间分辨率比其全色波段数据的分辨率要低（通常低 4 倍），如 SPOT 的多光谱为 10 米，全色为 2.5 米，QUICKBIRD 多光谱为 2.44 米，全色则为 0.61 米，IKONOS 多光谱为 4 米，全色为 1 米。如何将不同分辨率的多光谱数据和全色数据融合，产生既具有全色波段的空间分辨率，又具有多光谱的彩色信息的图像，是一个很有实际应用意义的课题。现在做到这一点的方法不止一种，而用 HLS 变换来做是最早和最基本的方法。我们知道 RGB 变换到 HLS 后，图像的颜色信息主要保存在 H 和 S 中，而图像的空间分辨率则主要体现在 L 中（可知觉亮度斑块的大小比可知觉颜色斑块的更小）。因此，一种简单的考虑就是对多光谱的三个波段 b_1，b_2，b_3 作为 R，G，B，对其做 HLS 变换，然后用高分辨率的全色波段 P 替换掉 L，再做 HLS 的反变换，这样得到的新的 R′，G′，B′彩色图像就基本满足了前述的要求。这个处理的流程如下：

$$\begin{bmatrix} b_1 \\ b_2 \\ b_3 \end{bmatrix} \xrightarrow[\text{为 } P \text{ 的相同分辨率}]{\text{向 } P \text{ 几何匹配并插值}} \begin{bmatrix} R \\ G \\ B \end{bmatrix} \rightarrow \begin{bmatrix} H \\ L \\ S \end{bmatrix} \xrightarrow[\text{匹配并替换 } L]{P \text{ 向 } L \text{ 做直方图}} \begin{bmatrix} H' \\ L' \\ S' \end{bmatrix} \rightarrow \begin{bmatrix} R' \\ G' \\ B' \end{bmatrix}$$

直方图匹配的一步是为了让 P 保持 L 的亮度分布。上面说 R′，G′，B′基本满足要求，是因为新图像的彩色与原彩色图像还是有视觉上可明显觉察得到的区别，原因是 L 被 P 替换，亮度可能发生很大改变，而亮度对彩色也是有影响的。比如，极端来说，无论原来颜色如何，亮度变得最大时是白色，最小(0)时是黑色。一个能使颜色信息(光谱信息)保持得很好的办法，是用 L 的低通滤波加上 P 的高通滤波，然后替换 L，即用 $L' = L_{\text{lowpass}} + P_{\text{highpass}}$ 来替换 L。这样做的理由是图像的细节信息是体现在高频成分上的。在实现过程中，可以对替换过程产生的 MTF 变化予以补偿，从而得到更好的效果。图 7.56 (见彩图页)就是基于这种思路实现的多分辨率融合的一个例子。由于高分辨率的全色波段是通常限于可见光到近红外范围，所以将其扩展到短波红外以上波段的融合，效果和实际意义都要差一些。

(2)K-L 变换融合

K-L 变换用于数据融合，它在突出主要信息和提取弱信息方面都很有效。K-L 变换也可以用于遥感数据与非遥感数据的融合，如遥感数据与 DEM 融合。因为遥感数据与地形具有较大的相关性，K-L 变换可以去除相关性，因此与 DEM 的 K-L 变换能够在一定程度上克服地形影响。图 7.57 是遥感影像单波段与 DEM 通过 K-L 变换融合的例子。其中地形相关部分集中到第一主成分中，使得第二主成分影像较好地消除了地形影响，图像地物类型变得很清晰(说明：图 7.57 中的 DEM 的分辨率远低于遥感影像，故该图的效果不是最理想的)。K-L 变换用于数据融合，针对不同的目的而有多种变化，如选择主成分分析、克罗斯塔技术等。图 7.58 的例子是选择主成分分析(SPCA)用于增强地质构造的应用[92]。选择主成分分析是选择利用两个波段进行 K-L 变换，这两个波段对于所感兴趣的信息是敏感的，而且相关性、各自的方差较大。该例中，根据图像统计分析和地质意义分析，采用 TM3 和 TM7 波段做 SPCA。结果使得在第二主成分中韧性剪切带地质构造这一弱信息得以明显地增强(在原图像的 6 个波段中都非常弱)。

（a）原始遥感影像第一波段

（b）与 DEM 融合后的第二主成分

图 7.57　遥感影像与 DEM 的 K-L 变换融合

（3）小波变换融合[90,91]

　　傅立叶变换是图像处理和分析中的一个极为重要的数学工具，但是傅立叶变换也有其局限性，最根本的问题是它不具备局部分析的能力。所谓局部分析，就是对函数在一个有限区间$[a，b]$上的性状的分析，比如对图像函数来说，有的局部范围内灰度变化平缓，而有的局部则变化急剧。显然，了解这样的局部性状是很重要的。然而，从傅立叶变换的定义可知，它是一个全局的平均效应，不可能反映局部特征。倘若将感兴趣的某局部区域简单截取出来进行傅立叶分析，比如用区间$[a，b]$的特征函数 $\chi(x)=\begin{cases}1，x\in[a，b]\\0，x\notin[a，b]\end{cases}$ 乘以 f

(a) TM3 波段原图像

(b) K-L 变换后第二主成分

图 7.58 基于 K-L 变换的数据融合增强地质构造信息

(x) (以一维函数为例)，然后再做傅立叶变换，则虽然它是针对 $[a, b]$ 上的 $f(x)$ 的变换，但由于在端点的不连续而附加入了不属于原来函数本身的高频成分。为了解决这个问题，D. Gabor 在 1946 年使用了一个称为"窗口函数"的 $g(x)$，该函数在区间 $[a, b]$ 的内部恒等于 1，而在区间 $[a, b]$ 的端点附近光滑地由 1 变为 0。将此函数与原来函数 $f(x)$ 相乘，即 $f(x)g(x-\tau)$，这相当于在 $f(x)$ 上开了一个以 τ 为中心、长度近似为 $(b-a)$、边界光滑的窗口，然后再对这个函数做傅立叶变换。这个方法称为窗口傅立叶变换或 Gabor 变换。Gabor 变换确实实现了局部分析的基本目的。但是 Gabor 变换又有两个缺陷，其一是窗口大小固定，这不适合在函数的不同局部可能需要大小不同的窗口的要求（灰度平缓的区间窗口大，反之小）；其二是 Gabor 变换的离散化不能生成正交基，而正交基对理论分析和数值计算都是很重要的。因此，需要发展新的变换分析工具，这就是小波变换产生的背景。

　　小波是相对于傅立叶变换中用到的正弦波、余弦波这样的在整个实数轴上分布的"长波"而言的。小波函数在给定的有限区间之外为零（"紧支集"）或快速衰减，从而使得它有较好的局部性。因此，一个函数 $\phi(x)$ 能够成为小波函数的允许性条件是：

$$\int_{-\infty}^{+\infty} |\psi(\omega)|^2 |\omega|^{-1} \mathrm{d}\omega < +\infty \tag{7.152}$$

式中，$\psi(\omega)$ 是小波函数 $\phi(x)$ 的频谱函数。满足这一条件的函数称为基本小波函数或母小波函数。为了使 $\psi(\omega)$ 具有更好的局部性能，一般还要求 $\phi(x)$ 满足正规性条件：

$$\int x^p \phi(x) \mathrm{d}x = 0, \ p = 1, 2, \cdots, n \tag{7.153}$$

$$\psi(\omega) = \omega^{n+1} \psi_0(\omega), \ \psi_0(\omega = 0) \neq 0 \tag{7.154}$$

以上二式中，n 越大越好。

　　有了小波函数后，小波变换定义为下述变换：

$$WT_f(a, \tau) = \frac{1}{\sqrt{a}} \int f(x) \phi^* \left(\frac{x-\tau}{a}\right) \mathrm{d}x = \langle f(x), \phi_{a,\tau}(x) \rangle; a, \tau \ 为实数, a \neq 0 \tag{7.155}$$

式中，$\phi^*(x)$ 是 $\phi(x)$ 的共轭函数，$f(x)$，$\phi(x) \in L^2(R)$（平方可积）；$\phi_{a,\tau}(x) = \phi\left(\frac{x-\tau}{a}\right)$ 是由基本小波 $\phi(x)$ 经平移（τ）缩放（a）而生成的依赖于参数 a，τ 的连续小波。根据傅立叶变换卷积定理，可以证明小波变换的等效频域表示为

$$WT_f(a, \tau) = \frac{\sqrt{a}}{2\pi} \int F(\omega) \psi^*(a\omega) \mathrm{e}^{+j\omega \tau} \mathrm{d}\omega f \tag{7.156}$$

式中，$F(\omega)$ 是 $f(x)$ 的频谱函数。该式说明，小波变换也可以看做用基本频率特性为 $\psi(\omega)$ 的带通滤波器在不同尺度下对 $f(x)$ 进行滤波。小波函数与简单窗口和 Gabor 窗口的比较见图 7.59。

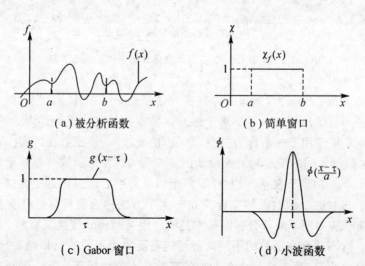

（a）被分析函数　　　　　　　　　　（b）简单窗口

（c）Gabor 窗口　　　　　　　　　　（d）小波函数

图 7.59　简单窗口、Gabor 窗口与小波函数的比较

小波 $\phi_{a,\tau}(x)$ 中的 τ 确定局部分析的位置，a 称为尺度因子，它确定小波的伸缩。a 越大，$\phi(x/a)$ 越宽，其频谱的中心频率越大，频谱带宽越小；a 越小，$\phi(x/a)$ 越窄，其频谱的中心频率越小，频谱带宽越大。但对于给定的母小波，其小波函数的中心频率与带宽的比值（称为品质因素）不变，如图 7.60 所示。从频域来看，用不同尺度的小波函数作小波变换，大体上相当于用一组不同中心频率和带宽的带通滤波器对输入信号作滤波处理。因此，小波分析具有多分辨率观察信号的特点见图 7.61。

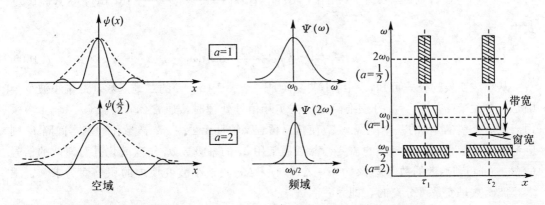

(a) 小波伸缩变化的尺度效应 　　　　　 (b) 品质因素不变但形态改变

图 7.60　小波函数的尺度效应及时-频窗品质因素示意图

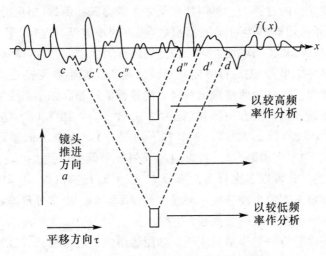

图 7.61　小波分析的多分辨率功能示意图

一维小波变换的反变换为

$$f(x) = \frac{1}{c_\phi} \int_0^\infty \frac{da}{a^2} \int WT_f(a,\tau)\phi_{a\tau}(x)d\tau, \phi_{a\tau}(x) = \int_{-\infty}^{+\infty} |\psi(\omega)|^2 |\omega|^{-1}d\omega \quad (7.157)$$

对二维函数的连续小波变换，其公式如下：

$$WT_f(a;\tau_1,\tau_2) = \frac{1}{a} \iint f(x_1,x_2)\phi^*\left(\frac{x_1-\tau_1}{a}, \frac{x_2-\tau_2}{a}\right)\mathrm{d}x_1\mathrm{d}x_2$$

$$= \langle f(x_1,x_2), \phi_{a;\tau_1,\tau_2}(x_1,x_2) \rangle \qquad (7.158)$$

式中，$\phi_{a;\tau_1,\tau_2}(x_1,x_2) = \frac{1}{a}\phi\left(\frac{x_1-\tau_1}{a}, \frac{x_2-\tau_2}{a}\right)$，称为二维连续小波。二维小波变换的反变换为

$$f(x_1,x_2) = \frac{1}{c_\phi}\int_0^\infty \frac{\mathrm{d}a}{a^3} \iint WT_f(a;\tau_1,\tau_2)\phi\left(\frac{x_1-\tau_1}{a}, \frac{x_2-\tau_2}{a}\right)\mathrm{d}\tau_1\mathrm{d}\tau_2, \qquad (7.159)$$

式中，

$$c_\phi = \frac{1}{4\pi}\iint \frac{|\psi(\omega_1,\omega_2)|^2}{|\omega_1^2+\omega_2^2|}\mathrm{d}\omega_1\mathrm{d}\omega_2 \qquad (7.160)$$

从小波变换的公式可知，一维小波变换是一个关于(a,τ)的二维函数，二维小波变换则是一个关于(a,τ_1,τ_2)的三维函数。在实际信号处理时，通常(a,τ)或(a,τ_1,τ_2)采用离散值。τ离散化的基本间隔τ_0应使信息覆盖τ轴且无丢失。a离散化的基本间隔a_0则应考虑信号最大(高)分辨率的需要，然后通常用a_0的幂级数a_0^j作离散化。对离散的信号$(f(k\cdot\Delta x))$和离散的数字图像($f(i\cdot\Delta x_1, j\cdot\Delta x_2)$)，小波变换中的积分变为求和。很多小波函数是变量可分离的，即

$$\phi_{a;\tau_1,\tau_2}(x_1,x_2) = \frac{1}{a}\phi\left(\frac{x_1-\tau_1}{a}\right)\phi\left(\frac{x_2-\tau_2}{a}\right) \qquad (7.161)$$

这时可通过两个方向的一维小波变换实现二维的小波变换。

数字图像小波变换的过程为：将图像用低频半带滤波器函数(相应的小波基用$\phi(x)$表示)分解为低频部分和用高频半带滤波器函数(相应的小波基用$\varphi(x)$表示)分解为高频部分。按行增加方向(x_2)和按列增加方向(x_1)分别隔行隔列抽取像素(即$a=2^j$，$j=0$，因为半带抽取，采样率可减半)。先对行方向分别做低频和高频小波变换处理，产生低频和高频两路输出频谱图像；再对这两路输出按列方向进行低频和高频小波变换，组合起来就产生四路输出频谱图像：行、列方向低频(记为$\phi(x_1)\phi(x_2)$，图7.62中左上角部分)，行、列方向高频(记为$\varphi(x_1)\varphi(x_2)$图7.62中右下角部分)，行方向低频列方向高频(记为$\varphi(x_1)\phi(x_2)$图7.62中左下角部分)，行方向高频列方向低频(记为$\varphi(x_2)\phi(x_1)$图7.62中右上角部分)。上述过程可以多次对平滑部分$\phi(x_1)\phi(x_2)$进行(即$a=2^j$，$j=1,\cdots,k$)，从而产生在更低分辨率上的小波分解，形成多分辨率频谱。由多分辨率频谱重建图像的过程与上述过程相反，依次一级一级重建。

小波分析在图像分析中有很多的应用，如图像增强、边缘检测、目标识别、图像压缩等。基于小波变换的多分辨率图像数据融合的过程是：将低分辨率多光谱图像与高分辨率图像配准，并插值为相同的分辨率，各自进行小波变换，将低分辨率图像的低频部分替代高分辨率图像的低频部分，再对替换后的频谱图像做小波反变换，这样就得到了光谱特性与多光谱图像基本相同、空间分辨率与高分辨率图像相同的图像，从而实现图像的融合。在遥感图像处理软件 ERDAS Imagien 中即有基于小波变换的多分辨率图像融合方法。

2. 特定信息增强

特定信息即感兴趣的信息，在此，假定对这些感兴趣信息的特点已经有较明确的了

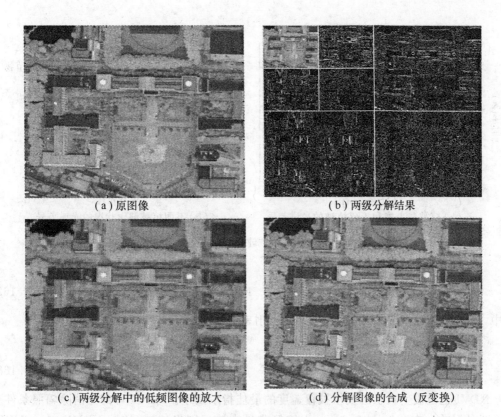

（a）原图像　　　　　　　　　　（b）两级分解结果

（c）两级分解中的低频图像的放大　　　　（d）分解图像的合成（反变换）

图 7.62　图像的小波分解与合成

解，故称为特定信息。为了使这些信息在图像上醒目地显示出来，依据其在多光谱上的光谱特点，设计针对性的算法对其进行增强。遥感中广泛应用的各种指数技术就是这样一类增强方法。遥感中的所谓指数（Index），是在对特定信息基于物理机理和基于光谱特征的分析的基础上，建立的一个简单的光谱数值模型（一般为代数运算）。从这个模型计算得到的数值能够很好地反映出特定信息的强度，或对特定信息有专门的指示意义，或能将其与其他背景地物信息较好地区分开来。有关指数举例如下：

（1）植被指数

植被指数是一种能够反映植被生长状况的参数，其设计原理是基于植被在可见光和近红外的反射光谱特征。在植被光谱中，绿光波段（G：$0.52 \sim 0.59\mu m$）和红光波段（R：$0.63 \sim 0.69\mu m$）、近红外波段（INR：$0.7 \sim 1.1\mu m$）均对植被敏感。但绿光波段不易与干死植被和土壤区分，而红光波段和近红外波段则与干死植被及土壤有明显区别（图 7.63（a））。植被的生长的健康状况在近红外也有明显的反映（图 7.63（b））。因此，通常选择红光波段和近红外波段构造各种植被指数，以突出植被与其他地物的差异。同时，它还能揭示植物的生理、生态特征。常用的植被指数有：

①比值植被指数：

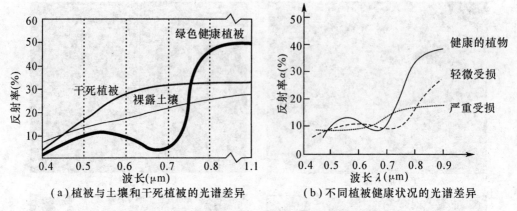

（a）植被与土壤和干死植被的光谱差异　　　（b）不同植被健康状况的光谱差异

图7.63　植被与土壤、植被健康状况典型光谱特征示意图

$$RVI = \frac{DN_{NIR}}{DN_R} \quad 或 \quad RVI = \frac{\rho_{NIR}}{\rho_R} \tag{7.162}$$

式中，DN 为图像灰度值或亮度值；ρ 为反射率值。

②归一化差值植被指数：

$$NDVI = \frac{DN_{NIR} - DN_R}{DN_{NIR} + DN_R} \quad 或 \quad NDVI = \frac{\rho_{NIR} - \rho_R}{\rho_{NIR} + \rho_R} \tag{7.163}$$

NDVI 是植被生长状态及植被覆盖度的最佳指示因子。NDVI 可部分消除辐照条件变化产生的影响，有助于从云、水、土壤等背景中被识别出植被（植被 NDVI＞0）。NDVI 还与多种生物物理参数相关，可用于这些参数的提取。当然，NDVI 也有局限性，并不能完全保证植被与所有其他地物的正确区分。

③差值植被指数：

$$DVI = DN_{NIR} - DN_R \quad 或 \quad DVI = \rho_{NIR} - \rho_R \tag{7.164}$$

④土壤调制植被指数：

$$SAVI = \frac{DN_{NIR} - DN_R}{DN_{NIR} + DN_R + L}(1+L) \quad 或 \quad SAVI = \frac{\rho_{NIR} - \rho_R}{\rho_{NIR} + \rho_R + L}(1+L) \tag{7.165}$$

式中，L 为土壤调节系数，根据经验给出。

⑤转换型土壤调制指数：

$$TSAVI = \frac{a(NIR - aR) - b}{aNIR - R - ab} \tag{7.166}$$

式中，a，b 为土壤背景亮度线的斜率和截距。

⑥正交植被指数：

$$PVI_{AVHRR} = 1.6225NIR - 2.2978R + 11.0659$$
$$PVI_{TM/ETM+} = 0.939NIR - 0.344R + 0.09 \tag{7.167}$$

式中，PVI_{AVHRR} 表示针对 NOAA 的 AVHRR 数据；$PVI_{TM/ETM+}$ 表示针对 Landsat 的 TM/ETM＋数据。

K-T 变换中的绿度指数也是一种植被指数。

植被指数在遥感中有非常广泛的应用，上述植被指数的应用意义在第 8 章中还将讨论。

(2)其他指数

指数分析是遥感中的一种普遍技术，其他如水体指数、城市指数等。地质应用中也有一些用于增强矿物信息的指数。

①归一化水体指数(Water Body Index)：

$$NDWI = \frac{GREEN - NIR}{GREEN + NIR} \tag{7.168}$$

②黏土矿比率指数(Clay Mineral Ratio Index)：

$$Y = \frac{TM5 - \min(TM5)}{TM7 - \min(TM7)} \tag{7.169}$$

③铁氧化物比率指数(Iron Oxide Ratio Index)：

$$Y = \frac{TM3 - \min(TM3)}{TM2 - \min(TM2)} \tag{7.170}$$

在特定信息得到增强处理后，可以进一步地用于数据分析、信息提取，也可以直接选择一种醒目的颜色将特定信息以伪彩色或假彩色图像方式显示出来，供目视分析用。图 7.64(见彩图页)显示的是图 7.30 同一地区的特定信息增强图像。图 7.64(a)为归一化水体指数图像与其他波段合成的假彩色图像，图 7.64(b)为归一化差值植被指数图像与其他波段的假彩色图像。

第8章 遥感信息解译与反演

对地遥感的目的是通过地物的电磁辐射，获取地物目标的其他属性信息。遥感信息分析就是从遥感数据中获取与既定应用目的有关的专题信息的过程。

有众多的方法从遥感数据中提取目标地物的信息，这些方法可以归入三条途径，如图8.1所示。

$$遥感数据（图像）\Rightarrow \left\{ \begin{array}{l} 1. \ 目视解译 \\ 2. \ 计算机解译 \\ 3. \ 遥感反演 \end{array} \right\} \Rightarrow 目标地物信息$$

图8.1

目视解译又称判读，是指专业应用人员直接或借助仪器观察遥感图像，通过大脑的判断获取目标地物的有关信息。计算机解译是指让计算机按照专业人员设计的算法从遥感图像中自动识别出目标地物的有关信息，它主要依靠模式识别技术。遥感反演又称定量遥感，它是通过建立目标地物的有关参数（属性信息）与遥感数据（辐射信息）之间的定量数学关系模型，再依据模型从遥感数据反求（反演）出地物目标的参数。上述这种划分是大致的。事实上，三者之间有着密切的联系，各有优势，相互补充。尤其计算机解译与定量遥感之间，在某些具体方法、算法上甚至很难予以严格的区分。从遥感数据或遥感图像中提取信息，除少数简单情况外，一般要涉及很多知识领域，如各应用领域的知识，计算机技术、模式识别技术、人工智能技术和数学、物理学、生物学等方面的知识。所以在本章，我们只能对它的最基本内容做一概要介绍。读者可以在此基础上通过有关专著文献进一步学习。

8.1 目视解译

遥感图像目视解译之所以重要，在于它目前仍然是获取地物信息的重要手段，很多图像目标的目视识别还不能为计算机自动解译所完全替代。遥感图像是图像信息非常复杂的一类图像，对于这类图像中的许多复合性目标（如居民地），目前的模式识别技术还无法与人类大脑的识别能力相比拟。此外，目视解译的重要性还体现在，它可为计算机自动解译提供启示性的思路和方法。深入研究目视解译的原理、机理和过程，借以启发和发展计算机图像理解技术，是提高计算机解译能力的必由之路。

目视解译具有以下一些特点：

①综合识别能力、对复杂背景下的目标的识别能力强；

②可与计算机识别技术相结合进行交互解译；

③解译精度一般不如计算机解译的高（位置精度和属性精度）；

④主观性较大，劳动强度大。

8.1.1　目视解译原理

1. 目视解译的原理和条件

目视解译是针对遥感图像目标的。所谓遥感图像目标，是指具有一定几何形态特征和地理位置特征、具有确定类别语义的图像对象（图像区域或像素集）。类别语义是指图像目标的地物类别属性，这种属性可以是已知或未知，但必须是客观上明确的。"明确"不是排斥模糊性，即模糊类别属性虽然是允许的，但它的归属类别是确定的。比如，一个像元可以在某种程度上（隶属度）属于水体，而在另一种程度上又属于陆地，这里"水体"、"陆地"是明确的。遥感图像目标在几何形态上可以是点状、线状或面状的，但在不同尺度下点、线、面之间可以转化。

人识别客观对象的大脑机制和过程是怎样的呢？目前我们还不能详尽而清晰地予以说明。可以肯定这个过程是极其复杂的，这是大脑认知科学研究中的重大问题之一。从现有认知科学的成果和认知过程的基本逻辑，可以推测大部分的识别过程是以对象的特征及其拓扑结构提取为起点，再将特征和拓扑结构与大脑中已有模型进行匹配，或者建立新的模型并试探性地做出解释、验证，从而得到对对象的理解。至于特征提取和匹配过程是先局部后整体还是相反，或二者交替进行，尚无定论。从上述思想出发，可以将目视解译的原理表述为，提取由电磁辐射所表达的对象的特征及其拓扑结构，将其与已有的对象模型进行匹配，继而对对象做出识别和理解。一个对象之所以可以独立存在（即区别于其他对象），一定是它与其他对象或与背景存在特征及其拓扑结构上的差异。而要能够在遥感图像上将其识别，首先视觉必须能够检测到这些特征的差异。可以把目视解译识别地物目标的大致机理和过程概括如图 8.2 所示。

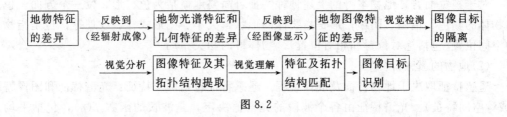

图 8.2

可见，对象的遥感特征（包括结构特征在内）是目视解译中的关键内容。所谓遥感特征，是指由遥感数据及其图像所表现出的关于地物目标的一切标志性属性。遥感特征是地物本身特征的映射，故地物遥感特征取决于地物本身特征和映射方式及映射精度（映射方式主要表现为遥感成像方式，映射精度主要表现为遥感数据的分辨率及其误差）。遥感特征对应于地物特征的一个子集。了解各类具体地物的这两个特征集及其映射关系，是遥感成像机理研究中的主要内容，也是遥感目标识别的前提。还要注意到地物本身特征在向遥感特征的映射过程中,可能会产生辐射和几何误差,需要纠正(图 8.3)。

$$\boxed{\text{地物特征}(A)} \xRightarrow[f:A \to B]{\text{遥感辐射成像}} \boxed{\text{遥感特征}(B)}$$
$$A' = f^{-1}(B) \subseteq A$$

图 8.3

基于上述讨论,可以归纳出目视解译的若干基本条件:

①地物的特征具有差异;

②遥感特征(对目视解译来说主要是图像特征)具有差异,即地物特征差异经过辐射成像能够在图像特征上表现出来(与遥感数据的四种分辨率有关);

③图像特征差异大于视觉检测阈值,即能够为视觉所检测到,所以有时需要对图像进行增强,使微弱的图像特征差异"放大"到易于为视觉所检测;

④具有关于目标的先验知识,所以需要应用领域的专家知识。

2. 地物特征与遥感特征

(1)地物本身的特征

地物是地理空间中的各种地理对象,或称地理客体,它具有以下基本特性(每种特性决定了相应的一系列特征):①物质特性:确定的物质构成(材料光谱特征);②可视特性:具有发射或反射可见光波段电磁波的能力(有亮度和颜色);③形态特性:具有形状特征;④尺度特性:具有大小特征;⑤关联特性:客体之间具有一定的空间关系。

地物的特征还具有下述一些时空特点:①空间上的多尺度特点:如河流、断裂、房屋等等都有大小。地理客体小至微米级,大至数千千米级;②类别上的多层次特点:生物有界门纲目科属种之分,森林包括针叶林、阔叶林、混交林等,断裂有节理、断层、深大断裂等;③属性上的时变性特点:河流枯水期与洪水期的大小变化,地表温度的日变化等。这些特点在遥感分析中也是必须予以充分关注的,如多尺度特点对遥感数据空间分辨率的要求(表 8.1)。

对于视觉而言,地物本身的上述种种特征可简要地概括为色、形、位三个方面。色是指物体的颜色、色调、阴影;形是指物体的形状、大小、图形式样、纹理等;位是指物体的空间位置(包括绝对位置和相对位置)、物体群的相关布局。

(2)地物的遥感特征

遥感特征取决于地物特征及成像过程。遥感特征包括两类特征:光谱特征和图像特征(或称空间特征)。光谱特征由各个波段的光谱值决定,是波长的函数 $f(\lambda)$,包括平均光谱值大小、光谱曲线的变化趋势和光谱曲线中对地物信息具有标示性意义的一些几何参数,如波峰、波谷、斜率等(详见第 3 章和第 6 章)。由于地物的辐射光谱严格受物质的成分、结构和环境的控制,所以这些参数蕴涵丰富的地物属性信息,如岩石矿物在 $0.4 \sim 2.5\mu m$ 范围就具有一系列可诊断性的吸收光谱特征信息。图像特征是空间位置的函数 $f(x, y)$,可分为可视特征和参数特征。可视特征包括图像中各种目标的亮度、颜色、纹理、边缘、轮廓、形态、大小等。参数特征是经过计算后得到的用于描述图像特征的各种参数,如图像灰度的均值、方差,图像的比值,图像的协方差、各阶矩,图像在变换域中

表 8.1　　　　　　　　　　　不同尺度地理环境对遥感数据分辨率的要求

环境特征	地面分辨率要求	环境特征	地面分辨率要求
巨型环境特征		水土保持	50m
地壳	10km	植物群落	50m
成矿带	2km	土种识别	20m
大陆架	2km	洪水灾害	50m
洋流	5km	径流模式	50m
自然地带	2km	水库水面监测	50m
生长季节	2km	城市、工业用水	20m
大型环境特征		地热开发	50m
区域地理	400m	地球化学性质、过程	50m
矿产资源	100m	森林火灾预报	50m
海洋地质	100m	森林病害探测	50m
石油普查	1km	港湾悬浮质运动	50m
地热资源	1km	污染监测	50m
环境质量评价	100m	城区地质研究	50m
土壤识别	75m	交通道路规划	50m
土壤水分	140m	小型环境特征	
土壤保护	75m	污染源识别	10m
灌溉计划	100m	海洋化学	10m
森林清查	400m	水污染控制	10～20m
山区植被	200m	港湾动态	10m
山区土地类型	200m	水库建设	10～50m
海岸带变化	100m	航行设计	5m
渔业资源管理与保护	100m	港口工程	10m
中型环境特征		鱼群分布与迁徙	10m
作物估产	50m	城市工业发展规划	10m
作物长势	25m	城市居住密度分析	10m
天气状况	20m	城市交通密度分析	5m

的频谱等(参看第 7 章)。地物遥感特征的这两个方面在高光谱图像上表现得尤为清楚(常称为图谱合一),参看图 6.34。

光谱特征和图像特征对于地物目标的识别都很重要。但在高空间分辨率图像上,图像特征往往更具意义或不可忽视,而在低空间分辨率图像上,则光谱特征更重要。因为当目标的尺寸小于或等于 1 个像素的时候,显然其图像特征消失(但亮度、颜色等图像特征可能存在)。对于光谱分辨率和空间分辨率都高的图像,二者的意义都很大。从应用的角度来说,光谱特征更适合物性参数的推演,图像特征则更适合空间对象的识别。而目视解译能够利用的主要是图像可视特征(其中亮度和颜色也反映了光谱特征)。

地物本身特征和图像显示方式共同决定了图像可视特征。可视特征包括:

①色调(Tone):遥感中指目标的灰度或亮度,标准色调分为白、灰白、淡灰、浅灰、灰、暗灰、深灰、淡黑、浅黑、黑 10 级。物体在黑白摄影像片上的色调与物体在可见光的吸收率或反射率有关,见表 8.2。

表 8.2　　　　　彩色物体和消色物体的标准色调及其与吸收率和反射率的关系

彩色体的原生色调	消色体的电磁波特征及其原生色调			像片影像的色调			
	吸收率	反射率	原生色调	灰阶	标准色调	变色色调	
						I	II
白	0~10	90~100	白	1	白	灰白	白
淡黄	10~20	80~90	灰白	2	灰白	淡灰	
黄、褐黄、深黄	20~30	70~80	淡灰	3	浅灰	浅灰	灰
橙黄、浅红、浅蓝	30~40	60~70	浅灰	4	浅灰	灰	
红、蓝	40~50	50~60	灰	5	灰	暗灰	
深红、紫红、深蓝	50~60	40~50	暗灰	6	暗灰	深灰	深灰
淡绿、绿、紫	60~70	3040	深灰	7	暗灰	深黑	
深绿	70~80	20~30	淡黑	8	淡黑	浅黑	浅黑
墨绿	80~90	10~20	浅黑	9	浅黑	黑	
黑	90~100	0~10	黑	10	黑	黑	黑

②颜色(Color):指各种不同的彩色。颜色有各种描述术语,如淡黄、黄、黄褐、深黄、橙黄、浅红、浅蓝、红、蓝红、深红、紫红、淡绿、深蓝、绿、紫、深绿、墨绿等。彩色物体成像为灰度图像时,由于不同颜色在可见光区间的总反射率也不同,在灰度图像上的色调也不同,见表 8.2。一些常见地物在遥感图像上的颜色见表 8.3。注意要区分真彩色、假彩色和伪彩色。

表 8.3　　　　　　　　　　　常见地物在真彩色图像和标准假彩色图像上的颜色[97]

地物名称	真彩色片上颜色	彩红外片上颜色
清洁的河、湖水	蓝、绿	深蓝-黑
含沙量高的水体	浅绿、黄绿	浅蓝
高营养化水体	亮绿	淡紫色、品红
严重污染的水体	黑绿-灰黑	灰黑-黑
健康植被	绿	红、品红
受病害植物	绿、黄绿	暗红、青
秋天植被	红黄	黄-白
城镇	灰、深灰	浅灰、蓝灰
阴影	蓝色、细节可见	黑色
沙渍	赤红、棕红	灰黑

　　③阴影(Shadow)：是指影像中色调很暗的部分，并且这种暗色调是由于地物之间的相互遮挡而使地物得到的辐照度减小，从而向传感器的电磁辐射减弱而产生的。虽然阴影也是以明暗色调(亮度 L)表现出来，但本质上它属于一种关系特征，比一般的色调含有某些特殊的信息。不是由于地物遮挡关系造成的暗色调，可以称为暗影，以与阴影相区别。对于可见光，阴影有本影和落影的区分。本影是物体本身未被光线照射到的阴暗部分，落影是地物投影在地面上的影子(图 8.4)。侧视雷达遥感中的阴影是由于地物被遮挡而无微波波束照射因而不能产生回波导致的。热红外遥感中的"阴影"也是由于目标接收的热辐射被遮挡而使目标温度比背景低而造成的。当探测器不能观测到视场中的地物部分时，无论

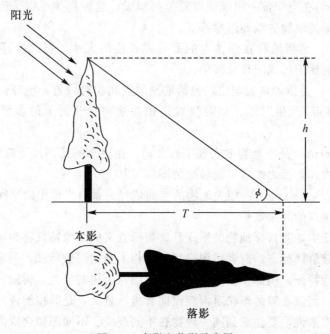

图 8.4　本影和落影示意图

287

何种类型的探测，其在图像上的阴影是无信息区。可见光-近红外图像上的阴影一般是信息减弱区，由于天空光的存在而使信息并不完全丧失。但若遮挡使得地表反射无法直接反射到传感器，则其阴影区也是无信息区（忽略多次散射），如图8.5所示。

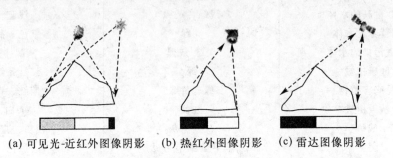

(a) 可见光-近红外图像阴影　　(b) 热红外图像阴影　　(c) 雷达图像阴影

白色：正常辐射亮度，灰色：阴影，黑色：无辐射信息

图8.5　不同波段和传感器下的阴影示意图

阴影能够增强目标的立体感，增强纹理特征。在已知太阳高度角的条件下，利用地物的落影可以计算地物的高度（$h=T\tan\phi$，见图8.4）。阴影也有助于了解地物的形态特征。张仁华等[95]利用地物光照面与阴影的表面温度差提取土壤水分含量的模型，更说明阴影不止于提供几何形态的信息。但阴影中的地物模糊不清，细节损失，甚至信息完全丧失。

④形状（Shape）：是指地物的外部轮廓。对形状要注意遥感成像方式，因为不同的成像方式有不同的变形特点。

⑤纹理（Texture）：是指地物在图像上的亮度或颜色的空间变化式样。由纹理基元（组成纹理的最小单元）在空间按一定规律重复排列构成。这种规律可以是确定性的，也可以是随机性的。纹理是地物的重要图像特征。

⑥大小（Size）：是指地物在影像上的面积或长度的大小。据此推算对应的地面大小时，要注意图像的比例尺或图像分辨率。

⑦位置（Site）：是指地物的定位，包括地理位置和相对位置。地理位置使地物与特定空间环境（如气候带）产生联系。相对位置是相关地物在几何上的参照，比绝对位置更重要。

⑧图型（Pattern）：是指地物的宏观排列方式。在更小的比例尺下或更低的分辨率下，图型可能转化为纹理，反之纹理可能转化为图型（图8.6）。

⑨相关布局（Association）：相关地物的空间依存关系所表现出的空间配置。常常可用于图像目标识别推理的间接依据。

上述图像特征中，对目标地物的解译具有指示意义的图像特征称为解译标志，包括直接解译标志和间接解译标志，前者指源自目标地物本身的图像特征，后者指源自目标地物的相关地物的图像特征。例如，高分辨率真彩色图像上树的颜色、树冠的形状等，都是树的直接解译标志；河流心滩的形状对河流流向有指示意义，是间接解译标志。

对于颜色标志来说，要注意到同一地物在不同波段、不同图像合成方式下的"颜色"可能是不同的。图8.7（见彩图页）显示了Quickbird数据的真彩色图像和假彩色图像上真草

|(a)TM:30米|(b)SPOT:10米|(c)QB:2.44米|

图 8.6　图像特征在不同分辨率图像上的表现

坪和假草坪的相同与不同。对于形状来说，要注意在未经正射校正的图像上，地物的形状可能有大的变形。此外，解译标志还可能随时间和空间发生变化。

3. 目视解译中应注意的一些问题

第一是要了解所用图像的有关信息。比如，图像数据来自什么传感器，是灰度图像还是彩色图像，图像中使用的波段是哪些，所用各波段的中心波长和波谱宽度如何，彩色合成（显示）方式是怎样的，比例尺或分辨率如何，等等，见表 8.4。

第二是要了解不同类型图像、不同波段图像的基本特点。比如，灰度图像的主要图像特征是亮度、形状、纹理、相关关系等。亮度是基本特征，它取决于反射率。彩色图像的主要图像特征是颜色、亮度、形状、纹理、相关关系等。颜色和亮度是基本特征，颜色取决于地物波谱特征和彩色合成方式。可见光的真彩色图像与我们日常生活的经验一致，比较容易理解。红外图像和微波图像则往往与已有图像经验有很大差异，比如在标准假彩色图像上，植被呈现红色而非绿色。

表 8.4　图像目视解译中应了解的图像信息

数据源	图像类型		波段类型		其他信息
传感器	灰度图像		可见光/近红外		各波段的中心波长、带宽
成像日期	彩色图像	真彩色图像	热红外		
成像参数		假彩色图像（各波段的三原色设置）	微波	散射（雷达）	极化
预处理内容		伪彩色图像		发射（辐射计）	

第三是要了解地物在所用遥感图像中的特点。这需要了解地物在图像各波段上的光谱特点，因此在解译之前，要尽可能详细地收集与研究有关地物的光谱资料。可以通过查询光谱数据库和有关的文献以及实地光谱测量等手段来了解感兴趣的地物的光谱特征。

第四是要注意心理特点对目视解译的影响。视觉认知过程是一个物理、生理和心理的综合性过程，人的视觉特性、心理特点对目视解译可能产生明显的影响。因此，应有意识地克服视觉心理中的一些弱点。比如：①知觉的选择性。知觉时，只能优先注意到背景中的一个对象。因此要注意避免"盲人摸象"、"只见树木，不见森林"的弊端。②个人经验和知识的导向作用。"一千个读者就有一千个哈姆雷特"，这种现象也会出现在对图像的视觉理解中。因此要注意从"见仁见智"中综合出一个统一而且合理的结论。③心理惯性和思维定势的影响。长时间关注一个对象，而且以一种先入的模式去观察对象，就可能越看越像。④思维时效性影响。人只能在有限的时间段内集中精力，因此要力戒疲劳作战以及浮躁和浮光掠影。相同领域的不同专家个体，对同一幅图像可能得出有较大差异的解译结果，其中原因不乏心理因素和先验知识差异的影响。

4. 几种典型遥感图像的基本特征

(1) 可见光-近红外(V-NIR)图像

可见光-近红外既有灰度图像，也有彩色图像；既有摄影胶片成像的图像，也有固体传感器扫描成像的图像。摄影像片上一般有若干注记，包括用于标示像片原点的框标、检查像片是否压平的压平线(新式摄像机不需要压平线)、用于记录摄像时像片倾斜方向和角度的水准器、标示摄像时间和方位的摄像时表、反映摄站高程的气压表、像片编号以及其他信息。在可见光的灰度图像上，不同地物的反射率系数可能差异很大，见表8.5。一般来说，湿度大的物体比湿度小的反射系数小，表面粗糙的比表面光滑的小，颜色深的比颜色浅的小。对于可见光-近红外的彩色图像，物体的颜色取决于其反射光谱和合成方式。包含近红外的彩色像片通常是所谓标准假彩色的红外片(见第4章)。标准假彩色航片中地物颜色与图像颜色有如表8.6所示的大致对应关系。红外彩色像片对植被、水体(包括污染水体)等地物的解译很有用。在航摄像片中还有近红外和紫外的灰度图像，但一般较少使用。其中，紫外因为强散射使得只有在高海拔地区的航空遥感且飞行高度较低时才有价值。

表8.5　　　　　几种地物反射系数(r)的比较(垂直地表方向)[94]

地物名称	反射系数	地物名称	反射系数
潮湿黑土	0.02	湿公路	0.11
干燥黑土	0.03	有湿气的石英沙	0.12
针叶林	0.04	干燥沙壤土	0.13
夏季阔叶林	0.05	秋天阔叶林和稻草	0.15
绿色庄稼	0.055	干燥黄沙	0.15
潮湿沙壤土	0.06	花岗岩碎块	0.17
绿色草地	0.06~0.07	干卵石路	0.20
冬季阔叶林	0.07	红砖房子	0.20
干谷中绿草地	0.07	垂直测量的干石英沙	0.20
潮湿石英沙	0.08	干公路	0.32
湿卵石公路	0.09	倾斜测量的干石英沙	0.35
干黄色草地	0.10	河川的冰	0.35
干燥红沙	0.10	白色石灰岩	0.40
收割后的田地	0.10	雪地	0.8~1.00

表 8.6　　　　　　　　　　　　　物体颜色在近红外彩色航片上的变化[97]

被摄地物的表观颜色	在像片上再现的颜色	
	强吸收近红外的地物	强反射近红外的地物
红	绿	黄
绿	蓝	品红
蓝	灰到黑	红
青	蓝	品红
品红	绿	黄
黄	青	灰到白
灰	青	灰

（2）热红外（TIR）图像

热红外的波段宽度较宽。早期一般是单波段的热红外灰度图像或伪彩色图像，如 Landsat 的 TM/ETM＋中的 6 波段（10.4～12.5μm）。现在可以将热红外用带宽比较窄的波段来探测，如 Terra 上的 ASTER 传感器，将热红外划分为 5 个不连续的探测波段，每个波段带宽约几百纳米。多波段的热红外图像具有地物发射光谱意义，而不只是热辐射的意义。有的单波段的热红外图像经过辐射定标后标示出了灰阶，这些灰阶对应确定的地物辐射温度，通过影像上地物的色调（亮度）与灰阶的对照，可估计该地物的辐射温度。但很多热红外图像并没有辐射定标的灰阶，因此只能对地物的辐射温度给出相对大小的比较。

热红外图像上的地物特征有色调、形态、阴影等。

色调的亮暗反映了地物辐射温度的高低，明暗又给人暖冷的心理感觉，故灰度图像上亮者称为暖色调，暗者称为冷色调。而物体的辐射温度的高低取决于其物理性质，与热导率、热容量、热惯量和热扩散系数等因素有关。其中，热惯量对不同成像时间的图像色调（辐射温度）有显著的影响。从图 8.8 中可看出，热红外的成像时间以黎明前和中午为好，因为这两个时间的图像中地物的热惯性能够得到最佳的反应。黎明前的热红外图像反映了地物的热特性，热惯量大者呈暖色调，反之呈冷色调。中午的热红外图像则还反映了地物的反射特性（反照率），并且可以显示出地形地貌特征。两种热红外图像的结合使用，有利于对地物目标的识别。图 8.8 显示了几种地物由于热惯量的差异而在一日内辐射温度的不同，这也是热红外图像上水体在白天比陆地暗，在夜晚比陆地亮的原因。

形态对热红外图像上的地物识别有一定的意义，比如夜间热红外图像上水体的边界、机场飞机出航后留在停机坪上的冷色调影像。但由于热红外图像的空间分辨率较低，又因为物体表面各部分的热分布与其可见光强的分布可能不一致，还加之高热物体的热扩散现象造成边界的模糊，于是使得形态特征远不及 V-NIR 图像。

阴影是 TIR 图像上的一个与 V-NIR 图像有较大区别的特征。在应用中，将 TIR 图像上的阴影分为冷阴影和热阴影。在 V-NIR 图像上前者相当于冷色调，后者相当于暖色调，

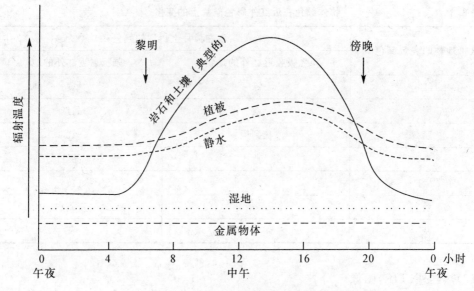

图 8.8　某些物体在一天内辐射温度的变化[96]

冷色调的形成是由于物体之间的相互影响造成的。冷阴影的例子有传感器探测不到山坡阴坡而形成的，有阴坡无太阳直射光照射而温度较低引起的，有暖气流经过障碍物时在背面产生相对低温引起的，还有飞机起飞后留下的低温地面引起的。热阴影的例子有喷气热尾流等。但我们认为，热红外图像上的阴影也还是定义为由于物体相互遮挡关系形成比较合适。至于"热阴影"等名词，在不至于引起误解的情况下当做一个方便的术语而已。

（3）微波雷达(SAR)图像

雷达图像的几何特性和辐射特性在第 6 章中已有阐述，这里对雷达图像上的图像特征作一介绍。

①色调。雷达图像的色调取决于地物的后向散射截面或散射系数，而后向散射截面或散射系数又与多种因素有关，其中，坡度、含水量和表面粗糙度是三个主要因素。要注意不同极化的雷达回波强度是有不同的，一般交叉极化回波强度弱于同极化。

②纹理和结构。雷达图像纹理是雷达图像像元灰度在空间上按统计规律的分布式样，不同地物目标往往有不同的纹理。但雷达图像的纹理受噪声影响较明显。结构是指由若干不同平均亮度的像元集合，在空间上表现出的某种宏观图案。由于雷达回波对地物表面粗糙度和地物排列结构的敏感性，因此纹理和结构是雷达图像上的一项非常重要的特征。

③形状和形态。与可见光图像一样，它们也是雷达图像上地物的特征之一。由于斑点噪声和分辨率的原因，往往雷达图像上的形状和形态不及可见光图像清晰。但水体由于其很弱的回波特性，与环境之间有比较明晰的边界。

④阴影。阴影是雷达图像上的一个醒目的特征。虽然阴影区损失了地面信息，但阴影提供了较强的纹理和结构信息。

5. 目视解译的一般原则

目视解译的最基本原则是相似类比原则，即相同的特征标示着相同的地物，不同的特征反映不同的地物。这个类比原则运用在两个方面，一是直接判断某区域的图像特征是否属于某一类地物的图像特征，从而确定该图像区域是否为该类型地物(知为何类)；二是将某图像区域与另一图像区域进行地表类比，以确定二者是否属于同一类地物(知为同类不知何类)。这两种类比方法也是计算机解译(图像分类)中所秉持的原则。所以，取得所研究地物的图像特征即解译标志，在遥感解译中十分重要。这通常需要在解译前进行充分的地面调查工作，包括地物的光谱特征和空间特征，并且要充分研究图像本身的特点。在对地物目标的图像特征不清楚的情况下，也可运用求异原则进行解译。求异原则就是在图像区域之间寻找差异，若差异大于预定的阈值，则可确定二者为不同目标。在背景中发现异常，就是一种求异的方法，在遥感地质找矿中，这是一种有价值的方法。无论相似类比或求异，都要注意遥感中的同物异谱和异物同谱的现象。

在具体解译时，还要注意下述一些程序性原则：

①充分准备和研究与解译目标有关的辅助资料，如地形图、已有的相关专题图，甚至地方志等。

②先图外后图内。就是先要把图像的所有注记、说明、比例尺等先了解清楚，然后才开始图像的解译。

③先已知后未知。先把已知图像特征(标志)的地物类型解译出来，再解译未知图形特征的地物。先已知后未知的方法可以充分利用已知地物对未知地物的限制作用和启示作用，从而降低未知地物的解译难度。

④先易后难。是先把容易识别的地物解译出来，然后再解译较难识别的地物。比如，先解译特征清楚的地物，后解译特征模糊的；先解译目标裸露的地物，后解译目标被覆盖或部分覆盖的地物。又如城市道路，有的路段被路旁树冠遮蔽，这时可以通过该路段两端未覆盖的路面来推测。

⑤先整体后局部。先宏观后微观，先了解图像内容的概貌和总体特征，再进入感兴趣的局部区域进行识别。经验告诉我们，这样的图像识别过程比先局部再宏观的过程更有效。我国学者陈霖(1982)提出的"由大范围性质到局部性质"的知觉理论也说明了这一原则的生物物理基础。

8.1.2　目视解译方法

1. 目视解译的一般方法

目视解译的基本方法有直接解译法、对比分析法、信息复合法、综合推理法、地理相关法等。这些方法比较宏观，实际上是解译的一些策略。

直接解译法是指根据经验或地面调查的结果，确定出各种类型地物的解译标志，然后在遥感图像上直接观察这些解译标志特征，再与各类典型地物的标志进行匹配，将符合某种类型地物的影像区域判定为该类地物。在这个过程中，对一些特别熟悉、常见的地物，往往在观察到瞬间就可以确定其地物类别，如河流、山脉和高分辨率影像上的建筑物、树木等。然而对一些比较复杂的地物类型，如岩石类型、土壤类型等，则难以"一目了然"。所以，建立详细的解译标志描述及其参考影像样例是必要的。

对比分析法是指将图像目标与一套已知地物类型的标准遥感影像进行对比，找出相似的图像区域。如我国南方石灰岩地区的岩溶地貌,具有浅灰色圆形山头和深切的峡谷特征,可以用一套具有典型石灰岩岩溶地貌的影像作为参考图像,与待解译的图像进行对比分析。还有一种称为"邻比"分析的对比方法,是指对图像中具有相近特征的相邻区域,通过观察区域之间的微小而有意义的差异,以达到区分和识别相邻区域的目的。比如同一区域的砂岩和砾岩,往往具有相同的色调和地貌特征,但通过对比其粗糙度即可加以区分。

地理相关分析法是指通过对与某一地物或现象有关联的其他地物或现象分析,间接判断该地物或现象是否存在的解译方法,实际上这就是间接解译标志的运用。这种方法的客观基础是地理空间中的各种事物本来存在着内在的相互关联性,如海拔高度与特定植物群落的关系。尺度更小一点的如呈线状分布的泉眼与地质上的隐伏断层往往有密切的联系,一个民用飞机场必然与候机楼联系(而军用机场则无候机楼)。地理相关分析法需要对研究对象有较深入、全面的了解,从而能够找出它的关联因素即间接解译标志。当关联因素不具有机理上的确定性,而是统计意义上的关联性时,也可以对各关联因素进行统计相关性分析,找出最重要的、相关性最大的因素来。

综合推理法是指利用各种可能的解译标志,对图像目标进行多种图像特征证据的分析、筛选和综合,通过由粗到细推理过程实现对图像目标的地物属性的识别,如高速公路的收费站,可以从公路、建筑物的形态、地面设施、建筑物与公路的空间关系等特征与加油站等其他建筑设施区分开来。

信息复合法是指综合利用各种可能的遥感信息和非遥感信息,实现对遥感图像目标的识别。在第1章中已经指出遥感只利用地物的电磁辐射信息,对于地物目标的识别是有一定局限性的,有些地物目标单凭遥感图像无法识别。这时,寻求和利用其他辅助信息来解译图像是不得不采取的办法。辅助信息可能是遥感的其他波段或其他传感器数据,也可能是地形等非遥感数据,如林业遥感中某些树种的区分需要 DEM 的信息,地质遥感中很多隐伏构造的解译需要重力、航磁等地球物理资料的信息,等等。

2. 目视解译的基本步骤

(1)工作准备

为解译工作做好各项必需的准备,包括明确任务、要求,收集分析资料,准备解译工具,制作遥感图像,熟悉相关的背景资料等。具体内容有:

①分析工作目的。遥感图像中包含的内容十分丰富,所以将工作目的和任务详加分析以使解译目标更加清晰明确,对后续的解译工作是很有益的。要将解译的目标内容、精度要求等详细予以描述,以便后面对照检查。

②收集背景资料。针对解译任务和目标,收集与之有关的资料。一般来说,地学遥感必需的背景或基础资料包括地形图、DEM 以及有针对性的地貌、地质、水文、气象等资料,甚至方志资料。

③制作遥感影像。根据解译目标和范围购买合适的原始遥感数据。所谓"合适",是要使遥感数据在光谱波段、空间分辨率等方面满足解译任务的要求。遥感数据可以是航空像片,也可以是卫星数据。在制作影像之前,需对图像做正射校正,使之与正射投影的地形底图一致。对于航空影像,若需要其数字图像,则需将摄影胶片或像片扫描数字化;对于卫星数据,若需要其纸介质图像,则需将其用高分辨率绘图仪输出纸图。

④准备解译工具。基于纸介质的目视解译，所需工具包括立体镜(对于解译立体像对必需)、放大镜、直尺、比例规、透明聚酯薄膜、铅笔等。基于计算机显示图像的解译，需要较好性能的计算机和相关软件。立体镜是根据双目视差立体观察的原理制造的立体像对观察工具。观察时，将立体像对的两幅图片分别置于立体镜的左右两侧，两个眼睛通过立体镜的反光镜各自只看到位于相应一侧的影像，经过人的视觉系统的视交叉融合，使观察者能够感受到一幅逼真的三维影像。立体镜观察除了利用三维信息更好地解译目标外，还能对目标进行一些三维测量。基于计算机的交互式目视解译，是遥感图像目视解译的一个越来越普及的方法。它的优点在于影像可以随时利用图像处理方法进行各种局部增强，有利于解译质量的提高。同时现在解译成果都要计算机成图或进入地理信息系统数据库，在计算机上进行解译使解译成果直接保存为 GIS 的数据格式，不像纸图成果需要经过转绘并矢量化的过程。现在多数遥感图像处理软件都具有功能完善的交互式目视解译工具。

⑤熟悉相关环境。所谓相关环境，是指解译区的各种有关的地形、地貌、地质、水文、气象等背景信息。这些信息往往对解译目标有很好的参考价值，在综合推理解译、相关分析解译和信息复合解译等方法中，是非常宝贵的资料。因此必须对它们有很好的了解。

(2)初步解译

初步解译的目的是选择样区，建立解译标志。针对所需解译的目标，在图像上作一初步观察，选择若干典型区域或路线，按这些区域和路线到野外进行实地考察，从而建立起可靠的解译标志。若因为某些原因实在不能实地考察，则应尽可能收集到其他已知地物类型的影像，并初步解译和总结出解译标志，用于解译的参照。

(3)详细解译

这是解译工作的主体部分。根据解译标志，按照前述关于解译的原理、原则、方法，对图像进行细致的观察、分析，把解译目标标示出来。纸介质图像的解译是将目标直接描绘在覆盖在影像上的薄膜上，计算机目视解译则利用软件提供的画图工具(点、线、多边形等)将目标在屏幕上绘出，并随时保存结果。对一些重要的或存疑的目标和现象，要予以标注记录，以便野外检查。

(4)验证和修改

解译结果是否正确、精度怎样，需要经过验证才能确定。验证的方法一般是要带着解译成果图和遥感影像图，到实地进行对照检查。检查的内容包括地物熟悉(地物类型)是否正确、标绘的地物的精度是否满足要求等。为了检查精度要求，应带上卷尺和 GPS 等测量和定位工具。对发现解译有错误的目标，应实地对照影像予以更正。

(5)成果转绘、制图

将检查验证后的解译图，转绘到地形底图上。转绘的方法有网格法、光学仪器法和目估法(具体方法详见有关航空像片解译的参考书)。对于基于计算机的目视解译成果，不需要转绘这一步，直接将成果转入 GIS 数据库并制图即可。

(6)编写解译报告

将解译任务、目标、解译过程、解译成果专题图、质量和精度评估等内容写成报告，并附有关图件，提交用户或主管部门。

图 8.9 是利用 ERDASIMAGINE 软件进行土地覆盖目视解译的示例。图中显示的遥感影像为 QUICKBIRD 的第 2 波段(实际解译采用真彩色图像，经多分辨率数据融合后分辨率 0.61m，正射校正)。

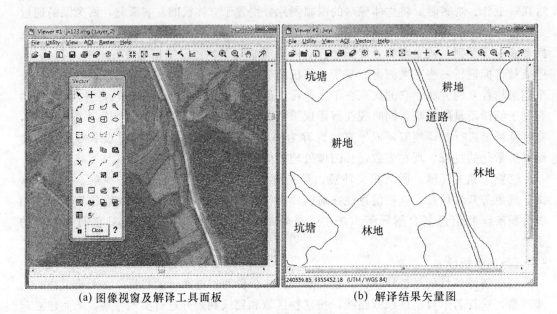

(a) 图像视窗及解译工具面板　　　　(b) 解译结果矢量图

图 8.9　ERDAS IMAGINE 软件中目视解译示例

8.2　计算机解译

8.2.1　计算机解译与模式识别

遥感图像计算机解译是利用计算机自动提取图像目标的特征，并用这些特征依据一定的数学方法实现对图像目标的识别的过程。支持计算机解译的主要技术是模式识别。模式识别是研究人的识别能力的数学技术机理并借以扩展人的认知能力的科学和技术。图像目标识别是模式识别技术在图像分析中的应用。模式识别的方法众多，可以分为统计模式识别、结构模式识别、模糊模式识别和人工智能模式识别，但这种划分是相对的。统计模式识别是基于目标特征的统计特性，运用概率统计的理论和方法或特征空间划分的方法对目标进行识别。结构模式识别是基于目标的结构特征，对分解出的结构基元运用文法分析或文法分析与统计分析相结合的方法进行识别。模糊模式识别是考虑和利用了类别概念的模糊性的识别方法，因而对某些类别本身具有模糊性的目标分类更合理、更精确。人工智能模式识别是模拟人类认知机理的识别方法。模式识别已经容纳并将继续吸收信息分析技术中的各种新理论、新技术。在本书中我们简要介绍图像分割技术和图像分类技术。

所谓模式，是客观实体(也可以是抽象的事物)固有的属性集合。模式识别就是根据客体的属性信息实现对客体的认知(如客体的所属类别)。在图像中任何一个图像目标(单个像素或像素的集合）都可看做一个模式。一个模式 X 用模式的若干可测量的属性值来描述：

$$X=[x_1,\ x_2,\ \cdots,\ x_m]^{\mathrm{T}} \tag{8.1}$$

式中，x_i 是 X 的第 i 个属性值。

　　我们把模式 X 的属性 x_i 称为模式的一个特征。模式的特征是多种多样的，它与具体模式的定义有关。若模式是一个像元，则其特征通常是其各个波段的光谱特征，也可以加上局部特性中的若干特征，如其邻域内的纹理特征等。若模式是若干像素的集合构成的对象（目标），则其特征可以是诸如目标的亮度均值、目标的大小、形状、纹理等等。第 8 章 8.1.1 节中讨论的所有遥感特征都可以成为模式的特征。在模式识别中，一般把特征概括为点特征（灰度、颜色、多光谱）、局部特征（纹理）、形态特征（大小、形状）和上下文特征（相关布局）。模式的特征选择对模式识别的成功与否起到先决条件的作用。特征的重要性可以用一个浅显的例子说明，比如要将兔子和老虎区分，若选择腿的数目作为特征，那么任何优秀的识别算法也无法达到目的，而腿的数目对于区别家禽和家畜则是最有效的特征。正确地选择特征也是实现遥感图像计算机解译的前提。

　　计算机解译中模式特征的选择，一方面需要基于对目标的先验知识来挑选，另一方面还可用一些数学方法来筛选特征。关于筛选特征的数学方法，读者可参看一些模式识别的专著。这里介绍一种分析图像光谱特征时的常用方法——特征空间和散点图分析。

　　特征空间（Feature Space）是由特征集中的特征所构成的线性空间（一般为欧氏空间）。对于多波段图像来说，以单个像元作为模式，其特征集最常采用的是各个波段的灰度值。如 Landsat TM 7 个波段即构成一个 7 维的特征空间。一个模式在特征空间中是一个点，模式的集合在特征空间中就成为一个点集。所以特征空间也称为模式空间。特征相同的模式在特征空间中的点是重合的。特征空间中点集的分布在二维和三维的情况下可以用图形表达出来，我们称其为散点图（Scatter Diagram）。通常用的散点图是二维散点图，它实际上就是一个二阶直方图（即以两个波段亮度变量表示"特征值对"在图像中出现的频率）。散点图对于了解特征与特征之间的关系、模式集与特征之间的关系十分有用。比如，两个特征在散点图中高度线性相关时，则只需保留它们中的一个或将它们线性组合为一个即可。散点图中有两个点集相隔很远，则这两个点集所代表的模式属于不同的类别。遥感图像散点图的一个例子见图 8.10。从图中看出，第 1 波段与第 2 波段和第 3 波段、第 2 波段与第 3 波段均有较大的相关性（呈线状分布），也就是波段间存在信息的冗余。而第 2 波段与第 4 波段、第 3 波段与第 4 波段相关性很小。

　　特征选择的目的是为了有效地描述模式，或者说其目的是实现特征集的充分性（能够最大程度地识别目标）和简约性（减少特征数目就会降低识别率）。初选的特征集一般仍有可能不满足上述识别的要求。如对图 8.10 的分析可知，因特征之间存在较大的相关性，这个特征集不是简约的。通常采用对特征作适当的变换，如 K-L 变换，使新的特征之间不相关。这种变换称为特征变换。特征变换前后的特征数目是不变的，然而有时需要降低特征空间的维数或使得特征集简约，以方便某些算法的处理。因此需要从 n 个特征中选择 $m(<n)$ 个特征。在特征变换后的 n 个新特征中选择 m 个特征，称为特征提取。特征提取就是为了实现特征集的充分性和简约性。特征提取需要在一些准则上进行，在模式识别的

著作中有详细讨论。

(a) 原图像

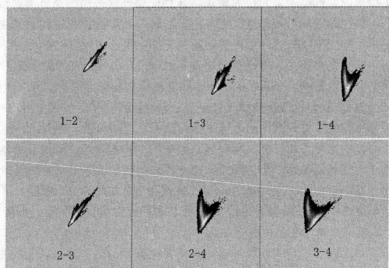

(b) 两两波段之间的散点图（数字代表波段）

图 8.10 遥感图像散点图示例（QB 多光谱数据，4 个波段）

    在确定了模式的适当特征集后，即可根据模式的具体特征值对模式进行识别。识别过程包括两项内容，一是将同类目标从背景中分离出来，二是对目标给予类别解释。这两项内容在有的方法中是分开进行的（如非监督分类），而在另一些方法中是一步完成的（如监督分类)。

8.2.2　图像特征的量化

计算机模式识别中的特征必须是数值表达,然而图像特征中的很多特征的原始形式并不是数值,如形状、纹理等。因此,需要将各种特征量化为数值。事实上,有效地量化模式的特征是特征处理、分析的第一步,也是模式识别中很重要又很有难度和技巧性的一项工作。以下我们对若干图像特征的量化予以简要介绍,使读者对这方面有所了解,从而掌握构造数值特征的一般方法。

1. 色调

直接使用亮度值大小 L。

2. 颜色

由[r, g, b]表示,或者粗略地可以由 HIS 中的色调 H 表示。

3. 阴影

阴影是一种比较复杂的特征。阴影不是地物的固有特征(因与光场几何有关),而且其意义更属于一种(两物之间的)关系特征。若将阴影作为某一地物的特征,其定量化可考虑阴影区大小、形状和亮度。阴影目前没有很好的量化表达方式,还值得研究。

4. 形状

(1)形状数

形状数是链码的差分码中值最小的差分码。因其唯一性,故可作为描述形状的参数。形状数可用于对比两个边界的形状。

链码:用边界上相邻像素点连线的方向表示边界的走向,起点用绝对坐标(x, y)表示。有 4-方向链码和 8-方向链码(图 8.11)。

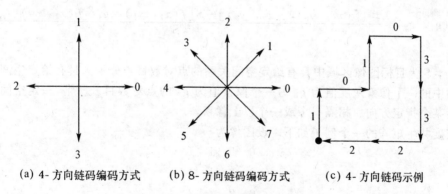

(a) 4-方向链码编码方式　　(b) 8-方向链码编码方式　　(c) 4-方向链码示例

图 8.11　4-方向链码和 8-方向链码

链码的起点归一化,目的是使链码统一到同一起点。方法是:通过将首码字顺序移到末尾,直至得到的一串新码是所有数串中最小的整数。

链码的旋转归一化,目的是使形状的链码与形状旋转无关,又称差分码。用相邻方向之间的方向变化量来表示,即方向之差。先将末尾码字移至码首,用右边码字减左边码字，右比左小时用 4 或 8 进制借位相减。图 8.10(c)的链码为 10103322，起点归一化码为 01033221，旋转归一化码为 33133030，形状数为 03033133。

(2)形状参数

$$F=\frac{\|B\|^2}{4\pi A} \tag{8.2}$$

式中，B 为周长；A 为面积。F 无量纲归一化。

形状参数描述形状紧凑性，但不能保证完全区分目标。

(3)球状性

以区域的形心为圆心作区域边界的内切圆和外接圆，二者半径之比：

$$S=\frac{r_i}{r_c} \tag{8.3}$$

式中，r_i 为形状的内切圆半径；r_c 为外接圆半径。

(4)圆形性

用区域的所有边界点定义的一个特征量：

$$C=\frac{\mu_R}{\sigma_R} \tag{8.4}$$

式中，μ_R 为形状重心到边界点的平均距离；σ_R 为形状重心到边界点的距离的均方差。

5. 纹理

纹理是相邻像元依概率表现出来的规律性灰度分布特性。纹理特征的定量描述方法有很多，简单的有：

①直方图的各阶矩：均值(一阶)、方差(二阶)、偏斜度(三阶)等。但矩没有反映出灰度空间分布信息。

②灰度共生矩阵：是具有一定空间关系的像素点对的灰度概率分布。该矩阵的元素定义为[103]

$$P(g_1,g_2)=\frac{\#\{[(x_1,y_1),(x_2,y_2)]\in S\,|\,f(x_1,y_1)=g_1\,\&\,f(x_2,y_2)=g_2\}}{\#S} \tag{8.5}$$

式中，$\#S$ 为目标图像区域中具有给定空间关系的点对数目，分子为具有给定空间关系且其点对中的一个像素灰度值为 g_1 另一个像素值为 g_2 的点对数目。所谓"一定空间关系"，是指沿某个指定方向、相隔一个或一个以上像素。

灰度共生矩阵的一个例子如下。设图像为

$$
\begin{array}{cccc}
0 & 0 & 1 & 1 \\
0 & 0 & 1 & 1 \\
0 & 2 & 2 & 2 \\
2 & 2 & 3 & 3
\end{array}
$$

则水平方向和垂直方向相邻像素对的灰度共生矩阵分别为

$$P_H=\begin{bmatrix}4&2&1&0\\2&4&0&0\\1&0&6&1\\0&0&1&2\end{bmatrix},\ P_V=\begin{bmatrix}6&0&2&0\\0&4&2&0\\2&2&2&2\\0&0&2&0\end{bmatrix}$$

式中，元素下标代表灰度级：i，$j=0$，1，2，3。矩阵未归一化。

显然，灰度共生矩阵也可以图像方式显示出来，并且从该图像可以分析得到对图像目标识别很有意义的一些提示。然而，灰度共生矩阵还不是数值，不能直接作为图像特征值使用。因此，需要从矩阵中构造出一些有意义的纹理特征值。基于灰度共生矩阵的纹理特征值举例如下。

二阶矩：

$$W_M = \sum_{g_1} \sum_{g_2} P^2(g_1, g_2) \tag{8.6}$$

熵：

$$W_E = -\sum_{g_1} \sum_{g_2} P(g_1, g_2) \log P(g_1, g_2) \tag{8.7}$$

对比度：

$$W_C = \sum_{g_1} \sum_{g_2} |g_1 - g_2| P(g_1, g_2) \tag{8.8}$$

均匀性：

$$W_H = \sum_{g_1} \sum_{g_2} \frac{P(g_1, g_2)}{k + |g_1 - g_2|} \tag{8.9}$$

图 8.12 是用 5×5 窗口计算灰度共生矩阵，然后计算对比度、熵和均匀性得到的灰度共生矩阵参数图像，可以看出，这些参数对原图像目标具有较好的特征描述能力。

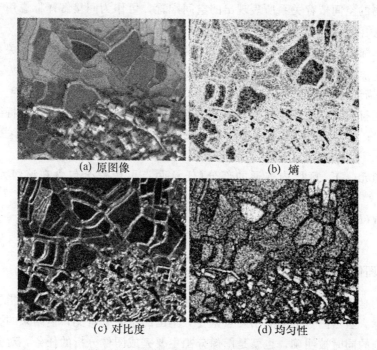

(a) 原图像   (b) 熵

(c) 对比度   (d) 均匀性

图 8.12 图像的灰度共生矩阵参数图像

描述纹理特征的参数还有不变矩描述符以及马尔科夫随机场方法、结构方法、频谱方法等多种方法。

6. 大小

可直接用地物在影像上的面积大小。在不同图像之间对比时，要考虑图像分辨率或比例尺的换算。此外，还可以用下述特征：

(1)边界长度

边界的定义：点 P 为边界点，如果有：①P 本身属于区域 R；②P 的邻域中有像素不属于区域 R，此外，区域的内部点与边界点必须引用不同的邻接性，即边界 4-邻接(对角方向不被认为是邻接)，则内部 8-邻接(对角方向也被认为是邻接)，反之亦然。

边界长度在 4-邻接的相邻两点长度计为 1，8-邻接的对角相邻两点的长度计为 $\sqrt{2}$。按边界点对累加。

(2)边界直径

边界直径定义为边界上相距最远的两点之间直连线的长度(该直线又称为区域的长轴，与其垂直且最宽处的直线称为短轴)，可以用 4-邻接、8-邻接或欧氏距离度量。

7. 位置

地理位置和相对位置。使用相应的坐标表示。

8. 图型

地物的宏观排列方式。用字串(句子)、树、图的结构模式方法描述。

9. 相关布局

相关地物的空间依存关系所表现出的空间配置，可作为间接解译标志用于推理识别。

(1)拓扑关系

用节点、弧段和多边形所表示的实体之间的邻接、关联、包含和连通关系，如点与点的邻接关系、点与面的包含关系、线与面的相离关系、面与面的重合关系等。

(2)拓扑描述符

拓扑描述符对目标的结构特征有很好的描述能力，是图像识别的重要特征。

①孔(H)：区域内若存在与区域边界外的像素相同属性的像素，则这些像素(也是连通的)称为孔。

②连通组元(C)：区域内连通的部分(任意两点可由完全包含在该组元内的曲线连接)。

③欧拉数(E)：连通组元与孔之差，即

$$E = C - H$$

8.2.3 图像分割

图像分割是将图像划分为若干个有意义的子区域，所谓"有意义"，是指子区域是一个感兴趣的目标。虽然图像分割的出发点是要分割出的结果有意义，但结果的类别意义一般并不能在分割的同时被明确，也就是图像分割主要完成图像分析的任务，对分割图像给出地学意义的解释需要进一步的工作。这需要提取分割出的图像对象的特征，同时往往还需要先验知识和辅助信息才能实现，它是图像理解的内容。

形式上将图像分割定义为求下述 R_i 的过程：

① $\bigcup_{i=1}^{N} R_i = R$；

② 对所有的 $i \neq j$，有 $R_i \bigcap R_j = \varnothing$；

③ 对 $i = 1, 2, \cdots, N$，有 $P(R_i) = \text{TRUE}$；　　　　　　(8.10)

④ 对 $i \neq j$，有 $P(R_i \bigcup R_j) = \text{FALSE}$；

⑤ 对 $i = 1, 2, \cdots, N$，R_i 是连通的区域。

其中，R 是图像所有像素的集合；R_i 是第 i 区域所有像素的集合；$\varnothing$ 为空集；$P(R_i)$ 表示以 R_i 为定义域的像素具有某种指定的属性(相当于一个命题，$P(\cdot)$ 即是一个谓词)。该定义的主要意义解释如下：图像分割将图像划分为互不重叠的若干区域，每个区域内部对某个或某几个有意义的属性是均匀一致的或相似的(Uniformity, Homogeneous)，而任何两个相邻的区域之间则是不一致的。这里有意义的属性即是模式的特征，一般考虑的是像素及其邻域的特征，前者如灰度值、颜色或多光谱值；后者如纹理、邻域内的均值、方差等。选择适当的特征是使分割结果有意义的前提。

因为区域与其边界是共生的，所以所有图像分割方法按照两个基本策略进行：从区域边界(线)出发，做边缘检测，称为边界技术；从区域内部(面)出发，做区域划分或区域增长，称为区域技术。分割的具体方法十分繁多。

1. 边缘检测

边缘检测是一种边界分割技术，与第 7 章中图像锐化增强的一些方法相同或相似。介绍一种检测效果较好的经典检测算子——马尔算子。

马尔算子是 Marr-Hildreth 1980 年提出的边缘检测算子，它首先通过平滑图像压抑噪声，然后再施加 Laplacian 算子，这样可较好地克服噪声的影响。马尔算子中的平滑函数采用如下高斯函数：

$$h(x, y) = \frac{1}{2\pi\sigma^2} \exp\left(-\frac{x^2 + y^2}{2\sigma^2}\right) \tag{8.11}$$

式中，σ 为方差。经卷积产生平滑图像 $g(x, y)$：

$$g(x, y) = h(x, y) * f(x, y) \tag{8.12}$$

然后对卷积后的平滑图像做 Laplacian 算子边缘检测，有

$$\nabla^2 g = \nabla^2[h(x, y) * f(x, y)] = \nabla^2 h * f$$
$$= -\frac{1}{\pi\sigma^4}\left(1 - \frac{x^2 + y^2}{2\sigma^2}\right)\exp\left(-\frac{x^2 + y^2}{2\sigma^2}\right) * f \tag{8.13}$$

上式用到卷积的导数定理：$(f * g)' = f' * g = f * g'$。对高斯函数的 Laplacian 运算即为马尔算子(故也称为 LOG 算子，Laplacian of Gaussion)，一般定义为

$$\nabla^2 G = K\left(2 - \frac{x^2 + y^2}{\sigma^2}\right)\exp\left(-\frac{x^2 + y^2}{2\sigma^2}\right) \tag{8.14}$$

式中，K 为常数，调整 K 可使卷积模板为零和。

马尔算子是一个关于原点对称的函数，$r = \sqrt{x^2 + y^2}$ 是马尔算子所取的空间半径大小，一般在两倍 σ 以上。马尔算子及其频率转移函数的剖面形态如图 8.13 所示。从图中看出，马尔算子是一个带通滤波器，因此它具有平滑噪声和检测边缘的作用。经马尔算子卷积后

的过零点即为边缘。σ 即为正值区（两个过零点之间）的宽度。σ 控制马尔算子的峰度，因而控制图像的平滑程度（与 σ 成正比）。马尔算子用卷积模板运算时，由于模板通常比较大（r 大），计算复杂度较大，但可分解为一维卷积快速计算。

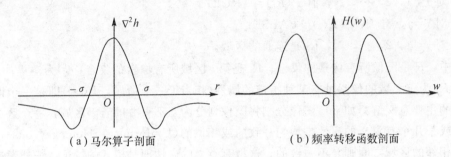

（a）马尔算子剖面　　　　　　　　　　（b）频率转移函数剖面

图 8.13　马尔算子及其频率转移函数的剖面形态图

马尔算子得到神经生理学的支持，它与人的视觉中视网膜上观察中心与周边区域的拮抗机理一致，被称为从生物视觉理论导出的方法。马尔算子对边缘不清晰和噪声较大的图像有较好的检测结果。图 8.14 是对图 8.14(a) 应用马尔算子检测的结果。

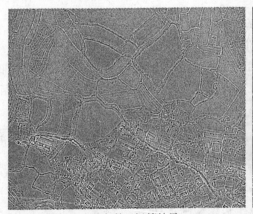 

（a）马尔算子运算结果　　　　　（b）图 (a) 的阈值化边缘点：$\leqslant 373 \to 0, > 373 \to 1$

图 8.14　图 8.12(a) 的马尔算子边缘检测结果

边缘检测算子有很多，如 Canny 算子也是一个很好的边缘检测算子，它采用 Gaussian 函数的一阶方向导数计算梯度方向和最大梯度。基于相位一致的边缘检测方法在高分辨率遥感图像中也很有应用价值[99~101]。

一个好的图像目标检测算子应满足以下几个特性：①平移不变性；②旋转不变性；③尺度不变性，即图像目标的平移、旋转、缩放不影响算子的有效性；④鲁棒性，即图像目标上叠加有噪声、目标本身有小部分缺失或小量变形都不影响算子的有效性。显然，做到这几点是不易的。

经过各种边缘检测算子处理后的图像中，并不一定所有的边缘像素都是有意义的边缘像素，因此要对这些像素进行筛分。由于边缘像素值也是连续变化的，因此需要确定一个区分边缘与非边缘的阈值 T，用来划分出边缘像素与非边缘像素：

$$g(x, y) = \begin{cases} E_g(f(x, y)), & E_g(f(x, y)) \geqslant T \text{ 边缘像素} \\ 0, & E_g(f(x, y)) < T \text{ 非边缘像素} \end{cases} \tag{8.15}$$

式中，$E_g(\cdot)$ 表示任一种边缘算子，$g(x, y)$ 是一幅边缘图像。

筛分出的边缘图像还是由孤立离散的"边缘"像素组成，还不知道哪些像素是可以彼此连接成有意义的边缘，即还没有形成有意义的几何边缘线的表达。这一步通常要由所谓"边界闭合"的处理来完成。边界闭合的算法有很多，如启发式连接、相位编组、记号编组、Hough 变换、光栅跟踪扫描等。

2. 阈值法分割

阈值法分割是一种并行区域分割技术。假设图像由有限个目标和背景组成，在各目标的内部和背景的内部，其像素的特征值(灰度值或纹理等)是高度相似的(即均匀)的，而不同目标之间、目标与背景之间则存在特征值的较大差异，或者说各目标及背景内部的方差较小，不同目标之间、目标与背景之间的方差较大，这时图像特征值的直方图呈现多峰的分布形态，各峰就代表了各类目标及背景的特征值中心，于是各峰之间的谷值就是划分目标与目标、目标与背景的合理的分界点(阈值)。这样基于一个或几个确定值作为分界的图像划分方法就是阈值法分割。图 8.15 所示的遥感影像中有色调明显不同的三类地物(山地、

（a）原图像　　　　　　　　　　　　　（c）图（a）的分割结果

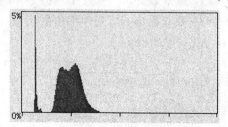

（b）图（a）的灰度直方图

图 8.15　遥感图像及其灰度直方图

平原、水体），它的直方图显示出了三个峰和两个谷，正好对应三类地物。用两个谷底值作为阈值进行分割，基本上把三类地物区分开来。

阈值分割图像的数学表达有以下几种方式（T 为阈值）：

单阈值法：
$$g(x,\ y) = \begin{cases} 1,\ f(x,\ y) \geqslant T \\ 0,\ f(x,\ y) < T \end{cases} \tag{8.16}$$

半阈值法：
$$g(x,\ y) = \begin{cases} f(x,\ y), f(x,\ y) \geqslant T \\ 0,\qquad\quad f(x,\ y) < T \end{cases} \tag{8.17}$$

多阈值法：
$$g(x,\ y) = \begin{cases} t_1,\ f(x,\ y) \geqslant T_1 \\ t_1,\ T_2 \leqslant f(x,\ y) < T_1 \\ \cdots\cdots \\ t_n,\ f(x,\ y) < T_n \end{cases} \tag{8.18}$$

轮廓图：
$$g(x,\ y) = \begin{cases} 1,\ |f(x,\ y) - T| \leqslant \varepsilon \\ 0,\ 其他 \end{cases} \tag{8.19}$$

在图 8.15 中，我们也可以看到，所分割的地物并非十分理想，其中部分平原地物尤其是城市道路被分割成了山地一类，这表明上述这样简单的灰度阈值分割比较粗糙。事实上，地物类别通常远非灰度一个特征和一个统一阈值可以区分。特征选择和阈值选择是阈值分割中的两个关键因素。

用于阈值分割的特征，必须是特征值的大小变化具有类别变化的意义（这样才使得分割有意义）。像素的灰度值或多光谱值一般具有这样的特点，虽然也有例外。对于一些例外的情形，可以考虑加入像素的局部（邻域）特征，如局部方差等。

对于选定的特征如何确定其阈值大小，要看特征本身在图像空间中的变化性如何。一种情况是特征在整个图像空间的变化是一致的，即一个阈值对整个图像都适用，这种情况下阈值的确定相对简单一些，这种阈值称为全局阈值。另一种情况是特征在图像空间的变化是不一致的，比如，阴坡和阳坡中同一地物的灰度值就可能相差很大，也就是此时不能采取"一刀切"的阈值，而要使阈值随像素所在位置 $(x,\ y)$ 而变化，这种阈值称为动态阈值。

这里简要介绍依赖像素本身性质的全局阈值选取方法[103]。

① 状态法。计算图像直方图，阈值 t 取双峰之间的谷底灰度值，如图 8.15 所示的例子。

② 判断分析法。设 t 将图像分为两类 (c_1, c_2)：

$$\begin{cases} c_1, f(x,y) < t, 像素数为 w_1, 灰度平均值为 m_1, 方差为 \sigma_1^2 \\ c_2, f(x,y) \geqslant t, 像素数为 w_2, 灰度平均值为 m_2, 方差为 \sigma_2^2 \end{cases} \tag{8.20}$$

图像总像素数为 $w_1 + w_2$，总灰度均值为

$$m = \frac{m_1 w_1 + m_2 w_2}{w_1 + w_2}$$

定义：

组内方差：
$$\sigma_w^2 = w_1 \sigma_1^2 + w_2 \sigma_2^2 \tag{8.21}$$

组间方差：
$$\sigma_B^2 = w_1 (m_1 - m)^2 + w_2 (m_2 - m)^2 = w_1 w_2 (m_1 - m_2)^2 \tag{8.22}$$

阈值大小的选取原则是 t 应使组内方差最小，组间方差最大。选取的方法是：调整 t，使

σ_B^2/σ_w^2 最大。此时的 t 即为所求阈值。

③ 最小误差分割。设背景和目标分别服从参数为 μ_1,σ_1^2；μ_2,σ_2^2 的正态分布,各自的先验概率分别为 $\theta(<1)$ 和 $(1-\theta)$,则混合概率密度函数为

$$p(z) = \theta p_1(z) + (1-\theta)p_2(z)$$

$$= \frac{\theta}{\sqrt{2\pi}\sigma_1}\exp\left(\frac{-(z-\mu_1)^2}{2\sigma_1^2}\right) + \frac{1-\theta}{\sqrt{2\pi}\sigma_2}\exp\left(\frac{-(z-\mu_2)^2}{2\sigma_2^2}\right) \qquad (8.23)$$

选定阈值为 t,目标错分为背景和背景错分为目标的概率分别为(图 8.16)

$$E_2(t) = \int_{-\infty}^{t} p_2(z)\mathrm{d}z$$

$$E_1(t) = \int_{t}^{\infty} p_1(z)\mathrm{d}z \qquad (8.24)$$

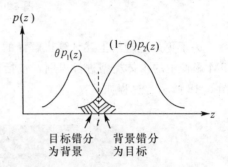

图 8.16 最小误差阈值分割示意图

总错误概率为

$$E(t) = \theta E_1(t) + (1-\theta)E_2(t) \qquad (8.25)$$

最佳阈值 t 应使总错误概率最小,因此有

$$\frac{\partial E(t)}{\partial t} = -\theta p_1(t) + (1-\theta)p_2(t) = 0$$

由此可得

$$\ln\frac{\theta\sigma_2}{(1-\theta)\sigma_1} - \frac{(t-\mu_1)^2}{2\sigma_1^2} = \frac{-(t-\mu_2)^2}{2\sigma_2^2} \qquad (8.26)$$

当 $\sigma_1^2 = \sigma_2^2 = \sigma^2$ 时,最佳阈值为

$$t^* = \frac{\mu_1+\mu_2}{2} + \frac{\sigma^2}{\mu_1-\mu_2}\ln\frac{1-\theta}{\theta} \qquad (8.27)$$

特别地,当 $\theta = \frac{1}{2}$ 时,有

$$t^* = \frac{(\mu_1+\mu_2)}{2} \qquad (8.28)$$

3. 区域生长

区域生长是一种串行区域技术。以选定的"种子点"像素为出发点,依据一定的相似性准则,通过邻域像素逐步扩展种子像素而形成具有一致性属性的区域,从而达到分割图像的目的。区域生长要预先确定用于评价一致性的属性(特征)和相似性准则,有时还需要预定分割区域的数目、区域的最大面积或直径等。一种称为质心型生长的算法如图 8.17 所示。图中以种子像素开始,每次将相邻像素与已生成区域内的像素的平均灰度值比较,若差值小于设定的阈值 T(图中设为 2),则接受邻点像素,如此反复直至无满足条件之邻点。

区域生长有三个问题需要解决:①种子的选择。可根据实际问题需要和经验设定,也可设置一些准则由计算机自动搜索。②生长的准则。包括阈值的设定和邻域像素的定义(8-邻域或 4-邻域)。③终止的准则。一般情况下直至不满足生长条件才停止生长,但有时也需要人为设置终止条件,如生长区域面积和/或直径的大小。

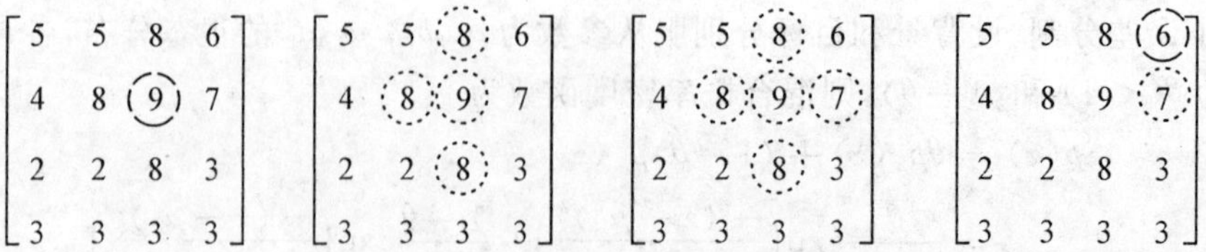

5 5 8 6
4 8 9 7
2 2 8 3
3 3 3 3
5 5 8 6
4 8 9 7
2 2 8 3
3 3 3 3
5 5 8 6
4 8 9 7
2 2 8 3
3 3 3 3
5 5 8 6
4 8 9 7
2 2 8 3
3 3 3 3

(a)种子　　(b)第一次生长　　(c)第二次生长　(d)种子为6时的生长

图 8.17　区域生长($T=2$)

为了更好地理解上述计算机解译的一般方法，下面给出一个简单的分析实例。该例对TM影像中的水体类型进行识别，包括目标提取、目标特征计算和目标识别三个步骤。如图 8.18 所示。过程如下：

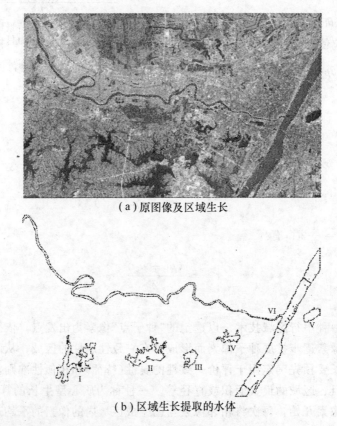

(a)原图像及区域生长

VI
V
IV
I
II
III

(b)区域生长提取的水体

图 8.18　水体类型识别实例

第一步：用区域生长法提取水体目标(图 8.18(b))。

第二步：选择形态特征的形状参数作为特征。

第三步：提取水体周长 B 和面积 A，见表 8.7。

第四步：计算形状参数，见表 8.7。

表 8.7　　　　　　　　　　　　　　　　　水体特征参数

水体编号	周长(m)	面积(m²)	形状参数	水体类型
I	44883.75	7661763.85	20.92	湖泊
II	35453.14	5939404.68	16.84	湖泊
III	10090.94	2166260.60	3.74	湖泊
VI	15035.84	1722395.25	10.45	湖泊
V	6969.11	2125856.73	1.82	湖泊
VI	173315.98	37182269.69	64.29	江河

第五步：确定形状参数的阈值，划分水体类型。对照图 8.18(b)和表 8.7 的形状参数，可以看出湖泊与江河的形状参数的划分阈值可有多种选择。这里选取 45 为阈值，识别结果见表 8.7。此阈值可用于识别该地区其他水体的类型。

8.2.4　图像分类

所谓图像分类，是按照一定的规则，将图像所有的像素根据像素的特征，将其归入一个地物类别。用模式识别的术语来说，即对给定的模式 X 和类别集 ω，做出判断：

$$X \in \omega_k,\ k=1,\ 2,\ \cdots,\ l \tag{8.29}$$

如何判断 X 属于 ω 中的某个类别(或者说如何将模式集 X 映射到类别集 ω)，就是分类方法所要解决的问题。

1. 图像分类的一般过程和若干概念

(1)分类过程

①建立图像目标(模式)的描述。建立用以描述图像目标的特征集，即模式的特征向量。这一步的完整内容如前所述，包括特征选择、特征变换、特征提取。在本章后续内容中，因篇幅问题而将特征限制在图像像素的光谱值讨论，显然分类方法本身可以推广到包括利用纹理、形状、大小等在内的所有特征的模式。

②选择分类准则。即根据像素特征之间的何种关系来分类。一般采用的准则有相似性、距离和概率。相似性与距离逻辑上成相反关系。这个准则的合理性是显然的，所谓"物以类聚"即是这一准则的体现。我们在其他科学研究领域和日常生活中对事物的分类就是采用这种分类准则。概率准则是以事物的不确定性为基础的。人们对事物的类别归属往往并非绝对确定，尤其在对事物的属性信息掌握不很全面的情况下，对其做出类别归属判断只能是一种猜测。这正是概率准则合理性的基础。实际过程中，分类准则隐含在分类方法中，无需专门对它进行选择。可认为分类准则是对分类方法的一种划分。

③选择具体的分类方法。确定了模式特征后，选择用一种具体的方法、算法，完成图像像素到类别集的一一映射。

(2)分类准则的几种具体形式

①相似性度量。最常用的是相似系数。相似系数是指模式之间的关联程度。一种基于

相关系数的相似系数定义为

$$r_{ij} = \frac{\sum_{k=1}^{n}(x_{ik}-\overline{x}_i)(x_{jk}-\overline{x}_j)}{\sqrt{\sum_{k=1}^{n}(x_{ik}-\overline{x}_i)^2}\sqrt{\sum_{k=1}^{n}(x_{jk}-\overline{x}_j)^2}}. \tag{8.30}$$

式中,x_{ik},x_{jk} 为模式 i 和 j 的第 k 个特征;n 为特征的个数。$\overline{x}_i$,$\overline{x}_j$ 表示均值,即

$$\overline{x}_l = \sum_{k=1}^{n} x_{lk}, \; l = i,j \tag{8.31}$$

② 距离度量。距离度量必须满足如下的距离公理:

$$d(x,y) = 0 \Leftrightarrow x = y$$
$$d(x,y) = d(y,x) \tag{8.32}$$
$$d(x,y) \leqslant d(x,z) + d(z,y)$$

几种常用的距离介绍如下:

绝对值距离: $\qquad d_{ij} = \sum_{k=1}^{n} |x_{ik} - x_{jk}| \tag{8.33}$

式中,i,j 为特征空间中的两点。

欧氏距离: $\qquad d_{ij}^2 = (x_i - x_j)^{\mathrm{T}} \cdot (x_i - x_j) \tag{8.34}$

马氏距离: $\qquad d_{ij}^2 = (x_i - x_j)^{\mathrm{T}} \cdot M_{ij}^{-1} \cdot (x_i - x_j) \tag{8.35}$

式中,M_{ij} 为协方差矩阵,$M_{ij} = I$ 时(I 为单位矩阵),马氏距离等于欧氏距离。马氏距离是对模式特征各分量进行归一化的距离。

③ 概率度量。一个模式属于某个类别的概率大小,就是该模式作为随机变量或随机向量取某值时,"某个类别出现"这个事件的概率大小,或者说该随机变量或随机向量的一个实现落入某个类别的概率。自然现象中,正态分布函数是适用最广泛的分布函数,在遥感图像分类中也多采用正态分布。多元正态分布密度函数如下:

$$p(x) = \frac{1}{(2\pi)^{\frac{d}{2}} |M|^{\frac{1}{2}}} \exp\left[-\frac{1}{2}(x-\boldsymbol{\mu})^{\mathrm{T}} M^{-1}(x-\boldsymbol{\mu})\right] \tag{8.36}$$

多元正态分布具有下述若干性质:参数 μ 和 M 对分布的决定性。正态分布由 μ 和 M 中 $d(d+1)/2$ 个参数完全确定;不相关等价于独立性。一般而言,x_i 和 x_j 之间不相关不能蕴含 x_i 和 x_j 独立,反过来则成立。而对正态分布中的随机变量 x_i 和 x_j,则不相关等价于相互独立。推论:若多元正态随机向量 $x = [x_1, x_2, \cdots, x_d]^{\mathrm{T}}$,$x \in E^d$ 的协方差阵是对角阵,则 x 的分量是相互独立的正态分布随机向量。

图像分类的概念和流程可归纳为图 8.19。

(3)监督分类与非监督分类

各种分类方法可划分为非监督分类方法和监督分类方法两类。非监督分类是直接利用像元特征之间的相似性或距离,并且没有已知类别的像元作参考的分类方法。非监督分类的结果是把图像划分成了满足图像分割条件的子区域,因此也可以看做是图像分割的一类方法。监督分类是需要提供已知样本来确定分类的"参考标准"的分类方法(或者直接提供类别参考标准)。所谓"已知",是指样本的特征和所属类别已知。所谓"参考标准", 是指

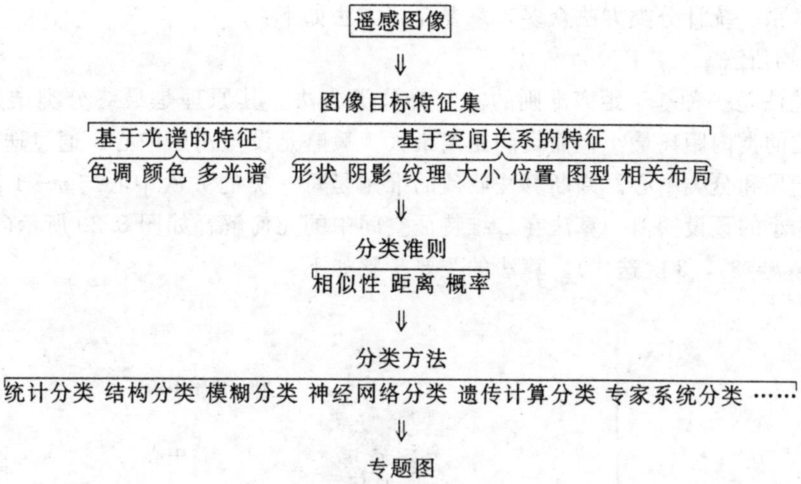

图像目标特征集

基于光谱的特征　　　　　基于空间关系的特征

色调 颜色 多光谱　形状 阴影 纹理 大小 位置 图型 相关布局

分类准则

相似性 距离 概率

分类方法

统计分类 结构分类 模糊分类 神经网络分类 遗传计算分类 专家系统分类 ……

专题图

图 8.19　遥感图像分类概念流程框图

能够表征特定类别的参数集，如正态分布中的均值向量和协方差矩阵$(\boldsymbol{\mu}, \boldsymbol{M})$。通常各类别的参考标准从已知类别的样本集计算得到。如何估计类别参考标准的参数，有一套数学方法，如从样本集推断类别总体概率分布的方法有：①监督参数估计：已知样本所属类别和类别条件总体概率密度函数的形式，未知该密度函数的具体参数，要求对参数进行估计。②非监督参数估计：已知类别条件总体概率密度函数的形式，未知样本所属类别和该密度函数的具体参数，要求对参数进行估计。上述二者都是参数估计方法。③非参数估计：已知样本所属类别，未知类别条件总体概率密度函数的形式，要求直接估计该密度函数（包括函数形式和有关参数）。

获取已知类别样本及其参数的一般做法，是分类前首先在图像上选取已知地物类别的区域（如林地、耕地、水面等）作为训练区，从训练区"估计"各类别的统计参数，如均值（均值向量）、方差（协方差矩阵）等。

训练区的选择要具有准确性、代表性和统计性[102]。

准确性：要求样本的类别是纯粹的。样本中不要包含其他类别的像元，并尽可能减少混合类别像元。

代表性：要求样本反映了该类别的共同特征。因为任何类别的样本特征都有变化性，比如不同地域水体可能有不同的泥沙含量和污染程度，但它们都是水体。若在分类中将它们都作为水体一个类别来看待的话，则训练样本应在各种水体中都有采集。

统计性：要求样本有足够大的容量。基本的统计要求是 n 维特征需要 $n+1$ 个样本个体，实际中每一类别的样本容量一般在 10^2 数量级左右。

在对图像中的地物类别无任何先验知识的条件下，无法选择训练样本，此时可先进行非监督分类，再在其结果中选择训练样本用于监督分类，也是一种可行的策略。

2. 统计分类

统计分类是在提取模式特征的基础上，根据模式在特征空间的分布情况或模式出现的概率规律，采用相似性、距离和概率准则对模式进行分类。其中多数方法与模式的统计特性有密切联系。统计分类方法众多，举要介绍方法如下：

(1)K-均值法

K-均值法是一种基于距离准则的非监督分类方法。其原理是最终分类结果应使特征空间中各类的类内距离最小，而类间距离最大。策略是设置初始中心，通过迭代分类不断调整分类结果和分类中心。判断算法收敛的准则是每一类的 n 次中心与 $n+1$ 次中心的距离小于某个小的预设阈值。算法在二维特征空间中的几何解释如图 8.20 所示(图中有 2 个特征，3 类($k=3$)，3 次迭代)。算法的主要步骤如下：

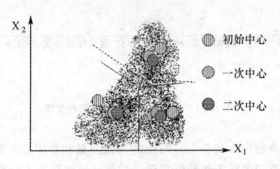

图 8.20　K-均值法算法示意图

① 确定类别数和各类的初始中心：$z_1(0)$，$z_2(0)$，…，$z_k(0)$，k 为类别数。初始中心可任意选取。0 表示初始迭代。

② 择近分类。将所有样本(像元)按与各中心的距离最小者而归入之。进行 l 次更新后，样本 X 所属类别由下式决定：

如果：

$$\| X - z_j(l) \| < \| X - z_i(l) \| \; ; \; i, j = 1, 2, \cdots, K \; ; \; i \neq j \; ; \; 即 \; j = \arg\min_{1 \leqslant i \leqslant k} \| X - z_i(l) \|$$

(8.37)

则 X 属于第 j 类，记为 $X \in \omega_j(l)$，$\omega_j(l)$ 代表集群中心为 $z_j(l)$ 的样本集合。

③ 计算新中心。待所有样本第 l 次划分完毕后，重新计算新的集群中心 $z_i(l+1)$，$i=1,2,\cdots,k$。新的集群中心应使如下的性能指数 J_j 最小(聚类准则)，即

$$J_j = \min \sum_{X \in \omega_j(l)} \| X - z_j(l+1) \|^2 \; ; j = 1, 2, \cdots, k \tag{8.38}$$

满足这一条件的中心为

$$z_j(l+1) = \frac{1}{N_j} \sum_{X \in \omega_j(l)} X \; ; \; j = 1, 2, \cdots, k \; ; \; N_j \; 为第 \; j \; 类样本总数 \tag{8.39}$$

④ 判断结束与否。

若

$$\| z_j(l+1) - z_j(l) \| < \varepsilon \; ; \; j = 1, 2, \cdots, k \; ; \; \varepsilon \; 为预设阈值$$

则迭代结束(算法收敛)，否则返回第③步。

上述距离 $\| \cdot \|$ 一般使用欧氏距离。

K-均值法的收敛性及其结果受初始中心的数目和位置以及特征空间中模式的几何分

布的影响。寻找最佳聚类中心常采用试探法，一种简单的方法称为"最大最小距离法"，其思想是：①任意选择一个模式作为第一中心；②计算所有模式到该中心的距离，取该距离最大者为第二中心；③计算所有模式到这两个中心的距离，取所有较小值中的最大者，若其值大于第一中心与第二中心之间距离的某个分数值（预先设定），则将其作为第三中心；④计算所有模式到这三个中心的距离，参照③处理，如不大于某分数值，则结束。

K-均值法有较好的分类效果，但它也存在一些缺点，比如，类别的数目在初始确定后就一直不变，直至最终结果。有时这样的做法会导致一些很不合理的结果，如某些类别包含的样本过大，而有些则过小等。对 K-均值法的一种改进算法称为 ISODATA 方法（Iterative Self-Organization Data Analysis Techniques），这种方法的原理基本同 K-均值法方法，但 ISODATA 方法可以动态调整类别数目。调整类别数所依据的准则（控制参数）是：

①每一类中最少像元数（少于此值则并入他类）；

②类别标准差阈值（大于此值则分裂为两类）；

③可以合并的最大类别数。

ISODATA 方法的结果一般优于 K-均值法。

（2）最小距离法

最小距离法是一种基于距离准则的监督分类方法。最小距离分类首先要根据各已知类别的训练区计算各类别的中心位置，即类别的均值向量，然后对一个待分类样本（像元）计算其到各个已知类别中心的距离，与哪一类的距离最小，就将该样本判归该类。对一个 n 个特征、k 个类别的分类，设各类别的均值向量为 $M_i(i=1,2,\cdots,k)$，待分类像元用 X 表示，则最小距离法用下述判别函数对像元进行分类：

$$g_i(X) = \left[(X-M_i)^{\mathrm{T}}(X-M_i)\right]^{\frac{1}{2}} = \left[\sum_{j=1}^{n}(x_j-m_{ij})^2\right]^{\frac{1}{2}}; \quad i=1,2,\cdots,k \quad (8.40)$$

若 $l = \arg\min_{1\leqslant i\leqslant k} g_i(X)$，则 $X \in \omega_l$。式中，T 表示转置；x_j 是模式向量 X 的第 j 维分量；m_{ij} 是第 i 类别均值向量 M_i 的第 j 维分量。有时仅仅考虑样本到类别中心的距离的分类是不理想的，因为各个类别样本在特征空间中的聚散程度不同，即各类别的方差不同，如图 8.21 所示，土壤特征的方差远比水体大。改进的最小距离分类，就是同时考虑类别中心和类别方差（实际上是用方差对距离作归一化处理）。此时判别函数为

$$g_i(X) = \left[\sum_{j=1}^{n}\left(\frac{x_j-m_{ij}}{\sigma_{ij}}\right)^2\right]^{\frac{1}{2}} \quad (8.41)$$

式中，σ_{ij} 是第 i 类别在第 j 维特征的方差。也可用马氏距离代替上述欧氏距离。

（3）最近邻法

最小距离分类中采用的距离是待分模式到每个类别的平均距离（即到该类的中心的距离）。最近邻法采用的距离则是待分模式到每个类别中的所有样本的距离的最小者。其分类函数为

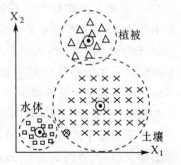

图 8.21 不同类别一般在特征空间中的分布示意图

$$g_i(X) = \min_l \| X - X_i^l \| \quad (l=1, 2, \cdots, N_i;\ i=1, 2, \cdots, k) \tag{8.42}$$

式中，X_i^l 的角标 i 表示 ω_i 类，l 表示 ω_i 类 N_i 个已知样本中的第 l 个。

若 $j = \arg \min_{1 \leqslant i \leqslant k} g_i(X)$，则 $X \in \omega_j$。

最近邻法是在所有已知样本中，找一个与待识别模式 X 最近的样本，依该样本的类别而归属之。对最近邻法还有一种改进算法，称为 k 近邻法，是考虑与待识别模式 X 的 k 个近邻中，多数样本所属的类别而归属之（即用 k 个近邻样本进行表决）。

将最小距离法与最近邻法比较，可知前者是一线性判别函数，而后者是一非线性判别函数（图 8.22）。

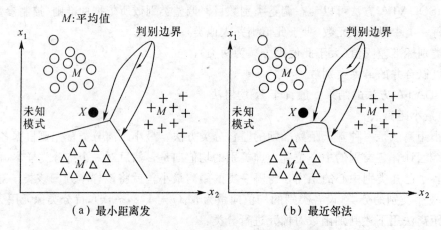

（a）最小距离发　　　　　　　　　（b）最近邻法

图 8.22　最小距离法与最近邻法的比较

（4）最大似然法

最大似然法是基于概率准则的监督分类方法，它的基础是贝叶斯决策理论。先用一个简单的例子说明几个概念和基本思想。设有 A、B 两个班，对某门课程，A 班同学总体成绩较好，全班平均成绩为 85 分，但成绩变化较大，低至 60 分，高至 100 分；B 班总体成绩较 A 班差，平均分 70，但成绩分别比较均匀，低分 60 高分 80。A 班有学生 50 人，B 班有学生 25 人。假设学生成绩服从正态分布。现在 A 班学生中随机选取一个学生，问：他的成绩为 80 分的概率有多大？回答这个问题就必须从 A 班成绩的概率分布来估计。A 班成绩的概率分布就称为 A 班这个类别的类条件概率密度函数（简称为条件概率）。同样，B 班也有这样一个条件概率密度函数。又问：在两个班的学生中随机选取一个学生，获知他的成绩为 70 分，则他最可能是属于哪个班的学生？要最可靠地回答这个问题，显然除了要考虑他这个成绩在 A、B 班中出现的概率外，还应考虑这两个班的学生总体上各自出现的概率（即人数的多少）。A、B 班各自的学生出现的概率称为先验概率。后一个问题单从条件概率或先验概率也可做出估计，但只有综合考虑二者得到的估计才是更可靠的估计（比如将条件概率与先验概率相乘）。综合考虑二者得到的概率称为后验概率。

遥感图像中对像元类别的估计与上述问题是相同的。首先以一个特征、两个类别为例说明贝叶斯统计决策的基本原理。要将一个样本（像元）划归为某一类，从概率的角度来说，就是一种"猜测"，也就是，若知道样本属于第 1 类的概率大于属于第 2 类的概率，则将样本划归第 1 类。这里"样本属于某一类的概率"即后验概率，用 $P(\omega_i/x)(i=1, 2)$ 表示，ω_i 表示第 i 类。这种基于后验概率的判别法用数学表达式写为

$$
\left.
\begin{array}{l}
P(\omega_1/x) > P(\omega_2/x) \text{ 则 } x \in \omega_1 \\
P(\omega_2/x) > P(\omega_1/x) \text{ 则 } x \in \omega_2
\end{array}
\right\}
\tag{8.43}
$$

显然，这样的判别准则是合理的，因为它使判对的可能性比判错的可能性大。

现在讨论如何用条件概率与先验概率来计算后验概率。假设通过训练区我们已求得所有类别各自的样本分布，也就是条件概率密度函数，记为 $P(x/\omega_i)$（这是用样本对总体概率的一个估计，统计学中称似然函数）。先验概率 $P(\omega_i)$ 一般可以从经验知识中推知。根据贝叶斯公式：

$$
P(\omega_i/x) = \frac{P(x/\omega_i)P(\omega_i)}{P(x)} \quad (i=1, 2)
\tag{8.44}
$$

$$
P(x) = \sum_{i=1}^{2} P(x/\omega_i)P(\omega_i)
$$

我们就建立起了后验概率 $P(\omega_i/x)(i=1, 2)$ 与条件概率和先验概率乘积 $P(x/\omega_i) \cdot P(\omega_i)$ 的关系。

根据式(8.43)和式(8.44)，可得到如下形式的分类决策表达式（称为贝叶斯决策理论）：

$$
\begin{array}{l}
L_{12}(x) = \dfrac{P(x/\omega_1)}{P(x/\omega_2)} > \dfrac{P(\omega_2)}{P(\omega_1)}, \text{ 则 } \in \omega_1 \\[3mm]
L_{12}(x) = \dfrac{P(x/\omega_1)}{P(x/\omega_2)} < \dfrac{P(\omega_2)}{P(\omega_1)}, \text{ 则 } \in \omega_2
\end{array}
\tag{8.45}
$$

L_{12} 称为似然比，$P(\omega_2)/P(\omega_1)$ 称为似然比的阈值。当两个类别的先验概率相等时，决策就只是依据两个条件概率的比较，而当两个条件概率相等时，决策就只依赖于先验概率的比较。

根据式(8.45)可以容易地直接推广得到 n 个特征、k 个类别的分类，此时分类函数为

$$
g_i(x) = P(\omega_i/x) = \frac{P(x/\omega_i)P(\omega_i)}{P(x)} \quad (i=1, 2, \cdots, k)
\tag{8.46}
$$

若 $j = \arg\max_{1 \leqslant i \leqslant k} g_i(x)$，则 $x \in \omega_j$。

上述分类只考虑了样本的后验概率大小而进行分类决策。但有时还会考虑因决策错误而产生的损失，如对一个细胞是否发生癌变的判断，可能非癌变的后验概率大于癌变的后验概率，然而将癌变细胞错判为非癌变细胞可能产生的损失要大于相反的情形，因此人们将倾向于根据损失大小判该细胞是否发生了癌变。于是在决策中引入损失因子的概念。一个 n 维特征的样本模式表示为 $x = (x_1, x_2, \cdots, x_n)^{\mathrm{T}}$，$k$ 个类别表示为 $\omega_i(i=1, 2, \cdots, k)$，各类别的后验概率同样表示为 $P(\omega_i/x)$。一个属于 ω_i 类的样本 x，被错误地划归为 ω_j 类，由此而产生的某种损失用损失因子 L_{ij} 来表示。一个不属于 ω_j 类的样本 x，依概率 $P(\omega_i/x)$ 可能属于任何 $i \neq j$ 的 ω_i 类，于是将 x 分类决策而归入 ω_j 类所产生的损失，应是所有 $i \neq j$ 的 ω_i 类的损失。这个损失用平均损失 $\gamma_j(x)$ 来表示，定义为

$$\gamma_j(x) = \sum_{i=1}^{k} L_{ij} P(\omega_i/x) \quad (\text{当 } i=j \text{ 时}, L_{ij}=0) \qquad (8.47)$$

$\gamma_j(x)$ 又称为平均风险。

显然，合理的分类应使平均风险最小，这样的分类称为最小平均风险分类。

如果对所有 $\alpha \neq j$，有：

$$\gamma_j(x) < \gamma_\alpha(x) \qquad (8.48)$$

也就是

$$\sum_{i=1}^{k} L_{ij} P(x/\omega_i) P(\omega_i) < \sum_{i=1}^{k} L_{i\alpha} P(x/\omega_i) P(\omega_i) \qquad (8.49)$$

则 $x \in \omega_j$。

若样本集中所有 n 个样本都满足式(8.48)而分类，则有整个样本集的平均风险

$$R_{\exp} = \sum_{j=1}^{n} \gamma_j(x) \qquad (8.50)$$

最小。$R_{\exp}$ 称为经验风险。

L_{ij} 一般要根据对具体问题的领域知识或经验来确定。若选择等代价损失，即

$$L_{ij} = \begin{cases} 0 \ (i=j) \\ 1 \ (i \neq j) \end{cases} \quad (i,\ j=1,\ 2,\ \cdots,\ k) \qquad (8.51)$$

则平均风险可表示为

$$\gamma_j(x) = \sum_{i=1}^{K} L_{ij} P(\omega_i/x) = \sum_{i \neq j} P(\omega_i/x) = 1 - P(\omega_j/x) \qquad (8.52)$$

推导中利用了：$\sum_{i=1}^{K} P(\omega_i/x) = 1$。

显然，等代价损失的贝叶斯决策分类，就是由式(8.46)及其决策规则确定的分类，也称为最大似然法分类(Maximum Likelihood Classification，MLC)，可以证明它是一种具有最小分类误差的分类，故又称为最小误差分类。

ISODATA 法、最小距离法和最大似然法分类的一个实例见图 8.23(见彩图页)。从图中可以看出最大似然法分类效果比最小距离法要好。

(5)判别函数

回顾上述各种分类方法，可以看到其核心是建立各类别的一个基于距离或概率的分类函数。求出给定样本 x 的最大或最小函数值(可以统一为求最大值)就得到 x 的分类决策。这种用于模式 x 分类的函数称为判别函数，又称分类器。以下分类器都表示为判别函数的形式(统一为求最大值)。

最小距离分类器函数：

$$g_i(X) = -\left[\sum_{j=1}^{n} \left(\frac{x_j - m_{ij}}{\sigma_{ij}} \right)^2 \right]^{\frac{1}{2}} \qquad (8.53)$$

最近邻分类器函数：

$$g_i(X) = -\| X - X_i^k \| \qquad (8.54)$$

最小误差分类器函数(最大似然法)：

$$g_i(x) = p(x/\omega_i) P(\omega_i) \qquad (8.55)$$

判别函数并不是唯一的。因若 $g(x)$ 是判别函数，则任何单调函数 $F[g(x)]$ 也有同样的判别效果（判别的结果取决于各判别函数值的相对大小而非绝对大小）。利用这一点，常可简化判别函数的形式。例如，具有 n 个特征，k 个类别的正态分布的最大似然法分类器：

$$P(x/\omega_i)=\frac{1}{(2\pi)^{\frac{n}{2}}|C_i|^{\frac{1}{2}}}\exp\left[-\frac{1}{2}(x-M_i)^T C_i^{-1}(x-M_i)\right];\quad i=1,2,\cdots,k$$

(8.56)

式中，M_i 和 C_i 分别为类别 i 的均值向量和协方差矩阵。其最大似然法分类器为

$$g_i(x)=\frac{1}{(2\pi)^{\frac{n}{2}}|C_i|^{\frac{1}{2}}}\exp\left[-\frac{1}{2}(x-M_i)^T C_i^{-1}(x-M_i)\right]\cdot p(\omega_i);\quad i=1,2,\cdots,k$$

(8.57)

对其取对数（未改变其单调性），得

$$g'_i(x)=\ln g_i(x)=\ln p(x/\omega_i)+\ln p(\omega_i)=$$
$$=-\frac{1}{2}(X_i-M_i)^T C_i^{-1}(X_i-M_i)-\frac{n}{2}\ln 2\pi-\frac{1}{2}\ln|C_i|+\ln p(\omega_i);\quad i=1,2,\cdots,k$$

(8.58)

去掉与 i 无关的项不影响判别结果，可简化为

$$g'_i(x)=-\frac{1}{2}(x-M_i)^T C_i^{-1}(x-M_i)-\frac{1}{2}\ln|C_i|+\ln p(\omega_i);\quad i=1,2,\cdots,k$$

(8.59)

可以将判别函数划分为两类，即线性判别函数和非线性判别函数。前者如最小距离法判别函数、K-均值法判别函数，后者如最近邻判别函数、贝叶斯决策判别函数。非线性判别函数还有一种特殊类型是分段线性判别函数。线性判别函数对应特征空间中的一个平面或超平面，非线性判别函数则对应一个曲面或超曲面。线性判别函数由于最为简单，故应用最多。

线性判别函数是关于特征变量 x 的一次多项式函数，一般形式为

$$g(x)=w\cdot x+b$$

(8.60)

式中，x 为 d 维特征向量；w 为 d 维权向量；b 为阈值权。

非线性判别函数一般可以转化为线性判别函数。一个例子如下：

如图 8.24 所示，一个 1 维样本空间 X 中的 2 类问题。显然线性判别函数无法区分两类。若构造一个二次函数：

$$g(x)=(x-a)(x-b)=ab+(a+b)x+x^2$$

(8.61)

则二次函数 $g(x)$ 可以简单地区分该两类（$g(x)>0$，$x\in w_1$；$g(x)<0$，$x\in w_2$）。对式 (8.61) 做代换：

$$c_0=ab,\ c_1=(a+b),\ c_2=1;\ y=x,\ y_2=x^2$$

(8.62)

则有关于 y 的一次函数：

$$g(y)=C_0+C_1 y_1+C_2 y_2$$

(8.63)

这样就实现了非线性判别函数向线性判别函数的转换，后者又称为广义线性判别函数。但是，特征数目由 1 个（x）变为了 2 个（y）。非线性函数向线性函数的转换导致特征数

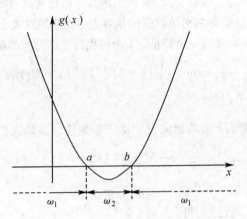

图 8.24　线性不可分样本的非线性映射

目的增加，是一种一般情况，甚至可能由此导致令计算复杂性急剧增加的所谓维数灾难。

(6)传统统计分类方法的局限性

式(8.47)中给出了对某个样本分类决策的平均风险概念。平均风险的概念可以引入所有分类器的决策中。而这个平均风险是与分类器的参数有关的(如在贝叶斯决策中是条件概率的参数，正态分布时为均值向量和协方差矩阵，在线性判别函数中是权向量)。调整分类器的参数就会改变判别函数对样本的取值，从而改变平均风险(也就是改变了分类结果)。事实上，传统统计模式识别总是在保证使式(8.50)定义的经验风险最小的条件下，来求解分类器的参数的，也就是分类器参数由一个有限样本集在特征空间的分布估计得到。一个理想的分类决策，应该使得对模式空间中所有样本的分类的平均风险最小，而不只是基于有限样本的经验风险最小。所有样本的平均风险称为期望风险，定义为

$$R = \sum_{j=1}^{N} \gamma_j(x) \quad (N \text{ 为全体可能的样本}) \tag{8.64}$$

当样本 x 是连续变化时上式的求和变为积分，即理想分类决策要求在使得期望风险 R 最小下求得分类器参数。然而，没有理由说经验风险最小的分类器能够保证期望风险最小。事实也是如此，一个经验风险最小化的分类器往往对于已知样本以外的样本可能出现较多分类错误。然而实际上我们又只能得到有限样本集(有时这个样本集还比较小)。这就是传统统计模式识别面对的现实问题。统计学习理论对这个问题进行了深入研究，并已得到支持向量机(SVM)这样的解决方法。

3. 人工神经网络分类

人工神经网络(ANN，有时简称神经网络)是生物神经网络的数学模型，1943 年心理学家 McCulloch 和数学家 Pitts 提出了模拟生物神经元的形式神经元，是人工神经网络的开端。经过几十年的发展，人工神经网络技术得到了广泛而深入的应用，取得了很大的成功。虽然人工神经网络相比大脑中枢神经系统的生物神经网络的复杂性和认知能力都相差甚远，但其发展方向在模式识别研究中有着重要的意义。图 8.25 显示了中枢神经网络在人类复杂的认知和控制过程中的核心地位。

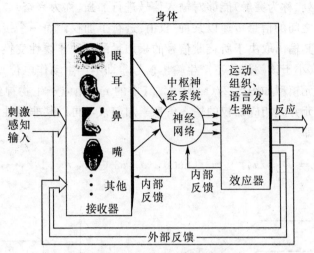

图 8.25　人体中的中枢神经网络

(1)神经元模型

生物神经网络是由各种生物神经元组成。生物神经元最具信息意义的几个部分是胞体和轴突、树突。胞体是信息加工的地方，轴突、树突则是与其他神经元发生信息交换的通道。一个多极神经元的形态如图 8.26 所示。一个神经元的轴突或树突与其他神经元接触

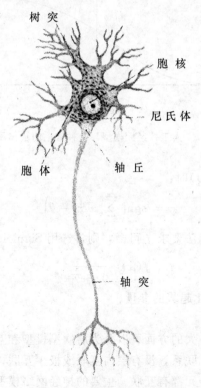

图 8.26　多极神经元形态结构

传递信息时，接触处(称为突触)能够对输入信号进行加强(称为兴奋)或减弱(称为抑制)处理。也就是神经元之间的信息传递以某种"权值"进行了加权。而一个接收到其他神经元输入信号的神经元，其输出取决于所接收信号的累加量的某种非线性变换以及神经元内部电位的某个阈值大小(小于该阈值将不产生输出信号，即不产生动作电位)。

一个人工神经元模型如图 8.27(a)所示，其中的 net 相应于生物神经元的胞体，它将来自其他 n 个神经元并经相应加权的输入信息累加起来，再以某非线性函数进行处理后输出到其他神经元，即

$$\text{net} = \sum_{i-1}^{n} w_i x_i, \ y = f(\text{net}) \quad (x_i, w_i \in R, \ i = 1, 2, \cdots, n) \tag{8.65}$$

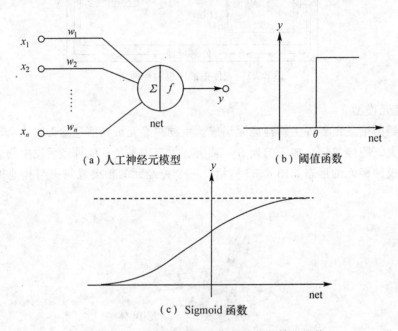

(a) 人工神经元模型   (b) 阈值函数

(c) Sigmoid 函数

图 8.27　人工神经元模型与两种常见的输出函数

f 为阈值函数(图 8.27(b))时：

$$y = \text{sgn}\left(\sum_{i-1}^{n} w_i x_i - \theta \right) \tag{8.66}$$

神经网络中的某些学习算法要求 f 可微，则常选用 Sigmoid 函数(图 8.27(c))：

$$f(x) = \frac{1}{1 + e^{\frac{-x}{Q_0}}} \tag{8.67}$$

式中，Q_0 为控制函数变化趋势的参量。

(2)神经网络模型

神经网络模型有很多种，大的方面可以分为层次型模型和互联型模型。前者神经元按层组织，层与层之间有神经元联系，没有层内互联或极少互联；后者则每个神经元与周围局部神经元甚至全局所有神经元都有互联。主要的神经网络模型如表 8.8 中所描述。研究更多的是层次型模型。一个典型的层次型神经网络如图表 8.8 中多层感知器所示。该结构

由一个输入层、一个输出层和若干个隐层构成。输入层接受一个模式的特征向量，每个分量对应一个输入层的神经元。输出层用该层神经元对模式的类别进行编码或编号。已经证明由单个隐层和非线性神经兴奋函数 f 组成的三层神经网络是一个通用分类器，即这样的分类器能逼近任意复杂的决策边界。

表 8.8 　　　　　　　　　　　　　　　神经网络的类型

类型	实例	图形示意
前馈神经网络：从输入层到隐层到输出层传递信息，无反馈（反向传递）	感知器：双层神经网络模型，可监督学习，建立线性判别函数	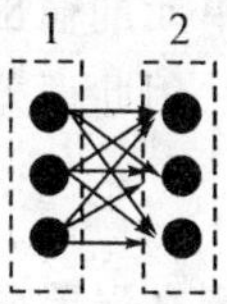
	多层感知器：一般为三层网络，可以实现各种逻辑门运算，可以逼近任意多元非线性函数	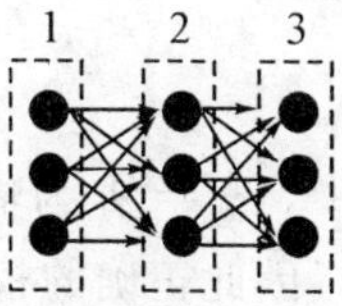
	径向基函数网络：f 采用基函数（径向对称标量函数）；常采用空间任意点到某中心点距离的单调函数，如高斯核函数。只有 1 个输出单元	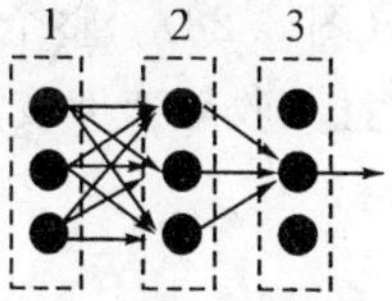
竞争学习神经网络（Kohonen 网络）：采取了侧抑制机制	侧抑制网络：在输出层各单元之间用较大的负权值输入对方的输出，实现竞争学习。可实现无监督学习，完成聚类运算	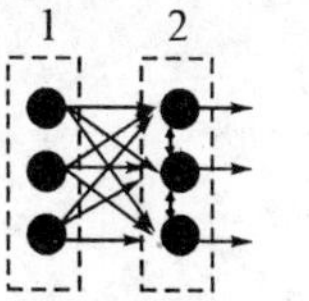
	自组织特征映射网络（认知地图）：输出为二维平面，构成一个有意义的拓扑序列的输出空间。侧抑制机制采用基于墨西哥草帽函数的交互作用机制，使相近特征向量在输出平面上相近	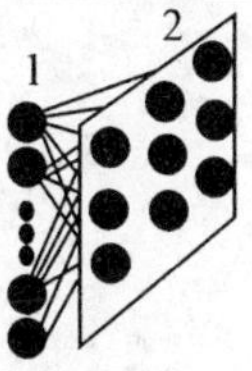
反馈神经网络：有反向信息传递的网络	Hopfield 网络：一种反馈网络，具有回归和自联想功能。单层结构，层中各神经元相互联系。可用一个 2 层的前馈网络结构加入信息的反向传递来表示	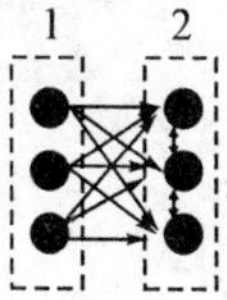

(3)神经网络的模式识别过程

神经网络对模式的识别过程为，首先通过已知类别样本对网络进行训练，获得正确的连接权值，即学习过程；然后在该组权值下对未知样本进行预测识别。自组织的网络可以不需要已知样本而完成学习过程。

学习功能是神经网络的最重要特点。神经网络的学习是要通过训练样本确定网络中的

各权值 w_{ij}，以保证对样本的正确分类或识别。以前馈神经网络为例，其学习算法可表达为对权值的修正：

$$\Delta w_{ij} = \eta y_j x_i \qquad (8.68)$$

式中，Δw_{ij} 是对从输入神经元 u_j 到输出神经元 u_i 的连接权值的修正量；η 是控制学习速度的系数。前馈神经网络的一个著名学习算法是反向传播算法（BP 算法，Back-Propogation）。其主要思想是从后向前（反向）逐层传播输出层的误差，以间接算出隐层误差并调整权值。算法分为两个阶段：第一阶段（正向过程）输入信息从输入层经隐层逐层计算各单元的输出值；第二阶段（反向传播过程）输出误差逐层向后计算出隐层各单元的误差，并用此误差修正前层权值。正向计算：

$$\mathrm{net}_j = \sum_i w_{ij} O_i, \; O_j = f(\mathrm{net}_j) \qquad (8.69)$$

定义误差函数（均方误差）：

$$E = \frac{1}{2} \sum_j (y_j - \hat{y}_j)^2 \qquad (8.70)$$

式中，$\hat{y}_j = O_j$ 为输出层的计算值；y_j 为训练样本的实际值。显然，误差 E 是各权值的函数，因此正确的权值应是使式(8.70) E 极小化的权值。算法原理是在误差曲面中寻找最小值（图 8.28）。整个过程如图 8.29 所示。但 BP 算法可能导致局部最小，而非全局最小，并且其收敛速度较慢，因此现有一些改进算法，如结合遗传算法。

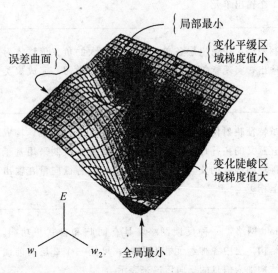

图 8.28　BP 算法中的误差曲面示意图

4. 支持向量机(SVM)[104]

SVM 是一种基于统计学习理论的模式识别方法，它是由 Boser，Guyon，Vapnik 在 COLT-92（Computational Learning Theory）上首次提出，从此迅速发展起来，已经在许多领域都取得了成功的应用。

如前所述，传统的模式识别方法存在的问题，是追求经验风险最小，但它不等于期望

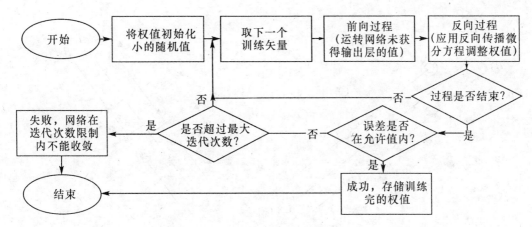

图 8.29　BP 算法流程图

风险最小，故不能保证分类器的推广能力。经验风险只有在样本数无穷大时趋近于期望风险，需要非常多的样本才能保证分类器的性能。因此，需要找到使经验风险最小和推广能力最大的平衡点。这个平衡点就是最优化的分类面（分类函数）：

$$y' = f(x, w) \quad (w \text{ 为分类函数的广义参数})$$

可以证明，SVM 提供的超平面就是最优的，它能够尽可能多地将两类样本数据点正确地分开，同时使分开的两类数据点距离分类面最远，从而保证最佳的推广性。

(1)问题的一般描述

已知：n 个观测样本 (x_1, y_1)，(x_2, y_2)，$\cdots$，(x_n, y_n)，$x_i \in R^d$，$y_i \in \{+1, -1\}$。

求最优函数：

$$y' = f(x, w) \tag{8.71}$$

使之满足期望风险最小的条件：

$$R(w) = \int L(y, f(x, w)) \mathrm{d}F(x, y) \tag{8.72}$$

其中，损失函数定义为

$$L(y, f(x, w)) = \begin{cases} 0, & y = f(x, w) \\ 1, & y \neq f(x, w) \end{cases} \tag{8.73}$$

上述期望风险 $R(w)$ 要依赖联合概率 $F(x, y)$ 的信息，实际问题中无法计算。因此用经验风险 $R_{emp}(w)$ 代替期望风险 $R(w)$。在式(8.73)的定义下有

$$R_{emp}(w) = \frac{1}{n} \sum_{i=1}^{n} L(y_i, f(x_i, w)) = \frac{\text{错分数}}{n} \tag{8.74}$$

(2)线性可分条件下的 SVM 最优分类面

一种简单情况是在线性可分的情况下寻找最优分类面（即线性支持向量机，Linear SVM，LSVM）。所谓线性可分最优分类面，就是使得样本分类错误为零而推广能力最大的分类面。在图 8.30(a)中直观地看出，就是分类无错误而分类面到样本点的最小距离(Margin)最大。

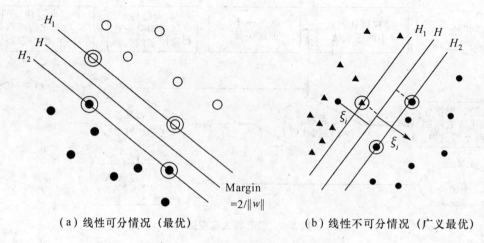

（a）线性可分情况（最优）　　　　　（b）线性不可分情况（广义最优）

图 8.30　最优分类面与广义最优分类面

设线性可分样本集为 n 个独立同分布观测样本 (x_1, y_1)，(x_2, y_2)，$\cdots$，(x_n, y_n)，$x_i \in R^d$，$y_i \in \{+1, -1\}$。d 维空间中的判别函数为 $g(x) = w \cdot x + b$，则分类面方程为

$$w \cdot x + b = 0 \tag{8.75}$$

将式(8.75)归一化，使得所有两类样本都满足 $|g(x)| \geqslant 1$，其中对离分类面最近的样本有 $|g(x)| = 1$。这样分类间隔则为 $2/\|w\|$（推导略）。要求间隔最大即使 $\|w\|$ 或 $\|w\|^2$ 最小。要求分类错误为零，即要使其满足

$$y_i[(w \cdot x_i) + b] - 1 \geqslant 0, \quad i = 1, 2, \cdots, n \tag{8.76}$$

两类样本中到分类面最近的样本点(图 8.30(a)中 H_1，H_2 上的点)称为支持向量，因为是它们支撑了分类面。

最优分类面的求解可以表示为一个约束优化问题，即在条件式(8.76)的约束下，求目标函数

$$\phi(w) = \frac{1}{2} \|w\|^2 = \frac{1}{2}(w \cdot w) \tag{8.77}$$

的最小值。为此，构造拉格朗日函数

$$L(w, b, \alpha) = \frac{1}{2}(w \cdot w) - \sum_{i=1}^{n} \alpha_i \{y_i[(w \cdot x_i) + b] - 1\} \tag{8.78}$$

式中，$\alpha_i \geqslant 0$ 为拉格朗日系数。于是问题变为对 w 和 b 求拉格朗日函数的极小值。将式(8.78)对 w 和 b 求偏微分，并令其为零，原问题转化为在约束条件

$$\sum_{i=1}^{n} \alpha_i y_i = 0, \quad \alpha_i \geqslant 0, \quad i = 1, 2, \cdots, n \tag{8.79}$$

之下对 α_i 求解下列函数的最大值

$$Q(\alpha) = \sum_{i=1}^{n} \alpha_i - \frac{1}{2} \sum_{i,j=1}^{n} \alpha_i \alpha_j y_i y_j (x_i \cdot x_j) \tag{8.80}$$

若 α_i^* 为最优解，则

$$w_i^* = \sum_{i=1}^{n} \alpha_i^* y_i \boldsymbol{x}_i \tag{8.81}$$

为最优分类面的权系数向量，它是训练样本向量的线性组合。这是个不等式约束下二次函数的极值问题，存在唯一解。其解必须满足

$$\alpha_i (y_i (\boldsymbol{w} \cdot \boldsymbol{x}_i + b) - 1) = 0, \ i = 1, \ 2, \ \cdots, \ n \tag{8.82}$$

最优分类函数为

$$f(\boldsymbol{x}) = \mathrm{sgn}\{(\boldsymbol{w}^* \cdot \boldsymbol{x}) + b^*\} = \mathrm{sgn}\left\{ \sum_{i=1}^{n} \alpha_i^* y_i (\boldsymbol{x}_i \cdot \boldsymbol{x}) + b^* \right\} \tag{8.83}$$

(3)线性不可分条件下的 SVM 广义最优分类面

当线性分类面不能将样本完全分开(图 8.30(b))，即部分样本不能满足式(8.76)时，可以在条件中增加一松弛项 $\xi_i \geqslant 0$，变为

$$y_i [(\boldsymbol{w} \cdot \boldsymbol{x}_i) + b] - 1 + \xi_i \geqslant 0, \ i = 1, \ 2, \ \cdots, \ n \tag{8.84}$$

对于足够小的 σ(可取为 1)，使

$$F(\sigma) = \sum_{i=1}^{n} \xi_i^{\sigma} \tag{8.85}$$

最小，就可以使错分样本数最小。因为线性不可分，对间隔引入约束

$$\| \boldsymbol{w} \|^2 \leqslant c_k \tag{8.86}$$

在约束条件式(8.84)和式(8.86)下对式(8.85)求极小，就得到线性不可分情况下的最优分类面，称为广义最优分类面。进一步，上述极值问题可演化为在(8.84)约束下求以下函数的极小值：

$$\phi(\boldsymbol{w} \cdot \boldsymbol{\xi}) = \frac{1}{2} (\boldsymbol{w} \cdot \boldsymbol{w}) + C \left(\sum_{i=1}^{n} \xi_i \right) \tag{8.87}$$

式中，C 为指定常数，称为惩罚因子。C 决定了对错分样本带来的损失的重视程度，越大表示越重视。所以 C 决定了允许错分的限度。式(8.79)中的 α_i 限制为

$$0 \leqslant \alpha_i \leqslant C, \ i = 1, \ 2, \ \cdots, \ n \tag{8.88}$$

上述优化问题与最优分类面的优化求解是一样的。由于加入了松弛项的考虑，所以广义最优分类面分类也称为软间隔分类。

(4)高维空间中 SVM 的一般表达

前面已经提到，线性不可分而非线性可分的样本，在高维空间中往往是线性可分的。但映射后的"高维"维数很大。构造高维空间的线性判别函数并求解的复杂性，一般随维数增加而快速增加。然而，可以看到，采用上述最优分类面的方式求解，只涉及训练样本之间或未知样本与训练样本之间的内积运算$((\boldsymbol{x}, \boldsymbol{x}_i), (\boldsymbol{x}_i, \boldsymbol{x}_j))$。内积运算因维数增加引起的复杂性并不显著。因此，适当地定义一种内积运算：$K(x_1, x_2) = \Phi(x_1) \cdot \Phi(x_2)$，就可以推广最优分类面的方法。

将最优分类面中的内积用一般的内积运算符 $K(\boldsymbol{x} \cdot \boldsymbol{x}')$ 来代替，则式(8.80)可以表示为

$$Q(\alpha) = \sum_{i=1}^{n} \alpha_i - \frac{1}{2} \sum_{i,j=1}^{n} \alpha_i \alpha_j y_i y_j K(\boldsymbol{x}_i \cdot \boldsymbol{x}_j) \tag{8.89}$$

相应的判别函数也变为

$$f(x) = \mathrm{sgn} \Big\{ \sum_{i=1}^{n} \alpha_i^* y_i K(x_i \cdot x) + b^* \Big\} \tag{8.90}$$

这就是支持向量机的一般表达。可见，支持向量机也可以看做是使用核函数的软间隔线性分类法。核函数要满足 Mercer's Theorem 定理。常见使用的核函数（内积函数）有：

①线性函数内积：

$$K(x, x_j) = x \cdot x_j \tag{8.91}$$

②多项式函数内积：

$$K(x, x_j) = [(x \cdot x_j) + 1]^q \tag{8.92}$$

③径向基函数内积：

$$K(x, x_j) = \exp \Big\{ -\frac{|x - x_j|^2}{\sigma^2} \Big\} \tag{8.93}$$

④S形函数内积

$$K(x, x_j) = \tanh(v(x \cdot x_j) + c) \tag{8.94}$$

神经网络分类、SVM 分类与最大似然法分类的一个实例见图 8.31（见彩图页）。

5. 专家系统分类

专家系统是一种赋予了知识和推理能力（最好还包括学习能力）、模拟专家行为的计算机程序，它是人工智能中的一项主要分支技术。

一个结构完整的专家系统通常由六个部分组成：知识库、推理机、上下文（也称综合数据库，Context 或 Data Base）、知识获取机制、解析机制和人机接口。其中，知识库、综合数据库、推理机是目前大多数专家系统的主要内容；而知识获取机制、解析机制和专门的人机接口是所有专家系统都期望有的三个模块，但它们并不是在现有的所有专家系统中都得到了实现或很好的实现。

知识库中存放系统求解问题所需要的知识。推理机负责使用知识库中的知识去解决实际问题。知识库与推理机相分离，即解决问题的知识与使用知识的程序相分离是专家系统的基本前提之一，它是 ES 的透明性和灵活性的必要保证。综合数据库用于存放系统运行过程中所需要和产生的所有信息，包括问题的描述、中间结果、解题过程的记录等信息。解释程序负责回答用户提出的各种问题，包括与系统运行有关的问题和与运行无关的关于系统自身的一些问题。解释程序是实现系统透明性的主要部件。知识获取程序负责管理知识库中的知识，包括根据需要修改、删除或添加知识及由此引起的一切必要的改动，维持知识库的一致性、完整性等。人机接口负责把用户输入的信息转换成系统的内部表示形式，然后把这些内部表示交给相应的部件去处理。系统给出的内部信息也由人机接口转换成用户易于理解的外部表示显示给用户。大多数专家系统使用自然语言作为人机交流信息的媒介。与求解问题直接相关的综合数据库、知识库和推理机合起来称为性能系统（Performance System），以区别于与求解问题无直接关系的其他部件。

一个专家系统的构成结构框图如图 8.32 所示。迄今为止，尚无真正实用的商业化遥感图像理解的完善专家系统。所谓"完善"，是指从输入图像到输出理解结果是全自动化的，并且结果的正确率满足业务化运行的要求。

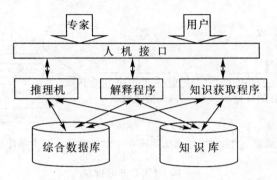

图 8.32　专家系统结构图

在遥感图像处理软件 ERDAS 中实现了一个基于产生式规则（"条件（IF）→结论（THEN）"）的简单专家分类器。该分类器由两部分组成：知识工程师（Knowledge Engineer）和知识分类器（Knowledge Classifier）。前者建立知识库，后者利用所建立的知识库进行推理实现分类。

知识工程师由下述三项构成：

①假设（Hypothesis）：是对结论的一个陈述，如"这是一块耕地"。应指定 Hypothesis 的名称、是否最终的输出类（最终结论），若是，则可指定该类的颜色。假设可具有不同层次，即假设也可作为中间的一个规则。

②规则（Rule）：是一系列条件语句。由名称、值、逻辑关系符、置信度构成。

③变量（Variable）：是各种条件的对象。由名称、对象类型、数据类型、其他选项构成。

推理过程是一个决策过程。某个或多个变量满足其预设的相应的取值范围，则可推出一个结论，从而构成一条规则；一条或多条规则成立则可推出一个假设（结论）。这样的一个过程构成一棵决策树。图 8.33 表示了由变量、条件、规则和假设构成的这样一个推理过程。

6. 精度评估与分类后处理

（1）精度评估

得到图像的分类结果后，需要对分类效果作一评价。影响分类效果的因素是很多的，比如包括所选取的特征集是否适当、分类器的性能、可调整参数的选择（如最大迭代次数的设置、阈值设置等）、样本集大小、样本质量，等等。没有效果评价的结果是不可靠因而不能应用的。效果评价一般从误差分析和精度评估两个方面进行。误差分析是指从错误分类的角度评价分类的优劣，通常从错分概率出发进行数学分析，一般用于在理论上讨论某种分类方法的优劣。精度评估是指从分类的实际效果的角度评价分类的优劣，通常用分类后检验的方法讨论某次分类的优劣。但二者也是互相补充的。

精度评估是用已知类别的像元去检验所做分类的正确率。每一类别的分类精度是该类

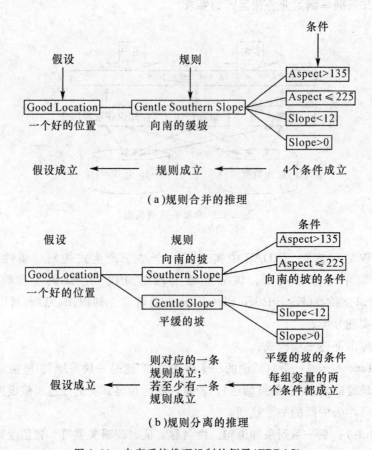

图 8.33　专家系统推理机制的例子（ERDAS）

别中正确分类的像元数与这一类别总的测试像元数之比。用于检验精度的已知类别像素称为参考像素，参考像素一般使用图像像素的一个子集，并且最好采用随机取样的方法获得。参考像素可以来自以下三种区域：训练区、预定的测试样区和随机抽取的测试区，但最好是第三种区域。

随机抽取测试样本也有几种不同的方法。

完全随机方法：样本在图像区域内无任何限制地随机选取，这种方法可能会出现像元数少的类别中无样本点落入的情况；

分层随机方法：样本点按照各类别的概率分布选择，即大的类别样本点多，小的类别样本点少；

均匀随机方法：各类别中随机样本点的数目相等。

随机测试样本量大小对精度评估本身的精度有影响。要使平均评估精度达到 5% 左右，测试样本大小应在 250 以上（R. Congalton）。

利用随机产生的样本点（检验样本）对比其自动分类结果与用户核查结果，统计出每个类别分类正确和分类错误的百分数。用户给出的类别应准确，它一般来自实地真实情况调查结果或其他可靠数据，如已有的正确专题图件的类别。在无上述参考标准时，也可通过对原影像的目视解译判断给出这些随机点的正确类别。在各种模式识别方法中，通常将无法确定其类别归属的模式归入所谓"拒识别"类，且一般用 0 表示其类别，比如，距离准则下具有等距离的模式、概率准则下具有等概率或等平均损失的模式。

从随机测试样本的检验结果中，可以得到下述精度评估表示和指标：

混淆矩阵：也称误差矩阵，是一种表示分类精度结果的矩阵，如表 8.9 所示。某类别正确分类的样本数与该类的参考样本数的比值称为生产者精度，表 8.9 中对角线上的数是生产者精度的百分数表示。之所以称为生产者精度，是因为该精度反映了该类别相对于测试样本的分类效果，它对数据处理者分析误差有用。某类别正确分类的样本数与实际分入该类的样本数的比值称为用户精度。之所以称为用户精度，是因为这个精度反映了分类以后该类的实际可靠性，它对用户而言更有意义。总的分类精度是正确分类的样本数与总参考样本数的比值。用户精度和总分类精度在表 8.9 混淆矩阵中没有反映出来。

表 8.9　　　　　　　混淆矩阵

实际类别	分类类别及精度			测试像元数
	1	2	3	
1	84.3	4.9	10.8	102
2	8.5	80.3	11.2	152
3	6.1	4.1	89.8	49

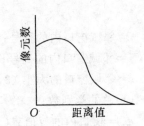

图 8.34　距离图像的直方图

Kappa 系数：表示所采用分类方法的分类结果与完全随机地进行分类相比，所避免的错误的比例。比如，0.82 表示分类结果比完全随机分类时减少了 82% 的错误。

除了对分类结果进行正确率的统计以外，还可以对各像元分类结果的可靠性进行估计。一种估计方法是基于分类后一个像元在特征空间中到该像元所属类别的中心的距离。显然，每个像元都有这样一个距离值，从而可以生成一个"距离文件"或距离图像。距离图像中距离值越大的像元的可靠性越差，即分错的可能性越大，反之，则分对的可能性越大。距离图像通常有如图 8.34 所示的 χ^2 分布（它相对于正态分布具有有不对称的峰）。有了距离文件后，可以设置一个阈值对大于该阈值的像元进行处理。这个阈值通常基于距离图像的 χ^2 统计量的置信水平来确定（参看数理统计著作）。对于在概率准则下的分类，另一种估计像元分类可靠性的方法，是像元的后验概率值大小，显然它也是反映分类可靠性的度量。

(2)后处理

分类后处理主要是对分类结果进行优化，剔除错分像素（分类错误较大的像素）、分类噪声像素或孤立像素，平滑边界、栅格分类图矢量化等。平滑边界的方法有傅立叶描述子方法、数学形态学方法等。栅格数据矢量化也有多种具体算法。它们在关于图像分析的深入课程和 GIS 课程中有详细的讨论，这里不予细述。有多种剔除错分像素和噪声像素的方法，以下介绍三种：

① 阈值处理：对距离文件设置各类的距离阈值，将大于该阈值的像素剔除（归入 0 类）。阈值的选择如前述使用 χ^2 统计量确定或通过对照参考数据依错分像素的距离值人为设定。

② 众数滤波：用给定窗口内像素类别值的众数替代中心像素的类别值，具体方法见第 7 章图像增强。

③ 最小面积法：指定每一类别的最小面积，将原始分类图像中小于该面积值的像元集合改为相邻类别中最多的一类。

④ 模糊卷积：模糊卷积方法是众数滤波方法的改进。众数滤波只考虑了邻域内类别最多的类，而模糊卷积还考虑了所属类别的可能性大小（类别距离值的倒数）。用类比距离的倒数表示像素属于该类别的可能性，统计中心像素某邻域内各个类别的可能性之和，将中心像素赋为可能性最大那个类别。模糊卷积能够较好地剔除孤立斑点噪声和椒盐噪声。计算公式为

$$T[k] = \sum_{i=1}^{s} \sum_{j=1}^{s} \frac{w_{ij}}{D_{ij[k]}}; \quad k = 1, 2, \cdots, n \tag{8.95}$$

式中，i＝邻域窗口内的行号；

$\quad j$＝邻域窗口内的列号；

$\quad s$＝邻域窗口的大小（3，5，7）；

$\quad n$＝总的类别数；

$\quad w_{ij}$＝窗口内的权值表（一种考虑是按离中心像素的空间距离定义）；

$\quad k$＝分类类别号；

$\quad D_{ij[k]}$＝类别 k 的距离文件值；

$\quad T[k]$＝类别 k 的总的加权可能性值。

中心像素赋为 $T[k]$ 最大的 k 类。

由图像分类得到的专题图是栅格数据。所谓栅格数据，是指空间坐标按格网离散化的数据，图像数据即为栅格数据。为了将栅格形式的分类图输入 GIS 中进行其他空间分析应用，通常要将其转换为矢量数据。所谓矢量数据，是指点状、线状和面状的图像目标都用其位置坐标 (x, y) 的序列来表达的数据，其中，面状目标用其边界的矢量数据表达。矢量数据更适合于拓扑分析等操作。从栅格分类图转换为矢量分类图称为栅格分类图的矢量化，从矢量图转换为栅格图称为矢量数据栅格化。两种转换都存在转换误差。GIS 中也可以接收和分析栅格数据，但 GIS 主要处理矢量数据。

8.3 遥感反演

8.3.1 遥感反演概述

1. 遥感反演的概念

广义来说，遥感反演概念强调了两个内涵，即信息反推过程和定量化。因此，任何从

遥感数据中获取地物的定量属性信息的方法都可以称为遥感反演。但本书将遥感反演限定在利用地物辐射信息与地物其他属性信息之间的定量数学关系模型,从辐射信息反求地物目标其他定量属性信息的过程。这里的定量数学关系模型,可以是物理模型、统计模型或二者结合的模型。其中有一些模型的建立,带有明显的经验知识的引导或支持,有时候称为经验模型。实际在比较复杂的反演过程中,往往几种模型和方法会综合运用。还有一类着重计算机的数值模拟和系统模拟的模型,称为计算机模拟模型,如蒙特卡罗方法和结构真实模型。实际上,前者是一种数值计算方法,后者属于计算机仿真。

"定量"与"定性"相对,后者研究对象属性的质的规定性,前者研究对象属性的量的变化性,如水的"液态"与"气态"是定性问题,水温或气温的"高"和"低"也是定性问题(高低概念还具有模糊性),而水温 80℃ 或 90℃,气温 20℃ 或 30℃ 则是定量问题。

目视解译只能对目标的属性信息做出定性分析,而不能或很难做出定量分析,比如在热红外图像上可以看出温度空间分布的相对高低和"热岛",而不能指出其温度的数值大小。计算机解译可以在一定程度上得出目标地物某些属性的数值,如热量的相对大小(通过查看热红外图像灰度值的大小),但对辐射温度和真实温度的计算必须依赖物理模型。当然,有一些方法既可以用于定性解译的目的,也可以用于定量反演的目的,如神经网络、支持向量机等。但计算机解译的主要目的还是图像分类,即目标地物的类别性质,而非其属性值的数量大小。

定量遥感的目标是要从遥感数据中反推出目标地物的部分或全部属性特征的定量化信息,遥感文献中也常称之为地物参数反演。之所以能够这样做,是因为探测器所接收到的目标地物的电磁辐射取决于目标本身的性质及其环境因素,也即前者与后二者之间有内在的函数关系。仿 Goel(1988)形式化描述植被辐射的思路,如果我们把目标本身的性质(包括表面状况等)的集合记为 O,把它所处环境因素的集合记为 E,把辐射传输过程中所受影响因素(包括大气介质因素和传感器特性因素)的集合记为 A,太阳辐射因素记为 S(通常为已知),探测器探测到的辐射记为 R,则可形式化地将它们之间的关系表示为

$$R = f(S, O, E, A) \tag{8.96}$$

f 这个函数关系是客观存在的,因此原则上 f 所对应的逆映射也存在,记为

$$(S, O, E, A) = f^{-1}(R) \tag{8.97}$$

称式(8.96)为前(正)向模型,式(8.97)为后(反)向模型。由式(8.96)求 R 为正演问题,由式(8.97)求 (O, E, A) 为反演问题。弄清楚式(8.96)的具体函数关系,属于遥感信息机理研究的内容。显然,反演问题高度依赖于遥感机理的研究成果。式(8.96)的具体形式是极其复杂的,因为参数众多,遥感的过程也很复杂。正演研究中通常采取将某些不重要的参数舍弃、同类参数归并、部分参数设置为可调的常数等方式,将正向模型予以简化。在对辐射传输方程的讨论中可以看到一些简化处理的方法。此外,正演研究与反演研究相互补充、修正,也是促进理解和完善正向模型的一个重要途径。

2. 遥感反演中的问题、策略和方法

(1)遥感反演中的问题

①反演模型的可解性问题。反演方程为高维非线性方程,又因为自变量(即属性参数)众多而观测值少,往往是欠定方程。(S, O, E, A) 分解为各个具体的属性变量,变量数

目会非常多，所以式(8.96)是一个高维方程。按本书参考文献[115]中的阐述和记号，一个真实模型中含有无穷多个参数。将所有参数记为向量 S，则 $S \in R^{\infty}$，式(8.96)成为 $R = f(S)$。显然 $R = f(S)$ 无法求解。设将参数个数限制在一个有限数目 n。含 n 个自变量的方程至少要有 n 个独立方程联立才能求解，因此至少要有 n 个独立的辐射观测值 R。考虑到存在观测误差，则更需要多于 n 个的观测值以用最小二乘法来求解。而既有的实际遥感观测值 R 往往又很少，这是一个矛盾。目前增加观测值的途径主要是多光谱和多角度(多时相和多分辨率数据中，由于地物目标属性往往产生了较大变化性，因而不便采用)，但不同波段和不同角度的观测值可能会在方程中引入新的自变量。李小文等认为，在 EOS 时代仍然无法得到足够多的观测数据 R 以满足方程求解的需要[115]。此外，式(8.96)对某些参数的精确解析形式也未完全已知，或在很复杂条件下甚至不存在解析表达[116]，这导致了遥感反演的困难。

一般来说，一个反演模型越简单越确定，则反演越成功。摄影测量、干涉雷达测量等几何信息反演方法之所以成功，就在于其几何关系模型中的影响因素比较单一，数学模型很明确。其不确定性主要是来自辐射测量的不确定性和复杂性，即多(两)角度图像的匹配精度的影响。

②变量的独立性和敏感性问题。对辐射产生影响的诸多因素中，有一些因素并不是独立的，它们之间存在相互作用，如温度和发射率。非独立变量比独立变量难于求解。变量的另一个性质是其在方程中的敏感性。辐射对有些变量的变化不敏感，如反射辐射对地物温度参数；有些则很敏感，如热辐射对地物温度。辐射对参数的敏感性可用辐射量对参数的变化率(偏导数)表征。进一步考虑到变量的不确定性影响，李小文等(1997)对 BRDF 中的参数引入了一个不确定性和敏感性矩阵(USM)的概念，矩阵元素定义为将某个参数以外的所有参数固定为取其期待值时，辐射观测量对该参数可能的最大变化量，与所有参数都取期待值时辐射量观测值之比[117]。敏感性和不确定性大的参数比敏感性、确定性小的参数更适合于遥感反演。但确定合适的参数并不是一件容易的事情。所谓"合适"，是指参数集(如材料组分和结构特征等)既能反映辐射过程中主要影响因素的客观实际，又在现有技术条件下是可建模并可求解的。

③尺度效应问题。所谓尺度效应(Scaling Effect)，是指遥感探测对象(像元)在空间尺度上的大小变化所引起的该对象的物理量在某些基本物理性质及规律上的变化性。由于尺度效应，一些对点目标或均匀介质目标成立的物理规律，如普朗克定律和基尔霍夫定律等，对遥感像元尺度的对象就不一定严格地成立；对点目标或均匀介质目标适用的已有物理量定义，如发射率，在非同温的遥感混合像元中也变得含义不明。因而需要对这些定律和概念在遥感像元尺度上予以修正和重新定义，以使其在遥感反演中适用。进一步，需要研究在不同尺度之间反演模型中参数变量的变化、物理量的转换等。关于尺度效应的深入探讨，可参看本书参考文献[45]。

④精确辐射校正问题。在遥感图像分类等定性信息提取的方法中，辐射校正的问题不总是十分必要的。但在定量反演中，辐射校正的问题变得突出。辐射校正的精度在较大程度上制约着遥感反演的精度。

⑤反演的解的评价问题[45]。

（2）遥感反演的策略和方法

由于遥感反演存在上述种种问题或困难，所以反演中需要采取一些恰当的策略和方法。

首先是反演模型的选择。在反演精度与可反演性之间取折中，如简化前向物理模型，或用简单统计模型、经验模型代替物理模型进行反演。各种模型都有其长短之处，宜根据反演对象的实际情况和条件加以选取。严格的物理模型内在物理机理清楚，在模型参数设置合理的条件下，一般反演精度高，如辐射传输模型、几何光学模型等。不同的物理模型也有其适用性，如成功应用于大气介质的水平均匀介质假设条件下的辐射传输方程，对于稀疏植被冠层的反演来说，就不如几何光学模型，因为稀疏冠层不满足水平均匀介质的假设。统计模型可以通过对样本的学习获得模型的参数，或在设定的参数下进行随机模拟，实用性比较强，如回归分析模型、蒙特卡罗模拟等、工神经网络模型等。统计模型的缺点是缺乏或弱于对遥感机理的解释。经验模型一般简单实用，应用针对性强，如水体泥沙含量反演模型、叶绿素含量反演模型等。但其反演精度不高，而且往往模型中的参数的设定，与使用者的经验和特定地域有关，从而存在一定的局限性。上述三类模型有时可以结合使用。

其次是模型参数（自变量）数目的简化。参数约减有时候往往具有决定性的意义，如可能使得不可解的一个方程成为可解的。约减的方法主要有两种。一种是只考虑 1 个参数，即单变量模型。如只考虑温度或湿度因素，其他因素或忽略或综合到某一项或几项系数中去；另一种是将参数予以合并，即综合变量模型，如用主成分分析将大气廓线的数十个参数综合为十来个主成分参数，将地表在每个波段的发射率综合为几个"发射率"主成分参数。某些综合变量往往也是一些地学参数的间接表达，如植被指数也可看成一种综合变量，在同类植被类型地区，它是植被覆盖度的间接表达，因为它反映了像元中植被与土壤的构成比例。综合参数是若干基本参数的函数，在物理模型中也可称为"核"函数。最好能使核函数之间正交。

再次是辅助信息的利用。辅助信息是指遥感信息以外的关于目标地物的其他信息，如高程信息、地球化学场信息，以及关于某一地物或某一专业领域的先验知识等。辅助信息可以起到指导简化变量、约束变量取值范围、了解辐射传输机理等多方面的作用。这对于复杂反演过程来说，有时是至关重要的信息。利用辅助信息的另一个重要方法是数据同化。遥感反演中的数据同化，是将遥感反演模型与地面实测参数值相结合，利用后者调整、修正反演模型中的参数，以得到更可靠的模型和更精确的输出结果。也可以是其他地学模型同化遥感数据，如径流水文模型同化遥感观测数据。

先验知识在遥感反演中有着重要的意义。这里的先验知识是指对反演目标本身及其背景的认知，如地物类型、地表状态、参数的期待值与方差等。第一，先验知识可以指导模型选择。如前述，对反演对象的了解可以指导选择最适合的物理模型。第二，先验知识可以为模型参数变量取值范围提供约束条件[115,117]。第三，先验知识指导经验模型的构造，比如波段的选择、经验模型中函数形式的选择等。第四，先验知识指导简化模型变量，比如反演反照率时，若已知地表为朗伯反射面，则只需考虑一个方向的反射率即可，而对于一般的二向性反射地表，则需知道地表的 BRDF 或多个方向的反射率。

多阶段目标决策反演策略有时候对反演成功与否有根本性意义。多阶段目标决策反演不是一次反演所有参数，而是先用观测值的子集反演可靠性大的参数子集（如敏感性和不确定性大的参数），在此基础上再以另一观测值子集求解其他参数。这是一种步步为营的策略，类似于目视解译中的先易后难的做法。但实施过程中需要一定的经验知识和技巧。

遥感反演中的方法包括一般性数学处理方法和具体的算法。前者涉及数学物理方程（微分方程、积分方程、微积分方程）的求解、迭代优化、查找表、多元统计、蒙特卡罗法、最小二乘法、神经网络等，后者如估算地表温度的分裂窗算法等。具体算法繁多，一些算法实例将在下一节中予以介绍，旨在对遥感反演策略和方法做一简要的诠释。

8.3.2 遥感反演算法实例

1. 基于物理模型的反演

物理模型可以定义为反演过程中基本的或关键的数学关系，是基于一种严格物理规律或定理的模型。

（1）地表温度和发射率反演

地表温度（LST）并非一个简单概念。在遥感温度反演中，地表温度的定义一直较为模糊。一个像元通常不是一个均一介质和均一温度的单元，故像元温度被认为是平均真实温度。但平均真实温度的物理含义也不是很明确的，不同遥感反演方法得到的温度都被认为是一种平均真实温度。另外是发射率的问题。遥感像元一般含有多种材料并处于不同温度，那么像元的发射率是什么？通常使用等效发射率的概念来表达像元反射率。然而，若平均真实温度概念不明确，则等效发射率概念的物理含义也是不明确的。再看遥感温度反演中的问题。第一，必须假设地表满足局地热平衡条件，使得普朗克定律、基尔霍夫定律能够适用。第二，要处理温度和发射率两个参数。一种情况是假设发射率已知而求温度。第二种情况是把这两个参数都作为反演目标。第二种情况中又有两种策略，即温度与发射率分离（TES）求解和一体化求解（温度与发射率同时求解）[119]。第三，如何从像元的结构特性和热辐射的方向性反演像元组分（即每种材料）的温度和组分发射率。这方面的详细讨论和研究成果参见本书参考文献[45]、[119]。第四，精确大气校正，因为只有亮度和出射度的地表值才能表征像元温度大小。在下述反演方法中，都不考虑地表结构和热辐射的方向性（严格说只有朗伯发射体才可以不考虑辐射的方向性变化）。

①发射率已知的温度反演。若物体的发射率 ε 已知，并且假设其不随温度变化，则其真实温度 T 可以通过其辐射温度 T_R 或亮度温度 T_b 或亮度 $L(\lambda, T)$ 三种方式求得。

根据式（2.61）有

$$T = \varepsilon^{-1/4} T_R \tag{8.98}$$

注意，T_R 应是基于总出射度用斯特潘-波尔兹曼定律求得，但对于地表常温物体，通常用宽波段热红外辐射（如 TM6）求出出射度近似代替总辐射（根据式(3.42)，要将亮度乘以 π）。

根据式（2.60）的亮度温度并设该式成立的条件满足，有

$$T = \varepsilon^{-1} T_b \tag{8.99}$$

严格地，则是通过亮度形式的普朗克定律和基尔霍夫定律求解，即

$$L(\lambda,\ T)=\varepsilon(\lambda)L_b(\lambda,\ T)=\frac{c_1\varepsilon(\lambda)}{\pi\lambda^5(\mathrm{e}^{\frac{c_2}{\lambda T}}-1)} \tag{8.100}$$

$$T=\frac{c_2}{\lambda\lg\left(\dfrac{c_1\varepsilon(\lambda)}{\pi\lambda^5 L(\lambda,\ T)}+1\right)} \tag{8.101}$$

若是温度为已知，则类似地也可以求得发射率

$$\varepsilon(\lambda)=\frac{\pi\lambda^5(\mathrm{e}^{\frac{c_2}{\lambda T}}-1)L(\lambda,\ T)}{c_1} \tag{8.102}$$

上述表达式中，$c_1=2\pi hc^2$，$c_2=hc/k$，$L_b(\lambda,\ T)$ 为黑体亮度。

对 Landsat TM6 有下述简化表达：

$$T=K_1/\ln(K_2/L_{TM6}+1) \tag{8.103}$$

式中，$K_1=1260.56$（K）；$K_2=60.766$（mW·$\mathrm{cm}^{-2}\mathrm{Sr}^{-1}\mu\mathrm{m}^{-1}$）。

由于大多数地表自然物体的发射率值较大且比较接近（表 8.10），因此在一些简单的应用中，也有直接将辐射温度用于应用分析的。但本书参考文献[120]指出，发射率 0.1 的变化可引起温度 1℃ 的变化，文献[122]测量并计算了某地区地表温度与其亮度温度的差异，统计出不同地类二者的差异均值达到 2～5℃ 以上。因此，严格的地学应用必须考虑到地物发射率的因素。此外，上述的地表辐亮度中实际上还包含有环境辐照度引起的辐亮度贡献，严格来说，还应消除它的影响。

表 8.10　几种地物的比辐射率[32]

样品	宽波段	
	8～14μm	10～12μm
叶子	0.956	0.949
土	0.963	0.984
细沙	0.917	0.958
粗砂	0.872	0.950

运用以上方法得先行辐射校正。一种将大气影响在反演过程中予以消除的近似方法是劈窗算法（也称分裂窗算法）。劈窗算法最初是针对海面温度（SST）反演的，采用大气红外窗区的通道进行 SST 探测。它假设：a. 海水近似为黑体，故发射率已知为 1；b. 大气窗口水汽吸收很弱且其吸收系数为只与波长有关的常数；c. 大气温度与海面温度相差不大，其亮度可以采用普朗克公式的线性近似。算法原理如下[119]：

热辐射的辐射传输方程为

$$\begin{aligned}L_{\mathrm{toa}}(\lambda)&=\tau(\lambda)L_{\mathrm{grd}}(\lambda)+L_{\mathrm{atm}}^{\uparrow}(\lambda)\\&=\tau(\lambda)\varepsilon(\lambda)B(\lambda,\ T)+(1-\varepsilon(\lambda))L_{\mathrm{atm}}^{\downarrow}(\lambda)+L_{\mathrm{atm}}^{\uparrow}(\lambda)\end{aligned} \tag{8.104}$$

式中，$L_{\mathrm{toa}}(\lambda)$ 为入瞳处辐亮度；$L_{\mathrm{grd}}(\lambda)$ 为地表辐亮度；$\tau(\lambda)$ 为地表上整层大气对上行热辐射的透过率；$\varepsilon(\lambda)$ 为地表热辐射发射率；$B(\lambda,\ T)$ 是地表温度为 T 时的黑体辐亮度；$L_{\mathrm{atm}}^{\downarrow}(\lambda)$ 为大气下行热辐射；$L_{\mathrm{atm}}^{\uparrow}(\lambda)$ 为大气上行热辐射。根据关于海面的上述假设，可得到海面上的如下热辐射传输方程：

$$L_{\mathrm{toa}}(\lambda)=B(\lambda,\ T_s)\tau_\lambda(0)+L_{\mathrm{atm}}^{\uparrow}(\lambda) \tag{8.105}$$

式中，$B(\lambda,\ T_s)$ 是温度为 T_s 时海面黑体辐亮度；$\tau_\lambda(0)$ 为海平面（高度为 0）至遥感器之间整层大气的透过率，其他如前。由于海水的黑体假设，故式（8.104）中下行辐射的地表反

射一项不用考虑。大气上行辐射可按微分薄层大气来处理，即高度 z 处、温度为 $T_a(z)$ 的薄层大气的辐射，上传至遥感器处的辐亮度为 $\varepsilon_\lambda B(\lambda, T_a(z))\tau_\lambda(z)$，$\tau_\lambda(z)$ 为 z 之上气层的透过率。记 $\mathrm{d}\tau_\lambda$ 为薄层大气透过率的变化量，α_λ 为吸收率，则有

$$\varepsilon_\lambda = \alpha_\lambda = \frac{\mathrm{d}\tau_\lambda}{\tau_\lambda(z)} \tag{8.106}$$

则整层大气的上行辐射为

$$L_{\mathrm{atm}}^{\uparrow} = \int_{\tau_{\lambda 0}}^{1} B(\lambda, T_a(z))\tau_a(z)\frac{\mathrm{d}\tau_\lambda}{\tau_a(z)} = \int_{\tau_{\lambda 0}}^{1} B(\lambda, T_a(z))\mathrm{d}\tau_\lambda \tag{8.107}$$

记 $\Delta L_\lambda = B(\lambda, T_s) - L_{\mathrm{toa}}(\lambda)$ 为波长为 λ 的海面亮度与遥感器入瞳亮度之差，则有

$$\begin{aligned}
\Delta L_\lambda &= B_\lambda(\lambda, T_s) - L_{\mathrm{toa}}(\lambda)\\
&= B_\lambda(\lambda, T_s)(1 - \tau_a(0)) - L_{\mathrm{atm}}^{\uparrow}\\
&= B_\lambda(\lambda, T_s)(1 - \tau_a(0)) - \int_{\tau_{\lambda 0}}^{1} B(\lambda, T_a(z))\mathrm{d}\tau_\lambda\\
&= \int_{\tau_{\lambda 0}}^{1} (B(\lambda, T_s) - B(\lambda, T_a(z)))\mathrm{d}\tau_\lambda
\end{aligned} \tag{8.108}$$

对上式做两项简化：大气窗口内只有水汽吸收，又因假设 a，则透过率的变化量近似为

$$\mathrm{d}\tau_\lambda = -k_\lambda \rho_e(z)\mathrm{d}z \tag{8.109}$$

式中，k_λ 为水汽吸收系数（假定简化为只与波长有关）；$\rho_e(z)$ 为高度 z 处的气压。

对黑体辐亮度，取其一阶泰勒近似，即

$$B(\lambda, T_a(z)) = B(\lambda, T_s) + \frac{\partial B}{\partial T}(T_s)(T_a(z) - T_s) \tag{8.110}$$

于是可得

$$\begin{aligned}
\Delta L_\lambda &= \int_{\tau_{\lambda 0}}^{1} (B(\lambda, T_s) - B(\lambda, T_a(z)))\mathrm{d}\tau_\lambda\\
&= \int_{\tau_{\lambda 0}}^{1} \left(B(\lambda, T_s) - B(\lambda, T_s) - \frac{\partial B}{\partial T}(T_s)(T_a(z) - T_s)\right)\mathrm{d}\tau_\lambda\\
&= \int_{\tau_{\lambda 0}}^{1} -\frac{\partial B}{\partial T}(T_s)(T_a(z) - T_s)\mathrm{d}\tau_\lambda\\
&= \int_{z_0}^{\infty} \frac{\partial B}{\partial T}(T_s)(T_a(z) - T_s)k_\lambda \rho_e(z)\mathrm{d}z\\
&= k_\lambda \int_{z_0}^{\infty} \frac{\partial B}{\partial T}(T_s)(T_a(z) - T_s)\rho_e(z)\mathrm{d}z
\end{aligned} \tag{8.111}$$

由式(8.111)可见，如此得到的海面与大气顶的辐亮度差，除了与波长有关的常数因子 k_λ 外，与波段无关了。根据假设 a，海面亮度就等于其黑体亮度，那么将大气顶亮度也用黑体亮度 $B_\lambda(T_{\mathrm{toa}}^b)$ 代替($B_\lambda(T_{\mathrm{toa}}^b) = L_{\mathrm{toa}}(\lambda) = B_\lambda(T_{\mathrm{toa}}^b)$，$T_{\mathrm{toa}}^b$ 即 $L_{\mathrm{toa}}(\lambda)$ 的亮温)，则可导出地表温度的表达式如下：

$$\Delta L_\lambda = B(\lambda, T_s) - L_{\mathrm{toa}}(\lambda) = B(\lambda, T_s) - B_\lambda(T_{\mathrm{toa}}^b) \tag{8.112}$$

对式(8.112)引用式(8.110)和式(8.111)，则有

$$\frac{\partial B}{\partial T}(T_s)(T_s - T_{\text{toa}}^b) = k_\lambda \int_{z_0}^{\infty} \frac{\partial B}{\partial T}(T_s)(T_a(z) - T_s)\rho_e(z)\mathrm{d}z \qquad (8.113)$$

交换式(8.113)右边中积分微分号，可得

$$T_s - T_{\text{toa}}^b = k_\lambda \int_{z_0}^{\infty} (T_a(z) - T_s)\rho_e(z)\mathrm{d}z = k_\lambda f(T_a(z), \rho_e(z)) \qquad (8.114)$$

式中，$f(T_a(z), \rho_e(z)) = \int_{z_0}^{\infty}(T_a(z) - T_s)\rho_e(z)\mathrm{d}z$，是大气温湿廓线的泛函，与观测波段无关。

因此，式(8.114)可通过两个观测波段数据予以消除。以 NOAA-AVHRR 为例，取其红外波段 4，5 通道（相应吸收系数为 k_4，k_5），则有

$$\left. \begin{array}{l} T_s = T_4^b + k_4 f(T_a(z), \rho_e(z)) \\ T_s = T_5^b + k_5 f(T_a(z), \rho_e(z)) \end{array} \right\} \qquad (8.115)$$

消去 $f(T_a(z), \rho_e(z))$，得

$$T_s = \frac{k_5}{k_5 - k_4} T_4^b - \frac{k_4}{k_5 - k_4} T_5^b \qquad (8.116)$$

或

$$T_s = T_4^b + \frac{k_4}{k_5 - k_4}(T_5^b - T_4^b) \qquad (8.117)$$

上两式都是一次线性函数，可将其表达为一般线性函数形式

$$T_s = \alpha + \beta T_4^b + \gamma(T_5^b - T_4^b) \qquad (8.118)$$

式中，α，β，γ 为与波段吸收系数有关的系数。当吸收系数未知时，通常将式(8.118)当成一个经验公式看待。其系数如下求得：对海面温度和大气温湿廓线在取值范围内随机产生很多组数据，用辐射传输算法计算出每组数据的大气顶亮度，从而建立起式(8.118)的超定方程组，然后用最小二乘法求解出 α，β，γ 三个系数。

从劈窗算法的推导过程可以看到，实际应用物理模型时所采用的各种简化处理，而简化处理又必须在一定的先验知识和数学准则下进行。上述海面温度反演的算法运用于陆面温度，问题要复杂得多，原因是陆面不能假定为黑体、陆面像元发射率的时空变化较大、陆面像元非同温等。虽然已有一些针对陆面温度的劈窗算法的改进算法，但精度远不能达到海面温度反演的水平。

劈窗算法用于陆面温度反演的最直接影响因素是像元发射率不等于 1 且不相等。这时候，需要将两个波段的发射率带入公式推导过程中[40]。Prince(1984)建立的一种劈窗算法如下（对 AVHRR）：

$$T_s = \left[T_4^b + 3.33(T_4^b - T_5^b) \right] \left(\frac{5.5 - \varepsilon_4}{4.5} \right) + 0.75 T_5^b(\varepsilon_4 - \varepsilon_5) \qquad (8.119)$$

当水汽含量(W)不是很小时，劈窗算法并不能完全忽略水汽影响。Sobrino(1991)因此推导出一个将水汽影响也包含到劈窗算法中的公式：

$$T_s = T_4^b + A(T_4^b - T_5^b) + B \qquad (8.120)$$

式中，

$$A = 0.349W + 1.32 + (1.385W - 0.204)(1 - \varepsilon_4) + (1.506W - 10.532)(\varepsilon_4 - \varepsilon_5)$$
$$(8.121)$$

$$B = \frac{1-\varepsilon_4}{\varepsilon_4} T_4^b u_1 + \frac{1-\varepsilon_5}{\varepsilon_5} T_5^b u_2 \tag{8.122}$$

$$\left. \begin{array}{l} u_1 = -0.146W + 0.561 + (0.575W - 1.966)(\varepsilon_4 - \varepsilon_5) \\ u_2 = -0.095W + 0.320 + (0.597W - 1.916)(\varepsilon_4 - \varepsilon_5) \end{array} \right\} \tag{8.123}$$

②温度与发射率分离求解。介绍一种最简单的方法——包络线法。所谓包络线法，其实是单波段法，这个波段在所有波段中有最大的辐射温度，并且假设在这个波段目标具有黑体性质，即该波段的发射率等于1。按普朗克公式，只要测得物体的所有波长中，有一个反射率等于1的波段的分谱辐亮度，就可以求出该物体的温度。因为在该波段被看做"黑体"，于是我们就可以用这个波段的辐射温度作为物体的真实温度。方法包括以下三步：

求所有通道的辐射值对应的辐射温度：

$$T_\lambda = \frac{c_2}{\lambda \lg \left(\frac{c_1 \varepsilon(\lambda)}{\pi \lambda^5 L(\lambda, T)} + 1 \right)} \tag{8.124}$$

求最大辐射温度并将其作为地物真实温度：

$$T = \max(T_\lambda) \tag{8.125}$$

求所有通道的发射率：

$$\varepsilon(\lambda) = \frac{L(\lambda)}{L_b(\lambda, T)} \tag{8.126}$$

包络线法一般应用在高光谱数据，因为更多的通道才更可期望存在某个波段的发射率等于1或近似于1。若最大辐射的波段并不满足发射率等于1，甚至比1小很多，则显然此法的结果误差较大。

复杂一些的 TES 算法有基于温度独立光谱指数（TISI）的 MODIS 昼夜算法以及针对 ASTER 数据的迭代算法等。一体化反演的目标是用同时相的多波段数据，同时完成大气温湿廓线、地表温度和发射率的反演。其中包括了参数变换和筛选、先验知识运用等多种技巧。

（2）土壤湿度反演

土壤湿度即土壤水分含量，可以用土壤水分与土壤体积的百分比表示，也可用质量百分比表示。遥感各波段中与土壤水分含量关系密切的是微波和热红外。主动微波遥感中 SAR 的回波强度与地物的后向散射系数相关，而后向散射系数又与地物介电常数紧密联系，介电常数又与水分含量正相关，因此用微波雷达获得的地物后向散射系数来检测土壤水分是一个途径。热红外遥感用于土壤湿度检测的原理在于土壤含水量变化引起土壤热特性的变化。作为湿度反演的例子，这里简要介绍基于热惯量的湿度反演方法。

由热惯量的物理意义可知，热惯量大的地物昼夜温差小，反之温差大（这一结论可由热传导方程推出）。又由于水有大的热惯量，所以土壤含水量是土壤热惯量的主要影响因素。研究表明，土壤含水量与热惯量之间存在很好的线性关系。根据这两点，就可以通过土壤昼夜温度变化（热辐射变化）来推知土壤的热惯量，由热惯量进而估计土壤含水量。

一般的做法是，通过土壤表观热惯量计算出真实热惯量，再建立真实热惯量与土壤水分的关系式。所谓表观热惯量，是热惯量大小的相对量。由于是相对的热惯量，故根据不同的近似假设，表观热惯量可有多种不同的定义。几种表观热惯量的定义如下：

$$P_0 = 2SV(1-\text{ABE})c/\Delta T \tag{8.127}$$

$$P_1 = 2Q(1-\text{ABE})/\Delta T \tag{8.128}$$

$$P_2 = (1-\text{ABE})/\Delta T \tag{8.129}$$

$$P_3 = 1-\Delta T \tag{8.130}$$

式中，S 为太阳常数；V 为大气透过率；ABE 为反照率；ΔT 为昼夜温差；Q 为入射到地表的总辐射量；c 为比热容。对于 P_2（8.129），Price(1977，1985)建立了 ATI(表观热惯量)与 P 的关系

$$\text{ATI} = \frac{1-\text{ABE}}{\Delta T} = \frac{1}{2S_0 C_r A_1}\sqrt{B^2 + \omega P^2 + \sqrt{2\omega}BP} \tag{8.131}$$

上式右边是通过热传导方程和周日温度变化条件推导出来，可见，表观热惯量 ATI 是真实热惯量 P 的单调增函数，所以表观热惯量反映了热惯量的相对变化。其中，B，S_0，C_r 为常数(B 为地表综合参数，S_0 为太阳常数，C_r 为大气透过率)；A_1 为太阳赤纬(δ)和当地纬度(φ)的函数；ω 为周日圆频率，即地球自转频率；P 为真实热惯量。

$$A_1 = \frac{1}{\pi}\left[\sin\delta\cos\varphi\,(1-\tan^2\delta\tan^2\varphi)^{1/2} + \arccos(-\tan\delta\tan\varphi)\cos\varphi\cos\delta\right] \tag{8.132}$$

下面以 P_2 的模型和 NOAA AVHRR 遥感数据为例，说明反演方法。

首先计算反照率。假定太阳分谱辐照度和大气透过率已知，并设地表为朗伯表面。NOAA-AVHRR 的可见光-近红外波段是第一波段 b_1($0.58\sim0.68\mu m$)和第二波段 b_2($0.725\sim1.0\mu m$)。由此 2 个波段的太阳分谱辐照度和大气透过率可求得其地表分谱辐照度 E_1，E_2。各波段在反照率中所占贡献比例为 $E_1/(E_1+E_2)$，$E_2/(E_1+E_2)$。对 2 个波段分别求分谱反射率 $\rho_1(\theta)$，$\rho_2(\theta)$ 和分谱反照率 $\rho_1 = \pi\cdot\rho_1(\theta)$，$\rho_2 = \pi\cdot\rho_2(\theta)$，总反照率为 2 个波段分谱反照率的加权和：

$$\text{ABE} = E_1\rho_1 + E_2\rho_2 \tag{8.133}$$

其次求昼夜温差 ΔT。可以用各种现有算法求地表温度，如劈窗算法求同一区域昼夜两幅红外图像的地面温度，再相减得到温差。在精度要求不高的情况下，也可以考虑更简单的方法，即用地物的辐射温度差代替真实温度差。由于对应于地物 300K 常温的辐射主要是热辐射，所以可以用基于斯特潘-波尔兹曼定律和基尔霍夫定律的下述公式计算温度：

$$T = \varepsilon^{-\frac{1}{4}}T_b \tag{8.134}$$

$$\Delta T = (T_d - T_n) \approx (T_{bd} - T_{bn}) \tag{8.135}$$

一般地物 ε 值较大，所以用辐射温度代替真实温度计算昼夜温差所产生误差是一个较小的量(设 ε 不随温度变化)：

$$(T_d - T_n) - (T_{bd} - T_{bn}) = \varepsilon^{-\frac{1}{4}}T_{bd} - \varepsilon^{-\frac{1}{4}}T_{bn} - (T_{bd} - T_{bn}) = (T_{bd} - T_{bn})(\varepsilon^{-\frac{1}{4}} - 1) \tag{8.136}$$

式中，下标 d 表示白天，n 表示夜间，b 表示辐射温度。

然后用式(8.129)计算表观热惯量。表观热惯量的图像反映土壤含水量的相对空间变化。要得到含水量的确定值，必须依据真实热惯量。

再计算真实热惯量。真实热惯量 P 可由表观热惯量表达式(8.131)解出：

$$P = \frac{\sqrt{2a^2 + B^2} - B}{\sqrt{2\omega}} \qquad (8.137)$$

式中，

$$a = \frac{2(1-\text{ABE})S_0 C_r A_1}{\Delta T} = 2S_0 C_r A_1 \cdot ATI \qquad (8.138)$$

得到热惯量 P 后，通过土壤含水量与土壤热特性参数的物理模型或通过样点实测统计方法，可以建立热惯量与土壤含水量的函数关系。本书参考文献[121]根据前人关于土壤含水量的物理模型和测量数据给出了热惯量与含水量的一个函数关系，在该函数关系中热惯量与土壤含水量和土壤相对密度有关：

$$P = \{2.1 d_s^{(1.2-0.02 d_p w_{W,s})} \times \exp[-0.007(d_p w_{W,s} - 20)^2] + d_p^{(0.8-0.02 d_s w_{W,s})}\}^{\frac{1}{2}}$$

$$\times \left(0.2 + \frac{d_p w_{W,s}}{100}\right) d_p \times \sqrt{\frac{1}{1000}} \qquad (8.139)$$

式中，$d_p = 2.65$ 为常数；d_s 为土壤相对密度（由土壤类型图和土壤质地图得到）；$w_{W,s}$ 为土壤质量含水量（%）。从式(8.139)不便得到 $w_{W,s}$ 的解析表达，故采用如表 8.11 的查找表，通过土壤热惯量和相对密度查出土壤含水量。

表 8.11　土壤含水量分数($w_{W,s}$)、土壤相对密度(d_s)和土壤热惯量(P)的查找表[121]

$w_{W,s}$ \ d_s	2.71	2.68	2.65	2.60	2.57	2.55	2.50
5.0	254.469	246.580	238.840	226.269	218.924	214.110	202.361
10.0	500.849	489.874	478.996	461.052	450.383	443.307	524.730
12.0	544.325	531.438	518.939	498.896	487.302	479.736	461.339
14.0	612.220	593.962	576.389	548.594	532.785	522.594	498.290
15.0	660.862	639.376	618.664	585.839	567.141	555.084	526.335
16.0	717.491	692.796	668.937	631.002	609.322	595.314	561.826
17.0	780.149	752.302	723.337	682.411	657.801	641.869	603.677
18.0	847.426	816.421	786.401	738.505	711.018	693.203	650.420
19.0	918.558	884.306	851.146	798.235	767.801	748.168	700.836
20.0	993.239	955.587	919.155	861.051	827.708	806.094	754.146
21.0	1071.420	1031.174	990.290	926.736	890.293	866.679	609.952
22.0	1153.168	1108.109	1064.569	995.255	955.546	929.829	688.958
25.0	1421.050	1363.076	1307.184	1218.470	1167.718	1135.043	1056.611
30.0	1951.902	1866.687	1784.835	1655.552	1582.069	1534.713	1421.801
50.0	5584.393	5277.162	4984.171	4535.003	4283.313	4122.928	3746.722

2. 基于统计模型的反演

统计模型可以定义为反演中的数学关系为一种概率模型,或模型中的基本参数是基于样本的统计估计而得到的模型。

辐射统计模型相对较少,比较典型的如叶片辐射的马尔科夫过程随机模型、地表 BRDF 的统计模型等。统计模型在遥感反演中更多应用在如下两个方面:一是描述地表参数的统计分布模型,二是经验模型中的系数的统计估计。前者的例子有对树冠结构的描述(如叶倾角分布函数)、对大气粒子粒径分布的描述等,后者如辐射量与地表参数之间的回归分析等。关于遥感反演中的概率模型和地表参数概率分布模型,请参阅定量遥感的有关著作。参数的统计估计则在经验模型中涉及。

3. 基于经验模型的反演

经验模型是指反演中的模型数学关系,是主要基于经验知识的分析和综合而建立的,其物理机理及数学表达都不如物理模型那么严格,但大多数经验模型的构造离不开遥感机理的分析和指导。

(1)差分吸收法反演整层水汽含量[40]

方法的遥感原理是水汽含量与其在某波长的反射谷的相对深度和形态有关(图 8.35)。水汽含量越高,谷底越深,于是可以针对反射谷设计参数,建立其与水汽含量的关系。为

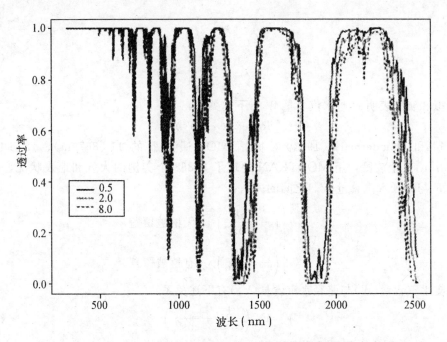

图 8.35 由 MODTRAN 计算得到的不同水汽含量(g/cm²)的大气透过率[40]

了准确确定反射谷的两个肩部的波长位置,先求原光谱曲线的包络线,再基于包络线构造参数。故此差分吸收方法称为包络线差值波段比法。包络线(也称连续统)的含义是:包含原曲线在内的、最接近原曲线的凸集。所谓凸集 S,是指 S 内任意两点之间连线上的所有

点都在 S 内。图 8.36 中，ΔT 是从谷底（波长 $\lambda_0 = 0.94\mu m$）到包络线的垂直距离。两个肩部波长定义为离谷底最近的包络线与光谱线的重合点，如图中 λ_1，λ_2，设计吸收参数：

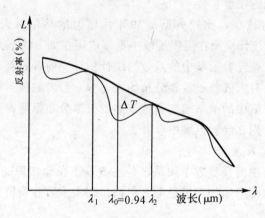

图 8.36　反射光谱曲线及其包络线

$$R = \frac{L_{\lambda_0}}{C_1 L_{\lambda_1} + C_2 L_{\lambda_2}} \tag{8.140}$$

式中，

$$\left.\begin{aligned} C_1 &= \frac{\lambda_0 - \lambda_1}{\lambda_2 - \lambda_1} \\ C_2 &= \frac{\lambda_2 - \lambda_0}{\lambda_2 - \lambda_1} \end{aligned}\right\} \tag{8.141}$$

模拟和实验表明 R 与水汽含量 W 有下述关系：

$$R = \exp(-\alpha W^\beta) \tag{8.142}$$

Tahl 和 Schonermark（1998）对德国 MOS 遥感器的 11（$867\mu m$）、12（$940\mu m$）、13（$1009\mu m$）三个波段，用 MODTRAN 处理了 23868 个实例的大气和地表状况，经模拟得到了 R 与路径水汽总量（V_p）之间的关系：

$$V_p = \begin{cases} \left(-\dfrac{\ln R}{0.592}\right)^{\frac{1}{0.568}} & \text{无植被覆盖} \\[2mm] \left(-\dfrac{\ln R}{0.599}\right)^{\frac{1}{0.575}} & \text{有植被覆盖} \end{cases} \tag{8.143}$$

真实水汽含量（W）与路径水汽含量（V_p）有下述关系：

$$W = V_p \left(\frac{1}{\cos\theta_s} + \frac{1}{\cos\theta_v}\right)^{-1} \tag{8.144}$$

式中，θ_s，θ_v 分别为太阳和观测高度角。

Tahl 和 Schonermark 后来进一步对路径水汽总量进行了修正，提高了估算精度：

$$V_p f, \quad f = \begin{cases} 0.464 + 0.13\ln\left(\dfrac{C_1 L_{0.867} + C_2 L_{1.009}}{\cos\theta_s}\right) & \text{无植被覆盖} \\[2mm] 0.587 + 0.092\ln\left(\dfrac{C_1 L_{0.867} + C_2 L_{1.009}}{\cos\theta_s}\right) & \text{有植被覆盖} \end{cases} \tag{8.145}$$

(2)水环境污染反演

水体污染物质包括多种,如泥沙悬浮物、叶绿素(富营养化)、有色可溶有机物(CDOM)等。水环境污染遥感反演的物理基础,是污染物改变了水体的固有光学特性,又通过其表观光学特性的变化而被遥感器检测到。水体表观光学量是指随入射光场变化而变化的水体光学参数,如离水辐亮度 L_w、遥感反射率(R_{rs})等。水体固有光学量是指不随入射光场变化而变化,仅与水体成分有关的光学量,如光束衰减系数(c)、吸收系数(a)、散射系数(b)、散射相函数(P)等。固有光学量的主要影响物质包括纯水、浮游植物(主要是藻类)、无生命悬浮物、CDOM 等。水色遥感就是利用表观光学量来反演出水体中各种水质参数的浓度,水体固有光学量是联系水体表观光学量和水质参数的桥梁(图 8.37)。

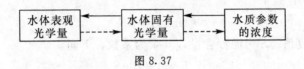

图 8.37

水体总亮度 L_{sw} 的构成如下式所示:

$$L_{sw} = L_w + rL_{sky} + L_{wc} + L_g \tag{8.146}$$

式中,L_w 为离水辐亮度:来自水面下的辐射亮度;L_{sky} 为天空光辐亮度:大气下行辐射亮度,与水面反射率 r 的乘积表示水汽界面对天空光的反射辐射亮度;L_{wc} 为水面泡沫辐亮度:由水面泡沫引起的散射亮度;L_g 为水面对太阳直射光的反射:主要由毛细波浪引起的随机反射;

遥感器接收到的总亮度 L 中还包含大气上行亮度 L_p(程辐射)。由于水体反射较小,程辐射在总亮度中占 80% 以上比例。因而在水环境遥感反演中获取离水辐亮度是非常重要的,因为离水辐亮度才携带了水中污染物信息。在水环境遥感中还用到以下几个概念:

归一化离水辐亮度(L_{wn}):

$$L_{wn} = F_0 \times \frac{L_w}{E_{d(0+)}} \tag{8.147}$$

式中,F_0 为太阳常数;$E_{d(0+)}$ 为水面入射总辐照度,它可由对标准板的测量得到。对离水辐亮度归一化的目的,是使得不同时间、地点、大气条件下的测量结果具有可比性,因为归一化基本消除了入射光场的影响。

遥感反射率(R_{rs}):

$$R_{rs} = \frac{L_w}{E_{d(0+)}} = \frac{L_{wn}}{F_0} \tag{8.148}$$

离水反射率,或称水面以下辐照度比($R_{(0-)}$):

$$R_{(0-)} = \frac{E_{u(0-)}}{E_{d(0-)}} \tag{8.149}$$

式中,$E_{u(0-)}$,$E_{d(0-)}$ 分别为水面下向上辐照度和水面下向下辐照度。

遥感检测水体污染物含量的方法主要依靠遥感反演。这个反演过程的关键包括两点:污染物敏感性波段选择和污染物含量与敏感性遥感波段的关系模型建立。不同污染物的敏感性波段有所不同，但一般是在可见光、近红外或中红外之中，属于反射光谱。选择敏感性波段需要基于对污染物反射光谱的物理机理分析、实验分析和统计分析。然后建立合适的模型，这些模型包括线性模型和非线性模型。模型的系数通常由样本的统计分析（拟合）得出。值得指出的是，虽然后面所述的经验模型简单易得，但生物光学模型（水中辐射传输模型）的分析方法物理意义明确、适用性强、反演精度高，而且可以同时反演几种水质参数，是内陆水体水质参数反演算法的发展趋势。

①泥沙悬浮物反演模型。泥沙悬浮物含量最敏感的波段范围为 $0.58 \sim 0.68\mu m$，泥沙含量增高时该波段形成反射峰，随着泥沙含量增加峰值增大，且波峰位置向长波方向移动，但这种移动一般止于 $0.80\mu m$ 附近。因此可以在这个波段区间构造单波段或多波段的模型。已有模型如：

线性模型：
$$L = A + BS \tag{8.150}$$

式中，L 为反射亮度值；S 为泥沙含量，其余为系数，下同。

对数模型：
$$L = A + B\lg S \tag{8.151}$$

Gordon 关系模型：
$$R = C + \frac{S}{A + BS} \tag{8.152}$$

式中，R 为反射率。上述关系中的系数由具体水体的实测样本经回归等统计方法得到。

②叶绿素反演模型。叶绿素的光谱特征是，不同浓度浮游植物的光谱曲线在 $0.44\mu m$ 处出现吸收谷，在 $0.55\mu m$ 处出现反射峰，且叶绿素浓度越高该反射峰的值也越高。在 $0.52\mu m$ 处反射率则随浓度的变化很小，该波长处称为节点。在 $0.685\mu m$ 处出现荧光峰。在应用中还有将纯水具有最大吸收系数的 $750\mu m$ 波长纳入以消除水体光场影响。利用这些波段构造的模型如：

基于高光谱数据的模型：
$$Chla = A[R^{-1}(\lambda_{661}) - R^{-1}(\lambda_{691})]R(\lambda_{727}) + B \tag{8.153}$$

式中，Chla 为叶绿素 a 的含量；$R(\lambda)$ 反射率。

基于 TM 数据的模型：
$$Chla = A(TM3/TM1) + B \tag{8.154}$$

基于荧光峰的高光谱反演模型：针对荧光峰出现的波长位置，MODIS 中设计了 3 个用于探测叶绿素的波段：665.1nm，676.7nm，746.3nm，其中 676.7nm 为峰值所在位置，设计了一个简单的参数——荧光高度（Fluorescence Line Height，FLH），并提供该参数的产品（FLH 产品）。

$$FLH = R_{rs2} - R_{rs3} - \frac{\lambda_3 - \lambda_2}{\lambda_3 - \lambda_1}(R_{rs1} - R_{rs3}) \tag{8.155}$$

式中，λ_1，λ_2，λ_3 对应上述三个探测波段；R_{rs1}，R_{rs2}，R_{rs3} 为对应三个波段的反射率值。然后用户可以根据具体水体建立叶绿素含量与 FLH 的关系模型。但实际水体的荧光峰可能是移动的，照搬 FLH 可能未必适用。杨敏等（2009）在对福建芙蓉湖和厦大水库两个水体的实测光谱的基础上，发现荧光峰的偏移到了 700nm 之上，于是仿照 FLH 设计了一个称为红边高度（Red Edge Height，REH）的参数，其形式相同，只是波长位置不同。

③CDOM 反演模型。基于 MODIS 数据的模型:

$$a_{\text{CDOM}}(\lambda_{400}) = 1.5 \cdot \left[10^{-1.147 - 1.963\rho_{15} - 1.01\rho_{15}^2 + 0.856\rho_{25} + 1.702\rho_{25}^2}\right]$$

$$\rho_{15} = \lg\left[R(\lambda_{412})/R(\lambda_{551})\right], \quad \rho_{25} = \lg\left[R(\lambda_{443})/R(\lambda_{551})\right]$$

(8.156)

式中, a_{CDOM} 为 CDOM 的含量。

除了用上述及类似的模型反演水体污染物含量外, 还有一些方法将有关敏感波段的反射率值或亮度值作为输入, 用人工神经网络模型或支持向量机模型进行反演。

(3)陆面生物物理量反演

陆面生物物理量主要是指植物生物物理量, 它是地-气之间能量、水分、氧氮碳平衡的关键因子, 植被的发育状况对整个地球表层生态系统即全球变化具有指示意义, 因此植被对维护生态环境有重要意义。植被生物物理量有很多, 重要的如叶面积指数、吸收光合有效辐射、叶绿素含量、叶片含水量、净初级生产力等。对上述这些生物物理量的反演目前以经验模型居多, 且利用植被指数反演是最主要的技术。具体做法是, 选择一种或几种植被指数, 与生物物理量进行线性或非线性回归分析, 确定最佳的模型。图 8.38 就是几种基于 ETM 数据地表反射率的植被指数与实测 LAI 的关系图。

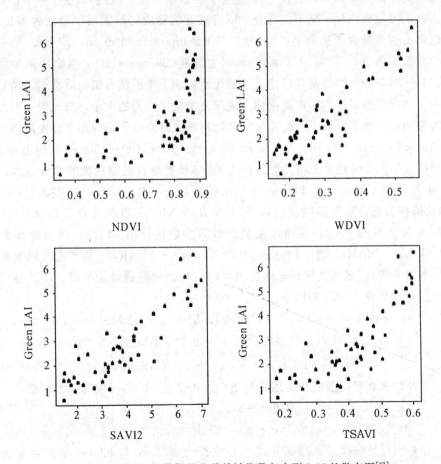

图 8.38　基于 ETM 数据的几种植被指数与实测 LAI 的散点图[37]

①叶面积指数反演模型。叶面积指数(LAI)是指单位土地面积上植物叶片的单面总面积(实际中茎、枝干、花穗等组分也包含在内),为无量纲量。叶面积指数越大,叶片交错重叠程度越大。LAI 在研究植物光合作用、蒸腾作用、光合和蒸腾的关系、林分、景观以及地区尺度上对碳、能量、水分通量方面,都有重要意义。

Gardner 和 Blad (1986)建立了如下模型:

$$LAI=0.416+0.2553SR \tag{8.157}$$

$$LAI=-1.248+5.839NDVI \tag{8.158}$$

$$LAI=-0.0305+1.9645\ln(SR)-0.1577SR \tag{8.159}$$

式中,SR 和 NDVI 分别为比值植被指数和归一化差值植被指数(概念见第 7 章)。其相关系数为 0.76～0.85,标准差为 0.6～0.79。

Liu 等(1997)对不同的植被类型(落叶林、针叶林、混合林和草地),建立了从 AVHRR 估算 LAI 的模型[40]。

②光合有效辐射因子反演模型。生态系统中的能量流动开始于绿色植物的光合作用。光合作用积累的能量是进入生态系统的初级能量,这种能量的积累过程就是初级生产。初级生产积累能量的速率称为初级生产力(也称为初级生产量)。在初级生产量中,有一部分被植物自己的呼吸所消耗,剩下的部分才以可见有机物质的形式用于植物的生长和生殖,我们称这部分生产量为净初级生产力(量)(Net Primary Production,NPP)。某一时刻生态系统单位面积内所积存的活有机物质量叫生物量(Biomass,B)。生物量是净生产量的积累量,某一时刻的生物量就是以往生态系统所累积下来的活有机物质总量。植被生产力和生物量是地球生态系统中的重要指标。地球上植被生产力的大小,与光照、温度、水分的组合密切相关。光照因素中,能被绿色植物用来进行光合作用的那部分太阳辐射称为光合有效辐射(Photosynthetically Active Radiation,PAR:400～700nm)。向下的 PAR 被绿色植物拦截的部分和经过土壤反射的向上的 PAR 被绿色植物拦截的部分的和,称为吸收光合有效辐射(Absorbed Photosynthetically Active Radiation,APAR)。APAR 和 PAR 的比值称为光合有效辐射吸收因子(FPAR)。NPP 与吸收光合有效辐射密切联系。遥感可以直接测量到 PAR,并通过植被指数等参数估计出 FPAR,从而计算出 APAR (APAR=FPAR·PAR),进而估计出 NPP(NPP=ε·APAR,ε 是光能利用效率,与温度和土壤水分有关)。遥感是估计全球生物生产力和生物量的最佳手段。以下是用植被指数或叶面积指数估算 FPAR 的例子:

$$FPAR=-0.45+1.449NDVI,\ R^2=0.72,\ RMSE=0.13 \tag{8.160}$$

$$FPAR=0.173SR^{0.573},\ R^2=0.77,\ RMSE=0.12 \tag{8.161}$$

$$FPAR=1-e^{-PAI},\ R^2=0.952,\ RMSE=0.054 \tag{8.162}$$

③植被叶绿素含量反演模型。用高光谱中红边位置(REP)反演叶绿素含量:

$$[Cl]=-32.13+0.05REP \tag{8.163}$$

式中,$[Cl]$ 为叶绿素浓度,单位为 mg/g,REP 用 nm 值。

④叶片含水量反演模型。用高光谱中心波长为 1600nm 与 820nm 的反射率比值,建立的如下关系模型的 R^2 值达到 0.92:

$$\frac{R_{1600}}{R_{820}}=0.666+\frac{1.0052}{1+1159X}-6.976X \tag{8.164}$$

式中，X 为含水量，单位为 g·cm^{-2}。

8.3.3　蒙特卡罗方法和数据同化技术在遥感反演中的应用

1. 蒙特卡罗方法反演冠层 BRDF

(1)蒙特卡罗方法原理

蒙特卡罗(Monte Carlo，MC)方法是一种基于概率统计的数值计算方法，它在纯科学和应用科学的许多领域都有应用，在遥感反演中也是一个常用的方法。MC 方法与随机数密切联系。服从某个概率分布函数的随机变量的一个样本(容量为 n)，称为随机数。但通常把[0,1]上服从均匀分布的随机数简称为随机数。计算机上用数学方法产生的随机数，与真正的随机数有相近的性质，称为伪随机数。通常就是将伪随机数当做随机数使用。首先看两个例子来了解 MC 方法的基本思想[82,123]。

①随机性问题。射击运动员的弹着点到靶心的距离记为 r，函数 $g(r)$ 将 r 映射为相应的得分数。某运动员的历史射击记录的概率密度函数为 $f(r)$，那么该运动员的一般射击水平可以用平均成绩$\langle g \rangle$表示，即

$$\langle g \rangle = \int_0^\infty g(x)f(x)\mathrm{d}x \tag{8.165}$$

倘若式(8.165)不能积分求出，则可以由运动员再做一次实弹射击试验(N 次射击)，得到弹着点序列$\{r_1, r_2, \cdots, r_N\}$，该序列服从分布 $f(r)$，从而平均成绩可由样本平均值估计(式(8.166))。另外，若能从 $f(r)$ 由计算机得到一个弹着点随机数序列，也记为$\{r_1, r_2, \cdots, r_N\}$，则同样可以得到样本平均值：

$$\bar{g} = \sum_{i=1}^N g(r_i) \tag{8.166}$$

② 确定性问题。求下式的积分：

$$\theta = \int_0^1 f(x)\mathrm{d}x \tag{8.167}$$

式中，$0 \leqslant f(x) \leqslant 1, x \in [0,1]$。显然 θ 等于图 8.39 中的阴影面积。该问题可以转换为概率问题考虑。在该正方形($0 \leqslant x \leqslant 1, 0 \leqslant y \leqslant 1$)中随机地均匀投掷一点$(\xi, \eta)$，则其落入阴影区(记为 S)的概率 p 为

$$p = P((\xi,\mu) \in S) = \iint_S \mathrm{d}x\mathrm{d}y = \int_0^1 f(x)\mathrm{d}x = \theta \tag{8.168}$$

这个概率 p 在计算机上用随机试验求得：产生均匀分布的随机变量的独立抽样值(随机数)，两两成对组成序列$\{\xi_i, \eta_i\}$，$i=1, 2, \cdots, N$。当 $\eta_i < f(\xi_i)$，事件$\{\xi, \eta\} \in S$ 出现。若有 L 次该事件出现，则 L/N 即为 θ 和 p 的估计值。此面积问题也可理解为与射击问题相同的形式，即式(8.165)中的 $g(x)$，$f(x)$ 在式(8.165)中分别等于 $f(x)$ 和 1。

从上述两例可见，它们的共同点都是建立概率模型(随机变量的概率分布，复杂问题中可能不止一个随机变量和分布)，并构造一个与所求解目标和概率模型都有关的统计量，然后通过计算机的数值抽样，从随机数序列计算出统计量的数字特征(均值等)。这样一种

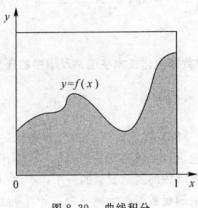

图 8.39　曲线积分

做法就是蒙特卡罗方法。可以把蒙特卡罗方法的基本步骤概括为以下三步[82]：

①根据问题的内容和特点，确定一个随机变量或过程，如式(8.165)中的 $g(x)$，式 (8.167)中的 $f(x)$，使其数学期望(均值，或其他数字特征)正好等于所要求的值。这一步称为构造模拟的概率模型(简称概型)。模拟的概型不唯一，不同概型效果有异，应当选择计算效率高的概型。

②给出概型中各种分布的随机抽样方法。

③按给定的概型与抽样方法，在计算机上进行模拟随机试验，产生样本，求出适当的统计量，得到解的估计。

可以将 MC 方法形式化地归纳为[123]：构造一个概率空间 (Ω, F, P)，其中，Ω 是基本事件集合，F 是 Ω 子集合构成的集合，P 是在 F 上建立的概率，在此概率空间中选取一个随机变量 $\theta(\omega)$，$\omega \in \Omega$，使其数学期望

$$\Theta = \int_{\Omega} \theta(\omega) P(\mathrm{d}\omega) \tag{8.169}$$

正好等于问题所要求的解 G，然后取 $\theta(\omega)$ 的子样的算术平均值(或者其他数字特征)作为 Θ 的估计值，也即 G 的近似值。

关于随机变量的抽样，最基本的是均匀分布随机变量的抽样，即随机数序列。其他分布的抽样方法都依赖于随机数。一种概念上最简单、称为直接抽样法的抽样方法，可以说明随机数在抽样中的作用。设随机变量 X 的分布函数为 $F(x)$，可知随机变量的函数

$$U = F(X) \tag{8.170}$$

是[0，1]上均匀分布的随机变量。假定 $F(x)$ 是严格单调的(即 $x_1 < x_2$ 时，$F(x_1) < F(x_2)$)，则有

$$X = F^{-1}(U) \tag{8.171}$$

即利用均匀分布的随机数 U 通过 $F(x)$ 的反函数可得到服从分布 $F(x)$ 的抽样。抽样的方法有很多种，直接抽样法并不是最佳方法。

可以证明，MC 方法得到的估计值 $\bar{G}_N$ 当 N 趋向于无穷大时依概率 1 收敛于真值 G。其估计误差与样本容量 N 的方根成反比，与所构造的随机变量的方差的方根成正比。由

于即使在计算机上试验 N 也不可能无限增大，所以降低估计误差的主要途径是减小随机变量的方差。

下面再用著名的蒲丰投针试验的 MC 模拟来加深对方法的理解[123]。

蒲丰投针试验的问题是：在平面上画有距离为 $2a$ 的两平行线，取一长为 $2l(l<a)$ 的针，任意将其投掷到该平面上，求针与平行线相交的概率以及 π 的值，如图 8.40(a) 所

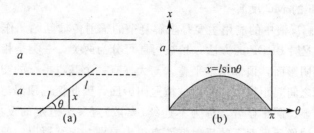

图 8.40　蒲丰投针试验图示

示。设 x 表示针的中点到最近一条平行线的距离，θ 表示针与此直线之间的夹角，则 (x, θ) 完全决定针所落的位置。针所有可能的位置为

$$\Omega = \{(x, \theta) \mid 0 \leqslant x \leqslant a, \ 0 \leqslant \theta \leqslant \pi\} \tag{8.172}$$

它是 $(x-\theta)$ 平面上的一个矩形，如图 8.40(b) 所示。针与直线相交的充要条件是 $x \leqslant l\sin\theta$。令"针与直线相交"为事件 A（图 8.40(b) 中的阴影区），则

$$A = \{(x, \theta) \mid x \leqslant l\sin\theta, \ 0 \leqslant x \leqslant a, \ 0 \leqslant \theta \leqslant \pi\} \tag{8.173}$$

由投针的随意性可知，x 与 θ 相互独立且服从均匀分布，概率密度函数为

$$\left. \begin{array}{l} f_1(x) = \begin{cases} \dfrac{1}{a}, & 0 \leqslant x \leqslant a \\ 0, & \text{其他} \end{cases} \\[4mm] f_2(\theta) = \begin{cases} \dfrac{1}{\pi}, & 0 \leqslant \theta \leqslant \pi \\ 0, & \text{其他} \end{cases} \end{array} \right\} \tag{8.174}$$

$$f(x, \theta) = f_1(x) f_2(\theta) \tag{8.175}$$

$f(x, \theta)$ 的抽样问题转化为

$$x = a\xi_1, \quad \theta = \pi\xi_2 \tag{8.176}$$

式中，ξ_1，ξ_2 为 $[0, 1]$ 上均匀分布的独立随机数。每次投针试验就是从两个均匀分布的随机变量取得 (x_i, θ_i)。于是对事件 A 定义随机变量 $s(x, \theta)$，即

$$s(x_i, \theta_i) = \begin{cases} 1, & x \leqslant l\sin\theta \\ 0, & \text{其他} \end{cases} \tag{8.177}$$

若投针 N 次，则有相交概率 p 的估计值

$$\bar{s}_N = \frac{1}{N} \sum_{i=1}^{N} s(x_i, \theta_i) \tag{8.178}$$

因为

$$p = \iint s(x,\theta) f(x,\theta) \,\mathrm{d}x\mathrm{d}\theta = \int_0^\pi \frac{\mathrm{d}\theta}{\pi} \int_0^{l\sin\theta} \frac{\mathrm{d}x}{a} = \frac{2l}{a\pi} \tag{8.179}$$

于是可以由估计值 $\bar{s}_N$ 求出 π 的值，即

$$\pi = \frac{2l}{ap} \approx \frac{2l}{a\bar{s}_N} \tag{8.180}$$

可见，MC 方法最关键之处是巧妙设计欲求之量与某个可模拟的概率模型的关系。

(2)冠层 BRDF 的 MC 反演

MC 方法在遥感反演中的应用主要是求解复杂的辐射传输问题。作为实例，这里介绍 MC 模拟反演植被冠层 BRDF 的方法。植被冠层可分为两类，一类是相似的植冠个体稠密接触，无单株植冠阴影面，顶部基本平整，与大气有一个基本平行的交界面，称为连续冠层；另一类是植冠之间间距较大，有单株植冠阴影面，因此植冠顶部与大气的交界面参差不齐，个体特性明显、阴影显著，称为不连续(离散)冠层。冠层的反射特性用 BRDF 描述。两类冠层在遥感像元尺度下的反射特性有很大差别。连续冠层一般可以应用大气辐射传输模式来近似求解，而非连续冠层由于不满足水平均匀薄层的假设，故不宜用大气水平均匀分层的模型求解。但可以采用三维辐射传输方程求解。然而三维辐射传输方程十分复杂，求解困难较大。所以对不连续冠层需要采用其他模型或方法求解，如几何光学模型和 MC 模拟方法。

①冠层结构的描述。对冠层的 BRDF 辐射建模，首先需要弄清楚冠层的结构并加以定量化描述。以离散冠层单株植冠为对象，其结构包括整体形状和内部结构两个方面。根据树冠的一般形状特点，通常采用规则的几何体对其进行近似，如圆柱体、锥体、球、椭球等。树冠的内部由树干和树叶构成，一般考虑较多的主要是树叶。树叶的形状可以用少数几种规则几何面近似。但最重要的是树叶的多少和空间取向。树叶多少用第 8 章 8.3.2 节中介绍的叶面积指数(LAI)描述。叶片的空间取向用叶倾角和叶方位角描述。叶倾角是叶片法向(朝向上半球)与地面法向(朝向上半球)的夹角。叶方位角是叶片法线方向在水平面的投影与正北方向或指定方位的夹角。叶倾角与叶方位角通称叶角，它是植物群体结构中重要的参数，植物群体光分布和传递都以叶角为基础。计算叶角的频率分布就可以了解叶的空间分布。值得指出的是，叶角的分布与风、光照、供水等有关。下面是若干相关概念的定量化表达[32,40,114,124]：

叶面积体密度(FAVD)：单位体积内的叶单面面积总和，单位为 $1/\mathrm{m}$，它是高度的函数(假设水平方向密度相同)，$\mathrm{FAVD} = u_L(z)$。不同类型的植被的 $u_L(z)$ 可能有较大不同，其理论分布模型有三角型、指数函数型和 Γ 函数型三种。LAI 用 $u_L(z)$ 的函数来表达，则有

$$\mathrm{LAI} = \int_0^H u_L(z)\mathrm{d}z \tag{8.181}$$

式中，H 为树冠的高度。

叶倾角分布(θ_L)(Leaf Angle Distribution，LAD)：叶倾角在 $[0, \pi/2]$ 上的概率分布。用叶倾角 θ_L 的概率密度函数 $g_L(\theta_L)$ 表示。若用 $\Omega_L(\theta_L, \varphi_L)$ 表示叶片法向，则叶角在半球空间的概率密度函数可表示为 $g_L(\Omega_L)$。假设叶方位角均匀分布，又因叶倾角与叶方位角相互独立，所以有

$$g_L(\theta_L) = \frac{g_L(\Omega_L)}{g_{L\varphi}(\varphi_L)} = \frac{1}{2\pi} g_L(\Omega_L) \tag{8.182}$$

式中，φ_L 为叶方位角；$g_{L\varphi}(\varphi_L)$ 是叶方位角概率密度函数。$g_L(\theta_L)$ 满足如下归一化条件：

$$\int_0^{\frac{\pi}{2}} g_L(\theta_L) \sin\theta_L \, \mathrm{d}\theta_L = 1 \tag{8.183}$$

$g_L(\theta_L)$、$g_{L\varphi}(\varphi_L)$ 和 $g_L(\Omega_L)$ 可按高度 z 分层定义（即表达为 z 的函数）。有多种关于树冠的叶倾角分布的模型。Goel 等(1984)将叶倾角 θ_L 分为六类：喜平型、喜直型、倾斜型、极端型、均匀型和球面型，它们的密度函数和分布函数见表 8.12。

表 8.12　　　　　　　　　　　叶倾角分布类型和分布函数

分布类型	密度函数	分布函数	平均叶倾角（度）	标准差
喜平型	$2(1+\cos2\theta_L)/\pi$	$(2\theta_L+\sin2\theta_L)/\pi$	26.76	18.5
喜直型	$2(1-\cos2\theta_L)/\pi$	$(2\theta_L-\sin2\theta_L)/\pi$	63.24	18.5
倾斜型	$2(1-\cos4\theta_L)/\pi$	$(2\theta_L-\sin4\theta_L/2)/\pi$	45.0	16.25
极端型	$2(1+\cos4\theta_L)/\pi$	$(2\theta_L+\sin4\theta_L/2)/\pi$	45.0	32.9
均匀型	$2/\pi$	$2\theta_L/\pi$	45.0	26
球面型	$\sin\theta_L$	$1-\cos\theta_L$	57.3	21.6

G 函数($G(\Omega)$)：所有叶子(总面积归一化)在某一方向 Ω(如入射光线方向)上的投影面积之和。在很大程度上，它反映了植被对该方向光的拦截程度。

$$G(\Omega) = \frac{1}{2\pi} \int_0^{2\pi} \int_0^{\frac{\pi}{2}} g_L(\Omega_L) |\Omega_L \cdot \Omega| \, \mathrm{d}\Omega_L$$

$$= \frac{1}{2\pi} \int_0^{2\pi} \int_0^{\frac{\pi}{2}} g_L(\Omega_L) |\Omega_L \cdot \Omega| \sin\theta_L \, \mathrm{d}\theta_L \, \mathrm{d}\varphi_L \tag{8.184}$$

$$= \int_0^{\frac{\pi}{2}} g_L(\theta_L) \sin\theta_L \, \mathrm{d}\theta_L \frac{1}{2\pi} \int_0^{2\pi} (\cos\theta\cos\theta_L + \sin\theta\sin\theta_L\cos\varphi_L) \, \mathrm{d}\varphi_L$$

式中，Ω 为投影线方向，由其天顶角 θ 和方位角 φ 确定。G 函数也可按高度 z 分层定义（即表达为 z 的函数）。当设定叶方位角为均匀分布时，式(8.184)简化为

$$G(\theta) = \int_0^{\frac{\pi}{2}} g_L(\theta_L) A(\theta,\theta_L) \sin\theta_L \, \mathrm{d}\theta_L \tag{8.185}$$

式中，$A(\theta,\theta_L) = \cos\theta\cos\theta_L + \sin\theta\sin\theta_L\cos(\varphi_L - \varphi)$。

为了化简 G 函数的求解，进一步用经验表达式简化它。令

$$G_1 = G\left(\frac{\pi}{2}\right) = \int_0^{\frac{\pi}{2}} g_L(\theta_L) A(\theta,\theta_L) \sin\theta_L \, \mathrm{d}\theta_L = \frac{2}{\pi} \int_0^{\frac{\pi}{2}} g_L(\theta_L) \sin^2\theta_L \, \mathrm{d}\theta_L$$

$$\approx \frac{2}{\pi} \sin\theta_{LE} \int_0^{\frac{\pi}{2}} g_L(\theta_L) \sin\theta_L \, \mathrm{d}\theta = \frac{2}{\pi} \sin\theta_{LE} \tag{8.186}$$

$$G_2 = G(0) = \int_0^{\frac{\pi}{2}} g_L(\theta_L)\cos\theta_L\sin\theta_L \, d\theta_L \approx \cos\theta_{LE} \tag{8.187}$$

式中，θ_{LE} 为给定分布的平均叶倾角，称为有效叶倾角。

当太阳天顶角 $\theta \in [0,75]$ 时，Ross 据实验数据建立如下近似经验关系：

$$G(\theta) = G_1 + (G_2 - G_1)\cos\theta \tag{8.188}$$

对于垂直型叶子，有

$$G(\theta) = \left(\frac{2}{\pi}\right)(1-\cos\theta) \tag{8.189}$$

可以建立 θ 与 $G(\theta)$ 的查找表，方便由 θ 求出 $G(\theta)$。

②辐射传输过程的描述。太阳直射光或天空光照射树冠时，假设一个光子以某一方向从植被冠层表面的某一位置进入冠层，光子在其路径上碰到树冠组分将发生吸收和散射（包括反射和透射）。连续两次碰到组分之间的距离称为自由路程，自由路程的大小与树冠的结构，即 LAI 和 G 函数有关。散射的方向由光子方向和叶片散射相函数决定。反射散射和透射散射的大小则由反射率和透过率决定。若光子到达土壤，则土壤对光子吸收和散射情况将予以考虑，直至光子被土壤吸收或再次返回天空。但不考虑冠层表面与大气的多次散射的情况。热点效应是因为观测方向的可视光照面最大而引起，MC 模拟时应将其加以考虑。树冠散射的空间分布具有宏观的统计规律性，这取决于叶角空间分布和散射相函数的概率分布。

③模拟过程和关键处理步骤[40]。

第一步：在冠层之上的位置 r_0 初始化一个光子，源方向为 Ω_0，辐亮度 L_0 设为 1。

第二步：模拟到下一次碰撞的自由路径 s。根据辐射传输理论，在介质中传输距离 s 前发生碰撞的概率为

$$\int_0^s P(t) \, dt = 1 - \exp(-s\sigma) \tag{8.190}$$

式中，$P(t)$ 为碰撞概率密度函数，由消光系数 σ 决定。自由路径 s 可由一个取值为 $[0,1]$ 的均匀分布随机数 R 转换得到。

$$\int_0^s P(t) \, dt = R \tag{8.191}$$

因此

$$s = -\frac{\ln(1-R)}{\sigma} \tag{8.192}$$

其中，按 Ross 提出的植被光学厚度有

$$\sigma = -G(\theta) \cdot \frac{\text{LAI}}{\cos\theta} \tag{8.193}$$

所以

$$s = -\frac{\cos\theta\ln(1-R)}{G(\theta) \cdot \text{LAI}} \tag{8.194}$$

第三步，根据上一次碰到叶片的位置 r' 沿方向 Ω' 可计算光子的新位置：

$$r = r' + s\Omega' \tag{8.195}$$

和新的辐射亮度值

$$L = L' \exp(-s\sigma) \tag{8.196}$$

在每一步，如果冠层外边界或树干在光子的路径范围 s 内，则需要计算光子到其距离 s_b 和 s_t。如果光子的路径与冠层外边界在距离 s 以内相交($s \geqslant s_b$)，那么光子将离开冠层，与内部树干相交导致散射，否则，光子在叶肉中散射。

第四步，模拟在 r 位置、Ω 方向碰撞以后新的散射方向和辐射。由于受介质的拦截，光子要么被吸收，要么被散射。如果光子被吸收(光子消亡)，就从源点再产生一个新的光子，重复上述过程。产生足够的光子数，使得 Ω 微元立体角内的亮度值趋于稳定，则完成了 Ω 方向的模拟反射测量。

上述程序效率较低。替代的方法是用一个连续的概率函数对光子总辐射亮度建模，辐亮度为

$$L = L' \Gamma(r, \Omega' \rightarrow \Omega) \tag{8.197}$$

式中，$\Gamma(r, \Omega' \rightarrow \Omega)$ 表示在碰撞点 r 处从 Ω' 方向入射向 Ω 方向单位立体角内散射的条件概率。数值上等于叶片体散射相函数或叶片与枝干的平均体散射相函数。通过两个[0，1]上的随机数 ξ 和 η，由下式得到新方向的极坐标值：

$$\left. \begin{array}{l} \theta = \arccos(2\xi - 1) \\ \varphi = 2\pi\eta \end{array} \right\} \tag{8.198}$$

第五步，若光子已离开冠层，则累加 Ω 方向的辐亮度，否则重复步骤第二步，直至 L 小于某一设定的阈值。

第六步，对每个光子重复步骤第一步，直到光子总数达到预定的最大值。

BRDF 的热点效应主要是由于光子的一次散射造成的，MC 模拟中热点效应的纠正主要体现在光子消光系数上。

模拟中，建立两个坐标系(图 8.41)，即冠层坐标系和叶片坐标系，前者描述光子路

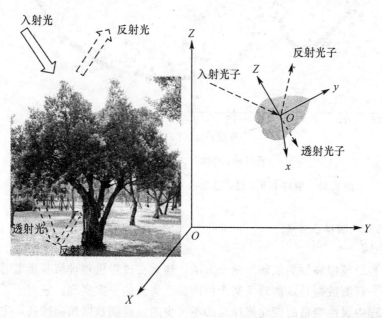

图 8.41　冠层 BRDF 反演中的坐标系($O\text{-}XYZ$ 冠层坐标系；$o\text{-}xyz$ 叶片坐标系)

径和树冠结构，后者描述叶片散射方向（散射相函数是基于叶片描述的）。通过叶片坐标系与冠层坐标系的转换矩阵（3×3）将散射方向换算到冠层坐标系。图 8.42 为 MC 模拟结果，其中，太阳天顶角取为 30°，球面型叶子在近红外（860nm）和红光（630nm）波段的反射率分别取值 0.41 和 0.05，透过率取 0.41 和 0.01。土壤近红外和红光的反射率分别取 0.16 和 0.14。冠层 LAI 取值为 1，光子数目取 1.0×10^7。

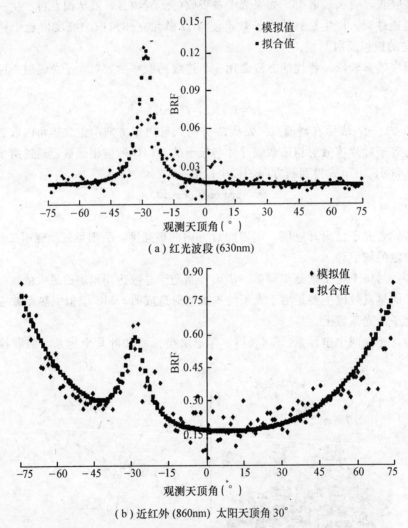

（a）红光波段 (630nm)

（b）近红外 (860nm) 太阳天顶角 30°

图 8.42　蒙特卡罗法模拟植被的方向反射率 BRF（主平面）[126]

2. 数据同化反演陆表参数

(1) 基本原理

对地表过程的模拟和预测依赖于两个方面：建立在过程机理理解基础上的物理模型和实际观测数据。观测数据是观测对象某个可测属性集合的一次实现。它对于了解过程的当前状态以及过程中属性变量的变化规律是必不可少的。观测数据精确度高，主要只受观测仪器精度和局部微扰的限制。但观测数据本身不具有预测能力。此外，观测数据在时间、空间上是离散的，往往分布不均，不具有时空上的连续性，而模型则能够揭示事物的规律和本质，正确的模型具有预测能力，在相同条件下可反复应用。模型产生的数据具有时空连续性，且符合客观事物发展的动力学过程。但模型的预测值也是有误差的，这种误差来自两个方面：一是模型的近似性，模型总是对客观事物规律的逼近，而不可能完全地模拟客观规律。对于地学领域中的大部分现象，由于其影响因素众多且关系复杂，模型的近似性尤为明显，这样其计算值就不是充分精确的。二是大部分地学模型很难有解析解，需要数值计算求解，而初值、边值的误差在计算过程中会发生传播甚至放大，特别是一些对出初值、边值敏感的模型更是如此。因此，如何将模型和观测数据有机地结合，互补其各自的优点而克服其局限，就具有重要的意义。数据同化技术就是这样一项在地学领域有广泛应用价值的技术。

数据同化(Data Assimilation)技术源于数值天气预报的客观分析。数值天气预报是将当前大气状况作为输入，用数值方法求解大气动力学和热力学方程组来预报气象要素(如温度、湿度、风速风向等)的未来变化。当前大气状况以规则网格数据提供，称为初始场。物理方程组的数值求解方法可称为数值模式。所谓客观分析，就是指用计算机自动处理不规则分布的气象观测站上得到的观测资料，插值到规则网格点上，形成气象要素的最优化初始场。客观分析需要顾及原始数据质量和类型、测站不均匀以及气象要素的动力学一致性等因素。为了得到理想的客观分析结果，发展出了一套符合上述要求的数据处理技术，这就是数据同化的始源。

在客观分析技术中，最优插值法是应用最多的一种技术。设已经给定气象要素场的初始赋值(称为预备场，可以由数值模式的上次预报场给出，或者是气候平均场和最近时刻其他方法得到的场)，当前观测数据已知，为了得到下次的更准确预报，需要由当前的观测数据"调整"预备场以作为数值模式下次预报的输入初始场(图 8.43)。可以推导得到调整初始场的分析值的表达式为(所有推导从略，详细过程参见本书参考文献[127])。

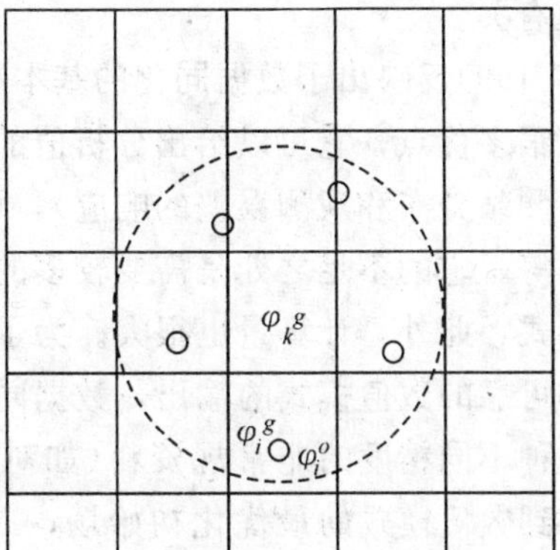

图 8.43　最优插值法示意图
φ_k^g 为预备场网格点上的值；φ_i^o 为测站的观测值；φ_i^g 为预备场插值到测站的值。

$$\varphi_k^a = \varphi_k^g + \sum_{i=1}^n p_i(\varphi_i^o - \varphi_i^g)$$

$$(8.199)$$

式中，φ_k^a 为调整后的初始场中网格点上的分析值(其二维分布也称为分析场)；φ_k^g 为预备场中网格点上的初估值；φ_i^o 为测站的观测值；φ_i^g 为预备场插值到测站的初估值；p_i 为测站 i 的权重；n 为以网格点 k 为中心的给定扫描半径范围内的测站数目。由式(8.199)可导出其相应的误差表达式

遥感原理及遥感信息分析基础

$$e_k^a = e_k^g + \sum_{i=1}^{n} p_i \varphi'_i \qquad (8.200)$$

式中，e_k^a 为网格点 k 的分析值与真值之差；e_k^g 为网格点初估值与真值之差；φ'_i 为观测点 i 的观测值与初估值之差。

我们的目标是由式(8.200)求出优化的权重 p_i，使得 e_k^a 最小，从而由式(8.199)得到最佳分析值 φ_k^a。为此，将式(8.200)对 p_i 求偏导，并令其等于零即可。将 e_k^g 与观测点的观测值联系起来进行处理，并假设初估值与观测值以及不同测站观测值误差之间是相互独立的。推导后有

$$E' = 1 - 2\sum_{j=1}^{n} p_i \rho_{ki} + \sum_{i=1}^{n} \sum_{j=1}^{n} p_i p_j \rho_{ij} + \sum_{i=1}^{n} p_i^2 \eta_i \qquad (8.201)$$

式中，E' 为分析值的均方误差；ρ_{ki} 与 ρ_{ij} 分别表示网格点与测站、测站与测站之间的归一化相关系数；$\eta_i = \varepsilon_i^2 / m_{kk}$，为测站 i 的观测值的均方误差；ε_i 为观测值误差；m_{kk} 为网格点初估值的方差。

将式(8.201)对 p_i 求偏导，并令其等于零：

$$\sum_{j=1}^{n} p_i \rho_{ij} + p_i \eta_i = p_{ki} \quad (i = 1, 2, \cdots, n) \qquad (8.202)$$

解此方程组即可得到优化的权重 p_i。将 p_i 乘式(8.202)后再代入式(8.201)，可得

$$E' = 1 - \sum_{i=1}^{n} p_i \rho_{ki} \qquad (8.203)$$

可见，最优权重和所求分析值的误差都只与估值要素的统计特性以及观测值的误差、测站位置有关。

式(8.199)反映出了数据同化的基本要求，即数值模式(模型)与观测的融合。最优插值法具有很多优点，它可以给出分析值的误差，综合考虑了测站的分布和观测误差(体现在权重对测站分布和观测误差的响应)，可以用多种要素的观测值共同估计某个要素的分析值，等等。它的不足之处是需要较多的历史预报数据和气象资料以建立数据的统计结构和相关模式，此外，计算量也很大。为了充分利用各种类型以及各个时刻的资料，以得到更加真实可靠的数值模式的输出，数据同化的要求或意义在以下两个方面被扩展：一是能够利用各种不同精度的非常规资料(如对气象来说遥感资料)，与常规资料共同有机地结合，以得到数值模式的最优化初始场；二是将不同时次的观测资料所蕴含的时间演化信息，转换为要素的空间状况信息。这种意义下的数据同化，称为四维数据同化。

四维数据同化又分为连续资料同化和间歇资料同化两条路径。连续资料同化是在数值模式的时间积分过程中不断加入同时刻的观测资料，使其直接被数值模式所同化。但传统的连续资料同化方法，往往由于资料的异常值造成预报的噪音(所谓重力惯性波冲击)，故不采用。现在，有一种称为伴随模式的方法可以较好地用于连续资料同化。间歇资料同化是在数值积分模式的一定时间间隔上(如 6 小时、12 小时等)引入观测资料，以避免频繁地激发出预报噪音。间歇资料同化有牛顿松弛法(动力学方法)和统计动力法两种。已业务化运行的间歇资料同化气象预报方法是统计动力方法，其中的客观分析还是采用最优插值法对资料进行同化处理，但将 6 小时周期内的所有资料指定到一个时间上进行同化，信息

356

量大为丰富。同时，对客观分析结果做初始化处理以减小引入资料激发的噪音。再用数值模式对初值进行预报，进一步协调观测数据与模式的一致性(图 8.44)。统计动力方法仍然存在两点不足，一是周期内的资料指定到同一时刻，损失了资料的时间演化信息；二是这种方法需要将遥感等非常规资料反演出数值模式的变量方可使用，而非常规资料的反演结果的精度往往较低。

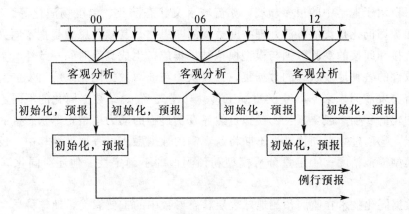

图 8.44 间歇资料同化示意图[117]

克服统计动力方法不足的方法是四维变分数据同化方法。这种方法将动力约束与资料约束以及所有可得的不同时刻的观测资料视为一个整体，运用变分原理和共轭方程理论，考虑时次序列资料的时间演化信息，求解出一个最优初始场。这种初始场既与数值模式协调，又使同化时段内的预报值与实际观测值最大程度相一致。其思想就是利用数值模式(物理规律)和一切时变观测资料，反求未知的真实初始大气状态，在数学上属于偏微分方程的反问题。将大气运动方程组写为

$$\frac{\partial Y}{\partial t} = H(Y(t)) \tag{8.204}$$

式中，$Y(t) = [u_t, v_t, z_t, T_t, q_t, \cdots]^{\mathrm{T}}$ 为无穷维大气状态，表示时间 $t \in [t_0, t_N]$ 的真实大气状态；H 为希尔伯特空间的非线性算子。式(8.204)的离散表示为

$$Y_n = F_n(Y_0) \tag{8.205}$$

式中，Y_n 为 M 维状态向量(M 等于模式变量数乘以网格点数)，表示 t_n 时刻的大气状态；Y_0 为初始状态。传统数值天气预报是给定 Y_0 求未来任意时间 t_n 时刻的大气状态 Y_n。思维变分资料同化的目的则是寻求一个既与动力模式相协调，又使同化时段内的预报值与观测值充分接近的初始场，即利用动力模式和同化时段内的一切可观测资料信息，求解出一个最优初值 $(Y_0)_P$。根据变分原理，可将此问题转化为下述泛函问题：

$$J(Y_0) = \sum_{n=1}^{N} [(Y_n - \tilde{Y}_n)^{\mathrm{T}} W_i (Y_n - \tilde{Y}_n)] \tag{8.206}$$

式中，W_i 为与资料类型有关的权重矩阵；J 表示同化时段内由式(8.205)决定的模式预报值 Y_n 与观测值 $\tilde{Y}_n$ 的距离，即目标泛函，它反映了预报场与观测场之间的总体拟合程度。

于是，四维资料同化问题转化为在给定观测资料 $\tilde{Y}_n$ 和式(8.205)的约束下，求在时段 $[t_0, t_N]$ 内式(8.206)的极小值问题。获得对应极小值 J_{min} 的 $(Y_0)_P$ 就是四维资料同化的目的。进而用 $(Y_0)_P$ 和式(8.205)就可以更好地预报 Y_{N+1}。求解上述泛函极值的方法的详细讨论见本书参考文献[127]。

显然，地表物理场与大气物理场在数学模式上是相似的。所以气象预报中的这种数据同化思想可以用于地学中的很多领域，如流域水文状态演化、温度场演化等。李新等[128]认为，陆面数据同化是集成多源地理空间数据的新思路，其核心思想是把不同来源、不同分辨率、直接和间接的观测数据与模型模拟结果集成，生成具有时间一致性、空间一致性和物理一致性的各种地表状态的数据集，并且认为在陆面数据同化系统上发展起来的陆地信息系统将会发展为未来 GIS 中的重要工具。马建文[128]总结数据同化的不同定义后，归纳出数据同化的 4 项一般要素：①模拟自然界真实过程的动力模型；②状态量的直接或间接观测数据；③通过数据同化算法不断将新观测的数据融入过程模型计算中，校正模型参数，提高模型模拟精度；④定量分析模型和预测值的不确定性。他还对同化算法进行了总结。

由于数据同化技术在监测预测地球表层状态参数中的重要意义，地球科学家对此开展了广泛深入的研究，并且已经建立了一些数据同化系统。美国国家航空航天局哥达德空间飞行中心与有关应用部门和大学开发的北美陆面数据同化系统(North America Land Data Assimilation System，NLDAS)和全球陆面数据同化系统(GlobalLand Data Assimilation System，GLDAS)是两个具有典型意义的数据同化系统和网络共享平台。欧盟的欧洲陆面数据同化系统(European Land Data Assimilation to Predict Floods and Droughts，ELDAS)也是一个开发较早的系统。我国有由中国科学院寒区旱区环境与工程研究所等开发的中国西部陆面数据同化系统(West China Land Data Assimilation System，WCLDAS)、中国陆面数据同化系统和中国气象局国家卫星气象中心等开发的中国区域陆面土壤湿度同化系统(China Land Soil Moisture Data Assimilation System，CLSMDAS)[129,130]。上述陆面同化系统都必须基于一定的陆面过程模式。陆面过程(LSP)主要包括地面上的热力过程(包括辐射及热交换过程)、动量交换过程(如摩擦及植被的阻挡等)、水文过程(包括降水、蒸发、蒸腾和径流等)、地表与大气间的物质交换过程，以及地表以下的热量和水分输送过程。所谓陆面过程模式，就是关于这些陆面过程的数学物理模型及计算方式。目前，大多数的陆面过程模式主要提供近地面与地球、大气之间能量、动量和水汽等的交换计算。在为数不多的陆面过程模式中，CoLM(Common Land Model)和 NCAR_CLM3.0(NCAR Community Land Model3.0)是目前国际上广为应用的两个发展比较完善的陆面过程模式[131,132]。

(2)数据同化实例：作物叶面积指数提取方法

作物的叶面积指数(LAI)是监测农作物生长即估产的重要参数。作物叶面积指数的获取可有地面测量、遥感反演和作物生长模型等方法。遥感提取 LAI 的方法之一是通过植被冠层辐射传输模型反演，但多数模型反演方法都没有考虑作物 LAI 在不同生长阶段的变化关系。作物(植物)生长模型是模拟气候、水分、营养和管理等条件下，植物生长状态

（如 LAI）及其演化过程的定量化计算机模型。利用作物生长模型，可以预测作物生长各时期的 LAI。但作物生长模型没有利用遥感对光照条件(反射率)等的实时监测信息，也没有利用实际作物生长演化特点的信息。如能将地面实测信息和模型演化信息与遥感动态监测信息予以同化，则可提高 LAI 的估算精度。王伟东等(2010)的研究表明，这种数据同化途径相对单一遥感反演 LAI 在精度上有极大的提高[133]。王伟东等的基本处理过程介绍如下。

第一，选择作物生长模型。选择了 CERES-Wheat 来表达 LAI 随作物生长的变化关系。CERES-Wheat 模型是 DSSAT 框架下的一个动态子模型。美国农业技术推广决策支持系统 DSSAT 中囊括了美国众多的著名作物模型，如 CERES 和 CROPGRO 系列模型。作物-环境-资源综合系统 CERES 是密西根州立大学 Ruthie 教授等在 20 世纪 80 年代初建立的谷类作物模拟模型，它不仅能模拟作物生长发育的主要过程，还能模拟土壤养分平衡与水分平衡。DSSAT 系列模型模拟了完整的作物发育过程，从发芽、叶片出现次序、开花、到籽粒生理成熟和收获。还模拟了基本的生理生态过程，如作物光合作用、呼吸作用、干物质分配和植株生长以及衰老等。同时还能得到作物的最终产出，如籽粒、果实、块茎或茎秆产量。

第二，选择冠层辐射传输模型。同化过程中并不是用遥感数据反演出 LAI 再同化进植物生长模型，而是将反射率同化进模型之中。如上节已知，植物的 LAI 直接影响冠层反射率，因此 LAI 与反射率互为函数关系。选择的模型是 SAIL(Scattering by Arbitrarily Inclined Leaves)模型。SAIL 模型是冠层辐射传输模型的近似模型，由一组线性微分方程表达。其中 LAI 包含在方程的各项系数中(详见本书参考文献[32])。作物生长模型与 SAIL 模型都与 LAI 相关联，故可以建立两个模型的耦合关系。

第三，地面 LAI 实测数据。根据 2004 年建立的中国典型地物波谱数据库中冬小麦生育期 LAI 的均值和方差统计数据，拟合出 LAI 均值和方差随年积日变化的先验廓线公式(8.207)，将其作为算法所需的 LAI 地面先验信息。

$$\left.\begin{array}{l} LAI_J = p_0 + p_1 d + p_1 d^2 + p_1 d^3 \\ LAI_Q = q_0 + q_1 d + q_1 d^2 + q_1 d^3 \end{array}\right\} \tag{8.207}$$

式中，LAI_J 和 LAI_Q 为 LAI 的拟合均值和方差；p_i、q_i 为拟合系数(系数的具体数值与地域有关)。

第四，选择遥感数据。选取 MODIS 地表反射率产品 MOD09 作为遥感观测，使用的波段为：波段 1(620~670nm)，波段 2(841~876nm)和波段 5(1230~1250nm)。时间序列为年积日 105，113，121，129，137，145，153 和 161。这段时间覆盖了冬小麦的主要生长期。

第五，选择试验区和模型初始背景场中其他参数的赋值。试验区位于背景昌平和顺义两地。初始背景值包括土壤水含量、土壤 NO_3 和 NH_4、施肥量参数、背景灌溉量参数等，根据实际情况对其赋值。

第六，构造代价函数表达式：

$$J_B(x_0) = \frac{1}{2}(x_0 - x_B)^T B^{-1}(x_0 - x_B) \tag{8.208}$$

$$J_{\tau}^{Q}(x_0) = \frac{1}{2}\int_0^{\tau} (\mathrm{LAI}_t - \mathrm{LAI}_t^B)^{\mathrm{T}} C_t^{-1} (\mathrm{LAI}_t - \mathrm{LAI}_t^B) \mathrm{d}t$$

$$\cdot \frac{1}{2}\int_0^{\tau} (y_t - H_t(x_0))^{\mathrm{T}} Q_t^{-1} (y_t - H_t(x_0)) \mathrm{d}t \tag{8.209}$$

$$J_{\tau}(x_0) = J_B(x_0) + J_{\tau}^{Q}(x_0) + \int_0^{\tau} \lambda(t) G_t(x_0) \mathrm{d}t \tag{8.210}$$

式中，x_0 为作物生长模型 $G_t(x_0)$ 的初始输入变量；x_B 为调整参数的先验矢量；B 为相应的先验协方差矩阵（权重矩阵），用来定量表达 x_B 的不确定性；LAI_t 代表 t 时刻 LAI 值，LAI_t^B 代表 LAI 的地面先验值；C_t 代表 LAI 在 t 时刻的先验方差，由式（8.207）决定；y_t 代表 t 时刻的遥感观测值；$H_t(x_0)$ 代表映射算子，是耦合在一起的作物生长模型和辐射传输模型。通过输入被调整参数，耦合模型可以模拟出冠层反射率，Q_t 表达遥感观测和映射算子 $H_t(x_0)$ 的不确定性协方差矩阵。积分则表示将时间 $t=0$ 到 τ 范围内的所有可利用信息包含在代价函数中。式（8.210）中的 $\lambda(t)$ 是拉格朗日乘子函数的表达形式，而作物生长模型 $G_t(x_0)$ 描述状态变量 LAI_t 随时间的演进过程。构建代价函数式（8.210）的目标是在由状态方程 $G_t(x_0)$ 描述的 LAI 廓线集合中找到一条最优的 LAI 廓线，以使代价函数式（8.210）达到最小。这样一条最优 LAI 廓线是由被调整参数先验信息、LAI 地面先验信息和时序遥感观测共同作用的结果。

由于耦合的辐射传输模型与作物生长模型的复杂性，作者对 $G_t(x_0)$ 的表达进行了技巧性处理，将式（8.210）表达为

$$\begin{cases} J_{\tau}(x_0) = J_B(x_0) + J_{\tau}^{Q}(x_0) + \int_0^{\tau} \lambda(t) \left(\dfrac{\partial \mathrm{LAI}_t}{\partial t} - K(\mathrm{LAI}_t) \right) \mathrm{d}t, \ 0 \leqslant t \leqslant \tau \\ \mathrm{LAI}(0) = \mathrm{LAI}_0 = V(x_0) \end{cases} \tag{8.211}$$

从式（8.211）的每个反演时间步，得到的最优被调整参数都被输入到作物生长模型，由此计算出被提取的 LAI，而整个过程结束时的最优 LAI 是最后一个反演步提取的 LAI，也就是时间 $t=\tau$ 之前所有的遥感观测都被引入时计算得到的 LAI 值。这样，就将 LAI 的先验知识和遥感观测（反射率）都同化进作物生长模型中。换言之，所得到的最优 LAI 值，是对地域相关的 LAI 先验知识、遥感动态观测数据和作物生长变化规律都是最优的。

在试验区的试验表明，上述同化方法提取的 LAI 明显优于单纯遥感反演的 LAI（MODIS LAI）。其中，同化过程中利用了 LAI 先验知识的 LAI 又明显优于未利用先验知识的，其值都落入了实测 LAI 的动态范围中。可见，数据同化的确能提高遥感反演的精度。

8.4　遥　感　制　图

8.4.1　遥感制图概述

地图是表达地球空间信息的最基本也是最重要的方式。遥感信息的地图表达，自然也是遥感信息处理的重要内容。将地球曲面上的事物表达到平面的地图中，需要遵循某种确定的数学关系，这个关系就是地图投影，也称为地图的数学基础。地图要素是地图中所要表达的内容，包括自然地理要素和社会人文要素。地图比例尺是所表达的客观要素在地图

中被缩小的比例,同时也反映了客观事物表达为地图时被概括的程度。地图符号是标记、指代地图要素的记号,是约定形成的地图语言。遥感图是地图中的一种。进行遥感制图,必须了解包括上述内容在内的制图基本知识,在地图学中对此有全面的介绍。

　　遥感图又分为遥感影像图和遥感专题图。遥感影像图是地图体系中一种新的形式,类似于地貌图,但它的地貌特征来自于极具现势性的电磁辐射影像,并且更具有地物的细节特征。遥感专题图就是专题地图的一种。所谓专题地图,是指着重表示一种或几种主题要素及其相互关系的地图。遥感专题图中所表示的主题要素是从遥感影像(数据)中经过解译或反演提取出来的地物信息,如土地利用现状、湿地分布、土壤湿度等。

8.4.2　遥感影像图

　　遥感影像图是以影像本身作为主要地图要素的地图。进一步地从影像图中获得自然地理要素和社会人文要素,需要读图者自己去观察、分析影像图来完成。换言之,遥感影像图中,除了影像外,没有或很少标注其他要素的符号。遥感影像图中要有地图投影、比例尺、图名、图例(可能是灰阶或解译标志等)和其他必要的地图整饰元素。遥感影像图分为简单影像图和影像地图。简单影像图没有精确的几何校正,没有对影像的标注符号,或只有对少数一些重要地理要素的标注,如河流、山脉、省市等。其中有一种影像图经过了较精确几何校正,图像纠正误差相对于地面控制点小于 1 个像素,并且有较全面的地理要素标注,也是应用更普遍的一种遥感影像图。影像地图则用 DEM 进行了正射校正,可以与相同投影和相同比例尺的标准地形图套合的影像图。这种影像地图标注的地图要素全面,既具有相同比例尺地形图一样的几何精度,又有影像的直观性,是一种信息非常丰富的地图。根据制图区域的大小和单景遥感影像的大小,简单影像图和影像地图都可能需要进行图像镶嵌处理,简单影像图可能只需要将影像按地理坐标拼接即可,而影像地图在镶嵌后一般按标准地图分幅成图。

　　在制作遥感影像图时,需要弄清楚影像图的比例尺与遥感图像空间分辨率的关系。以影像作为遥感影像图的主要要素,其基本单位是像素。一个像素有固定的地面覆盖大小,即影像的空间分辨率,比如 TM 的 30m($30 \times 30m^2$,这里用线度表示)。而制图时,一个像素可以用 1mm 表示,也可以用 0.1mm 表示,所以不考虑其他要求的话,任何遥感影像可以制成任意比例尺的影像图。但是对影像图,我们有视觉上的“清晰度”要求(这里不考虑图像数据本身质量对清晰度的影响),满足视觉清晰的条件是:第一,代表不同对象的相邻两个像素在地图上可分别,即相邻像素的距离大于或等于视角阈限(视角阈限即一定距离处的两点恰可分辨时对眼睛的透镜中心的张角,参看第 4 章 4.2.1 节);第二,像素在视网膜上被感知为一个点而不是一个面,即不出现所谓马赛克(方块)现象。第三,像素与像素之间被感知为连续的。按照这样的要求,我们即可求出一个给定分辨率的遥感影像可以成图的最佳(最大)比例尺,或者给定比例尺影像图所需的遥感数据最小空间分辨率。人眼的正常视角阈值是 $1'$,阅读观察时的标准距离(明视距离)设为 250mm,则距离分辨阈值为 0.073mm。这个距离阈值与 350dpi(每英寸 300 个打印点)的打印设置的分辨率(25.4mm/0.073mm=347.945)接近,所以设定采用 350dpi 打印图像。若此,则图像的比例尺为 0.0254/(350×GSD)(其中 GSD 为遥感数据的空间分辨率,单位为米)。如 TM

数据 GSD 取标称值 30m，则其影像图的最佳比例尺约为 1：40 万（350×GSD/0.0254＝413385.827）。实际上，通常看图距离往往大于明视距离，且由于大部分地物的灰度变化比较平滑，此时以 200dpi 即约 1：20 万出图，也不会产生马赛克效果。经验表明，若对 TM 原图像数据进行适当插值处理，则以更大比例尺（<1：10 万）出图也在可接受范围。按此计算，SPOT 的 2.5m 分辨率数据成图为 1：1 万影像，亦在可接受范围。本书参考文献[135]根据其他资料将视觉距离分辨阈值设为 0.1～0.2mm，对给定空间分辨率数据所得到的相应比例尺影像图，其质量一般是可接受的，而本书参考文献[136]给出的结果则过于宽松。当给定出图比例尺并设定出图质量（dpi）时，则可计算出相应遥感数据所需的分辨率

$$GSD_{map} = 0.0254 \times M/DPI \tag{8.212}$$

式中，GSD_{map} 为要求的遥感数据分辨率；M 为比例尺分母；DPI 为所采用的 dpi 值。如出图比例尺为 1：5 万、dpi 为 200，则要求图像数据分辨率为 6.35m。

8.4.3 遥感专题图

遥感专题图在内容上与普通专题地图没有差别，但在制图方式上，它除了一般专题地图所采用的点、线、面表达方式外，还有直接用栅格数据表达专题信息的方式，这两种方式就是矢量图和栅格图。栅格形式的专题图如同影像图，以像素的形式表现专题内容，其每个像素的值代表的是专题信息（视觉上用亮度或颜色表达），如地物类别、温度高低等。遥感信息首先是以栅格形式被提取出来的。这种栅格专题信息经过矢量化后处理，就可以用它制作遥感矢量专题图。矢量专题图的图形要素是图斑，它可以是点状、线状或面状的。图斑有确定的专题信息意义（在 GIS 中称为属性），如一块耕地、一条道路等。栅格数据与矢量数据各有优缺点，见表 8.13。栅格数据与矢量数据之间的转换算法已经比较成熟，但自动地从地图的扫描栅格图像转换为矢量图，仍然是 GIS 技术中的重要研究内容。栅格图与矢量图的转换不可避免地产生误差。有关栅格数据与矢量数据的转换算法可参看 GIS 的相关文献。

表 8.13　　　　　　　　　　矢量格式与栅格格式的比较[137]

数据	优点	缺点
矢量数据	1. 数据结构紧凑，冗余度低 2. 有利于网络和检索分析 3. 图像显示质量好、精度高	1. 数据结构复杂 2. 多边形叠加分析比较困难
栅格数据	1. 数据结构简单 2. 便于空间分析和地表模拟 3. 现势性强	1. 数据量大 2. 投影转换比较复杂

遥感专题图中比例尺与图像分辨率的关系与遥感影像图有所不同。首先讨论一幅给定空间分辨率的遥感影像，能制成多大比例尺的专题图。给定比例尺的专题图中的最小图斑大小是由制图规范规定的，比如，假定比例尺为 1：10000 时，要求宽度 2mm，面积

$6mm^2$，这就是说，地面宽度大于 $M \times 2mm$ 的线状目标、面积大于 $M^2 \times 6mm^2$ 的面状目标必须从遥感图像中被正确地识别出来（M 为比例尺分母），并绘制到专题图中。而遥感影像中目标的识别与其地面分辨力有关，地面分辨力又与其空间分辨率有关。如第 7 章 7.1.1 节中指出，地面分辨力（可识别目标大小）$= 2\sqrt{2} \times$ 空间分辨率。以地面分辨力作为可识别目标的最小尺寸，要满足宽度 2mm、面积 $6mm^2$ 的最小图斑要求（取二者中的长度最小值），则必须使影像空间分辨率达到 $(M \times 2/1000)/2\sqrt{2}$ m，如比例尺为 1：10000 时，要求分辨率为 $(10000 \times 2mm/1000)/2\sqrt{2} \approx 7m$。除了考虑最小图斑大小外（图斑属性精度），还要考虑图斑边界定位精度的要求（图斑几何精度）。如果上述图斑边界定位精度要求为 0.5mm，则影像的空间分辨率要优于 $0.5mm \times 10000 = 5m$。进一步，对边界的识别也考虑到地面分辨力的影响的话，则空间分辨率要求达到 $5m/2\sqrt{2} \approx 1.77m$。边界精度是个更严格的硬性要求。在计算得到的上述几种空间分辨率中，取一个最高的分辨率，就是满足指定比例尺要求的分辨率；反过来，也可以从给定分辨率影像，计算出其可以满足制图规范的成图比例尺。对于地面温度、湿度的遥感反演产品的制图，其空间分辨率的要求一般由具体应用问题的要求决定（对反演产品的分辨率要求）。其次是关于由高分辨率影像制作成与更低分辨率影像相应的专题图的问题，比如影像可以制成 1：1 万的专题图，现将其制成 1：5 万的专题图，这个问题就是地图学中的制图综合的问题了。

最后，将遥感影像图、遥感影像地图和遥感专题图的制作流程简要概括于表 8.14。

表 8.14 **遥感制图的处理流程**

类型	遥感影像图		遥感专题图
	简单影像图	影像地图	
处理内容	遥感影像数据 ↓ 几何校正 ↓ （影像镶嵌或分幅） ↓ 影像合成 ↓ 简单地理要素选择（较少） ↓ 符号化 ↓ 地图产品 喷墨图、像纸图、印刷图	遥感影像数据 ↓ 正射校正(DEM) ↓ （影像镶嵌或分幅） ↓ 影像合成 ↓ 地理要素选择（较多） ↓ 符号化 ↓ 地图产品 喷墨图、像纸图、印刷图	遥感影像数据 ↓ 正射校正(DEM) ↓ （影像镶嵌或分幅） ↓ 专题信息提取 （解译或反演） ↓ 地理要素选择（较多） ↓ 符号化 ↓ 地图产品 喷墨图、像纸图、印刷图

参 考 文 献

以下参考文献是本书中引用了的，或者是为阅读者提供有关背景知识或深入学习准备的。如尚有遗漏的被引用文献，谨致歉意，并敬请文献作者指出。邮箱：ygyljygxxfx@163.com

[1] 陈述彭. 遥感大辞典. 北京：科学出版社，1990.

[2] 日本遥感研究会编. 龚君，译. 遥感原理概要. 北京：科学出版社，1981.

[3] The Remote Sensing Tutorial，http://rst. gsfc. nasa. gov/Front/overview. html

[4] 梅安新，彭望璟，秦其明等. 遥感导论. 北京：高等教育出版社，2001.

[5] 李小文等. 遥感原理与应用. 北京：科学出版社，2009.

[6] 仇肇悦，李军，郭宏俊. 遥感技术应用. 武汉：武汉测绘科技大学出版社，1998.

[7] 孙家炳等. 遥感原理与应用. 武汉：武汉大学出版社，2009.

[8] Rees，W G. Physical Principles of Remote Sensing(2nd edition). Cambridge University Press，2001.

[9] Sabins，Jr，F F. Remote Sensing：Principles and Interpretation(3rd edition). W. H. Freeman & Co.，1996.

[10] Thomas M. Lillesand 等. 彭望璟等，译. 遥感与图像解译(第四版). 北京：电子工业出版社，2003.

[11] 寿天德. 视觉信息处理的脑机制. 上海：上海科技教育出版社，1997.

[12] 高卫斌，冉承其. 遥感卫星数据传输技术发展分析. 中国空间科学技术，2005，6.

[13] 张正光，叶云裳. 对地观测卫星固定波束数据传输天线覆盖特性研究. 中国空间科学技术，2005，4.

[14] 郑立中. 中国遥感大事记. 遥感技术与应用，1996.

[15] 周公度，段连运. 结构化学基础(第 3 版). 北京：北京大学出版社，2002.

[16] 钟锡华，陈熙谋. 大学物理通用教程：电磁学. 北京：北京大学出版社，2003.

[17] 赵凯华，钟锡华. 光学(上、下册). 北京：北京大学出版社，1982.

[18] 冯华君，李晓彤. 信息物理基础. 杭州：浙江大学出版社，2001.

[19] 钱佑华，徐至中. 半导体物理. 北京：高等教育出版社，1999.

[20] 严燕来，叶庆好. 大学物理拓展与应用. 北京：高等教育出版社，2002.

[21] [英] Read，F H. 曼彻斯特物理学丛书：电磁辐射. 北京：高等教育出版社，1988.

[22][美]M. 伽本尼. 光学物理. 北京：科学出版社，1976.

[23]吕斯骅. 遥感物理基础. 北京：商务印书馆，1978.

[24]刘岚，胡钋，黄秋元等. 电磁波与电磁波理论基础. 武汉：武汉理工大学出版社，2006.

[25]熊皓. 电磁波传播与空间环境. 北京：电子工业出版社，2004.

[26]余其铮. 辐射换热原理. 哈尔滨：哈尔滨工业大学出版社，1990.

[27]金伟其，胡威捷. 光学工程：辐射度、光度与色度及其测量. 北京：北京理工大学出版社，2006.

[28]吴继宗. 光辐射测量. 北京：机械工业出版社，1992.

[29]邹异松. 光电成像原理. 北京：北京理工大学出版社，2003.

[30]何香涛. 观测宇宙学. 北京：科学出版社，2002.

[31]刘梦华，吴晓红. 光电检测技术. 北京：科学出版社，2005.

[32]徐希孺. 遥感物理. 北京：北京大学出版社，2005.

[33]刘本培，蔡运龙. 地球科学导论. 北京：高等教育出版社，2000.

[34]汪新文，林建平，程捷. 地球科学概论. 北京：地质出版社，1999.

[35]黄荣辉. 气科学概论. 北京：气象出版社，2005.

[36]章澄昌. 大气气溶胶教程. 北京：气象出版社，1995.

[37]刘长盛. 大气辐射学. 南京：南京大学出版社，1990.

[38] John R Jensen. Introductory Digital Image Processing. 北京：科学出版社，2007.

[39]谈和平等. 红外辐射特性与传输的数值计算——计算热辐射学. 哈尔滨：哈尔滨工业大学出版社，2006.

[40]梁顺林. 范闻捷等，译. 定量遥感. 北京：科学出版社，2009.

[41]吴北婴. 大气辐射传输实用算法. 北京：气象出版社，1988.

[42]吴建，杨春平，刘建斌. 大气中的光传输理论. 北京：北京邮电大学出版社，2005.

[43]温兴平. 基于多分类器组合的高光谱遥感数据分类技术研究. 中国地质大学（武汉）博士学位论文武汉，2008.

[44]G Schaepman-Strub, M E Schaepman, T H Painter, S Dangel, J V Martonchik. Reflectance quantities in optical remote sensing—definitions and case studies. Remote Sensing of Environment, 2006, 103 ：27-42。

[45]李小文等. 多角度与热红外对地遥感. 北京：科学出版社，2001.

[46]李小文. 地物的二向性反射和方向谱特征. 环境遥感，1989，3(4)：67-72.

[47]童庆禧等. 中国典型地物波谱及其特征分析. 北京：科学出版社，1990.

[48]王锦地等. 中国典型地物波谱知识库. 北京：科学出版社，2009.

[49]Edward J Milton, Michael E Schaepman, Karen Anderson, et al. Progress in field spectroscopy. Remote Sensing of Environment 2009，113：S92-S109.

[50]李亨. 颜色技术原理及其应用. 北京：科学出版社，1997.

[51]P H 斯韦恩. 何昌垂等, 译. 遥感定量方法. 北京: 科学出版社, 1984.

[52]谭耀林. 图像信息系统原理. 北京: 清华大学出版社, 2006.

[53]赵远等. 光电信号检测原理与技术. 北京: 机械工业出版社, 2005.

[54]邹异松. 光电成像原理. 北京: 北京理工大学出版社, 2003.

[55]高建平. 电磁波工程基础: 电磁理论基础·微波技术·天线基础, 西安: 西北工业大学出版社, 2008.

[56]刘学观等. 微波技术与天线. 西安: 西安电子科技大学出版社, 2001.

[57]丁鹭飞. 雷达原理(第四版). 北京: 电子工业出版社, 2009.

[58]顾行发, 田国良, 李小文等. 遥感信息的定量化. 中国科学(E 辑), 2005, 35 (增刊): 1-10.

[59]赵英时. 遥感应用分析原理与方法. 北京: 科学出版社, 2003.

[60]张永生. 遥感图像信息系统. 北京: 科学出版社, 2000.

[61]郭华东等. 雷达对地观测理论与应用. 北京: 科学出版社, 2000.

[62]褚桂柏. 航天技术概论. 北京: 宇航出版社, 2002.

[63]张永生, 张云彬. 航天遥感工程, 北京: 科学出版社, 2001.

[64]王毅. 国际新一代对地观测系统的发展及其主要应用. 北京: 气象出版社, 2006.

[65]M Davidson, P Vuilleumier. Note on CHRIS acquisition procedure and image geometry. IS_acquisition-procedure_image-geometry_rev1_3. 2006.

[66]国家海洋卫星应用中心. 海洋卫星知识介绍. http://www.nsoas.gov.cn/en/know/know.html.

[67]张维胜, 王红兵, 李辉. 美国军用卫星现状与性能. 中国航天, 2001, 6.

[68]http://telsat.belspo.be/beo/en/satellites/table.shtm.

[69]李德仁. 摄影测量与遥感概论. 北京: 测绘出版社, 2001.

[70]张祖勋, 张剑清. 数字摄影测量学. 武汉: 武汉测绘科技大学出版社, 1996.

[71]舒宁. 雷达遥感原理. 北京: 测绘出版社, 1997.

[72]皮亦鸣. 合成孔径雷达成像原理. 成都: 电子科技大学出版社, 2007.

[73]廖明生, 林珲. 雷达干涉测量原理与信号处理基础. 北京: 测绘出版社, 2003.

[74]保铮, 邢孟道, 王彤. 雷达成像技术. 北京: 电子工业出版社, 2005.

[75]日本遥感研究会. 遥感精解(修订版). 北京: 测绘出版社, 2001.

[76]浦瑞良, 宫鹏. 高光谱遥感及其应用. 北京: 高等教育出版社, 2000.

[77]童庆禧等. 高光谱遥感原理、技术与应用. 北京: 高等教育出版社, 2006.

[78]张宗贵. 成像光谱岩矿识别方法技术研究和影响因素分析. 北京: 地质出版社, 2006.

[79]Aapo Hyvarinen 等. 周宗潭, 董国华, 徐昕等, 译. Independent Component Analysis(独立成分分析). 北京: 电子工业出版社, 2007.

[80]张永志, 罗凌燕, 刘瑞春等. 三轨法 DInSAR 观测确定区域的垂直变形. 地震研究, 2006, 9(13).

[81]周新伦，柳健，刘华志. 数字图像处理. 北京：国防工业出版社，1993.

[82]汪胡桢. 现代工程数学手册(第四卷). 武汉：华中工学院出版社，1987.

[83]邹谋炎. 反卷积和信号复原. 北京：国防工业出版社，2001.

[84] Kenneth R Castleman. Digital Image Processing. 北京：清华大学出版社，1998.

[85]章毓晋. 图像工程(上册). 北京：清华大学出版社，1999.

[86]Geospatial Imaging, LLC, ERDAS Field Guide, 2005.

[87] David G Lowe, "Object recognition from local scale-invariant features," International Conference on Computer Vision, Corfu, Greece (September 1999), pp. 1150-1157。

[88] David G Lowe, "Distinctive image features from scale-invariant keypoints," International Journal of Computer Vision, 60, 2 (2004), pp. 91-110。

[89]李在铭等. 数字图像处理、压缩与识别技术. 成都：电子科技大学出版社，2000.

[90]李世雄. 小波变换及其应用. 北京：科学出版社，1997.

[91]杨福生. 小波变换的工程分析与应用. 北京：科学出版社，1999.

[92] Liu jiping, Zhang Qiuwen, Zuo zhengrong, et al. Methods to enhance geological structures in remotely sensed image based on the spatial difference of spectrum and their applications. Proceedings of SPIE (Multispectral and Hyperspectral Image Acquisition and Processing), 2001, 4548：173-177.

[93]Blaschke T. Object based image analysis for remote sensing. ISPRS Journal of Photogrammetry and Remote Sensing, 2010, 65：2-16.

[94]王西川. 环境遥感原理与图像分析. 郑州：河南大学出版社，1991.

[95]张仁华，苏红波，李召良等. 地面光照面和阴影温差的潜在信息及遥感土壤水分的新途径. 中国科学(E辑)，2000，8(30)：45-53.

[96]朱亮璞等. 遥感图像地质解译教程. 北京：地质出版社，1981.

[97]朱亮璞. 遥感地质学. 北京：地质出版社，1994.

[98]周冠雄. 计算机模式识别——结构方法. 武汉：华中理工大学出版社，1990.

[99]Kovesi, P. Image features from phase congruency. Department of Computer Science. University of Western Australia, 1995.

[100]Zhitao Xiao, Zhengxin Hou. Phase based feature detector consistent with human visual system characteristics. Pattern Recognition Letters, 2004, 25：1115-1121.

[101]肖鹏峰，冯学智，赵书河等. 基于相位一致的高分辨率遥感图像分割方法. 测绘学报，2007，32(7)：146-151.

[102]万发贯，柳健，文灏. 遥感数字图像处理. 武汉：华中理工大学出版社，1991.

[103]王润生. 图像理解. 长沙：国防科技大学出版社，1995.

[104]边肇祺，张学工. 模式识别(第二版). 北京：清华大学出版社，2000.

[105]John Shawe-Taylor, Nello Cristianini. Kernel Methods for Pattern Analysis.

Cambridge University Press，2004.

[106]Sergios Theodoridis, Konstantinos Koutroumbas. 李晶皎等，译. Pattern Recognition (Second Edition). 北京：电子工业出版社，2004.

[107]包约翰. 神经网络与自适应模式识别. 北京：科学出版社，1993.

[108]Abhijit S Pandya, Robert B Macy. 徐勇，荆涛，译. Pattern Recognition with Neural Networks in C++. 北京：电子工业出版社，1999.

[109]韩力群. 人工神经网络教程. 北京：北京邮电大学出版社，2006.

[110]朱福喜. 人工智能原理. 武汉：武汉大学出版社，2002.

[111]史忠植. 高级人工智能. 北京：科学出版社，1998.

[112]Congalton, R. A Review of Assessing the Accuracy of Classifications of Remotely Sensed Data. Remote Sensing of Environment，1991，37：35-46.

[113]艾伯特. 张先康等，译，反演理论——数据拟合和模型参数估算方法. 北京：学术书刊出版社，1989.

[114]李小文，王锦地. 植被光学遥感模型与植被结构参数化. 北京：科学出版社，1995.

[115]李小文，王锦地，胡宝新等. 先验知识在遥感反演中的作用. 中国科学（D辑），1998，28(1)：67-72.

[116]金亚秋. 加强定量遥感几个方面的综合研究. 遥感信息，1997，12：4.

[117]李小文，高峰，王锦地等. 遥感反演中参数的不确定性与敏感性矩阵. 遥感学报，1(1)，1997：5-12.

[118]覃志豪，李文娟，徐斌等. 陆地卫星 TM6 波段范围内地表比辐射率的估计. 国土资源遥感，2004，9(3).

[119]田国良等. 热红外遥感. 北京：电子工业出版社，2006.

[120]张仁华. 对于定量热红外遥感的一些思考. 国土资源遥感，1999，39(1)：1-6.

[121]马蔼乃. 遥感信息模型. 北京：北京大学出版社，1997.

[122]杨 敏，商少凌，汪文琦等. 水库水体近红外反射峰与叶绿素含量之间的关系初探. 湖泊科学，2009，21(2)：228-233.

[123]朱本仁. 蒙特卡罗方法引论. 济南：山东大学出版社，1987.

[124]黄健熙，吴炳方，曾源等. 基于蒙特卡罗方法的森林冠层 BRDF 模拟. 系统仿真学报，2006，18(6)：1671-1676.

[125]Cooper K D, Smith J A. A Monte Carlo Reflectance Model for Soil Surface with Three-Dimensional Structure. IEEE Transactions on Geo-Science and Remote Sensing，1985，23(5)：668-673.

[126]周斌，陈良富，舒晓波. FPAR 的 Monte Carlo 模拟研究. 遥感学报，2008，12(3)：385-390.

[127]周毅. 现代数值天气预报讲义. 北京：气象出版社，2002.

[128]马建文，秦思娴. 数据同化算法研究现状综述. 地球科学进展，2012，27(7)：747-757.

[129]李新，黄春林，车涛等. 中国陆面数据同化系统研究的进展与前瞻. 自然科学进展，2007，17(2)：163-173.

[130]师春香，谢正辉，钱辉等. 基于卫星遥感资料的中国区域土壤湿度 EnKF 数据同化. 中国科学：地球科学，2011，41(3)：375-385.

[131]汪薇，张瑛. 陆面过程模式的研究进展简介. 气象与减灾研究，2010，33(3)：1-6.

[132]宋耀明，郭维栋，张耀存等. 陆面过程模式 CoLM 和 NCAR_CLM310 对中国典型森林生态系统陆气相互作用的模拟(I. 不同模式模拟结果的初步分析). 气候与环境研究，200914(3)：229-242.

[133]王伟东，王锦地，梁顺林. 作物生长模型同化 MODIS 反射率方法提取作物叶面积指数. 中国科学：地球科学，2010，40(1)：73-83.

[134]毛赞猷，朱良，周占鳌等. 新编地图学教程. 北京：高等教育出版社，2001.

[135]龚明劼，张鹰，张芸等. 卫星遥感制图最佳影像空间分辨率与地图比例尺关系探讨. 测绘科学，2009，34(4)：232-233.

[136]郭仕德，林旭东等. 高空间分辨率遥感环境制图的几个关键技术研究. 北京大学学报(自然科学版)，2004，40(1)：116-120.

[137]邬伦，刘瑜，张晶等. 地理信息系统——原理、方法和应用. 北京：科学出版社，2001.

[138]褚广荣，王乃斌. 遥感系列成图方法研究. 北京：测绘出版社，1992.